普通高等教育“十一五”国家级规划教材

普通高等农林院校生物科学类
专业“十二五”规划系列教材

食用菌栽培学

王贺祥　刘庆洪　主编

第2版

Mushroom Cultivation

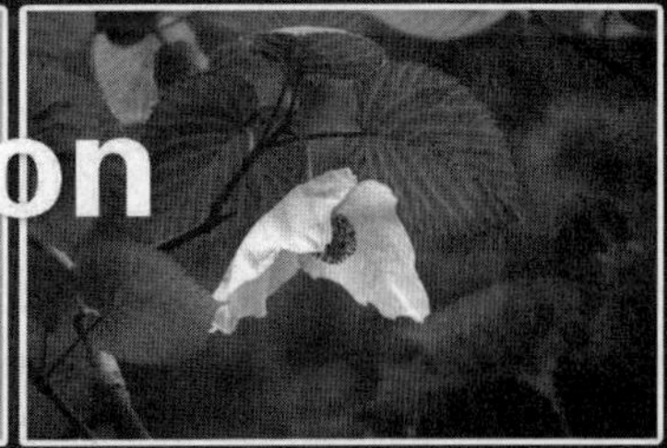

中国农业大学出版社
China Agricultural University Press

内容简介

本书系统地介绍了食用菌栽培学的基本知识、菌种制作、栽培技术、病虫害防治、保鲜加工和育种技术。在食用菌栽培技术的介绍中，将食用菌分为木腐型和草腐型两大类，既突出了同一类食用菌的共性，又重点描述了每一种食用菌的特点，便于归纳和理解。本书最后附有食用菌栽培学实验指导和一些常用的基础知识，以方便同学们参考和使用。

图书在版编目(CIP)数据

食用菌栽培学/王贺祥，刘庆洪主编．—2版．—北京：中国农业大学出版社，2014.3(2021.11重印)

ISBN 978-7-5655-0898-1

Ⅰ.①食…　Ⅱ.①王…②刘…　Ⅲ.①食用菌-蔬菜园艺　Ⅳ.①S646

中国版本图书馆CIP数据核字(2014)第016090号

书　名　食用菌栽培学　第2版
作　者　王贺祥　刘庆洪　主编

策划编辑	田树君	**责任编辑**	田树君
封面设计	郑　川	**责任校对**	陈　莹　王晓凤
出版发行	中国农业大学出版社		
社　址	北京市海淀区圆明园西路2号	**邮政编码**	100193
电　话	发行部 010-62818525，8625		读者服务部 010-62732336
	编辑部 010-62732617，2618		出　版　部 010-62733440
网　址	http://www.cau.edu.cn/caup	**e-mail**	cbsszs @ cau.edu.cn
经　销	新华书店		
印　刷	北京时代华都印刷有限公司		
版　次	2014年3月第2版　2021年11月第7次印刷		
规　格	787×1 092　16开本　20印张　497千字		
定　价	52.00元		

图书如有质量问题本社发行部负责调换

普通高等农林院校生物科学类专业“十二五”规划系列教材
编审指导委员会

第2版编审人员

主　　编　王贺祥　刘庆洪

副 主 编　李　明　陈青君　张国庆

编写人员　（按拼音顺序排列）

陈青君（北京农学院）
侯振世（内蒙古农业大学）
李　明（河北农业大学）
刘庆洪（中国农业大学）
王贺祥（中国农业大学）
王立安（河北师范大学）
张国庆（北京农学院）
贠建民（甘肃农业大学）
郑素月（河北工程大学）
朱孟娟（山东农业大学）

审　　稿　顾桂芬

第1版编写人员

主　　编　王贺祥

副 主 编　李　明　刘庆洪　陈青君

编写人员　（按拼音顺序排列）

陈青君（北京农学院）
侯振世（内蒙古农业大学）
李　明（河北农业大学）
刘庆洪（中国农业大学）
吕润海（中国农业大学）
王贺祥（中国农业大学）
王立安（河北师范大学）
贠建民（甘肃农业大学）
郑素月（河北工程大学）

审 稿 人　顾桂芬

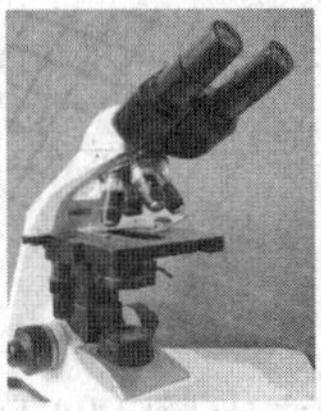

出版说明

生物科学是近几十年来发展最为迅速的学科之一，它给人类的生产和生活带来巨大变化，尤其在农业和医学领域更是带来了革命性的变革。生物科学与各个学科之间、生物科学各个分支学科之间的广泛渗透，相互交叉，相互作用，极大地推动了生物科学技术进步。生物科学理论和方法的丰富和发展，在持续推动传统农业和医学创新的同时，其应用领域不断扩大，广泛应用的领域已包括食品、化工、环保、能源和冶金工业等各个方面。仿生学的应用还对电子技术和信息技术产生巨大影响。生物防治、生物固氮等生物技术的应用，极大地改变了农业过分依赖石化工业的局面，继而为自然生态平衡的恢复做出无可替代的贡献。以大量消耗资源为依赖的传统农业被以生物科学和技术为基础的生态农业所替代和转变。新的、大规模的近现代农业将由于生物科学的快速发展而迅速崛起。

生物科学在农业领域中越来越广泛的应用，以及不可替代作用的发挥，既促进了生物科学教育的发展，也为生物科学教育提出了新的更高的要求。农业领域高素质、应用型人才对生物科学知识的需求具有自身独特的使命和特征。作为培养高素质、应用型人才重要途径和方式的农业高等教育亟须探索出符合实际需求和发展的教育教学模式和内容。为此，中国农业大学生物学院和中国农业大学出版社与全国 30 余所高等农林院校合作，在充分汲取各校生物科学类专业教改实践经验和教改成果的基础上，经过进一步集成、融合、优化、提升，凝聚形成了比较符合农林院校教学实际、适应性更好、针对性更强、教学效果更佳的教学理念和教材编写思路，进而精心打造了“全国高等农林院校生物科学类专业‘十二五’规划系列教材”。系列教材覆盖了近 30 门生物科学类专业骨干课程。

本系列教材站在生物科学类专业教育教学整体目标的高度，以学科知识内容关联性为依据，审核确定教材品种和教材内容，通过相关课程教材小规模组合、专家交叉多重审定、编审指导委员会统一把关等措施，统筹解决相关教材内容衔接问题；以统一的编写指导思想因课制宜确定各门课程教材的编写体例和形式。因此，本系列教材主导思想整体归一、各种教材各具特色。

农业是生物科学最早也是应用范围最广的领域，其厚重的实践积累和丰硕成果使得农业高等教育生物科学类专业教学独具特色和更高要求。本系列教材比较好地体现了农业领域生物科学应用的重要成果和前沿研究成就，并考虑到农林院校生源特点、教学条件等，因而具有很强的适用性、针对性和前瞻性。

系列教材编审指导委员会在教材品种的确定、内容的筛选、编写指导思想以及质量把关等环节中发挥了巨大作用。其组成专家具有广泛的院校代表性、学科互补性和学术权威性，以及丰富的教学科研经验。专家们认真细致的工作为系列教材打造成为农林院校生物科学类专业精品教材奠定了扎实的基础，在此谨致深深谢意。

作为重点规划教材，为准确把握教学需求，突出特色和确保质量，教材的策划运行被赋予更为充分的时间，从选题调研、品种筛选、编写大纲的拟制与审定、组织教师编写书稿，直至第一种教材出版至少 3 年时间，按照拟定计划主要品种的面世需近 4 年。系列教材的运行经过了几个阶段。第一个阶段，对农林院校生物科学教学现状进行深入的调查研究。2010—2011 年，出版社用了近 1 年的时间，先后多批次走访了近 30 所院校，与数百位生物科学教学一线的专家和教师进行座谈，深入了解我国高等农林院校生物科学教学的进展状况及存在的问题。第二个阶段，召开教学和教材建设研讨会。2011 年 12 月份，中国农业大学生物学院和中国农业大学出版社组织召开了有 30 余所院校、100 余位教师参加的生物教学研讨会，与会代表就农林院校生物科学类专业教学和教材建设问题进行了广泛和深入的研讨，会上还组织参观了中国农业大学生物学院教学中心、国家级生命科学实验教学示范中心以及两个国家重点实验室，给与会代表留下了深刻的印象和较大的启发。第三个阶段，教材立项编写。在广泛达成共识的基础上，有 30 多所高等农林院校、近 500 人次教师参加了系列教材的编写工作。从 2013 年 4 月起，系列教材将陆续出版，希望这套凝聚了广大教师智慧、具有较强的创新性、反映各校教改探索实践经验与成果的系列教材能够对农林院校生物科学类专业教育教学质量的提高发挥良好的作用。

良好的愿望和教学效果需要实践的检验和印证。我们热切地期待着您的意见反馈。

中国农业大学生物学院
中国农业大学出版社
2013 年 3 月 16 日

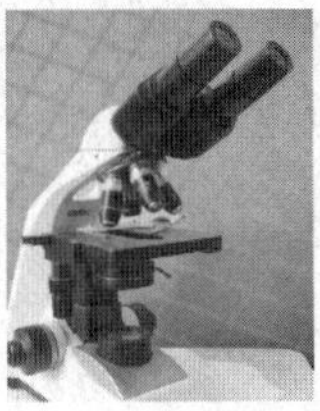

第2版前言

食用菌栽培学是农业微生物学和应用微生物学的一个重要分支。我国食用菌生产的历史悠久，发展食用菌栽培业具有极为有利的条件。2011 年我国食用菌总产量达到 2 571.7 万 t，产值 1 543.2 亿元，约占世界食用菌总产量的 65%。在我国农业的种植业中，食用菌的产值仅次于粮、油、果、菜，居第 5 位，高于棉花、茶叶和桑蚕业的产值。平菇、香菇、黑木耳、金针菇、双孢蘑菇和毛木耳这 6 大主栽食用菌的产量约占总产量的 80%。

本书作者都是高等院校食用菌栽培学的主讲教师，在教材编写过程中，融入了他们的教学经验，同时兼顾了食用菌栽培学的系统性，各院校可根据自己的需要和学时，选择性地讲授部分内容。本书最后附有食用菌栽培学实验指导和一些常用的基础知识，以方便学生们参考和使用。

参加本书编写的单位有中国农业大学、河北农业大学、甘肃农业大学、河北师范大学、内蒙古农业大学、北京农学院、山东农业大学和河北工程大学。每章的作者分别是：第 1 章王贺祥、第 2 章王立安、第 3 章和第 8 章李明、第 4 章贠建民、第 5 章陈青君、第 6 章侯振世、第 7 章郑素月、第 9 章刘庆洪、第 10 章张国庆、附录Ⅰ至附录Ⅸ朱孟娟和王贺祥。

本书的编写得到了公益性行业（农业）科研专项经费项目“食用菌保鲜加工与循环利用技术研究与示范（201303080）”、北京市食用菌产业技术创新团队和中国农业大学生物学院实验中心的支持，在此一并致谢。由于作者水平有限，本书难免会有不妥之处，敬请读者随时向我们提出宝贵意见。

编　者

2014.1

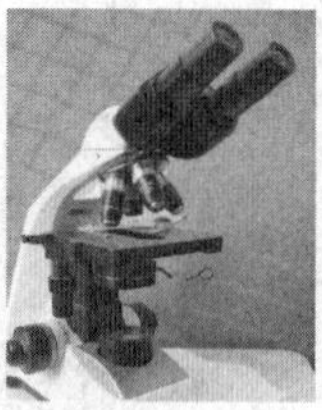

第1版前言

食用菌栽培学是微生物学的一个重要分支，通过本课程的学习，不仅能全面了解食用菌栽培学的基本知识，还能得到实验操作和栽培技术的基本训练。本书作者均为高等院校食用菌栽培学的主讲教师和科研工作者。在教材的编写过程中，我们尽可能参考了国内外的最新进展，对食用菌栽培学的现状作了比较系统的阐述，力求概念准确，叙述简明，同时兼顾了食用菌栽培学的系统性，各院校可根据自己的需要和学时，选择性地讲授部分内容。本书最后附有食用菌栽培学实验指导和一些常用的基础知识，以方便同学们参考和使用。

参加本书编写的单位有中国农业大学、河北农业大学、甘肃农业大学、河北师范大学、内蒙古农业大学、北京农学院和河北工程大学。每一章的作者分别是：第一章王贺祥、第二章王立安、第三章和第八章李明、第四章贠建民、第五章陈青君、第六章侯振世、第七章郑素月、第九章刘庆洪、第十章王贺祥、附录Ⅰ王贺祥、附录Ⅱ至附录Ⅹ王贺祥、刘庆洪、郑素月和吕润海。

本书的编写得到了科技部“十一五”支撑项目“农田循环高效生产模式关键技术研究与集成示范”、农业部行业科技项目“食用菌菌种质量评价与菌种信息系统研究与建立（nyhyzx07-008）”和北京市科委农村科技协调员专项的支持，在此一并致谢。由于作者水平有限，本书难免会有不妥之处，敬请读者随时向我们提出宝贵意见。

编　者

2008.3

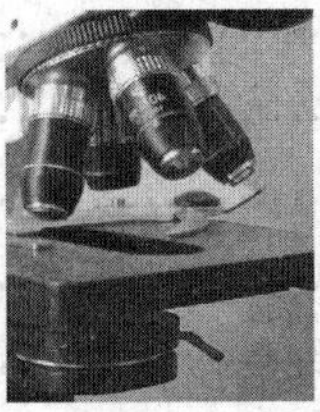

目录

第1章 绪 论

我国发展食用菌生产的历史悠久，自然植被的种类繁多，菌类资源及用于食用菌人工栽培的工、农业副产品丰富，具有发展食用菌栽培业极为有利的条件。据中国食用菌协会统计，2002 年我国食用菌总产量是 876 万 t(鲜重)，2004 年 1 160 万 t，2007 年 1 682 万 t，2010 年 2 201 万 t(产值 1 413.2 亿元)，2011 年 2 571.7 万 t(产值 1 543.2 亿元)，约占世界食用菌总产量的 65%。2004 年全国食用菌出口 58.1 万 t，平均出口价格为每吨 1 552 美元，出口量占总产量的 5.0%；2010 年出口 49.1 万 t，出口额 17.5 亿美元；2011 年 52.0 万 t，出口额 24.07 亿美元。出口比例最大的是双孢蘑菇，占总产量的 21.3%，香菇出口占总产量的 13.7%。我国平菇、香菇、双孢蘑菇、金针菇、黑木耳等食用菌的产量均居世界第 1 位，是真正的食用菌生产大国。我国食用菌产值在种植业中仅次于粮、油、果、菜，居第 5 位，已成为农村经济中最具活力的新兴产业，但区域间发展并不平衡，2004 年食用菌年产值超过 1 亿元的县全国有 100 个，河南、福建、江苏、山东 4 个省的食用菌产量都超过 100 万 t，而有些省区的产量仅有几千吨。2010 年产量超过 100 万 t 的省有 10 个，分别是山东、河南、黑龙江、福建、河北、江苏、吉林、湖北、辽宁和浙江。2011 年产量超过 100 万 t 的省达到了 11 个，分别是山东、河南、黑龙江、福建、江苏、河北、辽宁、四川、湖北、吉林和浙江。食用菌种类间的产量差异更为明显，2001 年全国生产平菇 259 万 t、香菇 207 万 t、双孢蘑菇 74 万 t、黑木耳 42.4 万 t、金针菇 38.9 万 t、银耳 11.4 万 t，其余食用菌种类的产量之和不足 150 万 t。2010 年 6 大主栽食用菌的产量分别是平菇 559.9 万 t、香菇 427.6 万 t、黑木耳 289.6 万 t、双孢蘑菇 220.6 万 t、金针菇 184.8 万 t、毛木耳 125.8 万 t，6 大主栽食用菌的产量占当年总产量的 82.2%。2011 年产量排在前 6 位的食用菌分别是平菇 563.3 万 t、香菇 501.8 万 t、黑木耳 346.1 万 t、金针菇 249.3 万 t、双孢蘑菇 246.2 万 t、毛木耳 143.5 万 t，6 大主栽食用菌的产量占当年总产量的 79.7%。

1.1 食用菌的概念

1.1.1 食用菌的概念

食用菌是能够形成大型肉质或胶质的子实体或菌核类组织并能供人们食用或药用的一类大型真菌。子实体是着生孢子的器官，常见的食用菌如香菇、平菇、木耳、银耳、金针菇、草菇等，其被食用的部分都是子实体，而茯苓和猪苓则是菌核。多种大型真菌既是营养丰富、味道鲜美的食品，又是对某些疾病具有一定治疗或预防效果的药用菌，如猴头菇、银耳等。所以，食用菌和药用菌并无明显的界限和标志加以区别，只是各自在功能和用途上有些主次之分。本书对一些功能和用途偏于药用的高等真菌，也一并加以阐述。

1.1.2 食用菌名称的演变

古代人类对食用菌种类的区别是十分混乱的，曾用蕈、菰、芝、耳等名称记载各种食用菌，后来又称之为蘑菇。英语中 mushroom 被翻译成蘑菇，对欧美人来讲，mushroom 主要指双孢蘑菇，而对我国人民而言，蘑菇往往包括各种食用菌，所以食用菌常被翻译成 edible fungi，但有时 mushroom 与 edible fungi 也混用。

随着科学的发展，对食用菌各种不同的种都给予确切的名称，如香菇、双孢蘑菇、金针菇、黑木耳、猴头菇、银耳、草菇、美味牛肝菌、短裙竹荪等。地球上已知能形成大型子实体的真菌约有 14 000 种，其中可以食用的 2 000 多种，有些学者的估计值还要高。我国已发现食用菌 981 种。其中能够进行人工栽培的有 92 种，商业化栽培的有 30 多种，表 1-1 列出了 56 种我国能够人工栽培的食用菌。食用菌在真菌分类中绝大部分属于担子菌，极少数属于子囊菌。多数食用菌是菜肴中的珍品，因此，也可以说食用菌是一类菌类蔬菜。

表 1-1 部分能够人工栽培的食用菌

名称	商品名或又名	学名
1 双孢蘑菇	白蘑菇、双孢菇、洋菇	*Agaricus bisporus*
2 双环蘑菇	大肥菇、高温蘑菇、美味蘑菇、高温洋菇	*Agaricus bitorquis*（= *Agaricus edulis*）
3 金针菇	冬菇、金钱菇、金针蘑	*Flammulina velutipes*
4 香菇	花香菇、厚菇、薄菇、香信、香菌	*Lentinula edodes*
5 虎奶菇	虎奶菌、南洋茯苓	*Pleurotus tuber-regium* （=*Lentinus tuber-regium*）
6 巨大革耳	大斗菇、大杯伞	*Panus giganteas*
7 草菇	杆菇、麻菇、苞脚菇	*Volvariella volvacea*
8 银丝草菇	树生草菇、丝盖苞脚菇	*Volvariella bombycin*
9 姬松茸	巴西蘑菇、巴西菇	*Agaricus blazei*
10 皱环球盖菇	大球盖菇	*Stropharia rugosoannulata*
11 平菇	侧耳、北风菌、秀珍菇、小平菇	*Pleurotus ostreatus*
12 美味侧耳	紫孢平菇	*Pleurotus sapidus*
13 凤尾菇	印度平菇	*Pleurotus plumonarius* （历来误为 *Pleurotus sajor-caju*）
14 亚侧耳	黄蘑、元蘑、晚生北风菌	*Panellus serotius*
15 榆黄蘑	金顶侧耳	*Pleurotus citrinopileatus*
16 红平菇		*Pleurotus djamor*
17 黄白侧耳	姬菇、小平菇	*Pleurotus comucopiae*
18 刺芹侧耳	杏鲍菇、刺芹菇、干贝菇	*Pleurotus eryngii*

续表 1-1

名称	商品名或又名	学名
19 阿魏侧耳	阿魏菇(含白灵菇)	*Pleurotus ferulae*, *Pleurotus ferulae* var. *nebrodensis*
20 鲍鱼菇		*Pleurotus abalonus*
21 盖囊侧耳	盖囊菇、高温平菇、夏季鲍鱼菇	*Pleurotus cystidiosus*
22 滑菇	滑子蘑、珍珠菇	*Pholiota nameko*
23 黄伞	金柳菇、黄柳菇、柳蘑、多脂鳞伞	*Pholiota adiposa*
24 长根菇	奥德蘑、水鸡	*Oudemansiella radicata*
25 鳞长根菇		*Oudemansiella radicata* var. *furfuracea*
26 真姬菇	海鲜菇、蟹味菇、松茸菇、灵芝菇、玉蕈、斑玉蕈、胶玉蘑	*Hypsizigus marmoreus*
27 杨树菇	柳松菇、柳环菇、柱状田头菇	*Agrocybe aegerita*(=*Agrocybe cylindracea*)
28 茶薪菇	茶树菇	*Agrocybe chaxinggu*
29 毛头鬼伞	鸡腿菇	*Coprinus comatus*
30 小孢毛头鬼伞	白鸡腿菇	*Coprinus ovatus*
31 高大环柄菇	棉花菇	*Macrolepiota procera*
32 巨大口蘑	金福菇、洛巴依口蘑、仁王口蘑(日本名)	*Tricholoma giganteum*
33 灰离褶伞	松毛菌	*Lyophyllum cinerascens*
34 紫丁香蘑	裸口蘑	*Lepista nuda*
35 黑木耳	细木耳、川耳、云耳	*Auricularia auricula*
36 毛木耳	粗木耳、牛皮木耳、黄背木耳、白背木耳	*Auricularia polytricha*
37 琥珀褐木耳	斤耳、黄褐木耳	*Auricularia fuscosuccenia*
38 皱木耳	沙木耳、网纹木耳	*Auricularia delicata*
39 银耳	白木耳、雪耳、通江银耳	*Tremella fuciformis*
40 金耳	云南黄木耳	*Tremella aurantialba*
41 血耳	红耳	*Tremella sanguinea*
42 榆耳	榆蘑	*Gloeostereum incamatum*
43 灰树花	舞茸、栗蘑、云蕈	*Grifala frondosa*
44 牛舌菌	牛排菌、肝脏菌	*Fistulina hepatica*
45 猴头菌	猴头菇	*Hericium erinaceus*
46 分枝猴头菌	菜花菇	*Hericium ramosum*
47 长裙竹荪	竹荪	*Dictyophora indusiata*
48 短裙竹荪	竹荪	*Dictyophora duplicata*
49 棘托竹荪	竹荪	*Dictyophora echinovolvata*

续表 1-1

名称	商品名或又名	学名
50 红托竹荪	竹荪	*Dictyophora rubrovolvata*
51 蛹虫草	蛹草、北虫草	*Cordyceps militaris*
52 茯苓	支苓、皖苓、鄂苓、闽苓、松茯苓	*Wolfiporia cocos*(*Poria cocos*)
53 猪苓	猪粪菌、猪灵芝	*Grifola umbellata*
54 灵芝	赤芝、红芝	*Ganoderma lucidum*
55 中华灵芝	紫灵芝、紫芝	*Ganoderma sinensis*
56 松杉灵芝	松杉树芝	*Ganoderma tsugae*

主要引自：黄年来. 中国食用菌，2000，19：3-5。

1.2 食用菌促进农业生态系统的良性循环

我国每年仅农作物秸秆就达 7.0 亿 t，其中稻草 2.0 亿 t，玉米秸秆 2.0 亿 t，小麦秸秆 1.0 亿 t，豆类和杂粮作物秸秆 1.0 亿 t，花生、薯类和甜菜等秸秆、藤蔓 1.0 亿 t；这些秸秆的 75%～80%被用于牛、羊的饲料、秸秆还田及农民的燃料等，剩余的 20%～25%如果被焚烧，将造成极大的资源浪费和环境污染。我国每年还产生畜禽粪便 26.0 亿 t，折合干重约 5.2 亿 t，林业废弃物(不包括薪炭林)0.5 亿 t，其他类有机废弃物约 0.5 亿 t。

木腐型食用菌以前采用段木栽培法，现已改用“代料”栽培，所谓“代料”，是指代替段木栽培木腐型食用菌的各种有机物。代料栽培食用菌，不仅可以保护林木，而且具有生产周期短、生物学效率高、便于工厂化生产等优点。生物学效率是指食用菌鲜重与所用的培养料干重之比，常用百分数表示。如 100 kg 干培养料生产了 80 kg 新鲜食用菌，则这种食用菌的生物学效率为 80%，生物学效率也被称为转化率。利用农林业的秸秆、枝杈及酿造工业的副产品栽培食用菌，还可以消除环境污染，因此，食用菌产业是一项利废为宝、化害为利的有机物转化途径。

食用菌同农作物相比，具有繁殖速度快、生物学效率高的特点。1 hm^2(15 亩)菇房若周年工厂化栽培双孢蘑菇一年可生产 22 t 蛋白质，相比而言，多数农作物每公顷每年的蛋白质产量仅为 1～2 t。食用菌不仅美味可口，而且有很高的营养价值和药用价值。2011 年全国食用菌产量为 2 571.7 万 t，按各种食用菌的平均生物学效率为 50%来计算，2011 年栽培食用菌所利用的 5 143.4 万 t 原料仅占全国各类副产品总量的 3.9%，所以还有很大的发展潜力。

如果在农作物的栽培过程中过量使用化肥，将造成具有致癌作用的 N-亚硝胺的前体硝酸离子(NO_3^-)和亚硝酸离子(NO_2^-)的含量在农产品中大幅超标。施用有机肥料，发展绿色农业或有机农业是当今农业的发展趋势。有机农业绝对禁止使用化肥和化学农药。但由于化肥效益明显和施用方便，所以农民不愿生产和使用有机肥。生产食用菌后的菌糠粗蛋白含量高于 10%，其他肥用指标(N，P_2O_5 和 K_2O)也达到或超过了人粪尿、猪粪和牛粪(表 1-2)，是优质的有机肥料。栽培食用菌的同时就生产出了大量优质的有机肥。施用这种有机肥料，农作物中的硝酸盐和亚硝酸盐含量将会降低，消费者可得到更安全的农产品。所以，发展食用菌产业不仅可以致富，而且还能减少农作物秸秆的剩余量和促进有机农业的发展。

表 1-2 糙皮侧耳(*Pleurotus ostreatus*)的菌糠肥用价值分析 %

项目	N	P_2O_5	K_2O
平菇菌糠	1.70	0.61	1.13
人粪尿	0.60	0.16	0.30
猪粪	0.60	0.60	0.50
牛粪	0.59	0.28	0.14

2010 年，我国食用菌产量为 2 571.7 万 t，利用的工农业副产品总量约为 5 143.4 万 t，出菇后原料重量约减少一半，即产生 2 571.7 万 t 干菌糠，除少数菌糠被进一步加工利用外，绝大部分可作为优质有机肥料用于农业。菌糠的含氮量为 1.7%，2 571.7 万 t 菌糠的含氮量是 43.7 万 t，相当于 95.0 万 t 尿素的含氮量，能满足 253.3 万 hm^2(3 800 万亩)土地一个生长季节对氮的需求。

食用菌是一个一箭三雕的产业。第一只雕是食用菌产品；第二只雕是减少了秸秆的剩余量，降低了焚烧秸秆对环境的污染；第三只雕是生产了大量的有机肥，促进了有机农业的发展。与其他转化农作物秸秆的方法相比，栽培食用菌的特点是经济效益高和基本不产生污染物。

1.3 食用菌的营养价值与药用价值

食用菌不仅是一类味道鲜美、营养丰富的食品，而且可以用作保健品或药品。著名食用菌学家、香港中文大学张树庭(S. T. Chang)教授将食用菌的价值高度概括为“可食可补可药”。

1.3.1 食用菌的营养价值

食用菌美味可口、营养丰富，美味可通过色、香、味的优劣来评判，而营养价值则需要采用科学的方法进行检测，如化学成分分析，包括氨基酸、脂肪酸、维生素、矿物质及核酸的光谱分析等。食用菌的营养成分取决于其遗传基础所导致的生物化学特性，此外，环境条件和培养基质对营养成分也有影响；食用菌和其他生物一样，收获后仍进行代谢，不同发育阶段的子实体及其采收后的贮存和加工方式，也导致化学成分的改变。

1. 蛋白质

双孢蘑菇、香菇、平菇和草菇是世界上许多国家都进行商业化栽培的 4 种食用菌为，它们的蛋白质含量一般占其子实体湿重的 1.75%～3.63%，平均值为 3.5%。这些数据表明，食用菌的蛋白质含量分别比芦笋和卷心菜高 2 倍、比柑橘高 4 倍、比苹果高 12 倍；按干重计算，食用菌通常含有 19%～35%的蛋白质，而稻米仅含 7.3%、小麦为 13.2%、大豆为 39.1%、牛奶为 25%。因此，食用菌的蛋白质含量虽低于动物肉类食品，但却高于其他大多数食物甚至包括牛奶。据估计，全世界每年约有 5 亿人患蛋白质营养不足症，大力发展食用菌产业，是解决世界粮食不足，特别是解决严重缺乏蛋白质的有效途径之一。

2. 必需氨基酸

对食用菌粗蛋白的测定是一种间接分析氨基酸总量的方法，它受到样品中各种非蛋白氮的干扰，因此酸解或碱解后对全氨基酸的定量分析是更为准确的方法。蛋白质由 20 种氨基酸组成，人体虽能把某些氨基酸转化为另一些氨基酸，但有 8 种是人体不能自身合成的，只能从食物中获得，它们被称为必需氨基酸。这 8 种必需氨基酸在蛋白质合成时必须同时存在并且在数量上有正确的比例，如果其中的一种或多种供应不足，则细胞中所有其他氨基酸的利用将以相应的比例减少。动物蛋白与植物蛋白相比，前者所含氨基酸的种类平衡因而质量高，后者常缺乏一些重要的氨基酸，如禾谷类所含赖氨酸很少，豆科类常缺少蛋氨酸和色氨酸。通常栽培的食用菌含有人类所必需的 8 种氨基酸，各种食用菌中赖氨酸含量都很高，但蛋氨酸和色氨酸含量较少。除普通氨基酸和酰胺之外，食用菌还含有不常见的氨基酸和相关的含氮化合物，如甲硫氨酸亚砜、β-丙氨酸、磺基丙氨酸、羟脯氨酸、α-氨基己二酸、刀豆氨酸、瓜氨酸、鸟氨酸等。

3. 脂类

脂类包括脂肪、磷脂、类固醇和萜类等。常见食用菌的粗脂肪含量占其干重的 1.1%～8.0%，平均为 4%。一般而言，食用菌的脂肪种类齐全，包括游离脂肪酸和甘油单酯、甘油双酯、甘油三酯、甾醇、甾醇酯和磷酸酯等，其中非饱和脂类含量高于饱和脂类。

食用菌所含的脂肪酸中，至少有 76% 为非饱和脂肪酸（表 1-3）。这些非饱和脂肪酸主要为亚油酸。在人们的日常饮食中，非饱和脂肪酸是必需的营养物质。而动物脂肪中所含的大量饱和脂肪酸对过多摄入的人不利。因此，食用菌中含有高比例的非饱和脂肪酸，是其作为健康食品的重要因素之一。

表 1-3　食用菌中非饱和脂肪酸及饱和脂肪酸的含量(干重)　　%

食用菌种类	非饱和脂肪酸	饱和脂肪酸	非饱和脂肪酸的比例
草菇	2.6	0.4	86.7
香菇	1.7	0.4	81.0
双孢蘑菇	2.5	0.6	80.6
凤尾菇	1.3	0.3	81.3
黑木耳	1.0	0.3	76.9
银耳	0.5	0.1	83.3

胆固醇（cholesterol）是甾类化合物的脂类中的一个成员（甾类化合物是四环碳氢化合物环戊烷多氢菲的衍生物），它是真核生物膜的一种重要的结构成分，但是血清中胆固醇含量的升高会增加患心血管疾病的可能性，因此胆固醇在一般公众的心目中名声不太好。在人类的食品中，动物类食品蛋白质含量高，胆固醇含量也高，植物类食品蛋白质含量低，胆固醇含量也低，随着人们生活水平的提高，动物类食品的消费数量提高，胆固醇的摄入量也明显增加，患心血管疾病的可能性也随之提高。食用菌蛋白质含量高，胆固醇含量低，多吃食用菌不会引起胆固醇偏高。

4. 维生素、矿物质及纤维素

食用菌中含有多种维生素，如硫胺素（维生素 B_1）、核黄素（维生素 B_2）、生物素和抗坏血酸

(维生素 C)。以每克干子实体中所含的毫克数表示，草菇的维生素 B_1 含量为 0.35 mg，双孢蘑菇为 1.14 mg，香菇为 7.8 mg；维生素 B_2 的含量草菇为 1.63～2.98 mg，而在双孢蘑菇和香菇中高达 5.0 mg。

食用菌是一类较好的矿物质源，其菌丝吸收基质中的矿物质并转运到子实体中。食用菌含量最高的矿物质是钾，其次是磷、硫、钠、钙和镁，这些属于主要矿质元素或称之为大量矿质元素，占总灰分的 56%～70%；此外，食用菌还含有微量元素如铜、铁、锰、钼等。

平菇含有 7.4%～27.6%的纤维素成分，双孢蘑菇为 10.4%。纤维素被认为是有利于健康的食品成分，高纤维素膳食可以减少糖尿病人对胰岛素的需要量，并稳定患者的血糖浓度。

5. 核酸

微生物的特点是核酸含量较高，如酵母菌的核酸含量为其干重的 6.0%～12.0%、细菌为 8.0%～16.0%、海藻为 3.0%～8.0%、食用菌的核酸含量为 2.7%～4.1%，其中双孢蘑菇的核酸含量为 2.66%、鲍鱼菇为 2.93%、凤尾菇为 4.06%、草菇为 3.88%(表 1-4)。

表 1-4　4 种食用菌的核酸含量(干重)　　%

种类	DNA	RNA	总量
双孢蘑菇	0.17±0.01	2.49±0.08	2.65
鲍鱼菇	0.37±0.02	2.56±0.10	2.93
凤尾菇	0.21±0.02	3.85±0.05	4.06
草菇	0.29±0.01	3.59±0.20	3.88

引自杨国良等译，食用蕈菌及其栽培，1992。

联合国的蛋白质顾问组建议，成人摄入核酸的安全限量最高为每日 4 g，而从微生物食品中摄入的核酸不能超过此限量的一半。这是因为人类缺少尿素氧化酶，不能氧化尿酸，尿酸是鸟嘌呤与腺嘌呤的难溶性代谢产物。血浆中尿酸含量高时，可导致组织和关节中的尿酸盐沉积，并引发肾和膀胱中生成结石。1967 年召开的首届单细胞蛋白质国际学术会议呼吁，要注意任何生长迅速的细胞所具有的高核酸含量问题。在常见的 4 种食用菌中，凤尾菇的核酸含量最高，占其干重的 4.06%，相当于其湿重的 0.51%，即使如此，每人每天食用 392.5 g 鲜凤尾菇是安全的。2010 年我国生产食用菌 2 201 万 t，出口 49.1 万 t，国内消费 2 151.9 万 t，平均每人每年消费 16.55 kg，即每人每天平均消费 45.3 g。392.5 g 鲜凤尾菇是平均消费量的 8.7 倍。如果食用核酸含量较低的其他食用菌，这个界限还可以再放宽些；经烹煮后的食用菌子实体可再多食 20%。因此，作为日常蔬菜食用时，不必限制摄入食用菌的量。

1.3.2　食用菌的药用价值

高等真菌被用作药物，在我国已有悠久的历史，它不但是我国天然药物资源的一个极为重要的组成部分，而且已成为当今探索和发掘抗癌药物的重要领域。2 000 多年前的东汉末，世界上第一部药物专著《神农本草经》中就记载了灵芝、茯苓、猪苓、雷丸等 10 余种真菌。至明代，著名医药学家李时珍的巨著《本草纲目》，收载药用真菌 40 多种。1974 年刘波著的《中国药用真菌》介绍了 78 种真菌，再版时记载了 117 种。应建浙等 1987 年编著的《中国药用真菌图鉴》，收集了药用真菌 272 种。

1930 年德国科学家发现担子菌有抗肿瘤的活性，特别是 1969 年日本科学家千原吴郎报道了香菇多糖具有抗肿瘤活性之后，全世界掀起了从真菌中寻找抗癌药物的热潮，并证明 100 多种真菌具有显著的抑瘤活性。我国真菌资源十分丰富，民间利用真菌入药有着悠久的历史，许多真菌已被用作生药或制成中成药。食用菌的主要药理作用有：

1. 抗癌作用

对猪苓、侧耳、云芝、香菇、灵芝、银耳、茯苓、冬虫夏草、猴头菇、裂褶菌等真菌的研究，证明这些真菌的多糖对某些肿瘤有一定的治疗作用，如香菇多糖和猪苓多糖能抑制小鼠肉瘤 180 的增殖；猴头菇多糖在治疗胃癌、食道癌方面有一定作用。

2. 对心血管系统的作用

灵芝可降低小鼠的耗氧量，提高耐缺氧能力，其注射液能改善心律失常和胰腺微循环。冬虫夏草也同样具有降低实验动物耗氧量和提高耐缺氧能力，临床上对心肌梗塞有一定的保护作用。银耳对治疗慢性肺源性心脏病有较好效果，层卧孔菌对治疗冠心病和心绞痛有一定效果。

3. 对肝脏的作用

香菇多糖对慢性病毒性肝炎有一定的治疗效果。灵芝能促进肝细胞蛋白质的合成。云芝、槐栓菌、亮菌、树舌、猪苓等在治疗肝炎方面也有一定作用。

4. 对神经系统的作用

冬虫夏草的乙醇提取物能抑制小鼠自主活动，延长睡眠时间。小刺猴头菌对中枢抑制剂有协同作用，对中枢兴奋剂有对抗作用，安络小皮伞有较好的镇痛作用。

5. 抗炎作用

银耳、冬虫夏草、蜜环菌、竹黄菌均有一定的抗炎作用。

6. 抗病毒作用

灵芝、香菇等食药用菌在预防和治疗肝炎等病毒性疾病方面有一定的作用。

一些药用真菌，除对某种疾病有特殊的治疗效果外，它的作用往往是综合性的。不少药用真菌都具有滋补强壮作用，如灵芝、冬虫夏草、香菇等。我国历代医药学家都认为灵芝具有滋补强壮、扶正固本的作用，近代医药临床上，灵芝在治疗慢性支气管炎、消化不良、神经衰弱、冠心病、肝炎、高血脂症、高血压、白细胞减少症等疾病中均有效果。灵芝菌丝体和孢子粉制成的注射液，用于弥漫性或局限性硬皮病、多发性肌炎、红斑狼疮、斑秃、银屑病等疑难病症，都获得了一定的疗效。药理实验证明，灵芝具有免疫调节作用、抗过敏作用、抗肿瘤作用、抗衰老作用、提高肌体耐缺氧作用、降血糖、降血压作用。

药用真菌在提高人体免疫功能、滋补、抗衰老方面的作用，早已受到我国历代医药学家的关注，冬虫夏草、灵芝、香菇等在医疗临床或滋补保健中都显示了一定的效果；茯苓、猪苓利水渗湿、雷丸杀虫、马勃医治恶疮等都一直用于中医临床。随着近代化学和药理学的发展，逐渐明确了一些药用真菌的化学成分和药理作用，并通过临床验证，一些药用真菌的制剂大量应用于治疗疾病，如树舌、云芝、亮菌治疗乙型肝炎，云芝、银耳医治慢性气管炎，猴头菇、白靶齿菌治疗慢性胃炎，安络小皮伞治疗三叉神经痛、偏头痛等。特别是近年对药用真菌中生物活性多糖的研究，紧密与中医药理论相结合，已在临床上用于癌症的免疫治疗，如香菇多糖、裂褶菌多糖、猪苓多糖等，并取得较好的疗效。随着化学、药理学、临床医学等领域的进一步深入研究，药用真菌在医疗临床中将会显示出更大的作用。

许多药用真菌特别是一些具有肉质子实体的大型真菌，它们既可以入药医治疾病，同时又是人们食用的美味佳肴，如黑木耳、香菇、银耳、猴头菇、金针菇、羊肚菌、松口蘑、蜜环菌等，都可制造出许多可口的菜肴和保健食品。

1.4 食用菌的标准化生产

2003 年 2 月，中国食用菌协会根据国内外食用菌产业的现状，提出了实施食用菌标准化生产的意见。标准化生产包括：①食用菌产品生产环境的标准化；②投入品的标准化；③生产过程的标准化；④食用菌产品及其加工品的标准化；⑤食用菌产品及其加工品的包装、储藏、运输、营销标准化。

在实施过程中，要以全面提高食用菌产品质量卫生安全水平为中心，通过健全体系，完善制度，对食用菌生产加工销售，实行从“农田到餐桌”全过程管理监督。实施食用菌标准化生产的主要措施是：

(1)强化源头管理，净化产地环境　采取有效措施加强对食用菌产品产地环境的监测，及时有效地防止生产环境污染，严格禁止使用未经处理的污水、废水，强化产品供水水质的管理。重点解决农药等农资投入品对生态环境和食用菌产品的污染。大力推广应用臭氧灭菌机、紫外线等物理方法进行消毒、灭菌、杀虫。

(2)严格投入品的管理　加强对限用、禁用农药等投入品的管理，严格执行农药等投入品禁用和限用目录及范围。抓紧制订农资投入品标准。对食用菌产品质量安全构成威胁的农药等投入品要尽快予以淘汰。大力推广应用环保型农资投入品，加快推广先进的病虫害综合防治技术，积极开发高效、低毒、低残留的农药等投入品，逐步淘汰高毒、高残留投入品品种，严肃查处生产、经营、使用国家禁止的农资投入品行为。搞好技术培训，使生产者掌握并遵循安全生产的技术规程，减少有毒有害物质的残留。

(3)加强产品质量全程监测　生产基地和各类加工企业，要严格执行食用菌卫生管理制度、栽培操作规程、技术标准和产品质量标准。严格按照标准组织生产和加工，科学合理使用农药、添加剂等投入品。为实现食用菌无公害生产，必须对食用菌产品质量安全实行严格的全过程管理，全面开展产地环境、生产过程和产品质量检测。加大食用菌菌种生产和经营的监管力度，严格控制劣质菌种流入市场。

(4)加快质量标准体系建设　按照技术先进、符合市场需求和与国际标准接轨的要求，生产基地和生产、经营企业要尽快建立包括食用菌生产技术、加工、包装、储藏(保鲜)、运输等环节的质量标准体系。尤其要加快建立食用菌产地环境、生产技术规范和产品质量安全标准体系，并不断完善配套。具有一定规模的生产、经营企业要采用先进的检验检测手段、技术和设备，建立严格的产品自检制度。各地各企业要逐步配备快速检测仪器设备，加强简便、快速、准确、经济的检验检测技术和设备的开发，进一步提高检验检测技术水平和能力。

(5)加大宣传力度　各地要加大对食用菌产品质量安全方面的有关政策、法规、标准、技术的宣传和培训，提高全行业产品质量安全意识，形成全社会关心、支持食用菌产品质量安全管理的氛围。

1.5 毒菌及中毒类型

毒菌是相对食用菌而言的,绝大多数的毒菌属于担子菌的伞菌目,仅少数是其他担子菌或子囊菌。全世界有毒菌200多种,我国已知183种,其中能致人死亡的有30多种,分布相当普遍,误食毒菌中毒事件屡有发生。如日本平均每年500~600人中毒,瑞典每年约46人中毒,美国每年600多人中毒;据我国19个省市的调查统计,1960—1981年误食毒菌中毒者4 211人,其中死亡184人,占4.37%。

毒菌的毒性是它产生的毒素所造成的。不同种类的毒菌常含有不同种类的毒素,有时也发现同一毒素含于不同种的毒菌中,或一种毒菌含有多种毒素。同一种毒菌所含毒素的种类和数量的多少,也可因时间和地点而有所不同。误食者的体质强弱、误食的数量、误食时及其前后的饮食以及加工和烹调等方法的不同,会导致误食的结果有很大的差异。毒素不同,侵害身体的部位也不同,现以毒菌所含毒素与临床主要表现分为以下6种类型。

(1)胃肠炎型　引起此中毒类型的毒菌种类很多,我国有80多种。常见的有毒红菇、毛头乳菇、白乳菇、毒粉褶菌、粉红丛枝菌、黄黏盖牛肝菌等。目前这类毒菌中绝大多数的毒素仍不详。

此类中毒潜伏期较短,一般多在食后10 min至6 h发病。主要表现为急性恶心、呕吐、腹痛、水样腹泻,有时伴有头昏、头痛、全身无力等症状。严重者出现吐血、脱水、电解质紊乱、昏迷,以及急性肝、肾功能衰竭而死亡。一般病程短、恢复较快,预后较好,死亡者很少。

(2)神经精神型　引起此型中毒的毒菌有60多种,其中常见的有豹斑毒伞、毒蝇伞、小毒蝇伞、裂丝盖伞、黄丝盖伞、花褶伞、古巴光盖伞、橘黄裸伞、红网牛肝菌等。中毒症状可以分为神经兴奋、神经抑制、精神错乱及各种幻觉反应。这些症状可在发病过程中交替出现,或仅有部分反应。引起神经精神型中毒的毒素有很多种,发现最早的是毒蝇碱(muscarine, $C_9H_{20}O_2N$),它的化学性质与胆碱(choline)相似,具有拮抗阿托品的作用,毒理作用似毛果芸香碱,主要使副交感神经系统兴奋、心率减慢、血压降低、肠胃平滑肌蠕动增快,从而引起呕吐。又使汗腺、泪腺、唾液腺、胰脏、胆汁及各种黏液的分泌增多。毒蝇碱最早发现于毒蝇伞中,在白霜杯伞、毒杯伞、裂丝盖伞等毒菌中也有发现。误食含毒蝇碱的毒菌,中毒潜伏期较短,一般在食后10 min至6 h内发病。出现大汗、发热、流涎、流泪或发冷、心跳减慢、血压降低、瞳孔缩小、眼花、视力减弱甚至模糊不清。严重者谵语、抽搐、昏迷或木僵。

墨西哥光盖伞、古巴光盖伞、毒光盖伞、半光盖伞等毒菌中含有幻觉诱发物(hallucinogens),此类毒菌中毒潜伏期短、发病快,0.5~1 h发病。主要出现异常神奇的各种幻觉反应。美洲墨西哥印第安人将这类引起神迷奇特幻觉的毒菌称之为“神物”,用于祭奠活动达数百年之久,甚至在3 000年前印第安人就知道这些毒菌。中毒者在幻视、幻想、幻听时多伴有兴奋愉快、狂笑乱语或手舞足蹈。有的如同醉汉,东倒西歪,神志不清。开始多有眼花眩晕,视物大小、长短可变或有东倒西歪之感。有的出现交感神经兴奋、血压升高、瞳孔散大等。一般病程短易恢复。我国云南省曾发生误食小美牛肝菌中毒引起“小人国幻视症”,其潜伏期一般很短,但个别长至10 h后发病。症状特点是患者可幻视到高不过尺、形象离奇、性格活泼的小人,甚至还有小动物。病人幻视到此情形后心情紧张、恐慌不安、束手无策或感到绝望。重症者还出现木僵痴呆，一般随毒性消失于短时间内恢复正常，极少有后遗症。

(3)溶血型　引起此类型中毒的约有18种毒菌，以鹿花菌、赭鹿花菌及褐鹿花菌最为典型。鹿花菌类的毒素以前认为是马鞍菌酸，现在认为是鹿花菌素(gyromitra toxins，CH_3NHNH_2)，属于甲基联胺化合物，具有极强的溶血作用。另外，一些毒菌含有毒伞肽或毒肽，也可引起溶血作用。

含这类毒素的毒菌中毒潜伏期较长，一般在误食后6～12 h发病。除了有恶心呕吐、腹痛或头痛、烦躁不安等症状外，可在一两天内由于毒素大量破坏红细胞而迅速出现溶血症状。主要表现为急性贫血，血红蛋白尿，闭尿，尿毒症，肝及脾脏肿大等。严重者脉弱、抽搐、幻觉及嗜睡，一般死亡率很低。

(4)肝脏损害型　引起此类型中毒的毒菌近20种，主要有毒伞、白毒伞、鳞柄白伞、秋盔孢伞、条盖盔孢伞、毒丝膜菌、褐鳞小伞、肉褐鳞小伞、纹缘毒伞等。以上毒菌中毒主要导致肝脏等许多重要器官的组织严重损害。其毒素环肽化合物大致可分为毒伞肽类(amatoxins)和毒肽类(phallotoxins)，两类化合物的化学结构相近，只含有几种氨基酸，有的氨基酸是一般蛋白质所没有的。毒素的毒力与吲哚环上的硫醚键有关，国内曾用含巯基药物，即二巯基丁二酸钠及二巯基丙磺酸钠与毒素结合，以打断毒素中硫醚键达到解毒的目的，在抢救上述极毒菌中毒时有一定的作用。从作用机制来讲，毒伞肽直接作用于肝脏细胞核，使细胞迅速坏死，这是导致中毒者死亡的重要原因之一。毒肽作用于肝细胞的内质网使其受损害。毒肽作用速度快，毒伞肽作用速度慢；若按毒性来比较，毒伞肽的毒性比毒肽更强。如α-毒伞肽的毒性是毒肽的10～20倍，毒伞肽的致死量低于0.1 mg/kg体重，而毒肽则为2 mg/kg体重。所以一枚约50 g重的白毒伞菌所含的毒素足以毒死一个成年人。另外，毒伞肽易溶于甲醇、氨水及水，因此往往喝汤者比不喝汤者中毒严重。肝脏损害型中毒发病过程可分为5个时期，分别是潜伏期、胃肠炎期、假愈期、内脏器官损害期和恢复期。毒伞肽和毒肽对人体内肝、肾、血管内壁细胞及中枢神经系统以及其他组织细胞的损害极为严重，中毒者常因体内各功能衰竭而导致死亡。中毒死亡率高达90%以上。

(5)呼吸与循环衰竭型　亚稀褶黑菇等毒菌中毒主要引起呼吸与循环衰竭病症。以中毒性心肌炎、急性肾功能衰竭和呼吸麻痹为主，瞳孔稍散大，但无昏迷，无副交感神经兴奋样症状，也无黄疸、肝大，其肝功能正常。有的病人初发时有呕吐或腹泻，头晕或全身酸痛、发麻、抽搐等。潜伏期20 min至1 h，最长达24 h，此中毒类型死亡率较高，应注意早期治疗。

(6)光过敏性皮炎型　胶陀螺等毒菌引起此类中毒反应，其毒素为光过敏物质卟啉(porphyrins)类。当毒素经过消化道被吸收，进入体内后可使人体细胞对日光敏感性增高，于是，凡日光照射部位均出现皮炎，如红肿、火烤样发烧及针刺般疼痛。潜伏期较长，一般在食后一两天内发病，有的病人还出现轻度恶心、呕吐、腹痛、腹泻等胃肠道症状。

很多毒菌经过加工炮制或控制剂量的情况下内服或外敷，可治疗多种疾病。如鳞皮扇菇可作为收敛剂，黄粉牛肝菌用于外伤止血，黄丝盖伞抗湿疹，苦粉孢牛肝菌可治疗肝病，臭黄菇、稀褶黑菇、环纹苦乳菇、片鳞托柄菇治腰腿疼痛、手足麻木、筋络不舒、四肢抽搐等症。在筛选抗癌药物方面，毒菌也是宝贵的资源，不少种类的提取物调节体内抗癌机能，增强排异功能。如毒粉褶菌、细网牛肝菌、毒红菇、亚稀褶黑菇、墨汁鬼伞等毒菌对小鼠肉瘤180都具有较高的抑制作用。

黄斑黑伞、毒蝇伞等许多毒菌有抑制细菌及真菌的作用。曾有人提出从乳菇中提取橡胶的设想。有些毒菌还是除杀害虫、用于生物防治的有效药物。

思　考　题

1. 食用菌的概念是什么?

2. 发展食用菌产业的生态学意义是什么?

3. 说出 10 种常见的食用菌。

第2章 食用菌学基础知识

2.1 食用菌的形态结构和分类地位

食用菌形态上有菌丝体和子实体两种形式。菌丝体是营养结构，存在于基质表面或内部，主要功能是分解营养基质，吸收、输送及贮藏养分；子实体是繁殖结构，其主要作用是产生有性孢子，繁殖后代。子实体是供人们食用的主要部分。食用菌在分类上主要包括真菌中的两个门，一个是以产生子囊和子囊孢子为典型特征的子囊菌门，如羊肚菌、冬虫夏草等；另一个是以产生担子和担孢子为典型特征的担子菌门，如平菇、香菇等。大多数食用菌属于担子菌门。

2.1.1 菌丝及菌丝体的形态结构

2.1.1.1 菌丝及菌丝体的正常形态结构

单个食用菌菌丝需要借助显微镜才能看到。食用菌菌丝来自食用菌产生的孢子，在适宜的条件下，当孢子吸水膨大后，首先长出芽管，芽管不断分枝、伸长形成丝状体，通常将其中的每一根细丝称为菌丝，分枝并交织形成的菌丝群称为菌丝体。生长在人工培养基上的，由孢子或转接的菌丝块形成的菌丝体叫菌落，通常是由中心点向四周呈辐射状扩展。

食用菌的菌丝一般呈具隔膜的多细胞结构。每个菌丝细胞的构造同植物细胞类似，包括细胞壁、细胞质膜、细胞核、线粒体、内质网、液泡及贮存营养物质等结构（图 2-1）。子囊菌的隔膜较简单，为单孔隔膜；担子菌的隔膜较复杂，具桶状结构，称为桶孔隔膜（图 2-1）。隔膜的存在使线性排列的细胞原生质连为一体。

食用菌菌丝细胞壁一般由几丁质、纤维素等成分组成骨架。这种壁可被蜗牛酶和纤维素酶等溶壁酶溶解，因而使采用酶解法制备原生质体的工作成为可能。子囊菌的羊肚菌、马鞍菌等细胞壁几丁质的主要单糖成分为 *D*-半乳糖；而担子菌中的香菇、双孢蘑菇等的几丁质主要单糖成分是岩藻糖。幼嫩的菌丝细胞内有较黏稠而浓的原生质，并含有大大小小的液泡；而在老熟的菌丝中，多个液泡聚合起来占据着细胞的中部，把原生质挤到边缘。菌丝细胞中细胞核的数目从 1 个到多个不等，一般担子菌的菌丝细胞多为 2 个核，而子囊菌中的菌丝细胞含有 1 个或多个核。细胞核中核酸的成分主要是 DNA，其中 DNA 中 G+C 碱基的含量可作为真菌分类鉴定的依据。

食用菌菌丝体按照发育顺序可分为初生菌丝体和次生菌丝体。刚从孢子萌发形成的菌丝体称为初生菌丝体，又叫一次菌丝体。这种菌丝特别纤细，菌丝每个细胞中都含有一个细胞

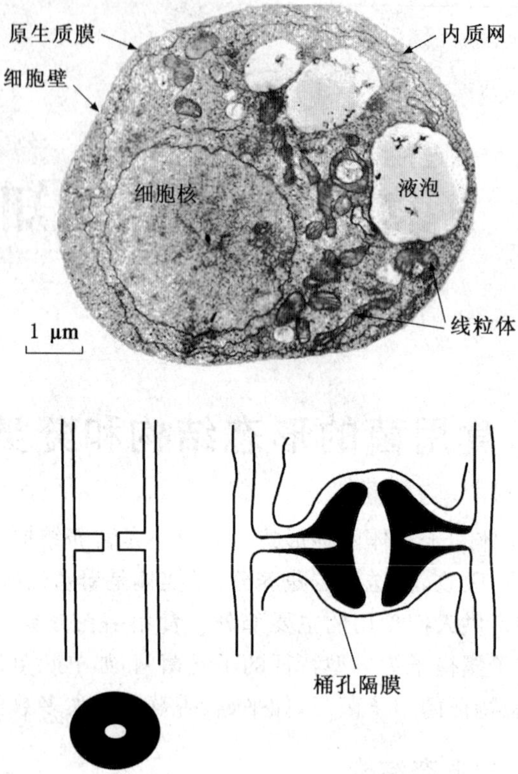

图 2-1　真菌细胞及隔膜的结构

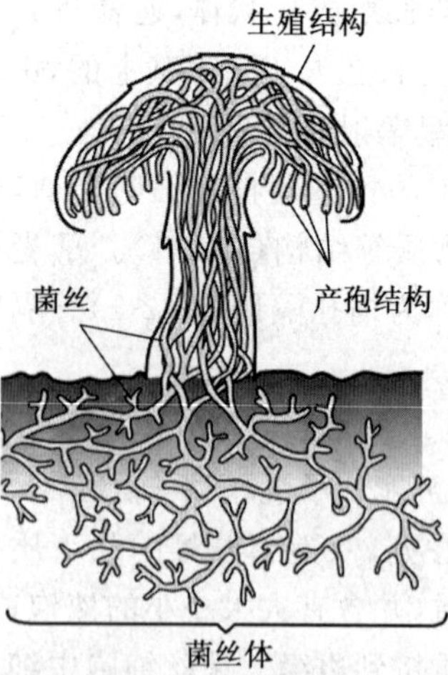

图 2-2　担子菌菌丝体与子实体的关系示意图

核，因此又称单核菌丝。但双孢蘑菇除外，其担孢子萌发时就含有两个核。一般而言，单核菌丝体无正常结实能力，只有经过双核化变成双核菌丝后才具有形成子实体的能力。两条初生菌丝经过原生质融合（质配），发育成次生菌丝体，次生菌丝体中两个细胞核并不融合，所以次生菌丝体的每个细胞均含有两个细胞核，故又称双核菌丝。双核菌丝生理成熟后，可形成产孢结构担子果，即子实体（图 2-2）。

在灵芝科等多孔菌子实体中存在 3 种类型的菌丝，即生殖菌丝、联络菌丝和骨架菌丝。生殖菌丝的特点是壁薄，原生质稠密，有或没有锁状联合，由这种菌丝产生担子或其他两类菌丝；联络菌丝为多分枝的、不发达的厚壁菌丝，交织在其他菌丝之间；骨架菌丝是不分枝的、细胞腔狭窄的厚壁菌丝，像生殖菌丝的侧生分枝，它组成子实体的坚实骨架。凡子实体全部存在着 3 种菌丝的，称为三系菌丝型；具生殖菌丝和其他 2 种菌丝任何一种的，称为二系菌丝型，如硫黄菌具生殖菌丝和联络菌丝；而伞菌为只具生殖菌丝的单系菌丝型。

2.1.1.2 变态菌丝体

在环境不良或繁殖时，一些食用菌的菌丝体相互紧密地缠结在一起，形成如菌核、菌索、子座等变态状菌丝组织体。它们在繁殖、传播以及增强对环境适应性方面有很大的作用。

1. 菌核

菌核是由菌丝体聚集和黏附而成的，有一定形状如块状或瘤状的休眠体。如北方草原上的口蘑菌核常分布在地表下 14～30 cm 土中，俗称“口蘑蛋”，能耐－30℃ 严寒，是口蘑的越冬器官。著名的药用菌茯苓（*Macrohyporia cocos*）、猪苓（*Polyporus umbellatus*）、雷丸（*Omphalia lapidescens*）的药用部分都是菌核。菌核质地坚硬、色深，大小不一。菌核内贮藏着大量的糖类和脂类等营养物质，著名的茯苓聚糖和猪苓聚糖就来自于其菌核。菌核对干燥、高温或低温的抵抗力很强，是真菌对不良环境的一种适应形式。当环境条件适宜时，菌核又可萌发出菌丝或者在菌核上直接产生子实体。因此，菌核也可用做菌种的分离材料。

2. 菌索

菌索是由菌丝体缠绕形成的绳索状组织体，外貌酷似高等植物的根，表面色暗，常角质化，其顶端部位是其生长点，可以不断延长，一般长数厘米到数米不等。对不良环境有较强的抵抗力，遇到适宜条件又可从生长点恢复生长。菌索一般生于树皮下或地下，具有吸收、输送养料的功能。小蜜环菌属（*Armillariella*）是著名的菌索产生菌。药用天麻就是靠蜜环菌的菌索提供养分的。

3. 子座

子座是由菌丝体或菌丝与寄主组织形成的有一定形状的密丝组织体。一般呈褥状、柱状、棍棒状或头状。子座是真菌从营养生长阶段到生殖生长阶段的过渡形式，子座成熟后，在它的内部或上部发育出各种无性繁殖或有性繁殖的结构。子座在子囊菌中居多，如冬虫夏草、蝉花、蛹虫草等，其子座为棒状，子囊孢子外生于棒状子座的顶端。另外，竹蟥（*Shiraia bambusicola*）的子座为瘤状。

2.1.2 子实体的形态结构

子实体是大型真菌产生孢子、繁衍后代的菌丝体特化结构，也是供人类食用、药用的主要部分。担子菌的子实体称为担子果，可产生担孢子；子囊菌的子实体称为子囊果，是产生子囊孢子的结构。

2.1.2.1 子实体的形态特征

子实体的形状多种多样，有伞状的，如双孢蘑菇、草菇等；漏斗状的，如鸡油菌；舌状的，如牛舌菌；头状的，如猴头菌；毛刷状的，如齿状菌；盘状的，如盘菌；马鞍状的，如马鞍菌；耳状的，如黑木耳；珊瑚状的，如珊瑚菌等（图 2-3）。其中以伞状菌即伞菌为最多。商品化栽培的食用菌大多为伞菌，如双孢蘑菇、香菇、草菇等。

子实体的颜色丰富多彩，有白色、黑色、灰色、褐色、红色、黄色、绿色等各种颜色。

子实体的大小各不相同，大的可达几十厘米，小的仅为几厘米。此外，就子实体的生长状态来说，还有单生、丛生、簇生和覆瓦状等区别。

2.1.2.2 子实体的宏观结构特征

典型伞菌的子实体宏观形态结构一般由菌盖、菌柄、菌环、菌托、鳞片等组成（图 2-4）。

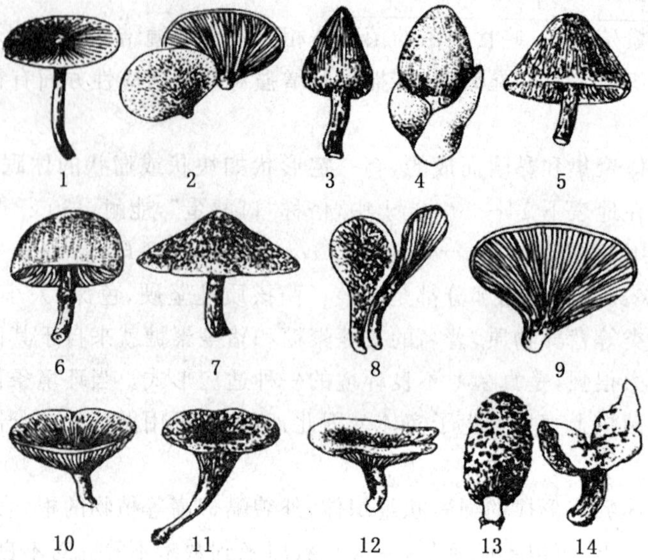

图 2-3　子实体菌盖的形状特征

1. 圆形　2. 半圆形　3. 圆锥形　4. 卵圆形　5. 钟形　6. 半球形
7. 斗笠形　8. 匙形　9. 扇形　10. 漏斗形　11. 喇叭形
12. 浅漏斗形　13. 圆筒形　14. 马鞍形
(引自:牛西午. 北方食用菌栽培,1994)

1. 菌盖与菌褶

菌盖是伞菌子实体的帽状部分。种类不同,形状有所区别,以成熟时为标准,大致有圆形、半圆形、圆锥形、卵圆形、钟形、半球形、斗笠形、杯形、碗形、喇叭形等(图 2-3)。菌盖边缘的形状,幼时和成熟时完全不同,有的全缘或开裂,有的边缘内褶或外翻,内卷或外卷等。菌盖的质地有肉质(双孢蘑菇)、胶质(木耳)、木栓质(灵芝)、革质(革菌)、海绵质(鬼笔)、膜质(皮伞)、蜡质(蜡伞)等。

菌盖由表皮层、菌肉及菌褶 3 部分组成。

菌盖的表皮层由保护菌丝组成。色素一般存在于表皮层细胞中,有的则延及菌肉。菌盖表面有的光滑,有的具皱纹、条纹或皲裂;有的干燥,有的湿润、水浸状、黏滑或胶黏;还有的表面粗糙具纤毛状、丛毛状鳞片或呈粉末状。鹅膏属的不少种类在发育过程中,外菌幕残留在菌盖表面而形成角锥形、疣状或块状鳞片。鳞片的有无及形状可作为分类依据。

菌盖最下层呈辐射状排列的叶形薄片叫菌褶(图 2-4)。菌褶是由菌肉菌丝向下生长形成的。菌褶的轮廓、形状有宽形、窄形、披针形及三角形等之分;褶片有长短一致的,长短相间及分叉的,有具横脉或交织成网的;菌褶的边缘有全缘、波状及锯齿状等。裂褶菌的菌褶则沿菌褶裂为二,且两缘彼此向相反方向外卷。

牛肝菌、多孔菌相当于菌褶的部分变成管状,称为菌管。猴头等大多数齿菌相当于菌褶的部分则变为刺状,称为菌刺。菌褶的两侧,菌管的内周壁或菌刺的周围是着生子实层和产生孢子的地方,故将菌褶、菌管和菌刺又都叫子实层体。

图 2-4 伞菌子实体及菌褶的形态特征

a. 伞菌子实体 b. 菌盖 c. 菌褶 d. 孢子印迹

菌褶的颜色，除多汁乳菇等少数种外，一般都是由孢子的颜色造成的。野外采集后的成熟菌盖放在白纸上一段时间后，可获得孢子印迹，作为分类的辅助依据。

2. 菌柄

菌柄是菌盖的支撑部分，除胶质菌和腹菌等少数种类外，多数食用菌都具有菌柄结构。菌柄形状、长短、质地因种类而异。菌柄的形状一般有圆柱形、棒形、纺锤形等，直立或弯曲，或分枝，或基部膨大。菌柄的质地通常为肉质，有的为纤维质、脆骨质或半革质、革质等。此外，菌柄的表面有的光滑，有的被绒毛、鳞片，有的菌柄上有条纹或网纹。菌柄内部有的松软或空心，有的是实心；还有些种类随着菇体的不断生长，菌柄内部由实心变为空心。菌柄的实心或空心，光滑或具鳞片、条纹等都是食用菌分类上的重要依据。

菌柄在菌盖上的着生位置典型地分为 3 种：一是中生，菌柄着生于菌盖的中央，如双孢蘑菇、草菇、金针菇等。二是偏生，菌柄着生于菌盖的偏心处，如香菇等。三是侧生，菌柄着生于菌盖的一侧，如侧耳等。但侧耳或其他一些菌柄侧生的食用菌从树干侧面长出时，往往没有菌柄或菌柄不明显。

菌柄与菌褶的着生关系(图 2-5)也常是分类的特征之一。一般可分为以下 4 种类型：

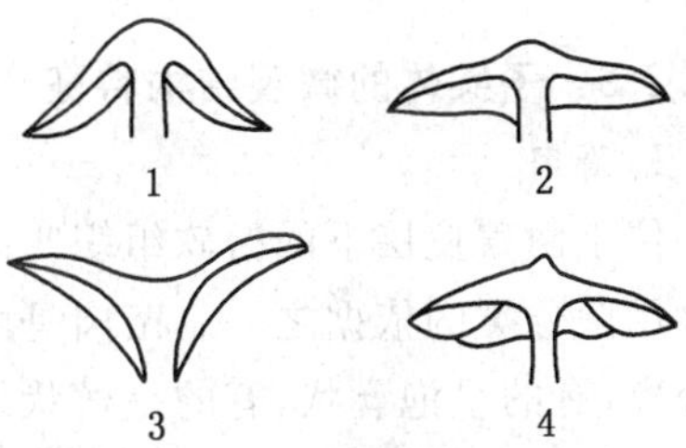

图 2-5 菌柄与菌褶的着生关系

1. 离生 2. 直生 3. 延生 4. 弯生

离生，又叫游生，菌褶内端不与菌柄接触而形成一个游离于菌柄的环，如蘑菇属、草菇属等。

直生，又名贴生，菌褶内端呈直角状着生在菌柄上，如鳞伞属等。

延生，菌褶内端沿菌柄下延，如杯伞属、侧耳属等。

弯生，又叫凹生，菌褶内侧与菌柄着生处呈一弯曲，如口蘑、香菇等。

3. 菌环、菌托

双孢蘑菇、口蘑、大肥菇等食用菌，其子实体常被一种菌幕包被，在菌盖展开后，菌幕便部分地残留在菌柄上。将内菌幕残留在菌柄上的环状物叫菌环，外菌幕遗留在菌柄基部的袋状或环状物称为菌托。菌环的大小、薄厚、质地及单层或双层、向性(图 2-6)等都是分类特征。菌托的形状也有苞叶状、鞘状、鳞茎状、杯状及颗粒状等(图 2-7)。

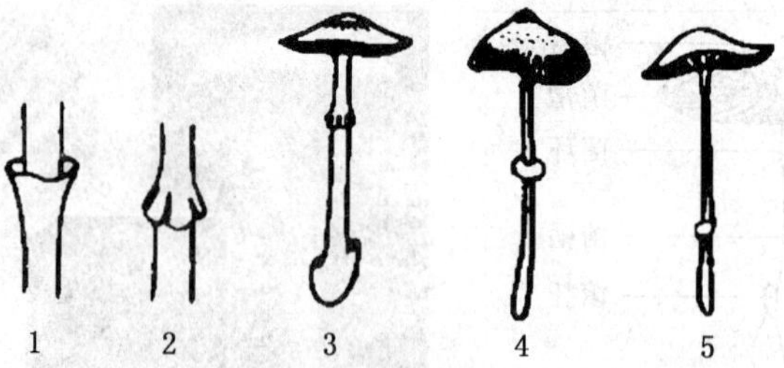

图 2-6 菌环向性和位置

1.向上 2.向下 3.上位 4.中位 5.下位

(引自:黄年来.18种珍稀美味食用菌栽培,1996)

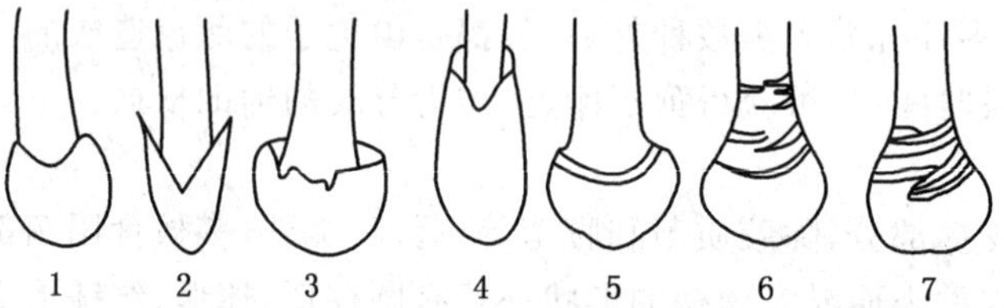

图 2-7 菌托的形状特征

1.鳞茎状 2.裂片状 3.杯状 4.鞘状

5.近球形 6.具环鳞茎状 7.具鳞片环

(引自:黄年来.18种珍稀美味食用菌栽培,1996)

2.1.2.3 子实体的微观结构特征

1.菌肉

位于菌盖皮层下的松软组织叫菌肉,也叫菌髓。菌肉的结构因食用菌的种类不同而不同,是食用菌分类的依据之一。菌肉是由生殖菌丝和联络菌丝组成的密丝组织。这些菌丝细胞各自分离,有的呈泡囊状,有的呈丝状。生殖菌丝是构成菌肉的主要菌丝类型,比联络菌丝宽而直,不断生长,为无限菌丝,分隔多,分隔处明显缢缩;而联络菌丝一般宽 2~5 μm,生长有限,分隔少,常有大量或不规则的分枝。菌肉的构造中通常全为丝状菌丝组成。而红菇属的某些种,菌肉菌丝中很多分枝的细胞特化成膨大的泡囊结构,具有大量泡囊的子实体就比较松脆、易碎,用组织分离法难以得到菌种;乳菇属的菌肉中还有产乳菌丝,也叫分泌菌丝,其内含有乳汁或油滴。

菌肉的风味对某些食用菌来说也是分类的依据之一。许多食用菌的命名就是根据其风味而来的,如辣乳菇味辣、苦乳菇味苦、香菇味香等;鸡油菌有杏仁香味,因此又名杏菌;鲍鱼菇由于具有鲍鱼的风味而得名。美味牛肝菌、美味北风菌等也或多或少与它们菌肉的风味有关。

2.子实层

子实层是担子菌或子囊菌的繁殖器官。

子囊菌的子实层由子囊和侧丝构成。羊肚菌子实层平铺于菌盖的凹穴表面而棱上没有。侧丝失去产孢功能,与担子同一来源,但形态上一般比担子短而宽。

担子菌的子实层比子囊菌要复杂，主要有担子、担孢子、囊状体，有的还有侧丝(图 2-8)。大多数担子菌的子实层位于菌褶两侧，但牛肝菌位于菌管内壁，喇叭菌平铺于菌盖外侧，猴头菌平铺于各个肉刺上，珊瑚菌分布于全部分枝表面。囊状体也是一种没有生殖能力的器官，大型，突出于子实层之上，形状不一：有的简单，有的分枝，有色或无色，顶端钝圆或尖状。侧丝或囊状体都是由菌丝发育而成的辅助物，是不育的，其作用可能与孢子的成熟有关。

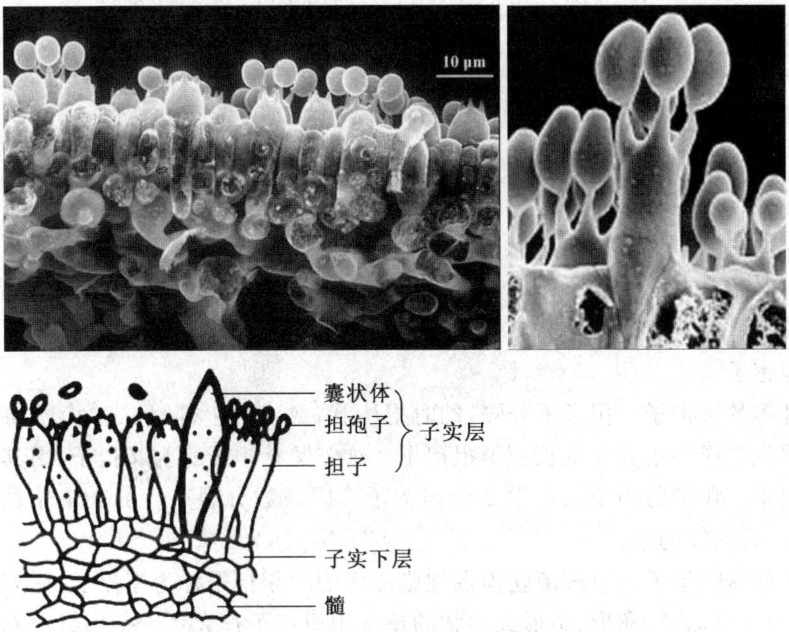

图 2-8　子实层横切面的结构图

上图，电镜下的子实层结构、担子及担孢子

下图，子实层结构示意图

(引自：黄年来. 18 种珍稀美味食用菌栽培，1996)

由于菌褶或菌管与菌肉是相连的，因此，子实层实际上是由菌盖内的菌肉菌丝向下生长形成的产孢的组织，是菌肉的组成部分。最靠近菌肉两侧的菌丝生长成为狭长、分枝多的紧密区，称为下子实层，由下子实层向外再产生栅状排列的担子或囊状体，由这些担子或囊状体组成子实层。因此，可以认为子实层便是菌褶两侧的表生覆盖物。

担子、担孢子、囊状体的形态特征是分类的重要依据。

(1)担子及担孢子　担子是担子菌子实层的能育部分，是由菌丝顶端细胞分化而成的。担子整齐排列成栅状，其上着生担孢子(图 2-8)。

在担子菌中，担子的构造和类型有很大差异，是分类的重要依据。担子的类型多种多样，一般分为无隔担子(图 2-9 中 A，B，C)和有隔担子两大类(图 2-9 中 D，E)。无隔担子中常见的有筒状(如伞菌)和二叉状(如花耳)。有隔担子分具横隔的担子(如木耳)和具纵隔的担子(如银耳)。

①四孢蘑菇等的无隔担子。构成菌褶组织的双核菌丝顶端细胞，经核配和减数分裂成熟后，仍然是圆筒形或棒状的单细胞，没有隔膜，四孢蘑菇等在担子顶端生出 4 个小梗，每个小梗

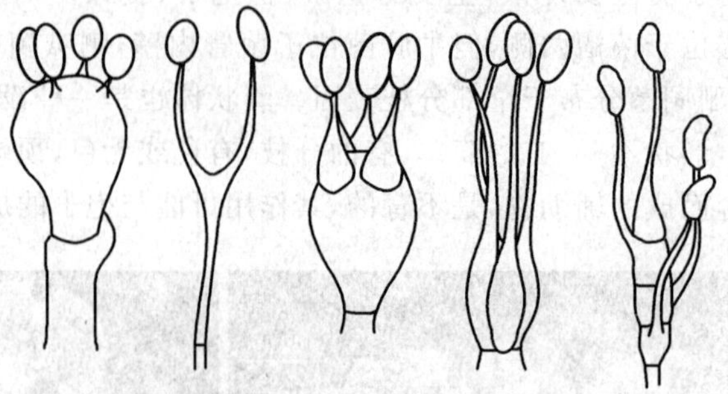

图 2-9　担子菌担子的类型

A. 四孢蘑菇等的无隔担子　B. 桂花耳等的叉担子　C. 胶膜菌的担子

D. 银耳等的纵隔担子　E. 木耳等的横隔担子

（R. W. Scheetz 绘）

上形成一个担孢子。

②桂花耳等的叉担子。担子不分隔，幼时棍棒状，成熟时上部呈二叉状形成两个长臂（上担子），每个臂先端成一小尖并生长一个担孢子。这二叉状担子称为叉担子，因其形似音叉，故又称音叉形担子。典型的担子只产生 2 个担孢子。因减数分裂产生的 4 个子核，2 个早期退化，只剩下 2 个有功能的核。

③银耳等的纵隔担子。双核菌丝顶端细胞形成的幼年担子称为原担子，核配后，减数分裂仍在此进行，原来呈球形、卵形、梨形或棒状的单细胞原担子长大且十字形纵分隔成 4 个细胞，横切面呈"田"字形。每个细胞的顶部生出一长的管状物，称为上担子，其尖端小而尖称为小尖，小尖担负着担孢子的形成和掷射作用。此时已纵裂长大的担子称作下担子。

④木耳等的横隔担子。双核菌丝顶端细胞首先形成柱状的幼担子，核配后经减数第一次分裂后产生一个分隔，经减数第二次核分裂后又产生 2 个分隔，使成熟担子成为 4 个细胞，每个细胞上形成一小梗，每个小梗顶端着生一个担孢子。

担孢子是在担子上产生的外生孢子，一个担子上一般为 4 个。其发生过程是：双核菌丝顶端细胞逐渐膨大成担子，二核结合，经减数分裂产生 4 个单倍体的核，担子顶端生出 4 个小梗，小梗顶端膨大成幼担孢子。4 个单倍体的核通过小梗进入幼担孢子内，最后产生 4 个单细胞、单核、单倍体的孢子（图 2-10 中 A）。但花耳科、珊瑚菌科的某些种只产生 2 个担孢子，双孢蘑菇一般则产生 2 个担孢子，另外尚有 1 个、3 个或 5 个、6 个担孢子的异常情况。

（2）子囊及子囊孢子　子囊是子囊菌子实层的能育部分。子囊孢子是在子囊中产生的内生孢子，一般为 8 个。其形成过程是：两个单核细胞交配后，经质配形成双核细胞的产囊菌丝。由产囊菌丝顶端的双核细胞伸长和弯曲成为一种钩状体，双核并列，形成 4 个子核，其中二核移到钩头，一核位于钩尖，另一核位于钩柄。然后钩头、钩尖和钩柄之间各生横壁，将钩状体分成 3 个细胞。钩尖、钩柄各一核，钩头细胞二核，此双核细胞即为子囊母细胞。母细胞伸长和双核进行核配后发育成子囊。子囊中的双倍体细胞核，经减数分裂形成 4 个单倍体细胞核，再经一次有丝分裂形成 8 个细胞核，此后每个核周围的细胞质与子囊中其余细胞质分离，并形成细胞壁，便成为 8 个子囊孢子（图 2-10 中 B）。

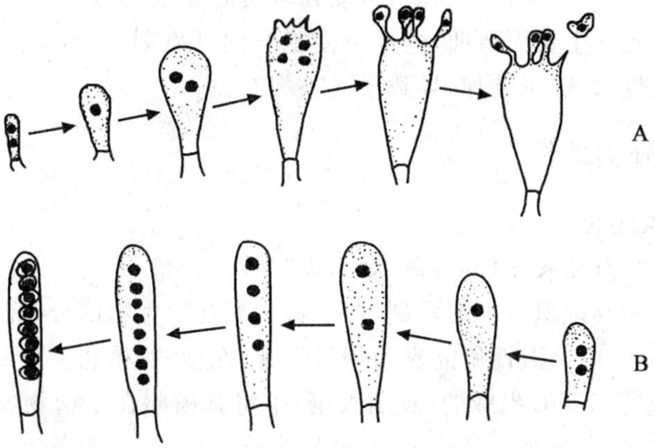

图 2-10 担孢子(A)和子囊孢子(B)的形成过程

(引自:牛西午.北方食用菌栽培,1994)

(3)孢子的形态与释放 食用菌孢子是食用菌抵抗逆境环境、繁衍后代的细胞,包括无性孢子和有性孢子两类。食用菌的无性孢子并不发达,以有性孢子为主。

孢子的形状、大小、颜色、表面特征及孢壁厚薄等是食用菌分类的重要依据之一。常见的孢子形状有球形、卵形、椭圆形、圆柱形、腊肠形、肾形、多角形、星形、柠檬形、梭形、纺锤形等。其表面有光滑、粗糙、麻点小瘤、小疣、网棱、沟纹或条纹等不同(图 2-11)。

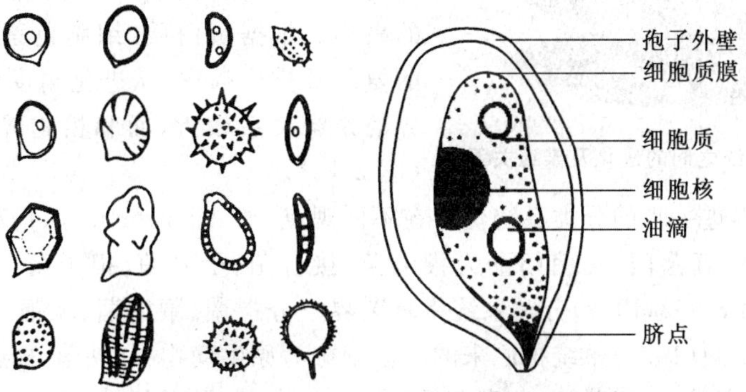

图 2-11 食用菌孢子的形态及构造

(引自:黄年来.中国大型真菌原色图谱,1996)

孢子多是无色透明的,但当大量孢子成堆时便会呈现出特有的颜色。因此,孢子印迹常作为鉴别种类的重要依据之一。例如,侧耳属中的糙皮侧耳的孢子印迹为白色,而美味侧耳的孢子印迹为淡紫色。孢子的大小为(5~10) μm×(3~8) μm。

担孢子的释放过程是非常复杂的。食用菌中除马勃、秃马勃等腹菌类外,大多数担子菌的担孢子为掷孢子。当担孢子即将发射之前,在孢子和小梗连接处的近轴一侧出现一个微小的发射结构,称为脐侧附胞,该结构可在几秒钟内迅速膨大到最大体积,随后将担孢子猛烈掷出。

块菌埋生于地下,子囊不规则地散布于组织圈内,不外露,子囊不能猛烈地弹射其孢子,但可通过子实体成熟时散发出的特殊气味引诱动物取食时完成其孢子的释放。羊肚菌子实层中的子囊可随着它的向光性生长而弯曲，这样可使孢子向外发射；此外，还发现羊肚菌的子囊孢子发射时与子囊大量吸水，膨压增加，导致子囊破裂有关。

2.1.3 食用菌的分类地位

2.1.3.1 真菌的分类地位

1. 生物分类学研究新进展支持“真菌”独立成“界”

由于过去科学研究及认识水平的限制，许多科学家在对生物的分类时将真菌归为了植物。Micheli (1729)是第一个用显微镜研究真菌的科学家，在他的《植物新种属》一书中首次将真菌归在了植物。Martin 等(1950)出版的《真菌大纲》中将真菌归在了植物界的菌藻植物门，该门分黏菌亚门和真菌亚门，真菌亚门分 4 个纲，分别为藻状菌纲、子囊菌纲、担子菌纲、半知菌纲。Martin 的分类系统在 19 世纪 70 年代中期被广泛采用，至今，中国的某些植物教科书仍沿用此分类系统，这也可能是有些人认为真菌为植物的主要根源。

随着科学的发展，许多分类学家主张真菌脱离长期附属于植物界的观点，将真菌独立成界。Jahn(1949)、胡先骕(1965)、Whittaker(1969)、Margulis(1974)、陈世骧(1979)等都先后提出生物的五界系统，虽然内容各异，但界级数目相同，即植物界、动物界、真菌界、原生生物界和原核生物界，将真菌独立成界(图 2-12)。随着分子生物学技术的快速发展，真菌独立成界已是不争的事实。根据蛋白质、细胞色素 C 等生物大分子的氨基酸排列顺序，从进化角度讲，真菌界和动物界的亲缘关系较近，而和植物界的亲缘关系较远(图 2-12)。

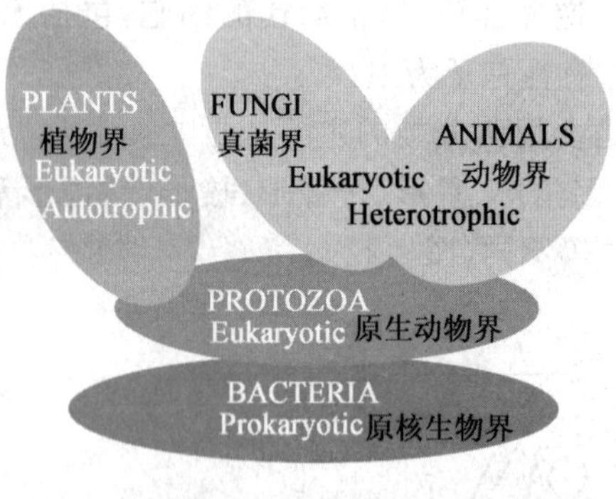

图 2-12 五界系统之间的进化及亲缘关系

目前对真菌界进一步的分类系统仍存在不同观点，如 Ainsworth 等(1971,1973)系统将真菌界下分黏菌门和真菌门，真菌门下为鞭毛菌、接合菌、子囊菌、担子菌、半知菌 5 个亚门。Alexopoulos(1952,1962,1979)分类系统将真菌界下分裸菌、鞭毛菌、无鞭毛菌 3 门。权威性的《真菌字典》第 8 版(1995)系统把原来的真菌划分为原生动物界(黏菌、根肿菌、集孢菌门、网柄菌门)，藻界(丝壶菌门、卵菌门)和真菌界(壶菌、接合菌、子囊菌、担子菌 4 门)。把半知菌改称有丝分裂孢子真菌放在了子囊菌。

2. 真菌和植物的主要区别

(1)营养方式不同　真菌没有叶绿素，不能进行光合作用，靠分泌胞外酶将有机物分解为可吸收的小分子物质来获得能量及营养物质；获取营养过程中需要消耗氧气，释放二氧化碳，属异养生物。有的真菌营寄生生活，直接从寄主中获得能量及营养物质。植物有叶绿素，可利用光能并通过光合作用将无机物转变为自身营养物质，属自养生物。

(2)细胞结构存在差异　真菌和植物都具明显细胞核，都为真核生物。但大多数真菌的细胞壁成分为几丁质和纤维素，而植物主要为纤维素；真菌细胞的核糖体在细胞内主要以游离状态存在，植物细胞则多与内质网相连。

(3)在生态系统中的地位不同　真菌是分解者；植物是生产者。

3. 真菌和动物营养方式上的相似点

真菌和动物从营养方式上看，均为异养生物，靠分解有机物来生活，在获取营养过程中均要消耗氧气，释放二氧化碳。

从上述真菌和植物、动物的关系看，人工栽培食用菌叫“培养食用菌”更科学，“栽培”仍沿袭农作物的概念，而用“种植”更不合适。目前，在实际食用菌生产上，许多菇农仍将食用菌当植物对待；还有不少厂家将用于植物增产的微肥、激素等产品作为食用菌的增产剂、调节剂等，客观讲，这样做是缺乏科学依据的，为食用菌的生产埋下了隐患。

2.1.3.2 食用菌的分类依据及方法

对食用菌进行分类，主要还是基于宏观和微观特征，并借助于某些化学性状。如有的孢子或其纹饰与梅氏(melzer)试剂(配方：碘化钾 1.5 g，碘 0.5 g，蒸馏水22 mL，水合三氯乙醛22 g)反应会变成灰蓝色、蓝色或黑色，称为淀粉质反应；有的则变为红褐色，称为类糊精质反应；如不变色，称为非淀粉质反应。

借助现代生物学的核苷酸序列测定方法，如测定核糖体 rDNA 的基因间隔区序列(ITS)可直接用于真菌近缘种的分类。rDNA 的 ITS 区段是中度保守区段，其保守性基本表现为种内相对一致，种间差异比较明显，这种特点使 ITS 区段 DNA 序列非常适合于真菌物种的分子鉴定以及属内物种间或种内差异较明显的菌群间的系统发育关系分析。

鉴定一个未知大型真菌，首先应制作子实层的徒手切片，然后将载玻片在显微镜下观察。如果发现孢子生于子囊内，说明该标本属于子囊菌门的种类；如果发现孢子生于担子上，说明该标本属于担子菌门的种类。在担子菌门中，如果子实体木质或木栓质，有菌孔或菌褶，则该标本属多孔菌类；如果子实体肉质，有菌孔或菌褶，则该标本属伞菌目。为准确鉴定该标本的学名，还必须利用国内外已发表的各种菇菌的分类学专著，才能最后确定该标本的科名、属名和种名。

2.1.3.3 食用菌分类概况

1. 子囊菌门食用菌分类

凡有性孢子生于子囊内，子实体盘状、马鞍状或羊肚状的真菌均属子囊菌门。子囊菌中著名的食用菌种类有羊肚菌、虫草菌及块菌等，它们分别隶属于子囊菌门盘菌纲的盘菌目和块菌目。

子囊菌盘菌纲食用菌分类检索

1. 子囊生于盘状或杯状的子囊盘上，或生于脑状、鞍状、钟状等变形的子囊果上
 …………………………………………………………………………… 盘菌纲 2
 2. 子囊果多地上生；子囊棍棒形至圆柱形，罕卵圆形 ………………………… 盘菌目 3
 2. 子囊果地下生；子囊球形至棍棒形，生于子实层内或散生于组织内
 …………………………………………………………………………… 块菌目
3. 子囊果一般有柄，柄端有蜂窝形、马鞍形、吊钟形或脑髓形的菌盖 ………………… 4
3. 子囊果常无柄 ………………………………………………………………… 盘菌科
 4. 子囊果具蜂窝形或吊钟形菌盖 …………………………………………… 羊肚菌科
 4. 子囊果具马鞍形或脑髓形菌盖 …………………………………………… 马鞍菌科

2.担子菌门食用菌分类

凡具担子和担孢子的真菌都属于担子菌门。绝大多数食用菌均为担子菌。包括目前商品生产的双孢蘑菇、香菇、草菇、金针菇、黑木耳、银耳、猴头菌和各种侧耳等种类，以及鸡𣏾菌、松口蘑、美味牛肝菌等名贵野生食用菌。这些食用菌分别隶属于担子菌门层菌纲的伞菌目、木耳目、银耳目、花耳目、非褶菌目、鬼笔目和马勃目等。其中木耳目、银耳目、花耳目食用菌属于胶质菌类，鬼笔目和马勃目属于腹菌类，这两大类的可食种类较少，且易识别。因此，下面只重点讨论伞菌目和非褶菌目的分类概况。

(1)伞菌目　伞菌即通常所说的蘑菇，具菌盖和菌柄。子实体肉质、伞状，有时具韧性；产孢组织形成菌褶或菌管(牛肝菌)。Singer(1986)把伞菌目分了17个科，其中包括多孔菌科和刺孢多孔菌科，但《菌物学概论》第四版将后者归到了非褶菌目。目前，对伞菌目和非褶菌目的一些科仍存在不同意见。在此参照最简单的Fries-Saccardo系统对伞菌目的分属做一简要介绍。

伞菌分属检索表(Fries-Saccardo)

Ⅰ.菌褶由皱的脉络组成，孢子印白色或淡奶油(浅黄色)色
……………………………………………………………… 鸡油菌属 *Cantharellus*

Ⅱ.菌褶刀片状，子实体革质，干时收缩，吸水后复原，孢子印白色。
1.菌柄着生于菌盖中央 …………………………………… 小皮伞属 *Marasmius*
2.菌柄偏生或侧生，有时完全无柄，生于木材上。
甲.菌褶边缘平滑 ………………………………………………… 革耳属 *Panus*
乙.菌褶边缘细齿状，具两系菌丝(dimitic) ……………… 斗菇属 *Lentinus*
丙.菌褶边缘多平滑，具单系菌丝(monomitic) ………… 香菇属 *Lentinula*
丁.菌褶边缘纵裂 …………………………………… 裂褶菌属 *Schizophyllum*

Ⅲ.菌褶刀片状，孢子成熟后，从菌褶末端开始溶化。
甲.孢子印黑色 ……………………………………………… 鬼伞属 *Coprinus*
乙.孢子印褐色 ……………………………………………… 粪锈伞属 *Bolbitius*

Ⅳ.菌褶刀片状；子实体形态端正；菌肉坚而脆；孢子印白色、淡黄白色或土黄色。
甲.伤时流出乳汁 ………………………………………………… 乳菇属 *Lactarius*
乙.伤时不分泌乳汁 ……………………………………………… 红菇属 *Russula*

Ⅴ.菌褶刀片状；子实体肉质；其他特征和上述不同(包括大部分的伞菌)。
1.菌盖和菌柄之肉均为肉质，易互相分离；菌褶离生或隔生。
甲.菌柄上有菌环和菌托，孢子印白色 …………………… 鹅膏菌属 *Amanita*
乙.菌柄上只有菌托。
孢子印白色 ………………………………………… 拟鹅膏菌属 *Amanitopsis*
孢子印淡红色 …………………………………………… 草菇属 *Volvariella*
丙.菌柄上只有菌环。
孢子印白色 ……………………………………………… 环柄菇属 *Lepiota*
孢子印紫褐色 ……………………………………… 蘑菇属 *Agaricus*(*Psaliota*)
丁.菌柄上没有菌环，也没有菌托。

孢子印淡红色 ………………………………………………………… 光柄菇属 *Pluteus*

孢子印褐色 ……………………………………………………… 小光柄菇属 *Pluteolus*

2. 菌盖和菌柄均为肉质，亦同质，彼此联结紧密，难以分离，菌褶不是离生或隔生。

甲. 菌柄上有菌环。

孢子印白色，孢子淀粉质，菌褶髓部菌丝双叉分，无菌索

…………………………………………………………… 蜜环菌属 *Armillaria*

孢子印乳白色，白色，孢子非淀粉质，菌褶髓部菌丝双叉分，后期不规则，多形成菌索

………………………………………………… 小蜜环菌属 *Armillariella*

孢子印褐色………………………………………………………………… 鳞伞属 *Pholiota*

孢子印紫褐色 ………………………………………………………… 球盖菇属 *Stropharia*

乙. 幼时菌盖下面有丝膜状的内菌幕，菌盖开展后不形成菌环，而残留在菌盖边缘成为附属物。

孢子印白色……………………………………………………………… 小丝膜菌属 *Cortinellus*

孢子印褐色，菌褶稍垂生 ……………………………………………… 火菇属 *Flammula*

孢子印褐色，菌褶弯生、上生或直生 …………………………………… 丝盖伞属 *Inocybe*

丙. 幼时就没有内菌幕，因而也就没有菌环。

①菌褶非垂生。

孢子印白色 …………………………………………………………… 白蘑属 *Tricholoma*

孢子印淡红色 ……………………………………………………… 粉褶菌属 *Entoloma*

孢子印褐色 ……………………………………………………………… 滑锈伞属 *Hebeloma*

②菌褶垂生。

孢子印白色 ……………………… 徒头菌属（杯伞属）*Clitocybe*；蜡蘑属 *Laccaria*

孢子印淡红色 ……………………………………………………… 斜盖伞属 *Clitopilus*

孢子印褐色…………………… 网褶菌属（桩菇属）*Paxillus*；褶孔菌属 *Phylloporus*

3. 菌柄软骨质，和菌盖的肉是异质的，但难分离。

甲. 盖缘初内卷，菌褶非垂生。

孢子印白色……………………………………………… 长根菇属（金线菌属）*Collybia*

孢子印淡红色 ……………………………………………………… 红褶小菌属 *Leptonia*

孢子印褐色………………………………………………………………… 脆锈伞属 *Naucoria*

孢子印紫褐色 ………………………………………………………… 裸盖菌属 *Psilocybe*

乙. 菌盖边缘初笔直而不内卷，通常为质薄纤细的小伞菌，菌褶非垂生。

孢子印白色 ………………………………………………………………… 小菇属 *Mycena*

孢子印淡红色…………………………………………………………… 小铃菌属 *Nolanea*

孢子印褐色……………………………………………… 尖帽菌属 *Galera*（＝*Galerula*）

孢子印紫褐色 ……………………………………………………… 条帽褶菌属 *Psathyra*

孢子印黑色 ……………… 小脆柄菇属（小条黑褶菌属、小韧黑伞属）*Psathyrella*

丙. 菌褶垂生。

孢子印白色 ………………………………………… 脐盖伞属 *Omphalia*（＝*Omphalina*）

孢子印淡红色 ……………………………………………………… 红褶脐盖伞属 *Eccilia*

4. 菌柄侧生或无柄。

孢子印白色 …………………………………………… 侧耳属(平菇属)*Pleurotus*

孢子印淡红色………………………………………… 柄粉褶菌属 *Claudopus*

孢子印褐色 ………………………………………… 靴耳菌属(茶平菇属)*Crepidopus*

5. 菌盖和菌柄之间有细的、蜘蛛丝状的内菌幕。

孢子印紫褐色 ……………………………………………… 丝膜菌属 *Cortinarius*

(2)非褶菌(多孔菌)目　子实体具菌盖,有柄或无柄。柄单生或分枝。菌盖扁平状、杯状、扇形或珊瑚状,肉质或幼嫩时肉质,不易腐烂,老或干时变为革质、脆骨质或变脆而硬。子实层体平滑,齿状、刺状或疣状、管状。孢子光滑或有纹饰,有色或无色,淀粉质、非淀粉质或类糊精质反应。木生或地生。该目真菌一般形成较大的裸果型担子果,有的可食用,如猴头菌、鸡油菌等。有些是药用真菌,如灵芝等。

非褶菌(多孔菌)目的分科检索表

1. 子实层体平滑………………………………………………………………………… 2

1. 子实层体不平滑……………………………………………………………………… 3

2. 菌柄粗壮,多分枝,末端分枝扁平或瓣状;孢子光滑,无色 ……………………… 球菌科

2. 子实层体单根或分枝,珊瑚状,子实层生于分枝的四周,孢子光滑或有纹饰,无色或有色 ……………………………………………………………………………… 珊瑚菌科

3. 子实层体齿状或刺状,子实层生于菌齿或菌刺上;孢子光滑或有小疣 ……………… 齿菌科

3. 子实层体管状…………………………………………………………………………… 4

4. 菌管相互分离;有菌盖;有柄或无柄,常具泡囊状菌丝;木生 ………………… 牛排菌科

4. 菌管互不分离;有或无菌盖;有或无柄;木生或地生………………………… 多孔菌科

2.1.3.4　食用菌重要种类介绍

1. 子囊菌类食用菌

(1)块菌目　此目菌都是腐生菌,生于地下或近地面下,其中一些菌与高等植物形成菌根关系。此目菌的传播有赖于生活在地下的啮齿动物。

本目包括 4 科 35 属 150 种。因为块菌的发育过程是子囊盘向内卷曲而成一个封闭的子囊果,所以公认块菌目与盘菌目有一定的亲缘关系。可食用的代表菌类主要集中在块菌科的块菌属(*Tuber*)。块菌是世界上最珍贵的可食用菌根菌之一。它具有奇特的香味和营养价值,必须与适宜树木营共生生活,因此产量有限,国际市场上价格昂贵,供不应求。其中又以被誉为"黑钻石"的黑孢块菌(*Tuber melanosporum* Vitt)和意大利白块菌(*Tuber magnatum* Pico)最为昂贵,其价值可与黄金媲美。

从 1970 年开始,欧洲等国家先后开展了块菌的人工栽培研究,并取得了突破性进展。其中法国最早用半人工模拟栽培技术实现了黑孢块菌的人工栽培。目前在瑞典、新西兰、以色列等均有黑孢块菌种植园。在亚洲最先成功栽培的块菌是中国台湾块菌。目前,我国云南、四川等地已半人工栽培块菌。

(2)盘菌目　此目中著名的食用菌有羊肚科的羊肚菌属(*Morchella*)。该类菌子囊盘如海

绵状或羊肚状，子实层沿子囊盘盖的下限部分生长。所有的羊肚菌都是食用菌而且营养丰富、味道鲜美，在欧洲被认为是仅次于块菌的美味食用菌。1963 年国外利用发酵培养菌丝体技术制作调味品，营养价值很高；由于此菌含有人体所需的主要氨基酸，可作蛋白质和维生素的补充来源。

近几年国内有人工栽培成功的报道，但由于羊肚菌的人工栽培存在着既要造成原基形成的营养生理先决条件，又要有效地诱导有性过程的发生这样的双重困难，所以，完全实现羊肚菌大规模人工栽培还存在一定的技术困难。

2. 担子菌类食用菌

担子菌一般具发达的大型担子果，裸果型或半裸果型，担子形成子实层。担孢子成熟后可以强力弹射。担子菌大多为腐生的，有许多可以引起木材腐朽，少数可以为害植物。担子菌中有多种食用菌，如双孢蘑菇、木耳等；有的可作药用，如灵芝等；有的是毒菌，人畜食用可产生幻觉或致死。

根据担子有无隔膜，担子菌门层菌纲分为有隔担子菌亚纲和无隔担子菌亚纲，共包含 9 个目，已知约 8 000 种。有隔担子菌亚纲形成有隔担子，分银耳目、木耳目和隔担菌目 3 个目。无隔担子菌亚纲真菌形成无隔担子，分外担菌目、座担菌目、花耳目、胶膜菌目、非褶菌目和蘑菇目 6 个目。现对其中可食用菌类的主要识别特征和代表种简介如下。

(1)有隔担子菌类

①银耳目。该目可食用真菌都是木材上的腐生菌，担子果裸果型，大多为胶质。典型的担子以十字形纵隔分成 4 个细胞。银耳(*Tremella fuciformis*)是其中很典型的种，可进行人工栽培。

②木耳目。该目可食用真菌大都为木材上的腐生菌，担子果裸果型，胶质，干燥后呈坚硬的壳状或垫状。子实层分布在担子果表面。典型的担子由横隔分为 4 个细胞。黑木耳(*Auricularia auricula*)、毛木耳(*Auricularia polytricha*)在我国均已实现人工栽培。

(2)伞菌类

①牛肝菌科。

牛肝菌属。菌盖厚、光滑至有绒毛。菌柄内实、粗壮，基部常膨大，有网纹。厚厚的菌盖下面具垂直排列的菌管，在这些菌管里着生担子；整个菌管层很容易与菌盖分离，菌管黄色到绿色。担子果颜色鲜艳，许多为外生菌根菌。有毒或无毒。著名可食的有美味牛肝菌(*Bloletus edulis*)等。

红菇属(*Russula*)。担子果肉质，硬而脆，易腐烂，通常颜色鲜明。柄中生，菌褶与菌柄直生至下延。孢子通常近球形，粗糙，成堆是白色或黄色。可食品种常见有生于林地上的变绿红菇(*Russula virescens*)。有毒品种毒红菇、臭红菇在林间也常见。

乳菇属(*Lactarius*)。担子果肉质，硬而脆，新鲜子实体被切开或受伤后，会渗出无色或有色乳汁，超过 120 个种。辣乳菇(*L. piperatus*)，生于阔叶林地上，可食。松乳菇(*L. deliciosus*)，生于针叶林中地上，形成菌根，可食。

②口蘑科。产生白色的担孢子；菌褶与菌柄连接，菌柄组织与菌盖组织一致。如菌褶与菌柄不连接(离生)，菌柄组织与菌盖组织不一致则为鹅膏菌科。口蘑科非常大，较著名的属有：

口蘑属(*Tricholoma*)。伞盖在幼期常向内卷，无菌环和脚苞，营腐生生活。蒙古口蘑(*Tricholoma mongolicum*)为最常见种，又称白蘑，在我国盛产于内蒙古草原和河北省张家口以北草地上，可在草原上形成蘑菇圈。口蘑干后香味十足，是菇中珍品。

长根菇属(金钱菌属)(*Collybia*)。与口蘑相似，不同之处在于菌柄。口蘑菌柄多为肉质或纤维质；而金钱菌属脆骨质或表层脆骨质，有时具极长的假根。

蜜环菌属(*Armillaria*)。可使树木产生严重的根腐病，种的鉴定存在困难。菌丝的核是双倍体而非双核，常形成菌索。担子果常蜜色，有湿而光滑的菌盖。常见种如天麻生产所需的蜜环菌；河北省承德的榛蘑(假蜜环菌)。

蚁巢菌属。蚁巢菌属与白蚁形成共生关系。鸡纵(*Collybia albuminosa*)是本属常见种，是我国西南著名的食用菌。生于地上，与白蚁巢相连。

小火菇属(*Flammulina*)。该属中的毛柄小火菇即为金针菇(*Flammulina velutipes*)。

小皮伞属(*Marasmius*)。该属中的成员常形成蘑菇圈，担子果小而韧，具纤细菌柄。

《菌物学概论》将香菇属(*Lentinus*)和侧耳属(*Pleurotus*)放于此科。这两属中的香菇(*Lentinus edodes*)和糙皮侧耳(*Pleurotus ostreatus*)等是我国目前栽培最广泛的食用菌品种。

③鹅膏科。白色孢子、离生菌褶并具菌环与菌托。幼菇期担子果包裹在一个白色被膜里，很像一个鹅蛋。鹅膏属(*Amanita*)中有著名的毒蘑菇，如通体洁白的鳞柄白鹅膏(*A. virosa*)(致命小天使)；黄橙色菌盖的橙盖鹅膏(*A. caesarea*)(凯撒蘑菇)；菌盖上带有鳞片或小斑块的蛤蟆菌(*A. muscaria*)(毒蝇伞，杀虫致幻)。毒素为毒伞肽、毒肽和毒蝇碱。

④伞菌科。与牛肝菌不同的是伞下不是孔管而是菌褶。最著名的属为蘑菇属(伞菌属)(*Agaricus*)。菌盖白色到褐色，离生菌褶，有菌环无菌托，菌柄易与菌盖分离。菌褶在幼担子果时为粉红色或白色，成熟后变暗，为成熟孢子颜色(巧克力色)。双孢蘑菇(*Agaricus bisporus*)是目前全球人工栽培生产量最大的蘑菇。

⑤球盖菇科。Singer(1986)将该科分为9属。主要特征为菌褶与菌柄相连；孢子紫褐色；非菌根菌，多腐生。球盖菇属(*Stropharia*)中的大球盖菇(*Stropharia rugosoannulate*)作为食用菌已商业栽培。裸盖菇属(*Psilocybe*)担子果多细小，菌盖锥形到钟形，菌柄细长，有或无菌环，多为致幻真菌，著名的为墨西哥裸盖菇(*Psilocybe mexicana*)。

⑥鬼伞科。菌盖自溶后，产生黑色到紫褐色的孢子。鬼伞属(*Coprinus*)孢子成熟后菌盖液化，常见种如毛头鬼伞(*C. comatus*)即鸡腿菇，已实现人工栽培。其他常见种还有墨汁鬼伞(*C. atramentarius*)(可食)、晶粒鬼伞(*C. micaceus*)(菌盖初期有微小的晶粒，肥皂味)。

⑦光柄菇科。孢子粉红色(菌褶)，常生于各种木头或落叶层上，无菌环。光柄菇属(*Pluteus*)和小包脚菇属(*Volvariella*)是最著名的成员。灰光柄菇(*Pluteus cervinus*)是良好的食用菌，常长于木屑堆上。草菇(*Volvariella volvacea*)为著名的可人工栽培的美味食用菌。

⑧丝膜菌科。孢子褐色，在菌盖的边缘到菌柄有残余的丝膜(内菌幕)。丝膜菌属(*Cortinarius*)丝膜明显，多为菌根菌，且有毒。鳞伞属(*Pholiota*)的一些种，如光帽鳞伞(滑菇)(*Pholiota nameko*)、黄伞(*Pholiota adiposa*)均已实现商业栽培。

(3)非褶菌(多孔菌)类　非褶菌目是层菌纲中具有无隔担子且不形成菌褶的一类真菌，原名多孔菌目。子实层着生在裸果型的担子果上。子实层可能是光滑、嵴状、疣状、齿状、孔状或褶状；质地多为纸质、革质或木质，而非伞菌目中的松软、易烂。多为木腐菌，一些种可侵染受伤树木。包括灵芝、多孔菌、革菌、栓菌、珊瑚菌、齿菌、猴头菌、鸡油菌、喇叭菌等类群。是森林中木质材料的分解者，在森林生态系统物质循环中起重要作用。

①多孔菌科。代表属为多孔菌属(*Polyporus*)。该类菌担子果大型，木生或生于地上，一

年生，初期肉质至半肉质，干后脆或硬；柄中生至侧生，不分枝或于基部相连，或多分枝，形成一丛菌盖。菌肉白色或近白色。管孔圆形，无囊状体。孢子无色，光滑，椭圆形或卵形，罕见球形而有刺。

我国发现有100余种，分布全国。本属很多种类危害木材，是重要的木材腐朽菌，如变色多孔菌（*P. versicolor*）就是危害木材最广泛、最普遍的种类。本属的真菌也是分解纤维素能力较强的菌。有的种类可以药用，如著名的药用菌猪苓（*P. umbellatus*）。

②刺革菌科。属白腐菌，菌丝无锁状联合；担子果具刚毛，黄褐色或红褐色；菌丝组织在KOH溶液中变黑（黄化反应）是该科的特征。担孢子光滑、无色或褐色。常见属有：

纤孔菌属（*Inonotus*）。具孔状子实层，担子果一年生。如栎纤孔菌（*L. dryadeus*）能分泌大量黄色液滴，覆盖在菌盖表面。

木层孔菌属（*Phellinus*）。具孔状子实层，担子果多年生，如木蹄层孔菌具有蹄形且很重的子实体，能够存活80年之久。

刺革菌属（*Hymenochaete*）。子实体平伏形，产生光滑子实层，生于枯死树枝上。

毛齿菌属（*Hydnochaete*）。子实体平伏形，具有齿状子实层，生于枯死树枝上。

③灵芝菌科。菌盖表面产有一漆色层；担孢子卵圆形，通常一端平截，金黄褐色，孢子壁双层，外层表面有很多凹陷刻点；三系菌丝，生殖菌丝有锁状联合，产生白色腐朽。

灵芝属（*Ganoderma*）代表种类：灵芝（*Ganoderma lucidum*）、树舌（*Ganoderma applanatum*）均是我国传统的药用菌。

④裂褶菌科。代表种：普通裂褶菌（*Schizophyllum commune*）。子实体杯形，上有灰色绒毛；担子果边缘增生，形成纵裂的菌褶，纵裂的菌褶可以折叠，并在干燥的条件下将子实层遮盖。虽然普通裂褶菌具菌褶，但与伞菌的菌褶并不同源。

⑤鸡油菌科。代表种：鸡油菌（*Cantharellus cibarius*）。该菌为食用菌，菌盖逐渐延生到菌柄上，有时菌盖中心凹陷形成漏斗形。子实层的折叠像浅延生的菌褶一样，一直延生到菌柄上，但从发育学讲，他们的折叠褶不同于伞菌的菌褶。鸡油菌属的担子果颜色鲜艳（红、橘黄或黄），菌丝具锁状联合，子实层形成纵行的粗网棱。喇叭菌属（*Craterellus*）具暗色、漏斗形的子实体，菌丝无锁状联合，子实层平滑或近平滑。

⑥珊瑚菌科。特征：担子果呈直立分枝或珊瑚形，其枝干是圆柱体或扁圆柱体；子实层分布在全体或只在膨大的顶部。菌丝单系或双系；常生长在林地中，子实体多肉质，颜色呈白色、鲜黄或橘黄色。

⑦革菌科。特征：担子果延展于基物上，边缘反卷；菌盖或为单一的扇形，或为多分裂的重叠盖状，稀有伞形的；子实层平滑，皮革状或蜡质，稀有凹陷或鼓突。过去20个属1 000余种。现在一些属已上升为科，如伏革菌科、韧革菌科等。革菌科种类数量可与多孔菌科相比，分类困难。

⑧齿菌科和猴头菌科。齿菌科特征为子实层分布在倒悬的齿状或刺状结构上。猴头菌科特征为担子果平展到盖形，子实层体光滑到齿状。猴头（*Hericium erinaceus*）可进行人工栽培。齿菌、猴头菌均为单系菌丝，具锁状联合。但猴头菌科担孢子有糊精反应，且具有胶化菌丝。

（4）腹菌类　腹菌是指担子菌门腹菌纲的菌类。这类菌的担子形成在完全闭合的担子果内。担孢子不能弹射。担孢子成熟后从担子果的孔口或破裂的担子果内散出。通常认为腹菌纲是真菌中最高等的类群。产孢组织中的菌丝类型为分科的主要依据。菌丝类型包括单系菌丝型(只有薄壁的繁殖菌丝)和两系菌丝型(繁殖菌丝和骨架菌丝)两种类型。大多数腹菌纲真菌为腐生的,少数与松树共生形成菌根,有些可食用,如竹荪和马勃属的一些种类,有的可作药用。已知有 1 060 种。该类群分类较复杂。Dring(1973)在《菌物》第ⅣB 中将腹菌分为 9 目。

①马勃目。该目腹菌特征为产孢组织成熟时粉末状,典型的具有浅色孢子和发育良好的孢丝,具 2～4 层包被。

马勃科:担子果具内外两层包被。

秃马勃属(*Calvatia*)。内外两层包被薄而脆,外包被破裂的薄片脱落后暴露出的内包被也逐渐破裂而释放孢子。常见种为大秃马勃(*Calvatia gigantea*),生于旷野的草地上,幼时可食,老时可作止血药。

马勃属(*Lycoperdon*)。内外包被明显,外包被常有刺、疣或颗粒状结构,易脱落;内包被中央有一散孢孔,任何碰撞均可导致孢子自孔口喷出。常见种为网纹马勃(*Lycoperdon perlatum*),生于林中空旷处地上,偶生于朽木上,幼时可食。

地星属(*Geastrum*)。外包被的内层肉质,外层纤维质,成熟后破裂为辐射状裂片;内包被膜质,由顶端开口。

②柄灰孢目。该目腹菌为有柄的马勃,成熟担子果为地上生的。包括丽口孢科和柄灰孢科。

丽口孢属(*Calostoma*)。外包被为胶状易消失。

柄灰孢属(*Tulostoma*)。担子果较小,柄长一般不超过 4～5 cm,支撑着一个小的头部。

钉灰孢属(*Battarrea*)。担子果比柄灰孢大得多。

③硬皮马勃目。该目腹菌具厚而硬的包被,多为暗色产孢组织。

硬皮马勃属(*Scleroderma*)。遍布各地,外生菌根菌。担子果卵形,部分地下生;包被厚而硬,革质或木栓质,上有小疣或鳞片,有时光滑;内部隔片很薄,成熟时完全消失。担子果成熟后不规则开裂,释放大量暗色产孢组织。

④鬼笔目。该目腹菌的担子果具恶臭味,多为腐生菌;幼时的担子果都为一白色的卵形结构,一些种可达鸡蛋大小。最初在地下发育,到成熟时包被破裂,产孢组织由柄状组织的伸长而带出地面,包被的下面则残留成菌托。担子果成熟后,内部的产孢组织自溶,在柄状组织顶端形成一团有臭味的胶状物,有时又称为臭角菌,暴露于地面。

鬼笔属(*Phallus*)。有粗而呈海绵状的柄,顶部有帽状的菌盖,造孢组织生于菌盖外部。

竹荪属(*Dictyophora*)。与鬼笔特征相同,但具有菌幕,菌幕生于菌盖下,与柄顶相连,为白色穿孔花边状的网,下垂如裙。常见可食用品种有短裙竹荪(*Dictyophora duplicata*),在我国已实现人工栽培。

2.2 食用菌的生长发育条件

食用菌正常生长发育的基本生活条件包括营养因子和环境因子两个方面。不同种类的食用菌,对营养条件和环境条件的要求不同;同一种菌类,菌丝体生长阶段和子实体发育阶段所需要的营养条件和环境条件也不相同。探讨各种食用菌不同生长阶段对营养因子和环境因子的不同要求，是食用菌高产栽培的需要。

2.2.1 食用菌生长发育的生理特征

2.2.1.1 食用菌菌丝的生长特点

食用菌不具备叶绿素，因而不能进行光合作用，只能从基质中吸收营养物质，靠寄生、腐生或共生得以生存。

食用菌的菌丝体通过不断分枝而蔓延扩展。菌丝体的生长，通常从一点出发向四周呈辐射状扩展，结果是在固体培养基上形成圆形菌落；在液体摇瓶培养条件下产生菌丝球；在草地上，菌落由中心点向四周呈辐射状扩展时，由于中心老菌丝体死亡，周围新生菌丝体常形成圆形、半圆形或马蹄状，在自然状态下可形成明显的蘑菇圈或称为仙人环(fairy ring)，这种蘑菇圈直径可达几米至几百米。

1. 菌丝的生长点

一般位于菌丝顶端 2～10 μm 处，此区域内细胞生长繁殖很快，没有菌丝的分枝现象。在生长点的后面较老的菌丝上可产生分枝，在分枝的顶端同样也有生长点。菌丝非生长点部分的细胞壁较坚硬，因此，菌丝的生长主要是依靠生长点的不断伸展而实现的。

菌丝生长点细胞中的内含物质比较简单，主要是浓度很高的原生质和微泡囊，而在菌丝体生长点后的亚顶端部分的细胞内，除含有原生质和微泡囊外，还有线粒体、高尔基体、内质网等细胞器。微泡囊起着向生长点输送养分的作用。微泡囊从亚顶端处到达生长点后与原生质膜接触，将其中的营养物质和溶壁酶类、几丁质合成酶释放出来，使原来的细胞壁软化，并将几丁质前体合成几丁质。也就是说，菌丝生长点的生长就是靠微泡囊内的酶使细胞壁不断分解又不断合成的过程。

2. 菌丝体的生长

在菌丝体旺盛生长时期，菌丝体内主要是合成多糖、脂类以及孢壁物质，蛋白质比例很少；而生长后期，当多糖和脂类合成减少后，才持续较长时间地合成蛋白质。

进行食用菌的深层培养过程中，在不同时间内取等体积的发酵液测定其中的菌丝体干重，可以画出菌丝体的生长曲线。结果表明，菌丝体生长依次可分为 3 个时期。

(1)生长迟缓期　接种后菌种适应新环境的时期，因此生长很慢。生长迟缓期的长短与菌种的菌龄、长势及环境条件有关。原来该菌生长的环境与新环境之间的差别越大，则生长迟缓期越长。

(2)快速生长期　在迟缓期的末期，菌丝已适应了新的环境条件，开始迅速生长。如果条件适宜，则菌丝的生长量(菌丝干重)可直线上升。快速生长期一般只有几小时至几天的时间，不可能永远持续下去。原因是养分迅速消耗，基质中的氧气缺乏，对菌丝生长不利的代谢产物的累积等因素造成。

(3)生长停止期　这一时期菌丝干重逐渐减少，培养液中出现较多的氮和磷，这是由于菌丝已经老化，开始自溶，菌丝细胞中的有机质分解而释放氮和磷的缘故。此时在显微镜下观察菌丝，可发现菌丝内液泡越来越多，而原生质内贮藏物质越来越少。

在固体培养中，菌丝生长也有上述 3 个阶段。只是生长迟缓期较液体培养时的迟缓期更长，快速生长期的生长速度比液体培养的同期生长速度慢，而持续时间较长。最后出于养分消耗和代谢产物的累积，菌丝生长也逐渐进入生长停止期。

3. 菌丝的双核化

担子菌中初生菌丝体生活时间很短，在初生菌丝体上可形成厚垣孢子、芽孢子和分生孢子等无性孢子。初生菌丝体的细胞核染色体为单倍体，因此对大多数食用菌来说，初生菌丝体不会直接形成正常的子实体。双核菌丝细胞的两个单核在遗传上可以是同核，也可以是异核。由同核形成的双核菌丝体称为同核双核菌丝体，简称同核体；反之，由异核形成的双核菌丝体称为异核双核菌丝体，简称异核体。

子囊菌与担子菌的双核化过程有所不同。子囊菌如羊肚菌、马鞍菌、块菌、盘菌等，由单核孢子形成的单核菌丝，首先扭结形成子实体原基，再经体细胞的接合，细胞核通过隔膜上的小孔转移形成双核化的产囊丝，最后才发育成含子囊和子囊孢子的子实体。如羊肚菌子实体的产生即是这样，不仅要满足其营养生理上的要求，还得刺激其性过程的产生，即体细胞的接合。正因为有这种双重困难，羊肚菌的栽培问题还没有真正解决，了解和掌握其有性过程产生的条件，将是解决这一珍稀食用菌人工栽培的关键。

4. 锁状联合

在担子菌中约有半数的种，如侧耳、香菇、银耳、木耳等，其双核化菌丝顶端生长时常形成锁状联合(clamp connection)的结构，即在双核菌丝的横隔处产生一个锁扣形的侧生突起(图2-13)。这样，凡具有锁状联合的菌丝可以断定是双核菌丝。但反之不一定成立，有许多具有双核菌丝的担子菌如双孢蘑菇等并不形成锁状联合。这一点在利用锁状联合作为鉴定杂合子的指标时就需要特别注意。

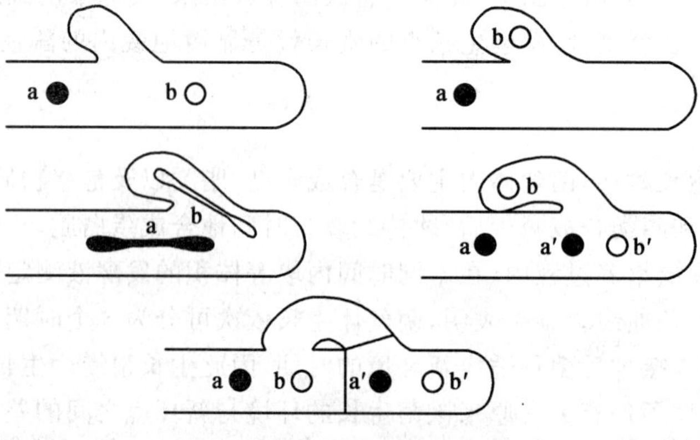

图 2-13　双核菌丝锁状联合的形成

2.2.1.2　子实体的形态发生

由担孢子萌发，经过单核阶段的初生菌丝至双核化的次生双核菌丝，最后到生理成熟的双核菌丝(三生菌丝)形成子实体。在众多的担子菌中，子实体的发育方式可分为 4 种类型，即裸果型、被果型、假被果型、半被果型(图 2-14)。

1. 裸果型

子实层从开始出现时就是裸露的，无任何组织包裹。例如木耳、银耳、鸡油菌、喇叭菌、灵芝、侧耳属等许多种类。平菇双核菌丝发育达到生理成熟后，菌丝开始扭结，逐渐形成粒状菌蕾堆，形似桑葚故称桑葚期。几天后逐渐形成参差不齐的短菌柄，形似“珊瑚”，称珊瑚期。其后菌柄不断加粗，并在顶端产生菌盖，随着菌盖的生长，在菌盖腹面，菌褶逐渐形成并扩大，辐

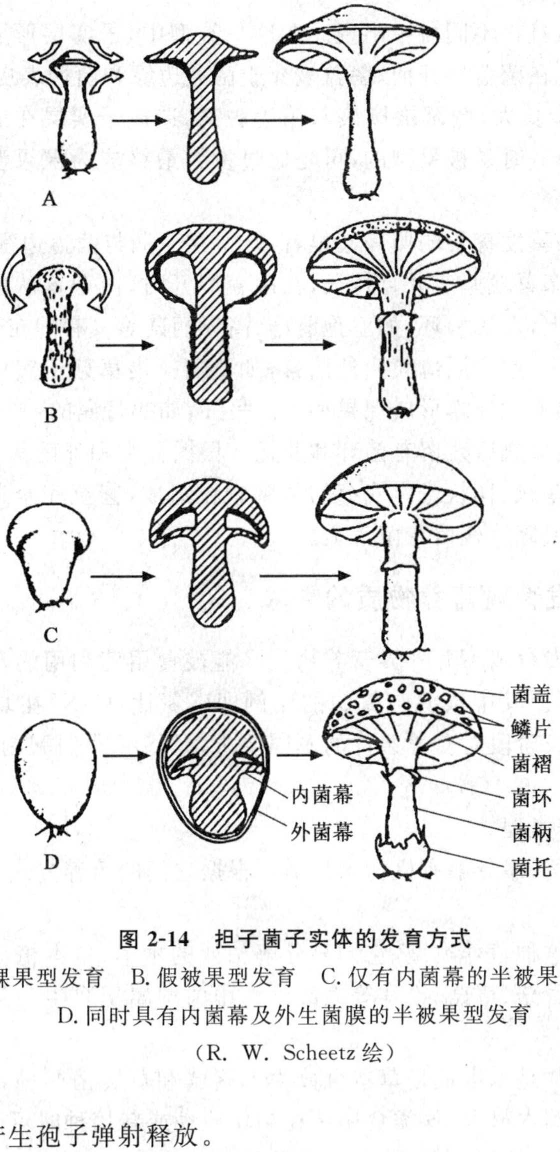

图 2-14 担子菌子实体的发育方式

A. 裸果型发育 B. 假被果型发育 C. 仅有内菌幕的半被果型发育

D. 同时具有内菌幕及外生菌膜的半被果型发育

（R. W. Scheetz 绘）

射状着生下垂，最后产生孢子弹射释放。

2. 被果型

如马勃、秃马勃属子实体有内外两层包被，产孢组织自始至终被封闭在内，孢子释放无特殊方式，直至成熟，待包被破裂脱落后才将孢子露出而释放出来。

3. 假被果型

又叫次生被果型。最初子实层的形成是外生的，裸果型的。其后幼小菌盖的边缘向柄弯曲，其菌丝与菌柄表皮的菌丝相交连，子实层暂时被封闭起来，如被果型。这种后来发生的内菌幕，由菌盖边缘和菌柄表层的菌丝参与组成，如虎皮香菇（*Lentinus tigernus*）的内菌幕是由菌盖边缘和菌柄上同时伸出菌丝来，然后包围正在发育的菌褶。当子实体成熟后，菌盖展开，内菌幕伸展并随之破裂，子实层又暴露于外，所以这种情况只是暂时的给人以被果型的假象，故称“假被果”。这种类型也发现于蜡伞科、红菇科和牛肝菌科真菌中。

4. 半被果型

在蘑菇目中很常见，且在不同科中出现。在这一类型中，子实层形成于子实体内部，所以是内生的，被果型的。但在菌盖展开前，菌盖被介于菌盖边缘和菌柄表皮间的基础组织——菌幕包裹，随着菌盖的逐步长大，菌幕被撕破与菌盖脱离，造成子实层在成熟前不久暴露于外。因此，这一类型在它的原基时是被果型的，可是通过发育最终成为裸果型，即最终阶段与真正的裸果型和假被果型相同。

在半被果型中，内菌幕发育柔弱撕碎甚早者，则留在菌柄与菌盖边缘的残余物通常不显著或早落。但有些种类内菌幕较坚实并且持久，在菌盖展开时，内菌幕从菌盖边缘拉开，其残余物就成为环状留在菌柄上，形成菌环，如双孢蘑菇、高环柄菇等。有的在子实体发育早期，整个子实体被周薄膜包裹起来，这个周薄膜叫外菌幕，如草菇。当草菇子实体发育进入伸长期，外菌幕被突破，菌褶在成熟前就外露形成裸果型了。另外，如鹅膏属的一些种，既有内菌幕，同时还有外菌幕，子实体长大成熟后残留有菌环和菌托。根据种类和外菌幕发育强弱的不同，形成的菌托有苞状、鞘状、鳞茎状、杯状或由残存的数圈颗粒组成，甚至完全退化。有的种类，外菌幕的部分也常作为鳞片或碎片残留在菌盖上。

2.2.2 食用菌生长发育对营养物质的需求

食用菌的正常生长发育离不开外界营养物质。能被食用菌利用的营养物质包括碳源、氮源、水和无机矿质元素等。其中碳源与氮源的比例即碳氮比(C/N)在真菌生长中尤为关键。探讨各种食用菌不同生长阶段对营养条件的不同要求，是指导我们配制栽培基料，取得高产、稳产的关键。

2.2.2.1 食用菌的营养类型

食用菌是异养型生物，靠分解有机物来生活。根据它们的营养方式，可分为 4 种类型。

1. 腐生菌类

大部分食用菌属于这种营养类型，它们靠分解枯死的木本、草本植物中的木质素、纤维素等来获取营养物质。如香菇、草菇、银耳等大部分食用菌均属于腐生菌类，也是目前食用菌主要的栽培种类。

根据其分解的有机物是木本还是草本可分为木腐菌和草腐菌两种。香菇、银耳为木腐菌类，其生长在死树、断枝等木材上，这类食用菌在制作原种或栽培种时可以用木屑做原料，栽培生产时可以用段木、木屑做材料。草菇、双孢蘑菇等为草腐菌类，其生长在草、粪等有机物上，这类食用菌在培养栽培种和制作栽培料时要以草、禽畜粪等为主要原料。

能够分解木质素的高等真菌(如松栓菌)，它们的菌丝从导管细胞的纹孔或直接蛀孔进入细胞腔内，然后在其中分枝，并分泌酶类物质，消解剥蚀木质部的次生细胞壁，引起木材呈海绵状，这类菌称为白腐菌。还有一些高等真菌，如香菇属、多孔菌属及卧孔菌属的茯苓等，可造成木材变为褐色，容易粉碎，这类菌称为褐腐菌。

2. 共生菌类

不能独自从枯死的木本、草本植物中吸收营养，必须靠活的树木供给养分，且树木和菌类双方互惠互利，如松口蘑、牛肝菌、块菌等。该类菌又被称为外生菌根菌。真菌帮助植物吸收水分和养料，并分泌维生素、生长素类物质刺激植物生长；而植物则为真菌生长提供有机碳化物。这类食用菌目前还不能完全人工栽培。

3. 兼性寄生菌类

兼有上述腐生菌和共生菌的特征。如蜜环菌，既能在枯木上腐生，也能和兰科植物天麻共生。

4. 弱寄生菌类

既能在枯木上腐生，也能在活木上寄生，但以腐生为主，所以称为弱寄生菌类，如黑木耳。

不同营养类型的食用菌，都要吸收碳、氮、无机盐和维生素类物质。

2.2.2.2 食用菌的营养物质

1. 碳源

构成食用菌细胞和代谢产物中碳素来源，并为食用菌生长提供能量的物质，即为食用菌的碳源物质，简称碳源。食用菌所利用的碳源都是有机物，如纤维素、半纤维素、木质素、淀粉、有机酸和醇类等。食用菌不能利用二氧化碳和碳酸盐等无机态碳。有机物中的单糖、有机酸和醇类等小分子物质，食用菌可以直接吸收利用。大分子有机物需经酶解后才能被吸收利用。制作母种培养基的碳源主要是葡萄糖、蔗糖等；用作栽培种及栽培生产的培养料的碳源主要是富含纤维素、半纤维素、果胶质和木质素的原料，如段木、木屑、棉籽壳、稻草、玉米秸秆、麦秸等。

2. 氮源

能够被食用菌用来构建细胞或代谢产物中氮素来源的营养物质，称为氮素营养物质，简称氮源。食用菌的菌丝体可以直接吸收氨基酸、尿素、氨和硝酸钾等小分子含氮化合物，但蛋白质类高分子化合物，须经蛋白酶水解为氨基酸后才能被吸收。培养或栽培食用菌常用的氮源有马铃薯煮汁、酵母汁、玉米浆和蛋白胨等。食用菌虽然能够利用无机氮，但通常情况下，利用率很差，且在有机氮存在的条件下，优先利用有机氮源。所以，在无机氮源条件下一般生长缓慢；米糠、麸皮、豆饼粉、棉籽饼粉、蚕蛹粉以及禽畜粪等都是廉价的良好氮源。

碳氮比(C/N)是食用菌生长的重要限制性因子。一般来说，食用菌在营养生长阶段，C/N以(16～24)∶1为好；在生殖生长阶段，以(30～40)∶1为好。但是，不同的食用菌种类需要不同的碳氮比，例如，双孢蘑菇的培养料，在建堆时为33∶1，在接种时以17∶1为宜。草菇培养料碳氮比是(40～60)∶1，香菇培养料的碳氮比为25∶1。

在生产实践中，食用菌的主要栽培料如木屑、秸秆中的氮素普遍不足，通常要加入一定比例的麸皮、玉米面、饼肥以及畜禽粪、尿素等含氮物质来调节碳氮比。在食用菌栽培料配制过程中，一是要严格按配方组料；二是尽可能用有机氮源，少用无机化肥，因食用菌利用无机氮源的能力普遍较差；三是严防培养料的氮源过多，C/N失调。氮源过多造成的危害，一是培养料抗杂菌能力差，容易污染，因C/N为9∶1时正是大多数霉菌的最适碳氮比要求；二是菌丝长得很好，但表现为不出菇或延迟出菇或出畸形菇。因为氮匮乏是食用菌由营养生长转向生殖生长的重要信号，对大多数食用菌来说，只有C/N升高到(30～40)∶1时，才能转向生殖生长。

3. 水

水是食用菌的重要营养物质和组分。菌丝吸收营养、新陈代谢物的分泌都是通过水来完成的。另外，机体内的一系列生理、生化反应都是在水溶液中进行的。食用菌的一生都需要水分，在子实体发育阶段尤其需要大量水。各种食用菌鲜菇(耳)的含水量都在90%左右，子实体的长大主要是细胞贮藏养料和水分的过程。

食用菌生长发育所需要的水分绝大部分都来自培养料。培养料含水量是影响菌丝生长和出菇的重要因素，只有含水量充足时才能形成子实体。培养料的含水量可用水分在湿料中的百分含量表示。一般适合人工栽培食用菌菌丝生长的培养料的含水量在55%～65%。适当偏干，有利于发菌；如含水量太大，会造成料内氧气缺乏，影响菌丝生长。

水质对食用菌的生长发育也有影响。香菇菌丝在海水配制的培养基上的生长速度只有用淡水配制的1/2；用海水浸泡的菇木，香菇产量只有淡水浸泡的50%～80%。由此可见，不宜用海水栽培香菇。

培养料中的水分常因蒸发或出菇而逐渐减少。因此，栽培期间必须经常喷水或采取注水等措施补水。食用菌栽培过程中，菇场或菇房中要经常保持一定的空气相对湿度，以防止培养料或幼嫩子实体水分的过度蒸发。

4. 无机盐

食用菌的生长发育需要一定的无机盐类物质，如磷酸氢二钾、磷酸二氢钾、硫酸镁、硫酸钙、硫酸亚铁、硫酸锌、氯化锰等。菌丝体从这些无机盐中分别获得磷、钾、镁、钙、铁、锌、锰等元素，其中尤以磷、钾、镁三元素最重要。所以，食用菌培养料中常添加磷酸二氢钾、磷酸氢二钾及硫酸镁等以补充无机盐类。无机盐是食用菌生命活动不可缺少的营养物质，主要功能是构成菌体的成分；也可以作为辅酶或酶的组成成分或维持酶的活性；还具调节渗透压、氢离子浓度、氧化还原电位等作用。

5. 维生素

食用菌生长发育中需要某些维生素参与新陈代谢活动。如硫胺素（维生素 B_1）、核黄素（维生素 B_2）、泛酸、叶酸、烟酸、吡哆醇和生物素等。食用菌对维生素的需要量很低，但不可缺少，否则会影响正常的生长发育。如硫胺素以辅酶的形式，促使香菇、双孢蘑菇菌丝体中贮存的养分顺利地转移到子实体中，促进香菇、双孢蘑菇形成子实体。

马铃薯、麸皮、米糠、麦芽和酵母中都含有丰富的维生素，用这类原料配制培养基时就不必另外添加维生素。维生素不耐高温，120℃以上易被破坏，因此在培养基灭菌时需防止温度过高。

2.2.2.3 食用菌主要栽培料的营养特性

1. 秸秆类

作物秸秆主要是由植物细胞壁组成。它们的有机物质基本上是由粗纤维和无氮浸出物构成，在食用菌栽培中做碳源。秸秆类物质含食用菌生长所需的基本营养物质，是栽培食用菌的好材料。但秸秆的物理性状为其在食用菌上的应用带来了一定的困难。秸秆壁薄，蜡质化，硅质化，中空或有髓质，吸水量难以掌握。必须改造这些不良性状，常用方法是用石灰水浸泡或发酵来破坏蜡质、硅质层；添加高含量木质素物质；增加粉碎料密度，增强可固型性；定量加水，防止料水过多。

2. 木屑类

阔叶林木屑，如杨树、栎树、果树等的木屑，适合大多数食用菌的栽培。木屑一般粗纤维和碳水化合物含量较高，含氮化合物较少，而且速效养分较少，绝大多数食用菌对其难以直接利用，需要一定的营养物作为过渡原料，即添加一些速效且营养物含量较高的辅料来调整其配方，以保证食用菌的旺盛生长。

松、柏、杉等针叶树的木屑，因含松脂、精油、醇、醚等抑菌物质，一般不能直接用于大多数食用菌的栽培，必须经过预处理才能利用。常用处理方法是：将经过暴晒的新鲜松柏木屑盛在容器内，注入沸水浸泡，并加1%～2%的石灰粉搅拌均匀（pH在12左右），覆盖旧麻袋保温。浸泡2天后用清水冲洗，基本上达到无松油味和碱味，晾干。用做栽培料时按食用菌基料的要求加水，调pH，发酵。待料温度达65～70℃时，保持2～3天，然后散开堆料，晾凉后备用。

3. 棉籽壳

棉籽壳是棉籽脱壳取仁后的副产品，含食用菌所需的各种营养物质；结构外松内实，通透性好，蓄水性较强，是栽培食用菌的上等原料，适量添加有利于秸秆类栽培料的固型。棉籽壳外观应色泽灰白或雪白，而不是褐色。短绒适量，手握稍有刺感，手感柔软；棉籽壳内不能含有大量的棉籽仁。棉籽壳贮存过程中要注意防潮、防霉变、防结块、防生虫。因此，贮存仓地势要高，地面架空，上有防雨设施，下有防潮管道，门窗有防虫设施。

4. 稻壳

稻壳是稻谷加工时的产物。据分析，稻壳含粗蛋白2.9%，粗纤维42.7%（内含木质素15%），粗脂肪1.2%，可溶性碳水化合物29.5%，粗灰分14.7%。纤维素和灰分均高于稻草。它的物理性状呈颗粒状或片状，质地紧实，不易吸水，也不易被分解。如果主料透气性差或材料松软固性型差时，可适当添加稻壳，增加透气性和紧实度。

此外，高粱壳、玉米芯也是北方地区栽培食用菌的优质辅料或主料。

5. 麦麸及米糠

麦麸及米糠是小麦、谷子加工后的副产品，营养丰富。栽培料中适量添加麦麸及米糠不仅可改变栽培料的碳氮比，而且还提供食用菌生长所需的各种维生素，如维生素B_1、维生素B_2等。但添加量不宜过高，否则不仅可造成菌丝徒长，而且还易感染杂菌。

6. 玉米粉

玉米粉含粗蛋白质8.8%，粗脂肪4.5%，粗纤维2.1%，无氮浸出物69.6%，粗灰分1.5%，还含有大量生物素，是多种食用菌栽培料的辅料，特别是对于金针菇的栽培，添加玉米粉后，菇柄长得粗壮白嫩。添加量一般控制在3%～5%，夏季进行食用菌生产要慎用玉米粉，以防红色脉孢霉的污染。

7. 糖类

糖类主要指白糖、红糖、葡萄糖等。它们都是小分子、可溶性、易被吸收的有机碳源。添加1%～2%的糖有利于接种后菌丝的恢复生长。但加糖过多可使纤维素酶分泌迟钝，如添加量超过8%，容易发生反渗透作用即菌丝细胞的水向外渗流，造成菌丝失水，影响新陈代谢，菌丝变得纤细。加糖过多，在高温季节还易造成培养料酸化，易感染杂菌。

8. 矿质辅料

矿质辅料主要包括石膏粉（$CaSO_4$）、碳酸钙（$CaCO_3$）、石灰（CaO）、过磷酸钙等。培养料中添加1%～2%的石膏粉，能起到稳定酸碱度，增加钙、硫营养成分的作用。碳酸钙的添加量一般为0.3%～0.5%，碳酸钙除可补充钙外，还可调节pH，防止培养料酸败，在高温季节尤为重要。

石灰遇水变成氢氧化钙[$Ca(OH)_2$]，具碱性。配料时添加1%～5%的石灰，主要用以调节pH，此外还具有防止绿色木霉等杂菌污染、缓冲菌丝代谢过程中产生的有机酸等作用。不同的菇类耐酸碱性不同，所以要求石灰的添加量也不一样。喜酸性菌如猴头、香菇、金针菇等的生产不添加石灰。

过磷酸钙水溶液呈酸性，可提供钙、磷等营养元素。使用过磷酸钙可以不再添加石膏粉，培养料中一般添加1%～2%。

2.2.2.4 食用菌对营养物质的分解与吸收

1.参与营养物质分解的酶类

食用菌的菌丝体在固体培养基上，常可见到两种菌丝体，即气生菌丝和基质菌丝。气生菌丝不直接接触基质，它所需要的营养通过基质菌丝吸收和输送。生于基质内或基质表面的基质菌丝，可以吸收营养物质，被菌丝体吸收的物质必须是水溶性的小分子。难溶性大分子物质，如纤维素、半纤维素、淀粉、蛋白质等，必须先经过菌丝分泌的纤维素酶、半纤维素酶、淀粉酶、蛋白酶等水解，将其分解为可溶性的小分子后才能被菌丝吸收利用。

(1)纤维素酶 纤维素酶(cellulase)是指能水解纤维素 β-1,4-葡萄糖苷键，使纤维素变成纤维二糖和葡萄糖的一组酶的总称，是多组分酶系，因此纤维素酶又有纤维素酶复合物之称。纤维素酶主要由三类不同催化反应功能的酶组成，即内切葡聚糖苷酶、外切葡聚糖苷酶、β-葡萄糖苷酶。栽培食用菌所用培养料中的纤维素组分在食用菌分泌的纤维素酶作用下，可被分解为容易吸收的营养物质——葡萄糖。

(2)半纤维素酶 半纤维素与纤维素相比，结构与组成十分复杂，包括木聚糖、甘露聚糖、阿拉伯聚糖和阿拉伯半乳聚糖等多种组分。半纤维素酶(hemicellulase)是分解半纤维素的一类酶的总称，包括木聚糖酶、木糖糖苷酶、阿拉伯糖苷酶等。栽培食用菌所用培养料中的半纤维素组分在食用菌分泌的半纤维素酶作用下，可被分解为容易吸收的单糖类营养物质。

(3)漆酶 食用菌栽培料中的大分子营养物质除纤维素、半纤维素组分外，还有一类大分子就是木质素。木质素是由单木质酚聚合而成的一种复杂的酚类化合物，是陆生植物中仅次于纤维素的高分子化合物，主要分布在木质部的导管分子、厚壁组织和韧皮部的纤维里，赋予细胞壁坚硬的结构特征。能够分解木质素的酶主要是漆酶(laccases)，漆酶具有氧化与木质素有关的酚类和非酚类化合物的能力。漆酶是一种含铜的多酚氧化酶，通常由约500个氨基酸单一多肽组成，含有19种氨基酸。漆酶最早是从漆树汁液中发现的，后来发现一些高等真菌特别是白腐菌也能分泌这种酶。

2.食用菌对营养物质的吸收

食用菌对营养物质的吸收是主动的而不是被动的。采用色素或同位素示踪法或平板营养测量法等都可以了解菌丝体内养分的输送。通过同位素或各种色素的测定，能发现这些物质被输送到的准确位置和输送速度。平板营养测量法是在小培养皿中倒入完全培养基，并将其放在一个大培养皿的中央或一侧，向大培养皿中倒入水琼脂(可看作是没有任何养分的)，将菌种接种到小培养皿的中心部位。当菌丝在完全培养基上扩展满后，进而向四周扩展到水琼脂上。从水琼脂上挑起菌丝体进行生化分析，就可推知养分在菌丝体内的输送情况。例如，发现在水琼脂平板上生长的菌丝尖端含有大量的多糖类营养物质，显然，这些物质是由完全培养基上的菌丝输送的。

菌丝对养分的吸收和运输速度，与菌龄和环境条件有关。幼龄菌丝较老龄菌丝吸收和运输养分的速度快些，中温型食用菌的菌丝在20℃以上时输送养分的速度比在20℃以下时输送养分的速度快。

2.2.3 食用菌生长发育的环境条件

食用菌的正常生长必须有适宜的环境要求，这些环境因子包括温度、湿度、通风、光照、酸碱度、覆土、生物因子等。食用菌生长发育的环境条件是指导我们进行食用菌栽培管理的重要理论基础。

2.2.3.1 温度

温度是影响食用菌生长繁殖的重要因素，各种食用菌的生长都要求一定的温度，包括最低、最高和最适生长温度。在一定的温度范围内，菌丝生长速度与温度成正比。在最适温度条件下，菌丝体内酶的活性较高，新陈代谢旺盛，所以生长最快。低于最适温度，生长速度下降；超过最高生长温度时，蛋白质变性，酶钝化或失活，较长时间的高温将导致菌体死亡。

一般食用菌的菌丝较耐低温，0℃左右只是停止生长，并不死亡。如菇木中的香菇菌丝体即使在－20℃低温下也不会死亡。但是草菇例外，其菌丝体在5℃时就会逐渐死亡，所以草菇菌种不能用冰箱保存。

不同种类食用菌的子实体发育温度也不相同。一般说来，子实体发育的最适温度比菌丝体生长的最适温度低，但比子实体分化时所需的温度略高一些（表2-1）。

表 2-1 常见食用菌正常生长发育对温度的要求 ℃

名称	菌丝体		子实体	
	生长范围	适宜温度范围	分化适宜温度范围	发育适宜温度范围
双孢蘑菇	6～33	22～25	7～22	13～16
大肥菇	6～33	26～31	20～25	18～22
香菇	5～34	22～26	7～21	12～18
草菇	12～45	32～35	22～35	30～33
金针菇	4～34	22～24	5～19	8～14
滑菇	5～33	20～25	5～15	7～10
侧耳	4～35	24～27	7～22	13～17
黑木耳	4～39	22～32	15～32	20～28
银耳	5～35	24～26	18～28	20～25
猴头菌	10～34	21～24	12～28	15～22
口蘑	2～30	20～25	2～30	15～17
松口蘑	10～30	22～24	14～20	15～16
灰树花	14～30	24～27	16～24	18～21

在生产中，为了便于管理，常将食用菌的不同品种（菌株）分为高温型、中温型、低温型，以及中高温型、中低温型，这主要是根据其子实体分化（出菇）时所需的最适温度来划分的。食用菌栽培者可根据本地条件及不同的栽培目的选择利用不同温型的菌株。

子实体分化的最高温度在30℃以上，最适温度在24℃以上称为高温型，这类食用菌多生长在夏季，如草菇、灵芝、丝盖小苞脚菇、长根菇和白黄侧耳等，这类食用菌一般适合夏季高温季节栽培。子实体分化的最高温度在24℃以下，最适温度在20℃以下称为低温型，如平菇、金针菇、双孢蘑菇、羊肚菌、滑子菇、杏鲍菇、白灵菇等，这类食用菌一般适合冬季低温季节栽培。子实体分化的最高温度在28℃以下，最适温度在20～24℃称为中温型，如茶树菇、银耳、黑木耳、鸡腿菇等,这类食用菌一般适合春秋季节栽培。

需要说明的是,最适温度的概念往往是假定的,只有在特定的培养条件与测定方法下才可靠。一般而言,低温下生长的子实体肉质鲜嫩,品质上乘;高温下子实体生长迅速,品质略差。有些品种对上限高温敏感,有些并不敏感,如平菇、香菇对上限高温并不敏感,可以称之为广温型,但生产实践中,人们根据需要,又选育出高温、中温、低温品种。但我们仍将继续应用最适温度的概念,因为它在实践上是有用的,它能告诉我们各种食用菌最适温度的大约差异,可作为高产栽培和生态研究的基础。

有些食用菌在子实体分化形成菇蕾时,还需要8～10℃变温条件的刺激,这称为变温出菇。温差刺激还会提高子实体的产量,菇蕾形成后,子实体生长发育则需要相对稳定的温度环境。

2.2.3.2 湿度

食用菌在子实体发育阶段要求较高的空气相对湿度。适宜的空气相对湿度是80%～95%。如果菇房内的相对湿度低于60%,子实体的生长就会停止;当相对湿度降至40%～45%时,子实体不再分化,已分化的幼菇也会干枯死亡。但菇房内的相对湿度也不宜超过95%,菇房空气过于潮湿,易招致病菌滋生,也有碍菇体的正常蒸腾作用,而菇体的蒸腾作用是细胞内原生质流动和营养物质运转的促进因素。因此,菇房过湿,菇体发育也就不良。金针菇长期处在过于潮湿的空气中,只长菌柄,不长菌盖,或者盖小肉薄。不过,这对金针菇的栽培者来说,反倒是一件好事。因为金针菇的主要食用部分是菌柄而不是菌盖。所以,栽培者常常利用这一原理,在满足其他栽培条件的同时,将菇房空气湿度调到90%以上,以便收获更多、更好的金针菇。

不同种类的食用菌生长发育所需要的空气相对湿度略有区别。一般说来,子实体发生时期的空气相对湿度应比菌丝体生长时期的空气相对湿度高10%～20%。

2.2.3.3 氧与二氧化碳

食用菌是好气性、异养生物,即好氧性菌类,因此氧与二氧化碳的浓度也是影响食用菌生长发育的重要环境因子。食用菌在分解基质获取营养物质的过程中,需要吸进氧气,排出代谢产物二氧化碳。在室内或棚内栽培食用菌,保证食用菌所需氧气,排出二氧化碳的过程主要通过通风来实现。

大气中氧的含量约为21%,二氧化碳的含量是0.03%(300 μL/L)。当空气中CO_2的含量增加时,氧分压势必降低,过高的CO_2浓度会影响食用菌的呼吸活动。

不同种类食用菌菌丝体对氧的需求量及耐二氧化碳的能力是有差异的。有些食用菌能耐较高浓度的CO_2。如糙皮侧耳菌丝体,在CO_2浓度为20%～30%(体积比)时的生长量,甚至比在一般空气条件下培养的还增加30%～40%,只有当CO_2浓度积累到大于30%时,菌丝的生长量才骤然下降。也就是说,低浓度二氧化碳对某些食用菌菌丝体的生长还有刺激作用。

在食用菌子实体分化阶段对二氧化碳浓度较为敏感。如双孢蘑菇,当菇房中的CO_2浓度大于1%时,往往出现菌柄长、早开伞等品质下降现象;CO_2浓度超过6%时,菌盖发育受阻,菇体畸形,商品价值大损。灵芝的幼小子实体在CO_2浓度为0.1%的环境中发育时,一般不形成菌盖,菌柄分枝呈鹿角状。如果栽培者是以制作灵芝盆景为目的,可在一定阶段让灵芝子实体在较高CO_2浓度的环境下生长。

在子实体生长发育阶段,通风量大,氧气多,刺激菌盖生长;通风量小,二氧化碳浓度较大,抑制菌盖生长,刺激菌柄生长,可通过控制通风调整菌盖和菌柄的比例。以获得菌柄为目的的食用菌一般可通过减少通风来获得较好产品，如金针菇、杏鲍菇、灵芝盆景等。在进行室内栽培时，栽培室(房)应设置足够的换气窗，栽培过程中适时适量的通风换气，是确保子实体正常发育的一项关键措施。适当通风还能调节空气的相对湿度，减少病害的发生。为了防止环境中 CO_2 积贮过多，在进行林地栽培时，应选择较开阔的场地作菇(耳)场，并砍除场内的杂草及低矮灌木，以利于场地通风。

2.2.3.4 光线

食用菌细胞内不含叶绿素，不能进行光合作用，因此不需要直射光。食用菌在菌丝生长阶段不需要光线，但是大部分食用菌在子实体分化和发育阶段都需要一定的散射光。食用菌子实体发生所需的光强度和其原始的生活环境密切相关。根据子实体形成时期对光线的要求，一般可以将食用菌分为喜光型、厌光型和中间型3种类型。金针菇、侧耳、灵芝、木耳等食用菌在无光环境中虽能形成子实体，但菇体畸形，常只长菌柄，不长菌盖，不产生孢子，这类食用菌属于喜光型，其子实体只有在较强的散射光刺激下，才能较好地生长发育。喜光型食用菌一般生长在森林树木的树干上。厌光型食用菌在整个生活周期中都不需要光的刺激，有了光线，子实体不能形成或发育不良，如双孢蘑菇、双环蘑菇、茯苓、块菌等，这类食用菌可以在完全黑暗的条件下完成生活史。这类食用菌原始生活环境为森林、草原的土壤中。中间型食用菌子实体正常生长发育只需要较弱的散射光，且对散射光的强度要求不一样，但在完全黑暗条件下不形成子实体，如香菇、草菇、松口蘑、滑菇等食用菌。这类食用菌的原始野生环境一般在森林地面或近地面的枯枝朽木上。

光的波长对子实体的形成也有影响，适合香菇原基形成的最适光波长是370～420 nm。有趣的是，对菌丝体生长有抑制作用的蓝光，却能促进子实体的分化，红光则和黑暗一样不利于子实体发育。光照对子实体形成的作用机理目前还不清楚。但近年来根据日本学者对大根鬼伞的研究，发现光照与环腺苷酸(cAMP)的代谢有关，而cAMP是子实体形成的诱导物。

光线对子实体的色泽也有很大的影响。光照不足时，草菇呈灰白色，木耳为浅褐色。只有在光照强度为250～1 000 lx时，木耳才呈正常的黑褐色。

2.2.3.5 酸碱度(pH)

不同种类的食用菌菌丝体生长所需要的基质酸碱度不同，但是大多数食用菌喜中性偏酸环境，菌丝生长的pH在3～6.5，最适pH为5.0～5.5。大部分食用菌在pH大于7.0时生长受阻，大于8.0时生长停止。

表2-2是几种食用菌菌丝生长的最适pH。

表2-2 常见食用菌菌丝生长对pH的要求范围

食用菌种类	生长pH	适宜pH	食用菌种类	生长pH	适宜pH
双孢蘑菇	5.0～8.0	6.8～7.0	黑木耳	4.0～7.5	5.0～6.5
大肥菇	5.5～8.0	6.0～6.5	银耳	5.0～7.5	5.0～6.0
香菇	3.0～6.5	4.5～6.0	灰树花	3.5～7.0	4.0～5.5
草菇	4.0～10.0	8～9	猴头菌	3.0～7.0	4.0～5.5
金针菇	3.0～8.5	5.5～6.5	灵芝	3.0～7.5	5.0～6.0
滑菇	4.0～7.0	5.0～6.0	茯苓	3.0～7.0	4.0～5.5
平菇	3.0～7.5	5.4～6.0	竹荪	5.0～6.5	5.6～6.0

从表2-2可以看出，上述14种食用菌中，草菇喜欢偏碱环境，香菇、猴头、灰树花、茯苓喜酸性环境，其余的都喜欢中性偏酸环境。

pH对食用菌的新陈代谢有很大的影响，栽培食用菌时必须使其在适当的酸碱环境条件下才能正常地生长发育。被食用菌利用的大多数有机物在分解时，常产生一些有机酸，如糖类分解后常产生柠檬酸、延胡索酸、琥珀酸、醋酸、草酸等，蛋白质常被分解为氨基酸，这些有机酸的产生与积累可使基质pH降低。同时，培养基灭菌后的pH也略有降低。因此，在配制培养基时应将pH适当调高，或者在配制培养基时添加0.2%磷酸氢二钾和磷酸二氢钾作为缓冲剂；如果所培养的食用菌产酸过多，也可添加少许碳酸钙作为中和剂，从而使菌丝生长在pH相对稳定的培养基内。

2.2.3.6 生物因子

除了上述基质营养组分、含水量、pH以及环境温度、空气相对湿度、氧气与二氧化碳、光线等环境因素影响食用菌的生长发育外，一些生物因子与食用菌的生长也有着密切的关系。

食用菌与其他不同种类的生物或微生物生存在同一环境中，彼此之间发生着复杂的关系，主要表现在种间共处、伴生、共生、竞争、拮抗、寄生和啃食等方面。种间共处指两种生物生活在同一种环境中，二者之间不表现明显的利害冲突；伴生关系指微生物间的一种松散联合，在联合中可以是一方得利，也可以是双方得利；共生是指许多种类的食用菌和高等植物、昆虫、原生动物或其他菌类形成相互依存的共生关系；竞争是指生活在一起的两种微生物为了自身生长而争夺有限的同一种营养或其他需要的养料、环境等；拮抗是指两种微生物生活在一起时一种微生物产生某种特殊的代谢产物或使环境条件改变从而抑制或杀死另一种微生物的现象；而寄生则是指一种生物生活在另一种生物的表面或体内，从其细胞、组织或体液中取得营养；啃食是指为害食用菌的鼠类、螨类和昆虫等对食用菌菌丝或子实体的啃食，而造成食用菌减产的现象。下面通过食用菌与微生物、食用菌与动物及植物的关系来阐述这些复杂的关系。

1. 食用菌与微生物

许多微生物能为食用菌提供必要的营养物质。例如，嗜热细菌、放线菌、真菌的混合微生物菌群在双孢蘑菇堆料发酵过程中，不仅能分解纤维素、半纤维素等高分子物质，软化草茎，还为双孢蘑菇生长提供必要的氨基酸和维生素，而且这些微生物自身繁殖所合成的菌体蛋白质和多糖体也是双孢蘑菇生长的良好营养。栽培双孢蘑菇的培养料，实际上就是堆肥中的微生物发酵加工制成的。发酵料的质量直接决定着双孢蘑菇的产量和质量。双孢蘑菇播种后，菌种生长到一定时期，在菌床上覆盖一层土，双孢蘑菇产生的挥发性气体可刺激土壤中的优势菌群大量繁殖，据报道，这种细菌的优势种主要是致腐假单胞菌(*Pseudomonas putida*)，它是双孢蘑菇子实体分化发育的诱导者。

微生物为食用菌提供营养物质的另一个例子是香灰菌与银耳伴生。据测定，银耳芽孢没有纤维素酶和半纤维素酶，不能分解纤维素和半纤维素，甚至也不能很好地利用淀粉，因此它不能单独在木屑培养基上生长。只有当银耳芽孢与香灰菌混合接种在一起时，银耳才由于获得了香灰菌分解木屑得到的养分而繁殖结耳。因此，在制备银耳菌种时须将两者按一定比例混合接种在一起。这样的银耳菌种实际上已不是纯银耳菌丝种，而是银耳和香灰菌的混合培养物。香灰菌初步鉴定为绿黏帚菌(*Gliocladium virens*)，其有性世代为炭团菌属的一个种。

2. 食用菌与植物

有些食用菌能与植物共生，形成菌根，彼此受益。菌根是真菌与植物互为有利的结合形式。能与植物形成菌根的食用菌多为外生菌根菌。菌根真菌能分泌吲哚乙酸等物质，刺激植物根系生长，促进植物吸收某些盐类；而植物则把光合作用合成的碳水化合物提供给真菌。

菌根真菌约有11个目30个科99个属。多见于块菌科、牛肝菌科、红菇科、口蘑科、鹅膏科。能与菌类形成菌根的植物主要有裸子植物、被子植物和蕨类植物。一定的菌根真菌要求一定的植物根系与其结合。如牛肝菌、松乳菇与松树，丝膜菌与红云杉，红菇与红栎，口蘑与黑栎，草鸡㙡与栓皮栎，鹅膏菌与松、杉、落叶松、桦树，黑孢块菌与毛栎、榛等。

3. 食用菌与动物

依靠动物帮助才能完成生活史循环的食用菌种类较少，典型的例证是白蚁（*Odontotermes* sp.）与鸡㙡（*Termitomyces albuminosus*）。鸡㙡常见于针阔叶林地、荒山坟地或玉米地中。凡鸡㙡生长之处必有白蚁。鸡㙡柄与白蚁巢相连，多群生。盛夏温高湿润时，白蚁窝上先长出小白菌球，随之长成突起状幼鸡㙡，最后突破覆土伸出地面，成为常见的鸡㙡。

白蚁与鸡㙡的关系，可能是鸡㙡利用蚁粪和白蚁分泌的激素生长，而白蚁则以鸡㙡的白色菌丝球作为食料。当鸡㙡生长的地方遭人畜或其他机械破坏后，导致白蚁搬家，就不会再长鸡㙡了。有经验的云南农民熟悉了白蚁与鸡㙡的关系，常在早春向白蚁窝泼水，以促进蚁窝中鸡㙡菌丝生长。这样，来日他们就能在白蚁窝上收获较多的鸡㙡。

此外，有些动物对食用菌的孢子传播也是有益的。竹荪的孢子就是靠蝇类传播的。著名的块菌子囊果生于地下，它的孢子只能通过野猪、鼠等采食后才能传播（猪粪传播）。

2.3 食用菌的繁殖与生活史

某种生物在一生中所经历的发育和繁殖阶段的全过程，称为这种生物的生活史。对于兼有无性繁殖和有性繁殖的生物来说，其生活史由有性生活史及无性生活史两部分组成。一般说来，要了解一种生物的特点，主要是认识其有性生活史。

2.3.1 食用菌的繁殖

食用菌的繁殖可分为无性繁殖和有性繁殖两种方式。

2.3.1.1 无性繁殖

不通过生殖细胞的结合而由亲代直接产生新个体者，称为无性繁殖。它的特点是反复进行，产生多个个体。具体方式有：

(1)节孢子（粉孢子）繁殖　通过菌丝断裂形成。每段可长成一个新个体。

(2)厚垣孢子繁殖　菌丝细胞质密集，在四周长出厚壁，使之处于休眠状态，待条件适宜时再萌发出新的个体。

(3)分生孢子繁殖　菌丝顶端或旁边形成分生孢子。

此外，银耳还可以由亲代细胞产生一个小芽孢，即以芽殖的方式繁殖。

子实体、菌索、菌核的组织分离，菌种转管（瓶）传代，都是利用食用菌无性繁殖特性延续后代的形式。

当条件不适宜时，单核菌丝或双核菌丝都有形成无性孢子的能力，如草菇、香菇、双孢蘑菇菌丝的厚垣孢子，滑菇、银耳菌丝的节孢子，金针菇菌丝顶端的粉孢子以及平菇的分生孢子梗产生的分生孢子等。

2.3.1.2 有性繁殖

通过两性生殖细胞的结合而产生新个体者，称为有性繁殖。有性繁殖所产生的子代，兼有双亲的遗传特性，比无性繁殖所产生的新个体生活力强，变异性大。因此，有性繁殖对物种的世代延续及进化有一定的积极意义。

从遗传学方面看，食用菌在减数分裂时要进行基因重组，因此它的担孢子有"＋"、"－"性别之分。食用菌在有性繁殖中，它的有性孢子就是减数分裂中基因重组的产物。

担子菌与高等动植物不同，没有专门的性器官，其有性繁殖一般表现为两个可亲和的有性孢子(担孢子)萌发生成的两种形态无差别，但性别不同的初生菌丝之间的结合。其整个过程可分为质配、核配和减数分裂三个阶段。食用菌不同性别的菌丝能否结合，主要取决于菌丝的不亲和性因子。根据菌丝的不亲和性因子的情况，可将食用菌划分为不同交配系统。食用菌的不亲和性又称不相容性。当不同性别的菌丝相遇时如果能够发生质配、核配和减数分裂，则说明该食用菌是亲和的，否则就是不亲和的。

根据同一担孢子萌发生长的初生菌丝能否自行交配这一特征，可将食用菌的有性繁殖划分为同宗结合和异宗结合两大类。

1. 同宗结合

同宗结合是一种"雌雄"同体、自身可孕的有性繁殖方式。同宗结合的食用菌，不需要两个不同来源的菌丝的交配，由同一担孢子萌发生成的初生菌丝自行交配，即可完成有性繁殖过程。在已研究的担子菌中，大约只有10%属于同宗结合。同宗结合又可分为初级同宗结合和次级同宗结合两种类型。

(1)初级同宗结合　担孢子只含有一个减数分裂产生的细胞核，单核担孢子萌发生成的同核菌丝间进行自行交配，即可完成有性繁殖过程。在常见的栽培食用菌中，草菇属于初级同宗结合类型。草菇的担子减数分裂产生四个核，形成四个担孢子，每个担孢子有一个核。

(2)次级同宗结合　这类担子菌每个担子上产生两个担孢子，每个担孢子内含有两个性别不同的细胞核。担孢子萌发后，形成双核的能产生子实体的菌丝体。在常见的栽培食用菌中，双孢蘑菇可作为次级同宗结合的代表。双孢蘑菇担孢子内含有"＋"、"－"两个核，每个担孢子萌发形成的菌丝体都是异核体，不需要再进行交配就可以完成生活史。

2. 异宗结合

同一担孢子萌发生成的初生菌丝，带有一个不亲和的细胞核，不能自行交配，只有两个不同交配型的担孢子萌发生成的初生菌丝之间的交配，才能完成有性繁殖过程。异宗结合是担子菌有性繁殖更为普遍的形式。在已研究的担子菌中，大约有90%属于异宗结合。在食用菌中，异宗结合的类型也占绝大多数。

根据控制交配型的交配因子是一对还是两对这一特性，又可将异宗结合划分为两种类型，受单因子控制的二极性异宗结合(占异宗结合的25%)和受双因子控制的四极性异宗结合(占异宗结合的75%)。

(1)二极性异宗结合　又称单因子二极性异宗结合。交配型由一对A因子控制，因此，一个子实体所产生的担孢子分成两种不同的交配型。只有不同交配型的菌丝 A_1 与 A_2 之间的配合，才能完成有性繁殖过程。A因子有两个作用，一是决定两个菌丝体的融合；二是控制细胞核的移动，当 A_1 和 A_2 交配时，既出现菌丝融合，又发生核移动，这两个过程都由A因子控制。在双核菌丝体形成子实体时，减数分裂后四分体的产物为两种类型的担孢子，即四个担孢子中两个是A_1，两个是A_2。然后子代之间杂交，其结果是50%可以杂交成功，变为异核体，是可孕的。二极性异宗结合的食用菌有滑菇、大肥菇(双环蘑菇)等。这类食用菌同一菌株所产生的担孢子之间的交配反应如表2-3所示。由此二极性的担孢子杂交后的可孕(+)及不可孕(—)的比例是1∶1。

表2-3　二极性系统同一菌株担孢子之间的交配反应

交配型	A_1	A_1	A_2	A_2
A_1	—	—	+	+
A_1	—	—	+	+
A_2	+	+	—	—
A_2	+	+	—	—

"+"表示亲和，"—"表示不亲和。

(2)四极性异宗结合　交配型由A、B两对因子所控制，A和B是非连锁的等位基因，即交配因子A和B在减数分裂时独立分离和自由组合。因此，一个子实体所产生的担孢子包括4种不同的交配型，即A_1B_1、A_1B_2、A_2B_1、A_2B_2。只有两对因子都不相同，即$A_1A_2B_1B_2$这样的组合，才能完成有性繁殖过程。四极性异宗结合在食用菌中占大多数，常见的栽培食用菌中，香菇、平菇、银耳、金针菇等均属于这一类型。四极性异宗结合的食用菌同一菌株所产生的担孢子之间的交配反应如表2-4所示。

表2-4　四极性系统同一担孢子之间的交配反应

交配型	A_1B_1	A_1B_2	A_2B_1	A_2B_2
A_1B_1	—	F	B	+
A_1B_2	F	—	+	B
A_2B_1	B	+	—	F
A_2B_2	+	B	F	—

"+"表示完全可亲和性；"—"表示不亲和性；B和F表示半亲和性。

在表2-4中，"+"代表A_1B_1和A_2B_2的反应，也就是不同A和不同B的反应，菌丝形成双核体，有锁状联合，可形成子实体。"—"代表A_1B_1和A_1B_1的反应，亦即AB都相同的反应，实际上没有反应。"F"表示A相同而B不同的反应，A_1B_1和A_1B_2配对时，在平板上菌丝可长在一起，气生菌丝少，菌丝能融合，但核不迁移，没有锁状联合，不能形成子实体。"B"表示A不同而B相同的反应，A_1B_1与A_2B_1配对时，两菌丝互相排斥，其间形成一道沟，有时具有假锁状联合，不能形成子实体。

表2-4所表示的是典型的四极性食用菌同一菌株担孢子间可能产生的全部交配反应。但是，某些食用菌的半亲和反应是不容易确定的。在这种情况下，四极性类型只能靠两种现象即完全可亲和性(+)和不亲和性(—)以及这两者之间的比例来确定。

如上所述，在四极性食用菌中，同一菌株的担孢子之间有25%是可亲和的。但是，更深入地研究双因子控制系统时，还必须考虑到不亲和性因子是由两个连锁的亚单位α和β所组成。在A因子中，有Aα和Aβ，在B因子中有Bα和Bβ，通过杂交可产生次级重组体。例如，A_1实

际上可看成 $A\alpha_1\beta_1$，A_2 可看成 $A\alpha_2\beta_2$，通过杂交，这两种 A 因子可产生一定数量的非亲代型的次级 A 因子重组体 $A\alpha_1\beta_2$ 和 $A\alpha_2\beta_1$，它们可分别被看作 A_3 和 A_4。通过杂交，B 因子 α 和 β 亚单位的等位基因也会出现类似情况。因此，严格说来，在四极性食用菌中，同一菌株的担孢子交配后，可亲和子代的比例不是 25%，而是或多或少地大于 25%。

必须指出，上面所谈到的是四极性食用菌同一菌株担孢子间配对反映的情况。而来自不同菌株的担孢子间配对，则不受此限制。由于不同菌株间 A、B 因子所含的成对基因都有广泛的复等位基因的性质，通常它们的担孢子间配对的亲和率很高，几乎可以随机地相互配对。

了解不同食用菌的有性繁殖特性，在生产上有重要的实际意义。属于同宗结合的种类，由于它的单个担孢子萌发生成的初生菌丝自交可孕（产生子实体），所以单孢子萌发得到的纯菌丝体可直接用于生产。而异宗结合的种类，只有用两种不同交配型的单核菌丝体结合后形成的异核双核菌丝体作菌种才能培育出正常的子实体。

3. 同宗结合与异宗结合的区别

同宗结合是自体可孕性，异宗结合是自体不孕性。主要区别是次级同宗的二极性与异宗结合的二极性，代表菌为双孢蘑菇和大肥菇。两者主要区别如表 2-5 所示。

表 2-5 次级同宗结合和异宗结合的区别

项　目	次级同宗结合（双孢蘑菇）	异宗结合（大肥菇）
担子上的孢子数	2 个	4 个
单核菌丝接触时	无交结区	有交结区，该处菌丝形成异核体，菌丝致密，生长旺盛
菌丝内核数目	多核异核体	担孢子萌发时为多核体，从子实体上分离的菌丝为双核体
异核化时	核不迁移	核迁移

2.3.2 食用菌的生活史

食用菌的生活史，通常是指由担孢子或子囊孢子到产生新一代担孢子或子囊孢子所经历的全部过程。为了获得食用菌的优质高产，就必须满足其生活周期各个环节生长发育的条件。因此，有必要了解食用菌的生活史（图 2-15）。

2.3.2.1 伞菌的典型生活史

异宗结合伞菌生活史包括以下几个阶段：

①担孢子萌发长出单核菌丝（初生菌丝），生活史开始。

②两条可亲和的单核菌丝融合（质配），形成异核的双核菌丝（次生菌丝）。多数食用菌的双核菌丝体具有锁状连合。双核菌丝体能够独立地、无限地繁殖，是食用菌栽培上的菌种。有些种的双核菌丝体能产生粉孢子、厚垣孢子等无性孢子。

③在适宜的环境条件下，双核菌丝发育成结实性菌丝（三生菌丝）并组织化，形成子实体。

④子实体菌褶表面或菌管内壁的双核菌丝体的顶端细胞发育成担子，进入有性繁殖阶段。

⑤来自两个亲本的一对交配型不同的单倍体细胞核在担子中融合（核配），形成一个双倍体细胞核。双倍体核立即进行减数分裂，减数分裂使两个不同交配型的细胞核的遗传物质发生分离和重组，形成 4 个单倍体核。

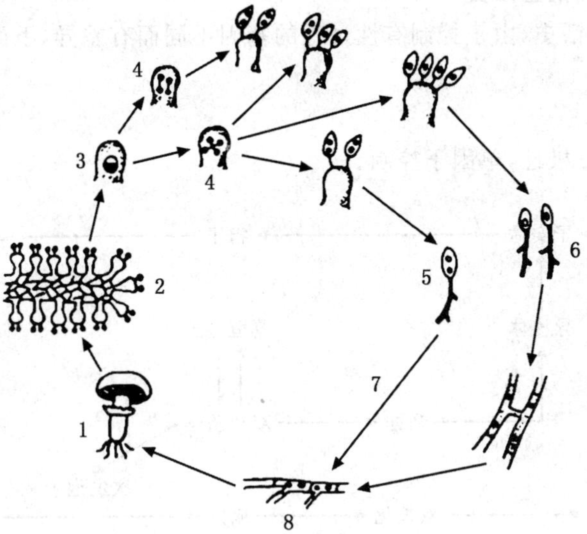

图 2-15　双孢蘑菇的生活史

1.子实体　2.子实层　3.核融合　4.减数分裂　5.异核体孢子萌发

6.同核体孢子萌发　7.异核化　8.异核体菌丝

(引自:牛西午.北方食用菌栽培,1994)

⑥各个单倍体核分别移到担子小梗的顶端,形成担孢子。在一般情况下,每个担子形成4个单核的担孢子。至此,一个完整的生活史已经完成。担孢子弹射,待条件适宜时就进入新的生活史循环,主要特点概括如下:

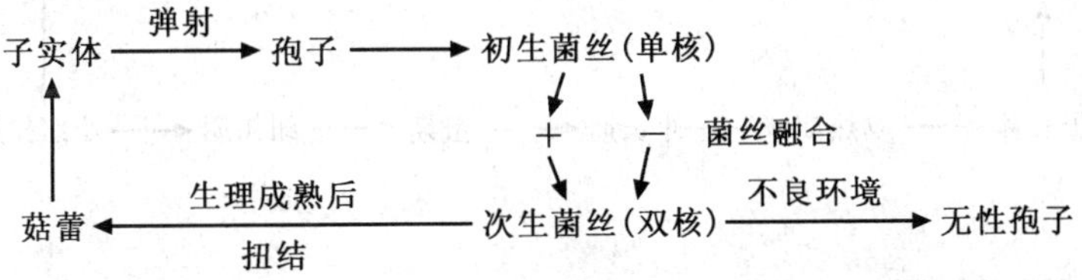

异宗结合食用菌的担孢子有性别之分,在真菌学上分别以"+"和"−"表示。孢子从担子果上弹射出来后,在一定条件下则萌发为"+"和"−"的单核菌丝,"+"和"−"的单核菌丝生长到一定阶段则相互结合形成双核菌丝。双核菌丝在食用菌的生活史中所占的时间比较长。生长发育到一定时期的双核菌丝,达到生理成熟后形成子实体,两个核融合成一个核,也就是由两个单倍体核融合成一个双倍体的合子,随之合子通过减数分裂,染色体减半,最后形成4个单倍体的担孢子。

除了从担孢子到担孢子的有性循环外,食用菌的生活史中还有一些通过无性孢子进行的循环。如银耳的单核菌丝或双核菌丝产生芽孢,芽孢在一定条件下又能萌发成单核菌丝或双核菌丝。草菇或香菇的菌丝在一定条件下细胞壁增厚,产生一种休眠孢子即厚垣孢子,厚垣孢子在一定条件下又能萌发成菌丝。还有一些食用菌如毛柄金钱菌的菌丝体,有时也能断裂成单细胞的分生孢子,分生孢子萌发后,又发育成单核菌丝或双核菌丝。

2.3.2.2 几种食用菌的生活史

各种食用菌的生活史，由于控制有性过程的基因不同而有差异，下面是4种有代表性的生活史示意图。

1. 双孢蘑菇

次级同宗结合，二极性，单因子控制。

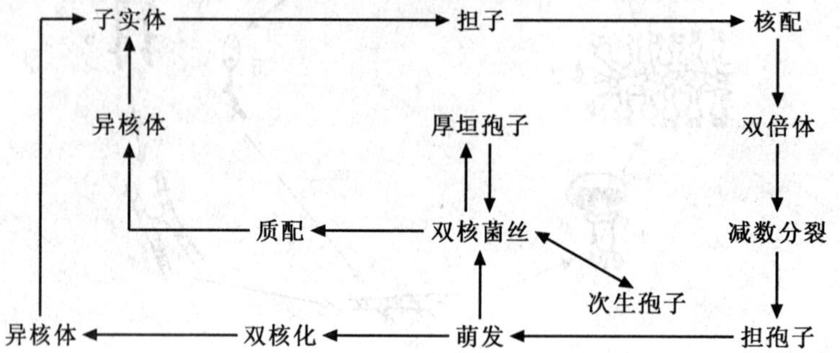

2. 草菇

初级同宗结合。

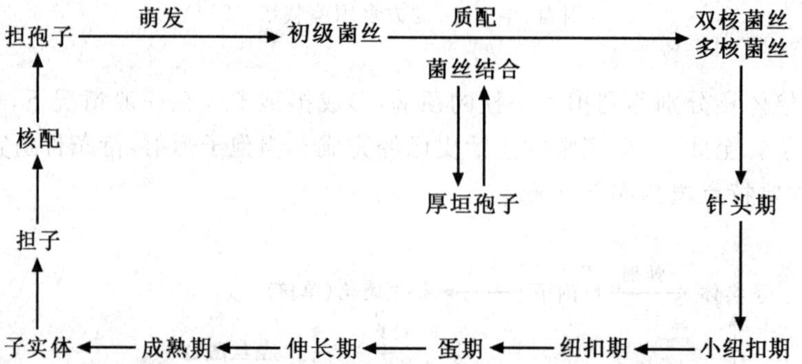

3. 香菇

异宗结合，双因子控制，四极性。

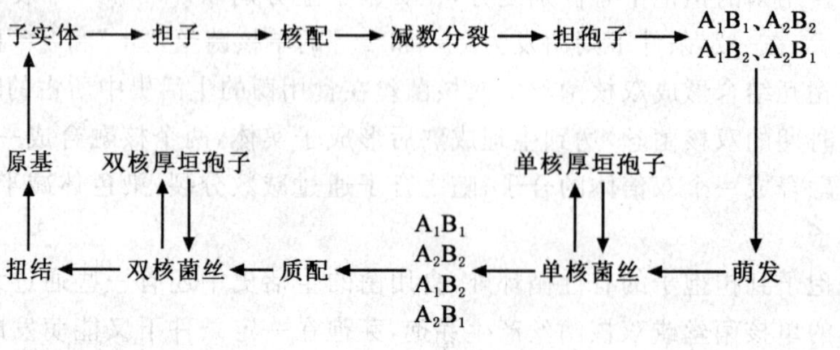

4. 滑菇

异宗结合，单因子控制，二极性。

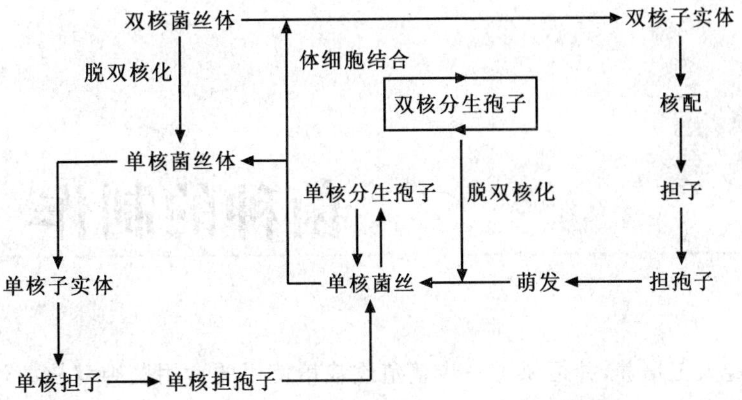

思　考　题

1. 解释下列名词：

菌丝体，菌落，双核菌丝，二系菌丝，三系菌丝，锁状联合，菌核，菌索，子座，菌托，鳞片，裸果型，被果型，半被果型，假被果型，同宗结合，异宗结合，食用菌生活史。

2. 食用菌正常生长发育所需要的营养物质有哪些？

3. 食用菌正常生长发育所需要的环境条件有哪些？

4. 以伞菌为例，论述异宗结合食用菌生活史主要阶段的特点。

5. 论述食用菌分类的科学依据有哪些？了解常见种属的主要分类特征。

6. 食用菌与植物、动物相比有哪些不同点和相同点？为什么食用菌栽培不能完全套用农作物栽培管理技术？

第3章

菌种的制作

菌种是指经人工培养,并可供进一步繁殖或栽培使用的食用菌纯双核菌丝体。常包括供菌丝体生长的基质在内,共同组成繁殖材料。菌种的种型主要分固体菌种和液体菌种两类。我国的食用菌菌种通常分三级,即母种、原种、栽培种。母种是经选育或分离得到的具有结实性的菌丝体纯培养物(原始母种)及其继代培养物,以试管为培养容器和使用单位,易于保藏,也称一级菌种或试管种;原种是由母种转接到木屑、棉籽皮、麦草、谷粒等为主的培养基上扩大培养而成的菌丝体纯培养物,常以透明的玻璃瓶或塑料瓶为容器,也称二级菌种;栽培种是由原种转接、扩大到相同或相似培养基上培养而成的菌丝体纯培养物,直接应用于生产,常以玻璃瓶、塑料瓶或塑料袋为容器,也称三级菌种。

菌种的制作是食用菌栽培的前提和重要环节,其优劣直接关系到食用菌的产量和质量,甚至关系到生产的成败。优良的菌种应具备高产、优质、纯度高、抗逆性强等特性,这主要取决于菌株原有的种性及制种水平。因此,选用优良菌株,掌握好制种技术,严格菌种质量,做好菌种的保藏工作,是食用菌生产中至关重要的技术环节。

3.1 制种条件

制种条件主要包括制种场地、仪器设备和消毒灭菌的药品等。为了确保菌种的质量和数量,必须科学地选择和合理布局制种场地,具备必要的仪器设备和制种用具。

3.1.1 制种场地

现有的闲散房屋,只要周围环境卫生,均可利用。新建制种场地一般包括配料室、灭菌室、接种室、菌种培养室、销售室以及库房等,建造格局可参照图 3-1。

建造时注意:接种室、培养室等可根据生产规模确定房屋数量,每间以 15～20 m^2 为宜;接种室和培养室外边,可设置缓冲间,以确保接种室和培养室的卫生。

3.1.2 常用设备

3.1.2.1 拌料、装料和封口设备

1. 拌料设备

可以人工拌料,规模较大时要有拌料机,拌料效果更好。常用拌料机有桶式拌料机、开放式拌料机和行走式拌料机 3 类,各有优缺点。

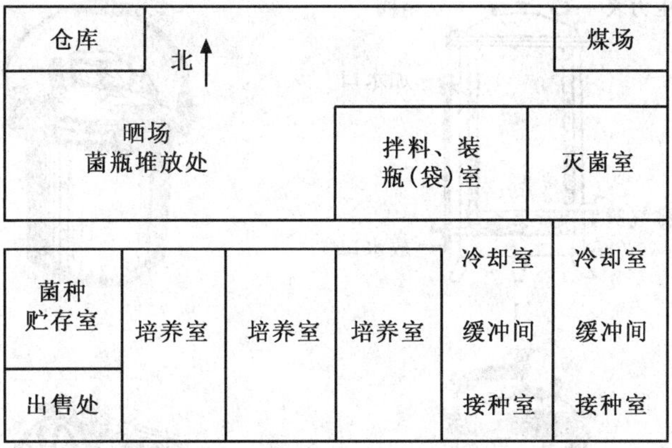

图 3-1 简易菌种场平面布局示意图

2.装料设备

量少时可以人工装料，量多时可用装瓶机或装袋机，装料速度快，松紧度一致。装料设备的机械化、自动化水平越来越高，由需要3人合作装袋的简易装袋机发展到了目前单人即可操作的自动化装袋机。

3.封口设备

可以手工绑口，也可用封口机封口，速度快，效果好。

3.1.2.2 灭菌设备

根据灭菌压力可分为两类：一是高压蒸汽灭菌设备，二是常压蒸汽灭菌设备。

1.高压蒸汽灭菌设备

灭菌时间短，速度快，灭菌彻底。但每次灭菌量较少，而且设备投资较高。常用高压蒸汽灭菌设备见图3-2。

(1)手提式高压灭菌锅　容量小，适用于母种培养基的灭菌。

(2)立式高压灭菌锅　容量较小，适用于母种和少量原种培养基的灭菌。

(3)卧式高压灭菌锅　容量较大，适用于原种和少量栽培种培养基的灭菌。

2.常压蒸汽灭菌设备

容量大，一次可灭500～4 000 kg干料，投资少，经济实用，常用于栽培种培养基和栽培料的灭菌。但灭菌所需时间长，效果相对差些。常用设备有：

(1)简易常压灭菌灶　用一口直径110 cm的铁锅和砖、水泥搭建灶台，在灶台上用砖和水泥砌成方形或圆形灭菌室，上部用水泥封顶。在灭菌室下部预留加水口，安放一根铁管便于加水。在一侧留有进出料口，并制作木门封口。应注意：灶仓内要设层架结构，以便分层装入灭菌物，保证蒸汽畅通；灶上应安装温度计，可随时观察灶内温度的变化；因灭菌时间长，常压灶要设计加水装置；灶仓的密闭程度要尽可能高，以提高灭菌效果，又可节省燃料(图3-3)。

(2)蒸汽炉(蒸汽灭菌锅炉)灭菌装置　该装置中蒸汽发生器和灭菌仓分离，之间由管道连通，向灭菌仓供应高温水蒸气。

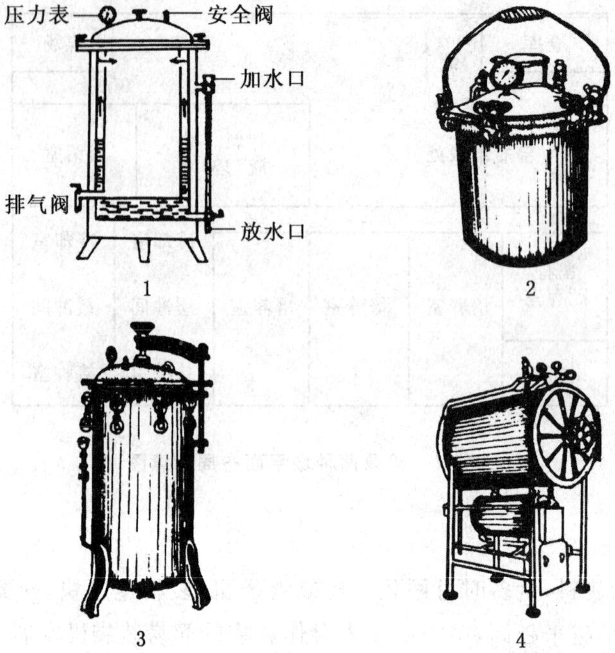

图 3-2　高压蒸汽灭菌锅

1. 高压蒸汽灭菌锅结构　2. 手提式高压蒸汽灭菌锅

3. 直立式高压蒸汽灭菌锅　4. 卧式高压蒸汽灭菌锅

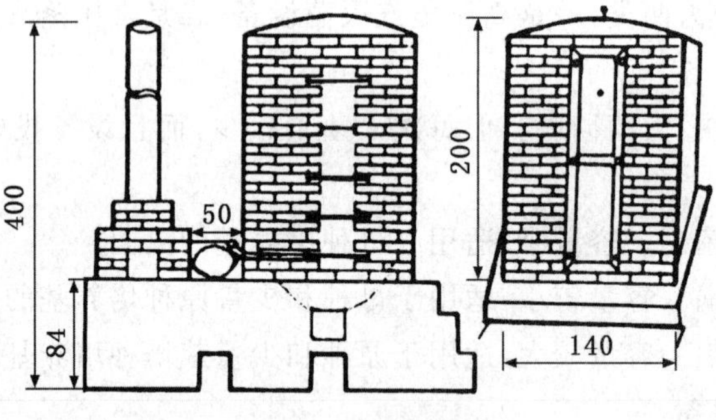

图 3-3　简易常压灭菌灶(单位:cm)

蒸汽炉是指利用燃料或其他能源(如电能)把水加热成为蒸汽的机械设备,有多种规格,不同规格每次适宜的灭菌量差异较大,可根据生产规模选用。常用灭菌仓有灭菌房和灭菌包两种类型,灭菌房是由水泥、砖建造的 10～20 m^2 的房间,上部用水泥封顶,一侧设有可以密闭的金属门,并设有进气口、排气孔和温度计插孔。灭菌包是在离蒸汽炉 1～2 m 处选择平整的地面或搭建平台,然后铺设防水和隔热材料,如先铺设一层竹竿或玉米秸,其上铺 1～2 层塑料膜,膜上面铺一层砖(或木板)和麻袋等,留好蒸汽管入口;然后排放料袋,料袋垒成方形或梯形,或将料袋装入周转筐内堆码,料袋之间要有孔隙,保证蒸汽畅通;之后料堆上覆盖苫布和塑料膜,四周与下面的塑料膜折叠好,并用绳索将整个料堆外面捆扎几道,以防加热过程中蒸汽把覆盖物顶开;最后用砖或沙袋将四周压严,避免蒸汽泄漏。采用灭菌包灭菌时蒸汽压力不能过大。

3.1.2.3 接种设备

1. 接种室

空间较大，操作方便，接种速度快，但工作人员需进入接种，影响消毒效果。接种室的面积以 5～7 m^2 为宜，结构必须严密；墙壁和地面要平整、光滑，便于擦洗、消毒；室内设有操作台、紫外灯和日光灯；接种室外面要有一间 2～3 m^2 装有紫外灯的缓冲间，供工作人员更换衣帽、洗手等(图 3-4)。

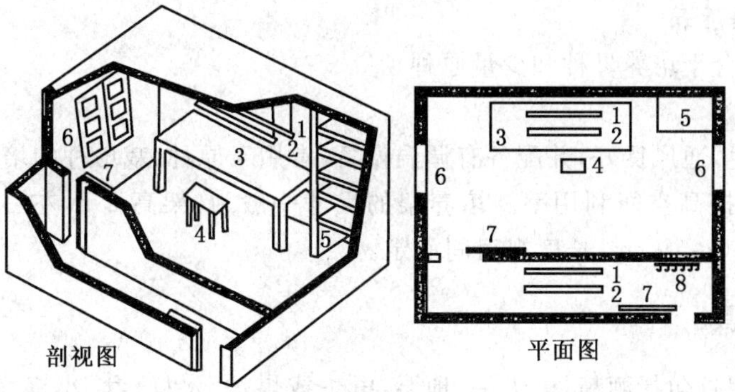

图 3-4 接种室

1. 紫外灯 2. 日光灯 3. 工作台 4. 凳子 5. 瓶架 6. 窗 7. 拉门 8. 衣帽钩

2. 超净工作台

有直流式和侧流式两种机型，可单人或双人操作。接种操作方便、舒适，但容量小，成本高。适用于母种和少量原种的接种。

3. 接种箱

接种箱是由木料和玻璃制成的密闭箱子，为生产上最常用的小型接种设备。接种箱的上部装有能启闭的玻璃窗；木板的侧面开有两个直径 15 cm 左右的圆孔，装有套袖；在圆孔外侧设有活动挡板，以便不用或熏蒸时密封；必要时可在箱内顶部安装紫外灯和日光灯。制作尺寸可参照图 3-5。

图 3-5 接种箱(单位:cm)

接种箱制作成本低，便于彻底消毒，而且移动方便，适合制备各级菌种。但容量较小，操作略有不便。

4. 接种帐

用钢筋或竹竿等做成框架，围上塑料膜，四周密封，地面用木条等压住，使接种帐密闭好。投资小，容量大，可以移动。使用方法类似于接种室。

3.1.2.4 培养设备

1. 电热恒温培养箱

温度可调，适合于培养母种和少量原种。

2. 培养室

要求清洁卫生，通风良好，并配备有调温设备，常用于原种、栽培种的培养。室内设置培养架，以便于检查和提高空间利用率。培养架的尺寸一般为：架高 2 m 左右，设 5～7 层，层距 30～40 cm，架宽 50～70 cm，长度视房间而定。

3.1.3 制种用具

常用的制种用具包括酒精灯、天平、地泵、电炉或煤炉、水桶、盆、小锅、镊子、接种钩、接种铲、试管、菌种瓶、菌种袋、漏斗、温度计、湿度计、量筒、磨口瓶、塑料绳、报纸以及 pH 试纸等。

3.2 消毒和灭菌

消毒是指利用物理或化学的方法，杀死物体表面和环境中的部分微生物（不包括细菌的芽孢和霉菌的休眠孢子）的过程；灭菌是指利用物理或化学的方法，杀死物体表面和内部所带的一切微生物的过程，以达到无菌要求。

空间中存在着大量为害食用菌的微生物，在食用菌栽培上通称为杂菌。杂菌能通过多种渠道污染培养基和栽培料，使制种和栽培失败。因此，采取各种措施做好培养基、栽培料和空间的消毒、灭菌工作，是保证制种和栽培成功的关键环节。

3.2.1 消毒

食用菌生产上常用的消毒方法有物理消毒法和化学消毒法两种。

3.2.1.1 物理消毒法

1. 紫外线消毒

紫外线消毒是利用紫外线照射杀灭微生物的方法，杀灭微生物的波长为 200～300 nm，最佳杀菌波长为 250～270 nm。通过紫外线灯照射，使菌体蛋白发生光解、变性，菌体内的核酸、酶遭到破坏而死亡；同时，紫外线还可使空气中的氧气形成臭氧，臭氧也具有杀菌作用。由于紫外线穿透力差，所以只适用于空气和物体的表面消毒，如接种室、接种箱、超净工作台、培养室等接种和培养场所均可利用紫外线灯消毒。所需的照射时间与空间大小和紫外灯功率有关，一般 10 m^3 的空间，用 30 W 的紫外灯照射 30 min 即可，之后隔 30 min，等臭氧散去，即可进去工作。现在有些紫外灯照射后并不产生臭氧，所以关闭紫外灯后就可进去工作。注意：紫外线对眼睛和皮肤有刺激作用，照射过程中产生的臭氧对人亦有危害，因此不要在开启紫外灯的情况下工作。

2. 空气过滤除菌

是让空气通过过滤介质，以阻截空气中所含的微生物，而取得无菌空气的方法。在食用菌生产上应用的设备主要是超净工作台，直接采用鼓风机增压后空气进入过滤器，经一两次过滤除去空气中的杂菌，使操作空间达到局部无菌的状态。

3.2.1.2 化学消毒法

化学消毒法是指利用化学药物作用于微生物，使其蛋白质变性，失去正常生理功能而死亡。在食用菌生产上，常用化学消毒方式有熏蒸消毒、喷雾消毒、擦拭消毒等。常用的消毒药品有：

(1)75%酒精　用于皮肤和菌种等的表面消毒。

(2)40%甲醛＋高锰酸钾　每立方米用40%甲醛和高锰酸钾以10 mL：5 g混合使用，可用于接种场地、菇房的空间熏蒸消毒，效果好。

(3)气雾消毒剂　如克霉灵、菇保一号等，用于接种场地的熏蒸消毒，刺激性气味小，对人畜毒性小，消毒时间短(0.5～1 h)，使用方便，目前应用较多。

(4)高锰酸钾　常用浓度为0.1%～0.2%，主要用于浸泡工具、塑料薄膜等包盖物。

(5)石炭酸(苯酚)　常用3%～5%的水溶液，主要用于培养室空间喷雾消毒。

(6)来苏儿(煤酚皂液)　常用2%～5%的水溶液，可用于空间喷雾、擦拭、浸泡容器及洗手等。

(7)漂白粉　常用浓度为2%～5%，用于地面、空间和水的消毒。

(8)臭氧　利用臭氧发生器制取，用于空间和水的消毒。

(9)硫黄　每立方米用15～20 g，点燃，用于空间熏蒸消毒。在硫黄熏蒸前，空间和用具等用水喷湿，比干燥时效果显著，有杀菌、杀虫、杀螨作用。

任何一种消毒剂的杀菌能力都有局限性，因此需要几种消毒剂交替使用或配合使用，可以提高杀菌效果，减少杂菌的抗药或耐药性，缩短杀菌时间和维持药效稳定。

3.2.2 灭菌

3.2.2.1 灭菌方法

食用菌生产上通常采用热力灭菌，包括湿热灭菌法和干热灭菌法。湿热灭菌法是利用蒸汽或沸水杀死微生物的方法，其灭菌温度低于干热灭菌温度，湿热灭菌法根据灭菌压力分为高压蒸汽灭菌和常压蒸汽灭菌；干热灭菌法又可分为火焰灭菌和热空气灭菌。在食用菌生产中主要用于各级菌种培养基、熟料栽培的栽培料以及接种过程中的用具灭菌等。

1. 高压蒸汽灭菌

是将灭菌物品置于密封容器内，利用加压高温蒸汽在较短时间内达到彻底灭菌的方法。高压蒸汽灭菌的蒸汽温度随着蒸汽压力的增加而升高，只要增加灭菌压力，灭菌时间就可相应缩短，可在较短时间内杀死所有微生物，因此是一种最有效的、使用广泛的灭菌方法。常用于食用菌母种、原种、栽培种培养基以及栽培料和玻璃器皿等的灭菌。

高压蒸汽灭菌所需要的蒸汽压力和灭菌时间，应根据灭菌物品、灭菌量以及季节等确定。母种培养基及玻璃器皿等灭菌时，一般需用1.1～1.2 kg/cm^2的压力，温度约121℃，灭菌30 min左右；原种和栽培种培养基灭菌时，通常需用1.4～1.5 kg/cm^2的压力，温度约128℃，灭菌 1.5～2.0 h，若是谷粒培养基，灭菌时间需增加至 2.5～3.0 h；高温季节灭菌时间应长于低温季节。

高压蒸汽灭菌热效率高，但必须使用正规厂家生产的高压灭菌设备，并严格按照操作规程进行操作。高压灭菌的方法步骤及注意事项如下：

①加水。向灭菌锅内加水至水位标记高度，不能过多或过少。

②将培养基等物品装入灭菌锅。锅内物品必须排放有序，若放得过多、过密，蒸汽不畅通，会造成灭菌不彻底。注意棉塞不能接触锅壁，上面要覆盖两层报纸或一层防水油纸，防止锅盖下面的冷凝水打湿棉塞。

③拧紧锅盖，开始加热，排气后升压。这一步关键是冷空气排放要完全，若灭菌锅内留有冷空气，会造成假相蒸汽压（表 3-1），致使灭菌不彻底。排出冷空气的方法有两种：缓慢放气和集中放气。缓慢放气法是指开始加热时便打开放气阀，随温度上升，锅内的冷空气逐渐排出，当水沸腾并有大量蒸汽从放气阀中快速冲出时，即可关闭放气阀升压；集中放气法是指当压力升至 0.5 kg/cm^2 时，打开放气阀缓慢放气，让压力降至零，再放气 10～15 min，当有大量蒸汽排出时，关闭放气阀升压。

表 3-1　高压灭菌锅内排气程度与温度的关系　　℃

蒸汽压力/MPa	完全排出	排出 2/3	排出 1/2	排出 1/3	完全不排
0.034	109	100	94	90	72
0.069	115	109	105	100	90
0.103	121	115	112	109	100
0.138	126	121	118	115	109
0.172	130	126	124	121	115
0.207	135	130	128	126	121

④升压至所需压力时，开始计时，并调节火力大小，保持压力稳定，维持到所需时间。

⑤停止加热，自然降压。待压力自然下降到零时打开放气阀，缓慢排出残留蒸汽。若人工排汽降压，排汽不能太快，否则锅内突然减压，会使水和母种培养基沸腾而沾湿棉塞，甚至把棉塞冲出，或造成原种、栽培种的瓶或袋胀破。

⑥打开锅盖，取出灭菌物。如果棉塞潮湿，可把锅盖打开一部分，让锅内蒸汽逸出，利用余热将棉塞烘干。

⑦灭菌锅若连续使用，应注意补充锅内水量。使用完毕，排出剩余水分，使锅内保持干燥，以防日久生锈。

2. 常压蒸汽灭菌

常压蒸汽灭菌是将物品放在常压灭菌灶内，以自然压力的蒸汽进行灭菌的方法。灭菌温度一般在 97～105℃，灭菌时间以锅灶冒大汽开始计算，需保持 8～10 h。广泛用于栽培种培养基和栽培料的灭菌。

常压蒸汽灭菌所需的时间因灭菌材料和容量不同等而有差异。装量适中，蒸汽畅通时，冬天需灭菌 8～10 h，夏天需灭菌 10～12 h；装量较多或菌袋较大时需灭菌 12 h 以上。

常压蒸汽灭菌的优点是：灭菌仓容量大，一次可灭菌数百至数千袋；锅灶结构简单，可自行制造，成本较低。不足之处是：灭菌所需时间长，能源消耗较多；操作不严格时，易发生灭菌不彻底现象。常压蒸汽灭菌的方法步骤及要求如下：

①向铁锅或蒸汽炉内加足水。

②将培养基按层次摆放入灭菌仓内。瓶或袋之间及其与四壁之间均应留有空隙，不能装得太多太密，要保证瓶或袋之间蒸汽畅通。装好后用螺栓将仓门扣紧。

③加热升温。开始时火力要猛，使物料尽快升温，并随时观察仓内温度，当温度上升到100℃左右时，开始计时。之后始终保持火力和温度稳定。

④及时向铁锅或蒸汽炉内加水，以防烧干。简易常压灭菌灶内切勿加冷水，否则会使灶内突然降温，影响灭菌效果。

⑤维持蒸汽温度到所需时间并停火。

⑥停火后闷 6～8 h，待温度自然下降到 50℃左右时取出灭菌物品，放入预先消毒的冷却室中。

3. 火焰灭菌

火焰灭菌是将能耐高温的器物，直接在火焰上烧灼，使附着在物体表面的微生物死亡。在食用菌制种中，最常用的灼烧用具是酒精灯。使用火焰灭菌时，最好结合酒精消毒，即将接种针、接种钩、接种铲等需要灭菌的部分先用酒精擦洗后，再放在酒精灯火焰上灼烧数秒钟，即可达到灭菌目的。此法简便，灭菌彻底，但应用范围有限，主要用于接种工具、试管口、菌种瓶口等的灭菌，也可用于焚毁严重污染的培养基和栽培料等。

4. 热空气灭菌

热空气灭菌是利用加热的高温空气进行灭菌的方法，又称干热灭菌。少量物品的干热灭菌通常在电热鼓风干燥箱内进行。具体方法是：首先将事先洗涤晾干或烘干的培养皿、移液管等器皿用纸包好，放入干燥箱内，注意不要塞得太满，要留有空隙，使箱内空气流通和温度均匀；然后关门，接通电源，调节温度旋钮，开始加热，使温度逐渐上升至 160～170℃，恒温保持 2 h，切断电源；待温度降至 70℃以下时，方可打开箱门，切勿在高温时开门，以免因氧气突然进入箱内而引起明火，或因突然降温导致玻璃器皿破裂。

此法只适用于制种中能耐高温的玻璃器皿、瓷器及金属器械等灭菌，不适用于含液体的培养基等材料。如果灭菌物品用纸包裹或带有棉塞时，必须严格控制温度不超过 170℃，以免烤焦报纸和棉塞而引起火灾。

3.2.2.2 培养基灭菌效果检验

1. 母种培养基灭菌效果检验

母种培养基灭菌后，在高压灭菌锅的不同部位随机抽取 3%～5%的斜面培养基，以便检查锅内各个部位的灭菌效果。将母种培养基置于 28℃的恒温箱中空白培养 3 天，如果没有杂菌污染，则认为灭菌彻底，斜面培养基可以接种使用。

2. 原种、栽培种培养基灭菌效果检验

灭菌结束后，从灭菌锅中的不同位置随机抽取灭菌量 1%的菌种瓶（袋），贴上标签注明所取位置；然后置于 28℃恒温箱中空白培养 5～7 天，检查是否有霉菌菌落生成。如果要检查是否有细菌存活，必须使用细菌培养基进行检测。经检验，如果所有菌种培养基的表面和内部无变化，表明达到灭菌目的，可供接种使用；如果某一位置的菌种瓶（袋）中出现杂菌菌落，可能是由于此处菌种瓶（袋）摆放过密，没有空隙，导致热蒸汽流通不畅，或灭菌锅结构不合理，出现

"死角"等原因造成灭菌不彻底,应根据具体情况进行改进;如果不分部位,大部分或全部菌种瓶(袋)中都出现杂菌菌落,可判断为灭菌温度或灭菌时间不够,需要对这批培养基重新灭菌后才能使用,并注意提高灭菌温度或延长灭菌时间,以保证灭菌效果。

灭菌效果检验,不用每次都进行,通常只在使用新的灭菌设备或改换了新的培养基配方时进行,以便调整灭菌温度或灭菌时间。

3.3 母种的制作

母种是指通过组织分离或孢子分离而得到的最初菌种。由菌种分离获得的原始母种数量有限,需进行扩大繁殖,才能满足生产需要。

3.3.1 母种培养基的制备

培养基是食用菌生长繁殖的基础,是按照食用菌生长发育所需要的各种营养,利用一些天然物质或化学试剂按一定比例配制而成的营养基质。在菌种制作过程中,母种、原种、栽培种各个阶段所用的培养基有所不同。

3.3.1.1 常用母种培养基配方(g/1 000 mL)

(1)马铃薯葡萄糖琼脂培养基(PDA) 马铃薯(去皮)200 g,葡萄糖 20 g,琼脂 20 g。还可以添加磷酸二氢钾 3 g,硫酸镁 1.5 g,维生素 B_1 10 mg,即为马铃薯综合培养基。此配方广泛适用于多种食用菌母种的分离、培养和保藏。

(2)马铃薯棉籽壳综合培养基 马铃薯 100 g,棉籽壳 100 g,麸皮 50 g,葡萄糖 20 g,琼脂 20 g,蛋白胨 2～5 g,磷酸二氢钾 3 g,硫酸镁 1.5 g,维生素 B_1 10 mg。此配方广泛适用于多种食用菌母种的分离、培养和保藏,菌丝体茁壮。

(3)马铃薯木屑综合培养基 马铃薯 200 g,木屑 20 g,蔗糖 20 g,麦芽糖 10 g,琼脂 20 g。此配方适宜多种木腐菌菌丝生长。

(4)玉米粉蔗糖培养基 玉米粉 40 g,蔗糖 10 g,琼脂 20 g。此配方适宜多种食用菌菌丝生长,特别是香菇、金针菇。

(5)小麦琼脂培养基 小麦粒 125 g,琼脂 20 g。预先将小麦粒在 4 000 mL 水中煮 2 h,静置并过滤,滤液定容至 1 000 mL。此配方适宜双孢蘑菇菌丝生长。

(6)堆肥浸汁培养基 堆肥(干)100 g,葡萄糖 20 g,琼脂 20 g。此配方适宜双孢蘑菇菌丝生长。

(7)稻草浸汁培养基 稻草 200 g,蔗糖 20 g,硫酸铵 3 g,琼脂 20 g,pH 7.2～7.4。此配方适宜草菇菌丝生长。

3.3.1.2 母种培养基的制作方法

选用不锈钢锅、铝锅或搪瓷缸作为浸煮容器。

1.选定配方

按照选定的培养基配方,计算和称取各种物质。

2.配制方法

以半合成培养基马铃薯葡萄糖琼脂培养基为例,母种培养基配制方法如下:

(1)煮汁取滤液　将马铃薯削去外皮和芽眼，切成 2～3 mm 厚的薄片；加水煮沸，文火保持 30 min，适当搅拌；然后用 4 层或 8 层预湿的纱布过滤，取滤液。

(2)溶解药品　将葡萄糖、琼脂加入滤液中，小火加热，搅拌至完全溶解，最后补水定容。

(3)分装试管　配制好的营养液，应趁热分装。常选用 18 mm×180 mm 的玻璃试管，用漏斗进行分装，每个试管分装 10 mL 左右培养基(占试管长度的 1/5～1/4)；然后塞上棉塞，5 个或数个一捆，用两层报纸或一层牛皮纸包住棉塞，绑好。

3. 培养基灭菌

采用高压蒸汽灭菌。于 1.1～1.2 kg/cm^2 压力下灭菌 30 min。

4. 摆斜面

待压力自然下降至零时，打开放气阀，缓慢排出残留蒸汽。然后打开锅盖，取出试管，趁热摆斜面。随温度下降，培养基逐渐凝固。待温度降至 30℃以下时即可使用。

母种培养基的制作流程如图 3-6 所示。

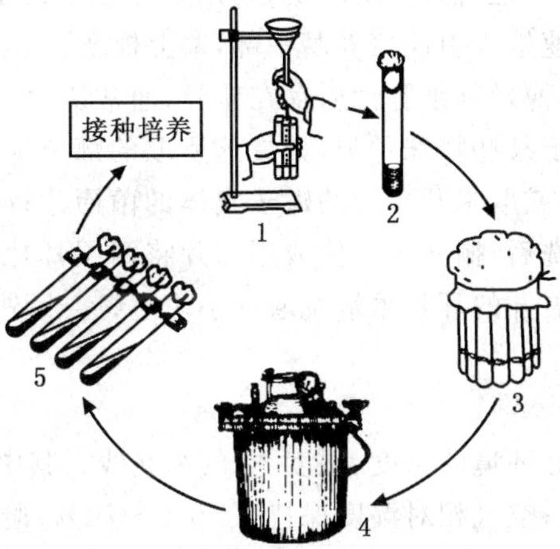

图 3-6　母种培养基制作流程

1. 分装试管　2. 塞棉塞　3. 打捆　4. 灭菌　5. 摆斜面

3.3.2　组织分离

组织分离是指在双核菌丝的组织体上切取一块组织，使其在培养基上萌发而获得纯双核菌丝体的方法，属于无性繁殖，简单易行。

子实体、菌核和菌索等都是由菌丝体扭结形成的，它们均具有较强的再生能力和保持亲本种性的特性。根据切取的组织来源，组织分离可分为子实体组织分离、菌核菌索组织分离和基内菌丝分离 3 种，生产上最常用的是子实体组织分离。

3.3.2.1　子实体组织分离法

从食用菌子实体上切取一块组织，通过分离培养而获得母种的方法叫子实体组织分离法。方法步骤如下：

1. 种菇的选择

种菇是指被选择出来进行组织分离的子实体。一般选择在适宜出菇期出菇较早、出菇整齐、特征典型、无病虫害、产量高的栽培袋或栽培畦，从中选择肥大、肉厚、4～6成熟的幼嫩子实体，分离的前一天停止喷水。采后切去多余菇柄。

2.接种场地消毒

组织分离操作可在超净工作台、接种箱或接种室内进行。

(1)超净工作台　必要时可先用75%的酒精擦拭或用紫外灯照射30 min，然后将种菇、接种用具(酒精灯、刀片或小镊子等)及母种培养基放入工作台，开机20 min后即可使用。

(2)接种箱或接种室　常用消毒方法有药物熏蒸、药液喷雾、擦拭和紫外线照射等，几种方法可以配合使用，以提高消毒效果，其中药物熏蒸消毒应用最广泛。除种菇外，将接种用具及母种培养基放入进行熏蒸消毒，药物用量和消毒时间依据药物种类而定。

3.接种

双手表面消毒后准备接种。首先点燃酒精灯，将分离用具进行表面消毒，火焰灭菌；然后对种菇进行表面消毒。按无菌操作要求，在酒精灯火焰形成的无菌区内(灯焰周围10 cm内)，用手将菇体纵向撕开或在适当位置将子实体剖开，用刀片或小镊子在适当部位切取或挑取绿豆大小的一块菌肉组织，迅速接入斜面培养基中部，塞上棉塞。

子实体各部位菌肉的厚薄及其细胞性质存在差异，通常认为，利用菌柄与菌盖交界处的菌肉组织分离，效果最好。对于某些特殊种类，如灵芝所取的部位为菌盖边缘的白色生长圈；金针菇是横切菌盖上部的菌肉或取未开伞的幼嫩子实体的菌褶片；而木耳等胶质菌类的菌肉更薄，子实体经无菌水反复冲洗后，撕开子实体或用刀片将两层耳片切开，在不孕面一侧挑取一小块菌肉组织，也可从尚未展开的耳基顶端挑取一小块组织。另外，胶质菌类的组织分离也常采用基内菌丝分离法。

4.培养

菌种培养期间，应控制好环境的温度、湿度、空气和光线。其中以温度最为重要，根据食用菌种类确定适宜的培养温度；空气相对湿度保持在60%～70%；避光并保持空气新鲜，从而使菌丝健壮生长。

经2～3天，组织块上即可萌发出大量菌丝，检查菌丝的生长及杂菌污染情况，此后每隔2～3天检查一次，连查2～3次，若在组织块上或培养基表面出现独立的小菌落或奶油状斑，即为污染，立即淘汰。菌丝长满后即为原始母种。

3.3.2.2　菌核菌索组织分离法

某些食用菌在不良的环境条件下形成块状或绳索状的菌丝组织体，即菌核或菌索，其中的菌丝具有较强的再生能力。在菌核或菌索上切取一块组织，通过分离培养而获得母种的方法叫菌核菌索组织分离法。

(1)菌核或菌索的选择　选择个体较大、饱满、幼嫩且无病虫害的新鲜个体作为分离材料。

(2)接种场地消毒　同子实体组织分离法。

(3)分离方法　将菌核或菌索表面的泥土杂物冲洗干净，在接种场地对菌核或菌索进行表面消毒；然后在酒精灯火焰旁，用灭菌后的刀片将菌核或菌索切开，用镊子在近皮壳的菌肉处挑取黄豆粒大的一块组织，迅速移入母种培养基中部，塞上棉塞。

(4)培养　同子实体组织分离法。

3.3.2.3　基内菌丝分离法

在培养基(料)中直接挑取生长的菌丝，通过分离培养而获得母种的方法叫基内菌丝分离法。适用于木耳、银耳等不易进行子实体组织分离的食用菌种类。

分离时，选择菌丝生长健壮的部位，用镊子或接种针直接挑取黄豆粒大的菌丝块，接种于母种培养基中部，适宜条件下培养。其他操作及要求同子实体组织分离法。

3.3.3 孢子分离

孢子是食用菌的有性繁殖单位，能自动从成熟的子实体上弹射出来。孢子分离法是指在无菌条件下，使食用菌产生的孢子在适宜的培养基上萌发，长成菌丝体而获得纯菌种的方法。

孢子分离法是有性繁殖过程，后代变异性较大，可供选择优良菌株的机会较多，是选育新菌株和杂交育种的有效途径，所得菌种不能直接用于生产。孢子的生命力强，所得菌种菌龄小，生活力旺盛，因此，又常被用作菌种复壮的手段之一。但是孢子分离法过程较繁琐，工作量大，所需时间长，必须通过出菇试验才能确定好的生产用菌种。

根据接入培养基的孢子数量，孢子分离法可分为单孢分离法和多孢分离法。孢子分离法的过程分为两步，一是孢子的采集；二是孢子分离。

3.3.3.1 孢子的采集

首先选择种菇。选择在适宜出菇期出菇早、特征典型、生长健壮、成熟度适宜的第一、二潮优良个体作为种菇。清除菇体表面的杂物，切去多余菌柄（留下 1.5～2.0 cm）备用。常用的孢子采集方法有以下几种：

1. 整菇插种法

常用于伞菌类孢子的采集。

(1)孢子收集器的组装及灭菌　孢子收集器由玻璃罩（顶部有孔）、搪瓷盘、培养皿、金属支架（插种菇用）和纱布等组成，其结构为：在搪瓷盘内垫几层纱布，上面放置一个直径为 70～90 mm 的培养皿，其内放入金属支架，培养皿外加盖玻璃罩，玻璃罩顶部孔口用棉塞塞好。将组装好的孢子收集器用双层纱布包起来，经高压灭菌后备用。

(2)场地消毒　可利用接种箱或超净工作台，消毒方法参照“子实体组织分离法”。

(3)种菇消毒　用 75% 的酒精棉球对种菇进行表面消毒（菌褶裸露的种类）；或用 0.1% 的升汞溶液浸 1～2 min（子实层由菌幕保护的种类），再用无菌水冲洗 3 次，无菌纱布吸干表面水分。

(4)收集孢子　用镊子夹住种菇菌柄，菌褶向下插于孢子收集器的金属支架上，盖上玻璃罩。为了满足种菇开伞弹射孢子时的湿度要求和防止杂菌侵入，可在搪瓷盘中的纱布上倒少量无菌水。然后将孢子收集器置于适温下（一般为 16～28℃），促进孢子弹射。经 1～2 天，即可在培养皿中看到落下的孢子印（图 3-7）。

在无菌条件下，将种菇连同金属支架一起拿掉，盖好培养皿，用透明胶带封上或用纸包扎好备用。若长期保存，可放入冰箱内冷藏。

2. 三角瓶钩悬法

多用于银耳、木耳等没有菌柄食用菌的孢子采集。

首先准备好已灭菌的装有约 1 cm 厚固体培养基的三角瓶和金属钩。选取新鲜成熟的耳片，削去耳根及基质碎屑。在消毒后的接种场所，用无菌水冲洗干净，然后切取肥大的耳片放入烧杯内用无菌水再冲洗数次，无菌纱布吸干表面水分。将处理好的耳片取一小块，孕面朝下钩在金属钩上，悬挂于三角瓶内，塞上棉塞。于 23～25℃条件下培养 1～2 天，孢子会落在培养基上（图 3-8）。无菌条件下，取出金属钩与耳片，塞上棉塞保存备用。

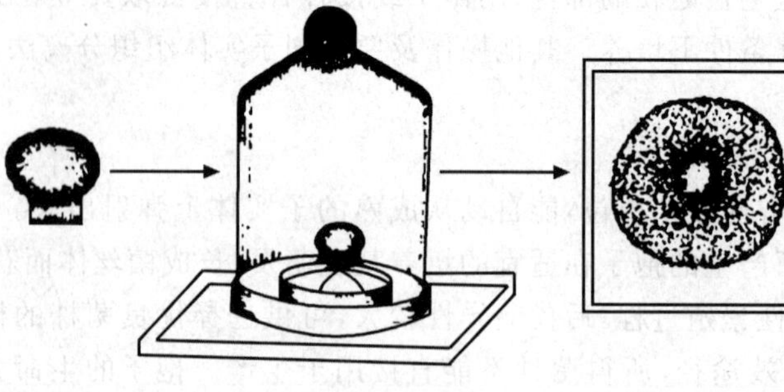

图 3-7　整菇插种法采集伞菌类孢子

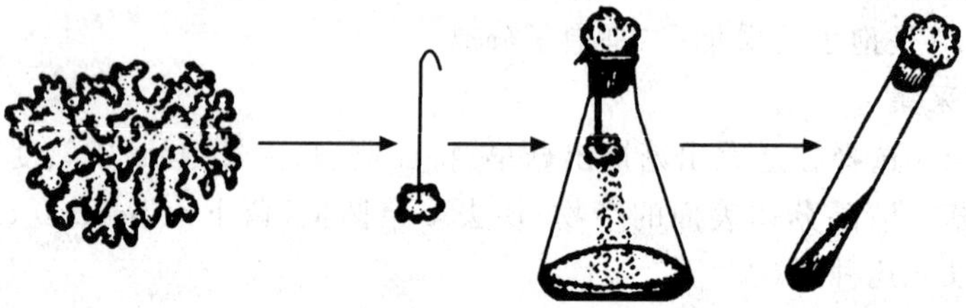

图 3-8　钩悬法采集分离胶质菌孢子

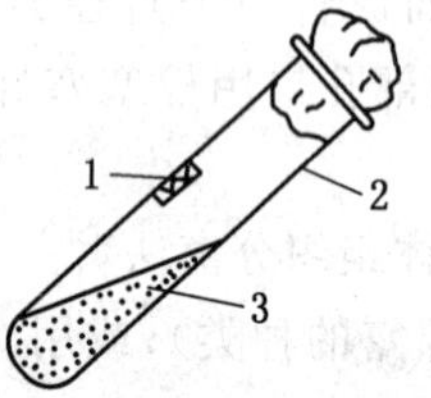

图 3-9　贴附法采集孢子

1. 菌褶或耳片　2. 试管　3. 培养基

3. 贴附法

首先准备好斜面或平板培养基，在无菌条件下，用灭菌并再次烧热的接种针插入试管斜面或平板培养基的中部，使产生的水蒸气冷凝到试管壁或培养皿盖上，取一小块成熟并经消毒处理的菌褶或耳片，黏贴在斜面培养基正上方有冷凝水的管壁上或平板培养基皿盖的正上方，注意子实层朝向培养基（图 3-9）。然后于适温下培养，经 6～12 h，待孢子弹射到培养基上，即可钩出菌褶或耳片，塞好棉塞保存备用。

此外，孢子采集的方法还有印模法、菌褶涂抹法和孢子印采集法等。

3.3.3.2　多孢分离法

多孢分离法是将多个孢子接种在同一培养基上，使其萌发，自由交配而获得纯菌种的方法。由于多个孢子间的种性互补，基本上可以保持亲本的稳定性，此法比较简易，在食用菌制种中应用较为普遍。常用方法有：

1. 斜面划线法

在无菌条件下，用接种环蘸取少量采集的孢子，在斜面培养基上自下而上轻轻划线，避免划破培养基表面；接种完毕，抽出接种环，灼烧试管口，塞上棉塞；置于 25℃ 恒温箱中培养，每天检查，发现有杂菌污染应及时拣出，并检查孢子萌发情况；待孢子萌发出菌丝并自由结合后，挑选长势旺的菌落，转接于新的试管斜面上继续培养，即可得到纯菌种。

2. 涂布分离法

按照无菌操作要求，用接种环蘸取少量采集的孢子，放入装有无菌水的三角瓶中，充分摇匀，制成孢子悬浮液；吸取孢子悬浮液，滴1～2滴于斜面或平板培养基上，转动试管或培养皿，使孢子悬浮液均匀分布于培养基表面，或用无菌接种环将培养基上的悬浮液涂布均匀。经25℃恒温培养萌发后，挑选发育匀称、健壮、生长快的菌落，移接于新的斜面培养基上培养，即可得到纯菌种。

以上两种方法得到的纯菌种通过制备三级菌种，进行出菇试验，选择优良个体进行组织分离留种。

3.3.3.3 单孢分离法

单孢分离法是在采集到大量孢子的基础上，经过稀释，使孢子之间互相分开，各个孢子单独萌发出菌丝，经组合配对而获得纯菌种的方法。常用于杂交育种和其他研究。操作简单、成功率较高的单孢分离方法有：

1. 稀释分离法

严格无菌操作，把收集到的孢子制成孢子悬浮液，再用无菌水将孢子逐级稀释，最终把孢子浓度控制在每毫升300～500个，镜检时，视野里只有1～2个孢子为准；然后吸取0.1 mL稀释的孢子悬浮液置于平板培养基上，均匀涂布，使孢子分散成单个，盖好皿盖，25℃恒温箱中培养。一般孢子经5天左右可以见到萌发出的星芒状菌落，将单个孢子形成的菌落移接至新的斜面培养基上继续培养，待菌落长到1 cm左右时，进行镜检，对于能形成锁状联合的食用菌种类，根据有无锁状联合初步确定是否为单核菌丝；获得的单核菌丝体再进行配对杂交（异宗结合），而同宗结合的食用菌种类（草菇和双孢蘑菇）可直接获得新菌株。

2. 毛细管法

严格无菌操作，将孢子悬浮液稀释，孢子浓度控制在每毫升200～300个。用无菌的玻璃毛细滴管（内径约200 μm）将孢子悬浮液滴一小滴于平板培养基上，尽量使每一滴只含一个孢子，从而达到单孢分离的目的。其他操作和要求参照稀释分离法。

3. 平板划线分离法

在无菌条件下，用接种环蘸取少量孢子稀释液，在平板培养基上划“之”字形或平行线，到最后的线段上有可能获得单孢菌落。其他操作和要求参照稀释分离法。

同宗结合的食用菌种类，单孢分离法获得的菌种具有结实性，出菇试验后可用于生产；而对于异宗结合的食用菌种类，这种由单孢子发育而来的单核菌丝，还需进一步人工杂交，选取优良组合，然后制备三级菌种并进行出菇试验，表现优良的个体进行组织分离后才能制备生产用种。

3.3.4 母种的转接

母种的转接，也称转管或母种的扩大。由于分离或引进的原始母种数量有限，不能满足生产所需，因此，需进行母种的转接扩大。但母种扩大繁殖次数不能太多，通常原始母种允许转接3～4次，均称继代母种，用于繁殖原种和栽培种。

3.3.4.1 接种场地消毒

场地消毒方法参照“子实体组织分离法”。无论用接种箱还是接种室，接种场地消毒时，不能将母种放入消毒，应在接种前将母种带入。

3.3.4.2 接种

接种是指在无菌条件下,将菌种移接到适宜其生长的新培养基上的操作过程。转接用的母种在使用前,必须认真检查,尤其是棉塞和培养基的前端不能有污染,否则应弃去不用。接种前,首先用75%的酒精棉球将双手和母种试管外壁表面消毒,而后带入接种场所;点燃酒精灯,接种钩和接种铲表面消毒后火焰灭菌,冷凉备用。接种时,再次对母种试管外壁表面消毒;在灯焰形成的无菌区内,左手持母种试管,右手取下试管棉塞,试管口略向下倾斜,用灯焰封住管口,用接种钩将母种斜面横切成若干份(约3 mm宽),塞好棉塞。之后,用左手平行并排拿起母种试管和待接斜面培养基,在火焰旁,用右手取下两试管的棉塞,用接种铲将已横切的母种斜面每一份分成2～3小块,取一块(带有1～2 mm厚的培养基)迅速移入新的试管斜面中部,塞上棉塞(图3-10)。如此反复操作,1支母种可扩接30～50支继代母种。

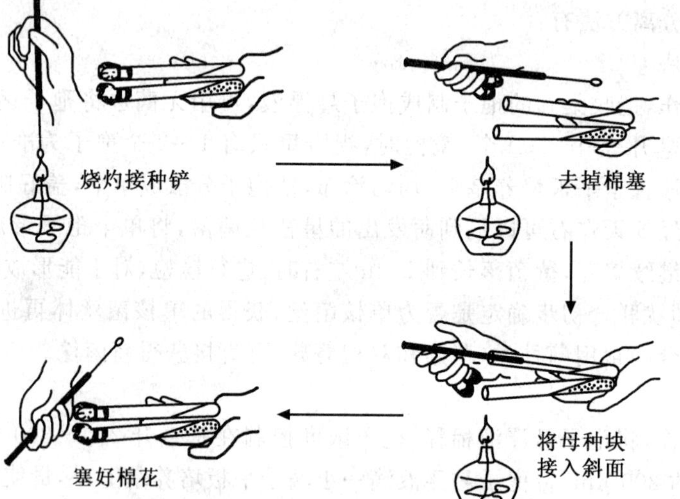

图3-10 母种的转接

3.3.4.3 培养

培养条件及检查方法参照"子实体组织分离法"。一般母种经10天左右可长满培养基,然后用于进一步扩繁或置于2～4℃冰箱中冷藏备用。

3.4 原种的制作

原种由母种扩大繁殖而成,可用于制作栽培种,也可直接用于接种栽培袋。

3.4.1 原种培养基的制备

3.4.1.1 原种培养基配方

原种培养基常以棉籽壳、木屑、谷粒、粪草等天然物质为主料,以麸皮、玉米粉、白糖及石膏等作为辅料。原种培养基配方较多,对不同的食用菌种类应选择其适宜的配方。通常分解木质素能力强的食用菌种类多采用木屑培养基，如香菇、木耳等；分解纤维素能力强的食用菌种类多采用棉籽壳培养基；而草腐型食用菌以粪草料培养基为好。

1.棉籽壳培养基配方

(1)棉籽壳麸皮培养基　棉籽壳 78%，麸皮 20%，蔗糖 1%，石膏粉 1%，含水量 60%～65%。适宜多数食用菌菌丝的生长，为食用菌原种通用培养基。

(2)棉籽壳牛粪粉(发酵)培养基　棉籽壳 77%，牛粪粉 20%，石膏粉 1%，石灰 2%，含水量 60%～65%。适宜双孢蘑菇菌丝生长。

2.木屑培养基配方

要求用阔叶树木屑(樟、楠、木荷等除外)，针叶树木屑一般不能直接使用(培养茯苓等与松树共生的食用菌除外)，针叶树木屑经堆积发酵后，可与阔叶树木屑搭配使用，但用量不能超过1/3。木屑需晒干保存，过筛使用，不可过细，以免影响培养基的通气性。

(1)木屑麸皮培养基　木屑 78%，麸皮(或米糠)20%，蔗糖 1%，石膏粉 1%，含水量 55%～60%。适宜木腐菌菌丝的生长，为木腐菌原种通用培养基。

(2)木屑蔗渣培养基　木屑 45%，蔗渣 40%，米糠 10%，过磷酸钙 2%，蔗糖 1%，石膏粉 2%，含水量 65%。适宜木腐菌菌丝的生长。

3.棉籽壳木屑培养基配方

棉籽皮 50%，木屑 32%，麸皮 15%，蔗糖 1%，石膏粉 1%，过磷酸钙 0.5%，尿素 0.5%，含水量 60%～65%。适宜多数木腐菌菌丝的生长。

4.谷粒培养基配方

(1)麦粒培养基　小麦(或大麦、燕麦)98%，石膏粉 2%。适宜多数食用菌菌丝的生长。

(2)谷粒培养基　谷粒(小麦、大麦、燕麦、高粱、玉米等)97%，碳酸钙 2%，石膏粉 1%。适宜除银耳外的多数食用菌菌丝生长，尤其适宜双孢蘑菇。

(3)麦粒木屑(或棉籽壳)培养基　小麦(或大麦、燕麦)65%，杂木屑(或棉籽壳)33%，石膏粉 2%。适宜各种食用菌菌丝生长，效果与麦粒培养基相近。

3.4.1.2　原种培养基制作方法

原种制备多使用 750 mL 左右的罐头瓶或专用塑料菌种瓶。专用菌种瓶采用能满足滤菌和透气要求的无棉塑料盖或棉塞封口；罐头瓶多采用两层报纸和一层聚丙烯塑料膜封口。

1.选定配方

根据食用菌种类选定配方，按配方组成分别称取各物质。

2.培养基配制

(1)棉籽壳和木屑培养基　先将蔗糖、石膏粉等辅料加入水中混匀，倒入混合好的其他料中，充分搅拌均匀，堆闷 2 h 左右备用。此时用手紧握培养料，指缝间有水渗出而不下滴为宜。

(2)谷粒培养基　需要预处理。选择无病虫害的谷粒，用清水冲洗干净。小麦、大麦、燕麦浸泡 12 h 左右，稻谷浸泡 2～3 h，玉米粒浸泡 40 h 左右。然后加水超过谷粒表面，煮开锅后，小火再煮 5～30 min，使谷粒充分煮透(胀而不破，切开后无白心)即可。用清水冲洗冷却，沥去谷粒表面水分，最后加入其他物质，充分搅拌均匀备用。

3.装瓶封口

将配制好的培养基装入原种瓶中。棉籽壳和木屑培养基装至瓶肩处，谷粒培养基装量适当少些。做到培养基松紧适度、料面平整，擦净瓶口内外壁，制备棉籽壳和木屑培养基时用直径 1.5～2 cm 的锥形木棒在瓶中央打孔至瓶底。采用罐头瓶作容器的，可用两层报纸和一层塑料膜封口；采用专用菌种瓶作容器的，直接盖上无棉塑料盖或棉塞即可。

4. 灭菌

分装好的原种瓶，应在 3 h 内灭菌，以免培养基发霉变质。通常采用高压灭菌，灭菌压力为 1.4～1.5 kg/cm^2，灭菌时间为 1.5～2 h；谷粒培养基需延长灭菌时间至 2.5～3 h。

3.4.2 接种

3.4.2.1 接种场地消毒

接种可在接种箱、接种室或超净工作台内进行。将灭菌后的原种培养基和接种用具（如酒精灯、接种钩等）放入接种场地，进行消毒。方法参照"子实体组织分离法"。

3.4.2.2 接种

首先将母种试管外壁表面消毒后带入接种箱或接种室；点燃酒精灯，再次对母种试管外壁表面消毒，取下棉塞后，将试管口在火焰上灼烧数秒，然后用经火焰灭菌并已冷凉的接种钩将母种斜面横切，分成 4～6 份，将其固定在接种架上，注意管口要始终在酒精灯火焰形成的无菌区内（管口离火焰 1～2 cm）。然后左手持原种瓶，右手取下封口材料，用接种钩取一份母种迅速置于培养基中部，封好口。如此反复，每支母种可扩接原种 4～6 瓶（图 3-11）。如果用罐头瓶做容器，接种时只能掀开封口膜的一个角，尽量减少瓶口裸露面，以防杂菌侵入，两人合作接种，效果更好，一人负责掀开封口膜，另一人负责接种。

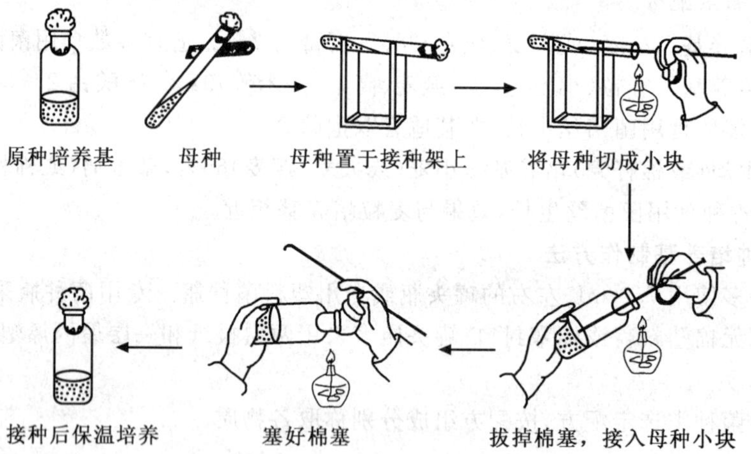

图 3-11 母种扩接原种

3.4.3 培养

原种数量较大，常用培养室进行培养，培养条件与母种相同。定期检查杂菌发生情况，一般每 5～7 天检查一次，发现污染的原种立即淘汰，并隔离污染源。多数食用菌菌丝体在适温下 40 天左右可长满瓶（谷粒菌种长速快，只需 20 天左右）。菌丝长满后，再继续培养 3～5 天，使菌丝充分积累营养，更加洁白、浓密。培养好的原种应尽快使用，也可置于低温、干燥、避光的贮藏室内短期保存。

3.5 栽培种的制作

原种转接到相同或相似的培养基上扩大培养而成的菌种叫栽培种，直接应用于生产。栽培种使用量大，不易长期保存，因此制种时间和数量必须根据生产季节和生产规模计划进行。

3.5.1 栽培种培养基的制备

3.5.1.1 栽培种培养基配方

栽培种培养基配方可与原种培养基配方完全相同，也可以适当增加主料，减少辅料的用量。另外，还可以采用枝条菌种，又称木钉菌种，是应用越来越广泛的一类新型菌种，适用于分解木质素能力较强的木腐菌栽培，如香菇、木耳、杏鲍菇、白灵菇、平菇等，其优点是菌种在接种时不受损伤，菌丝萌发快，污染率低，接种方便，效率高，扩繁指数高，发菌时间短，因此推广应用前景广阔。由于栽培种需求量大，需原材料也多，为便于就地取材，降低成本，除了3.4列出的原种培养基可用于制作栽培种外，还可选用以下配方。

1.枝条培养基

(1)枝条77%，木屑13%，米糠8%，蔗糖1%，石膏粉1%，含水量60%左右。将枝条用1%蔗糖水浸泡12 h，再与其他辅料混合。适宜香菇、木耳制种。

(2)枝条77%，米糠20%，蔗糖1%，石膏粉1.8%，磷酸二氢钾0.1%，硫酸镁0.1%，含水量60%左右。适宜多种木腐菌制种。

(3)枝条90%，木屑7.8%，麸皮2%，白糖0.1%、石膏粉0.1%，含水量60%左右。适宜多种木腐菌制种。

2.棉籽壳培养基

棉籽壳88%，麸皮或米糠10%，石膏粉2%，含水量60%左右。适宜多数食用菌制种。

3.玉米芯培养基

玉米芯78%，麸皮20%，蔗糖1%，石膏粉1%，含水量60%～65%。适宜黑木耳、平菇等制种。

4.蔗渣培养基

蔗渣78%，米糠20%，黄豆粉或玉米粉1%，石膏粉1%，含水量60%～65%。适宜多种食用菌制种。

5.稻草培养基

稻草78%，麸皮或米糠20%，石膏粉1%，石灰1%，含水量60%～65%。将稻草铡成3 cm左右的小段，浸水1～2天，吸足水分后捞起，沥至不滴水，加入辅料拌匀。适宜草腐菌类制种。

6.粪草培养基

发酵麦秆72%，发酵牛粪粉20%，麸皮5%，蔗糖1%，过磷酸钙1%，石膏粉1%，含水量62%～65%。适宜双孢蘑菇制种。

7.玉米芯木屑培养基

玉米芯55%,木屑25%,麸皮18%,蔗糖1%,石膏粉1%,含水量60%~65%。适宜猴头菌制种。

3.5.1.2 栽培种培养基制作方法

可使用与原种相同的容器。由于栽培种数量大,目前生产上普遍采用塑料袋作为制作栽培种的容器,常用的菌种袋规格为折径15~17 cm,长32~40 cm的高压聚丙烯塑料袋或低压聚乙烯塑料袋。较短的料袋一端开口,每袋装干料250~300 g;较长的料袋两端开口,每袋装干料500 g左右。

1.枝条培养基的制作方法

(1)枝条的选择与处理　因食用菌种类或栽培方式不同,所需枝条的材质不同,长度和直径也不相同。

总的来说,制作枝条种宜选用木纹正直、质地疏松的阔叶树,如泡桐、杨树、枫杨等的树干、枝杈作为加工材料,也常采用一次性筷子和冰糕棍进行枝条菌种的生产。另外,香菇枝条菌种可选用紫穗槐条、荆条、竹条及栎木枝条等,以紫穗槐条最佳;而桦树、柞树等适宜黑木耳制种。

枝条的直径或粗度通常为3~10 mm,长2~18 cm,根据需要或习惯选用。如果香菇侧面打孔接种,可把枝条切成2.5 cm长的楔形小段进行制种;也可选用长枝条菌种(长40~45 cm),平行于菌袋方向进行接种。

制种前,首先将枝条浸泡复水,注意枝条要全部没入水中。可直接用清水浸泡12~36 h,直到枝条完全泡透、没有白心为止。去掉压覆物后,加入2%生石灰搅匀,以调节酸碱度,然后将枝条捞出、沥干水分备用。也可将枝条用2%的石灰水浸泡24 h,用清水清洗后放到开水中煮30 min,以枝条内完全浸透为标准,捞出沥至无水滴下备用。还可缩短浸泡时间至4~10 h,之后于1%蔗糖水中煮沸,无白心为止。含水量52%~55%为好,若浸泡不透,容易出现灭菌不彻底,吃料慢及污染率高等问题。

(2)准备辅料　各种辅料混合均匀,含水量60%~65%。辅料主要用于填充枝条间隙,并补充营养,以利于菌丝生长。

(3)培养基配制　将处理好的枝条与辅料混拌均匀,使枝条沾有辅料。

(4)装袋(瓶)及封口　培养基松紧应适宜,过松,菌丝体生长疏稀无力;过紧,转接栽培袋时不易取出,影响接种效率。为了防止扎破菌种袋,可采用双层袋制种。先向菌种袋(瓶)中装入0.5~1 cm厚的辅料,再整齐装入以枝条为主的培养基,最后于表面覆盖0.5~1 cm厚的辅料,封口。塑料袋有2种封口方法,一是在袋口套颈圈,把塑料膜翻下来,塞上棉塞,包上包头纸,或直接封无棉塑料盖;二是直接用绳绑紧,尽量排出袋内的多余空气,防止灭菌时胀袋及灭菌后冷空气进入。

(5)灭菌　高压蒸汽灭菌的压力和时间与原种培养基相同。栽培种量大时,也可采用常压蒸汽灭菌,当灭菌仓内温度达到100℃左右时开始计时,灭菌8~10 h以上。灭菌完毕,自然降温,当灭菌仓内温度降至50℃左右时,取出栽培种培养基,置于冷却室冷凉。

2.其他培养基的制作方法

(1)培养基配方选择与配制　根据食用菌种类和当地资源情况选定配方,分别称取各物质。原料处理和培养基配制参照“原种培养基的制作方法”。

(2)装袋(瓶)及封口　装瓶及封口的方法与原种培养基制作相同。如果以塑料袋作为容器,可以手工装料,量大时可利用装袋机。装料要求松紧适度,上下均匀一致,料面平整。一般装至距袋口 7～8 cm 处。料袋装好后,用直径 2 cm 的锥形木棒在料中央打孔至料底,然后封口。

(3)灭菌　高压灭菌或常压灭菌均可。

3.5.2 接种

3.5.2.1 接种场地消毒

通常在接种箱或接种室内扩接栽培种,消毒方法参照“子实体组织分离法”。消毒前把栽培种培养基和所有接种用具(酒精灯、接种匙或大镊子等)一起放入接种场地消毒。

3.5.2.2 接种

严格按照无菌操作要求接种。双手表面消毒,并对原种瓶外壁表面消毒后,将原种带入接种场地。在接种箱或接种室内,再一次对原种瓶表面消毒,去除封口材料后,置于瓶架上,用酒精灯火焰封住瓶口,再用 75%的酒精棉球对瓶口处表面消毒;接种匙或大镊子在使用前也要表面消毒,火焰灭菌,冷凉再用。

接种时,首先去除原种表面的老菌皮或菌膜;然后左手持栽培种培养基,右手拔去棉塞,在酒精灯火焰形成的无菌区内,用大镊子把原种扒成 1～2 cm 的小块,接于栽培种培养基上;或用接种匙取一匙接种于栽培种培养基上,稍压实,瓶口和棉塞过火焰后封口(图 3-12)。

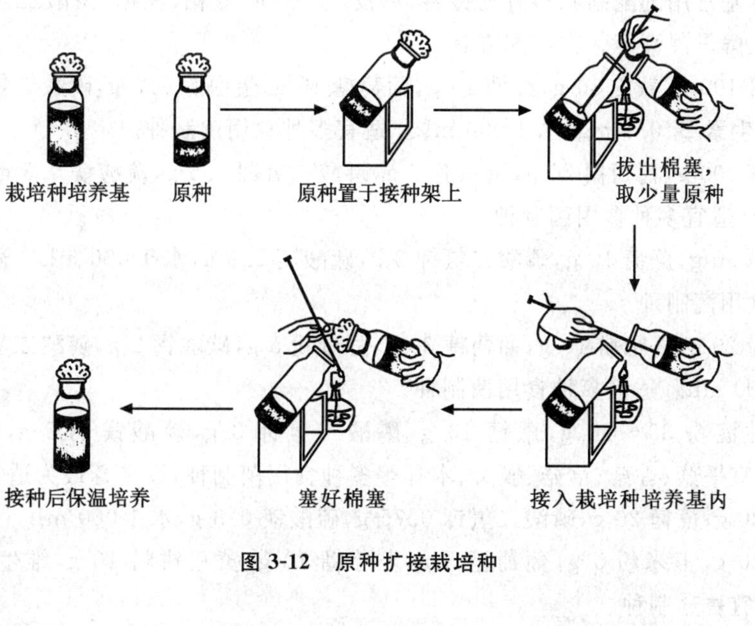

图 3-12　原种扩接栽培种

袋装培养基接种时,最好两人配合,一人负责解绳、绑绳,另一人负责接种。如果袋口直接绑绳,要注意解决袋内培养基的通气问题。一般每瓶原种可扩接栽培种 50 瓶或 20 袋左右(一头接种)。

3.5.3 培养

培养方法及要求同原种的制作。栽培种量大，不易保藏，应及时使用，否则将老化或出菇。枝条培养基通透性好，菌丝生长迅速，但长满后经过7～10天的后熟期使用最好。

3.6 液体菌种的制作

液体菌种是指采用液体培养基培养而得到的纯双核菌丝体，菌丝体在培养基中呈絮状或球状。液体菌种没有级的分别，可以作为母种、原种或栽培种使用，简化了生产工艺。液体菌种生产周期短、菌龄整齐、菌丝繁殖快，生长过程中还可以根据菌丝体的需要中途补充养分及调节酸碱度；液体菌种还便于机械化接种，在食用菌工厂化生产中具有明显优势；接种到培养料内流动性好，萌发点多，发菌迅速。但是液体菌种生产设备投资较大，技术要求高，菌种易老化自溶，不便于运输和保藏，实际生产中仅在一些大中型企业中有应用，这里只作简单介绍。

液体菌种的生产方式主要有两种，一种是摇床三角瓶振荡培养，另一种是利用发酵罐进行深层发酵培养。

3.6.1 液体培养基的配方

液体培养基常用的配制原料有马铃薯、麸皮、玉米面、豆粕、蔗糖、磷酸二氢钾、硫酸镁、维生素、蛋白胨、酵母浸膏等。常用配方有：

①马铃薯100 g，麸皮30 g，红糖15 g，葡萄糖10 g，蛋白胨1.5 g，磷酸二氢钾1.5 g，硫酸镁0.75 g，维生素B_1 0.1 mg，水1 000 mL。适宜多种食用菌制种。

②马铃薯200 g，葡萄糖20 g，蛋白胨2 g，磷酸二氢钾0.5 g，硫酸镁0.5 g，氯化钠0.1 g，水1 000 mL。适宜多种食用菌制种。

③玉米粉30 g，蔗糖10 g，磷酸二氢钾3 g，硫酸镁1.5 g，水1 000 mL。适宜平菇、香菇、猴头等多种食用菌制种。

④豆饼粉20 g，玉米粉10 g，葡萄糖30 g，酵母粉5 g，碳酸钙2 g，磷酸二氢钾1 g，硫酸镁0.5 g，水1 000 mL。适宜多种食用菌制种。

⑤可溶性淀粉30～60 g，蔗糖10 g，磷酸二氢钾3 g，硫酸镁1.5 g，酵母膏1 g，水1 000 mL。适宜平菇、香菇、草菇、猴头、木耳等多种食用菌制种，以平菇最为适宜。

⑥豆粉20 g，蔗糖20 g，磷酸二氢钾0.75 g，硫酸镁0.3 g，水1 000 mL。适宜灵芝制种。

⑦麸皮20 g，玉米粉5 g，葡萄糖5 g，麦芽糖10 g，黄豆饼粉10 g，维生素B_1 1 mg，水1 000 mL。适宜香菇制种。

⑧玉米粉20 g，葡萄糖20 g，蛋白胨10 g，酵母粉5 g，磷酸二氢钾1 g，硫酸镁0.5 g，水1 000 mL。适宜蛹虫草制种。

⑨玉米粉50 g，麸皮10 g，酵母粉5 g，葡萄糖20 g，磷酸二氢钾1 g，硫酸镁0.5 g，碳酸钙2 g，维生素B_1 1 mg，水1 000 mL。适宜金针菇制种。

3.6.2 液体培养基的配制

液体培养基的配制参照“母种培养基的制作”，只是不加琼脂。

3.6.3 液体菌种的制作

3.6.3.1 摇床三角瓶振荡培养法

首先将制作好的100～150 mL培养基装入500 mL三角瓶内，同时放入10～15粒小玻璃珠；用棉塞、8～12层纱布或透气封口膜封口，外加一层牛皮纸包扎。然后将三角瓶在1.1 kg/cm^2压力下灭菌30 min，冷却至30℃以下。在无菌条件下接种，每支斜面母种接10瓶左右。适温下静止培养2～3天；当气生菌丝延伸到培养液中时，置摇床上进行振荡培养，振荡频率为80～100次/min，振幅6～10 cm，在适温下振荡培养72～96 h。培养结束时，培养液清澈透明，其中悬浮着大量的小菌丝球，并伴有各种菇类特有的香味。如果培养液混浊，大多是细菌污染所致。因菌种不同，培养液的色泽有一定差异，如平菇、金针菇的培养液为浅黄色，香菇、猴头为黄棕色，清澈透明，木耳为青褐色，黏稠，有香甜味。

摇瓶菌种数量较少，一般只适用于固体菌种（主要是栽培种）的接种，也可供发酵罐接种，或用于转接三角瓶。

3.6.3.2 液体深层发酵培养法

深层发酵培养是利用发酵罐生产液体菌种的方法。它包括四大系统，即温控系统、供气系统、冷却系统和搅拌系统。保持环境清洁，减少空气中杂菌基数，对提高制种成功率意义重大。液体菌种深层发酵培养的工艺流程见图3-13。

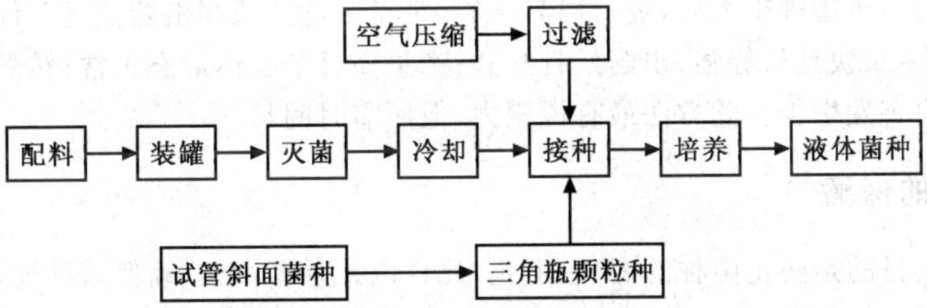

图3-13 液体菌种生产的工艺流程

首先把配制好的液体培养基装入发酵罐内，加入消泡剂消泡，装量为总容量的70%～75%，在1.1 kg/cm^2压力下灭菌30～40 min，然后用夹层的水冷却至培养温度；发酵罐上端有装料口，也是接种口，将三角瓶内的菌种并瓶后在火焰圈的保护下倒入罐体内，要求动作快、操作准确；最后根据不同的菌种设定适宜的培养温度。培养期间应注意观察并做好记录，包括温度、压力、气流量等，还可随时无菌操作进行采样检查。多数食用菌液体菌种生产周期为72～96 h，当罐内菌丝球密度达到视镜的70%～80%、培养液清澈、菌丝球较小并均匀时，培养结束。

液体菌种老化快，不耐贮藏，应尽快使用。一般在12～15℃下可保存2～3天，10℃以下可保存3～5天。

3.7 菌种的鉴定、保藏与提纯复壮

3.7.1 菌种的鉴定

菌种质量的优劣是食用菌栽培成败的关键，必须通过鉴定后方可投入生产。目前对菌种的鉴定主要通过直接观察、显微镜检查、生活力测试和出菇试验等手段进行。

3.7.1.1 直接观察

直接观察是指利用肉眼直接观察培养好的菌种。优质菌种应具备以下特征：菌种纯正，无杂菌污染，无斑块，无抑制线，无“退菌”、“断菌”现象；菌丝色泽纯正，多数种类的菌丝应纯白、有光泽，生长均匀整齐，连接成块，具有弹性等；菌丝粗壮，生长势强；培养基湿润，与瓶（或袋）壁紧贴，无干缩、松散和积液现象；菌龄适宜，菌丝不老化变色，无吐黄水现象，无原基或幼菇形成。

3.7.1.2 显微镜检查

显微镜检查是指在显微镜下观察菌丝。优质菌种应具备以下特征：菌丝粗且分支多，细胞质浓度高且颗粒多，菌丝有隔膜，有锁状联合现象的食用菌种类，锁状联合明显。

3.7.1.3 生活力测试

生活力测试是指将菌种转接到新培养基上，观察菌丝生长情况。优质菌种应具备以下特征：菌丝萌发和吃料快，生长迅速，整齐浓密；菌丝健壮，生长势强。

3.7.1.4 出菇试验

出菇试验是指将菌种扩大后，进行出菇试验，观察菌丝生长和出菇情况。优质菌种应具备以下特征：菌丝生长快且长势强；出菇早且整齐；产量高且子实体形态正常；转潮快且出菇潮次多；抗性强，病虫害发生少。此方法最有说服力，但所需时间长。

3.7.2 菌种的保藏

菌种保藏的目的是防止菌种的变异、退化、死亡以及杂菌污染，确保菌种纯正，尽可能保持其原有性状和活力的稳定，使菌种能长期做研究及生产使用。菌种保藏的原理是通过低温、干燥、缺氧、避光和缺乏营养等手段，以达到最大限度地降低菌种的代谢强度，抑制菌丝的生长和繁殖，尽量使其处于休眠状态，以长期保存生活力。目前常用的菌种保藏方法有以下几种：

3.7.2.1 母种的保藏

1. 斜面低温保藏法

斜面低温保藏法是最常用的母种短期保藏方法，保藏温度为2～4℃（草菇菌种需保藏在10～12℃下），保藏过程中应注意：每3～6个月转管一次；并经常检查有无杂菌污染。这种保藏方法，菌丝代谢仍较旺盛，试管内培养基也易失水变干，因此，保藏时间较短，转管次数多，菌种容易发生变异和被污染，不适于长期保存。

2. 液体石蜡保藏法

液体石蜡保藏法又叫矿油保藏法，是在培养好的母种斜面上灌注一层无菌、无水的液体石蜡，石蜡油层高出斜面顶端1 cm，以橡皮塞代替棉塞封口。液体石蜡能隔断空气及水分交流，抑制菌丝代谢,延缓细胞衰老,因此能延长菌种的生命,长期保持菌种的优良种性。将灌注液体石蜡的母种置于冰箱冷藏或于室温下保藏,保藏期可达5年以上。适合长期保藏菌种。

另外,还有孢子保藏法、蒸馏水保藏法、麸皮保藏法、麦粒保藏法、沙土管保藏法、液氮超低温保藏法等。

3.7.2.2 原种和栽培种的保藏

通常,原种和栽培种长好后应及时使用,无须保藏。特殊情况必须保藏时,可将原种或栽培种置低温、避光、干燥条件下保藏,但保藏时间不宜过长,应随时检查,防止菌种老化、出菇等现象。

3.7.3 菌种的退化与提纯复壮

在菌种传代、保藏和长期栽培过程中,某些原来的优良性状可能会逐渐消失或变弱,造成可遗传的变异,出现菌丝长势弱、抗性差、出菇迟、产量低、品质低劣等现象,称为菌种退化。这种退化分可逆和不可逆两类,可逆的退化现象可通过提纯复壮恢复其优良特性;不可逆的退化现象无法恢复其优良特性,生产上应及时淘汰。

3.7.3.1 菌种退化的原因

1.遗传变异

菌种种性较差或不稳定,出现极性变化与单核化,改变了原有的遗传特性;或在栽培过程中与其他品种杂交,发生基因重组,出现分离现象,造成不确定的性状改变。由遗传性造成的退化是不可逆的,无法复壮。

2.不良的环境条件

在菌种制作和栽培过程中,由于长期处于不良的环境条件下,包括营养、温度、湿度、光线、酸碱度等,不能满足食用菌生活需要,使杂交菌株双亲的核比例失调,其中一个亲本核发育正常,且逐渐占据优势,而另一亲本的核可能不适应而逐渐减弱,最终在栽培中表现为退化,不能表现优良种性。

3.感染病毒

在菌种制作和栽培过程中,菌丝体被病毒寄生,病毒随菌丝体扩大繁殖而增加,并通过带毒孢子传给下一代,当菌种携带一定浓度的病毒粒子时,会干扰食用菌的正常代谢,在栽培中表现减产,品质下降等退化现象。

4.自然退化

在菌种继代过程中,由于转接代数太多和长期栽培,个体的菌龄越来越大,新陈代谢机能逐渐减低,导致优良性状渐渐退化。

3.7.3.2 菌种的提纯复壮

1.菌丝尖端分离

在显微镜下应用显微操作器把菌丝尖端切下,转移至新的培养基上培养,这样可以保证该菌种的纯度,并且可以起到脱病毒的作用,使菌种恢复原来的生活力和优良种性,达到提纯复壮目的。

2.选优分离

在栽培过程中,选择优良的个体及时进行组织分离,尽可能保留原始种,并妥善保藏。

3.适当更换培养基

在菌种的转接、保藏过程中，适当更换培养基配方，配制营养成分丰富的培养基，对因营养基质不适而衰退的菌种有一定的复壮作用。

4.有性繁殖

菌种分离时，有计划地交替使用无性繁殖和有性繁殖。长期无性繁殖，菌种会逐渐衰退，而有性繁殖产生的孢子，具有丰富的遗传特性，因此，可以从有性繁殖获得的后代中选择具有该品种优良性状的新菌株代替旧菌株，达到复壮目的。

5.适宜条件下培养菌种，选优去劣

在菌种的分离、保藏和继代培养过程中，创造适宜的环境条件，保证菌种的正常生长和繁殖。并及时观察菌种生长情况，选优去劣，淘汰生长异常的菌种。

思考题

1.食用菌的制种条件有哪些？

2.叙述消毒和灭菌的区别及其常用方法。

3.食用菌菌种的概念及三级菌种的关系是什么？

4.菌种组织分离的方法有哪些？

5.在菌种制作过程中，如何提高制种成功率？

6.叙述枝条菌种的生产技术。

7.叙述菌种保藏的原理及常用方法。

8.菌种退化的原因与提纯复壮的措施有哪些？

第4章 常见木腐型食用菌的栽培

4.1 香 菇

香菇[*Lentinula edodes* Berk. (Pegler)]又名香蕈、香菌、厚菇、花菇，是一种著名的食用菌和药用菌。由于香菇肉质肥厚细嫩、味道鲜美、香气独特、营养丰富，因此深受国内外人们的喜爱，是不可多得的理想的健康食品，被誉为"菇中皇后"。

香菇的营养价值很高。据分析，每 100 g 干香菇中含有蛋白质 18.64 g，脂肪 4.8 g，碳水化合物 71 g，粗纤维 9.6 g，灰分 5.56 g，此外还含有十分丰富的维生素和矿质营养。香菇含有所测定的 18 种氨基酸，并含有大量的赖氨酸、精氨酸和谷氨酸以及 30 多种酶。谷氨酸含量占氨基酸总量的 27.2%，在食用菌中几乎是最高的。香菇所含的碳水化合物以半纤维素为最多，此外尚有甘露醇、海藻糖(菌糖)、葡萄糖、糖原、戊聚糖、甲基戊聚糖等。香菇中含有一般蔬菜较为缺乏的维生素 D 原(即麦角甾醇)，并且在食用菌中含量最高。每克干香菇中维生素 D 原的含量为 0.64 mg，其含量大约是大豆的 21 倍，紫菜、海带的 8 倍，甘薯的 7 倍。香菇的鲜味成分，是一类水溶性物质，其中主要成分是谷氨酸和 5′-鸟苷酸(5′-GMP)。香菇的香味成分主要是香菇酸分解生成的香菇精，可用作调味品。

香菇也是一种著名的药用菌，具有促进钙吸收、降低胆固醇、抗病毒、抗肿瘤等功效。香菇中的多糖能提高人体的免疫机能，对癌细胞有强烈的抑制作用；双链核糖核酸能诱导产生干扰素，具有抗病毒的作用；酪氨酸氧化酶有降低血压的作用；腺嘌呤和胆碱有预防肝硬化和血管硬化的作用；维生素 D 原可转化为维生素 D，从而增强机体抵抗疾病的功效，对预防软骨病和人体钙质代谢有着很重要的作用。我国历代医药学家对香菇的药用均有著述。民间用香菇作为小儿患天花和麻疹的辅助治疗食物。是一种很好的保健食品。

中国是最早栽培香菇的国家，距今有 800 多年的历史，经历了砍花栽培、近代段木接种栽培和现代代料栽培 3 个阶段。1983 年我国鲜香菇总产量 1.95 万 t；1989 年增长到 10 万 t 以上，首次超过日本，跃居世界第一；1991 年 26.6 万 t；1997 年 139.7 万 t；2000 年 220.5 万 t。目前我国已成为世界上香菇最大的生产国和出口国。我国香菇的主产区是福建、浙江、广东、湖北等南方省、市。近 10 年来，我国北方香菇业也正在悄然兴起，并有蓬勃发展的势头。北方有丰富的菇木资源和玉米芯、木屑等大量农作物的下脚料，再加上昼夜温差大，更容易产厚菇、花菇。目前已在河南的西峡县和泌阳县、山西的安泽县、陕西的陕南秦岭山区等地进行大规模的生产，并已逐步形成当地的支柱产业。多年实践证明，大规模产业化栽培香菇是活跃农村经济、帮助农民脱贫致富的有效途径，同时对于出口创汇和丰富"菜篮子"工程有着重要的意义。

到目前为止，香菇的栽培技术已取得了很大的进步。香菇从段木栽培发展到用多种农林下脚料代料栽培，从室内栽培发展到室外栽培，其栽培技术已获得重大突破。香菇的品种很多。按菌肉厚薄分为厚、中、薄型种；按菌盖大小分为大、中、小型种；按出菇温度高低分为低、中、高温型种；按出菇季节分为春、夏、秋、冬季栽培的品种。目前生产上形成了搭配比较合理的品种组合。

4.1.1 香菇的生物学特性

香菇在分类上隶属于担子菌门层菌纲伞菌目口蘑科香菇属。在寒冷和干燥的特殊条件下，菌盖表面开裂成菊花状或龟甲状，露出白色的菌肉，叫花菇。由于其生长缓慢，组织致密、口感风味俱佳，因此，是香菇中的珍品。

4.1.1.1 形态特征

香菇子实体单生、丛生或群生，菌盖圆形，通常 5～10 cm，有时可达 30 cm，表面茶褐色、暗褐色，被有深色鳞片。幼时边缘内卷，有白色或黄色的绒毛，随生长而消失。菌盖下面有丝状菌幕，后破裂，形成不完整的菌环。老熟后菌盖平展、翻卷、开裂。菌肉白色，肉厚、质韧、耐储运。香菇干燥后具有特殊香味，故名香菇。菌褶弯生、白色，受伤后产生斑点，生长后期变成红褐色。菌柄(3～6) cm×(1～1.5) cm，中生或偏生，内实，纤维质，菌环以上部分白色，下部分褐色。孢子印白色，孢子在显微镜下无色，椭圆形，一端稍大，(5～7) μm×(3.4～4) μm。双核菌丝有锁状联合。

1.担孢子的萌发

香菇担孢子萌发时不产生典型的芽管，而是先膨大为原来的 2～5 倍，孢子延长轴方向生长，内部出现空泡，在细胞分裂时，核先拉长，后中部收缩，分裂成两个核，核膜始终存在。在 PDA 培养基上，萌发的担孢子经 18 h 之后，变成一条有 3～4 个细胞的单核菌丝。

2.单核菌丝

条件适宜时，单核菌丝的先端细胞反复分裂，向前伸长。细胞分裂时，细胞核首先分裂。香菇的单核菌丝没有产生子实体的能力，菌丝分枝的角度小，对木材的腐朽能力和对环境的抵抗力都比双核菌丝弱，单核菌丝具有四极性。

3.双核菌丝

两条可亲和的单核菌丝结合之后，一方细胞内的细胞核迁移到另一方细胞内，进行质配。经过质配后，每个细胞中含有两个细胞核，称为双核菌丝。香菇的双核菌丝具有锁状联合。锁状联合的形成与细胞核的分裂是同步进行的，在细胞核的分裂后期形成完毕。双核菌丝分枝角度大，生活力旺盛，抵抗不良环境能力强，在适宜条件下能大量繁殖并能产生子实体。

4.子实体分化的程序

当外界具备香菇子实体分化和发育的条件时，树皮或菌皮下达到生理成熟的菌丝就进入扭结阶段。最初阶段菌丝互相交织成直径 0.5～1.0 mm 的菌丝团(内部较疏松)，其后逐渐增大，内部变得很致密。当直径达到 1～2 mm 时，成为坚固的菌丝团，称为盘状体或原基。原基上半部菌丝组织生长速度比下半部快，而且逐渐下包、扩展成菌盖原基，下半部则成为菌柄原基。菌盖原基继续向下扩展，其外缘逐渐内卷，最后菌盖边缘部分和菌柄原基连接起来，接触后菌柄上的菌丝与菌盖上的菌丝立刻交织在一起，形成一个封闭式的半球形的腔。至此，原基已发育成直径 4～6 cm 的菌蕾(菇蕾)。在球形腔的顶壁,双核菌丝呈放射状水平排列,随后形成幼小的、放射状的、长短不一的褶。由于菌盖向外扩展和菌柄的加粗和伸长,菌盖边缘和菌柄之间的连接部分拉得很紧,形成覆盖褶腔的菌幕。继之菌盖借外力伸展的力量,胀破菌幕,使子实层完全裸露在空间。稍后,子实层上发育完全的担子,顺序而有节奏地弹射出担孢子。最后菌盖几乎完全平展甚至反卷。

4.1.1.2　生活史

香菇孢子在适宜的环境条件下萌发、伸长、分枝,形成不同性别的单核菌丝(初生菌丝)。香菇为异宗接合的四极性菌类,单核菌丝不能形成子实体,须由不同性别的单核菌丝结合,形成双核菌丝,双核菌丝通过锁状联合分裂生长,当其生长发育到一定时期,会形成密集的菌丝组织,并出现小瘤状突起,并迅速膨大发育而成菌蕾。菌蕾继续分化形成菌盖、菌柄等,最后在菌褶上发育成担孢子,在其成熟后弹射出去,孢子在适宜的环境下又开始新一代的生活。其整个生活史所需时间有长有短,短的 3～4 个月,长的 1～2 年才完成。大多数学者认为香菇没有无性生活周期,即没有发现香菇产生无性孢子,但有报道发现香菇也会产生厚垣孢子。

香菇的生活史和典型的担子菌生活史相似,大体由如下 9 步组成:

①担孢子萌发。

②产生 4 种不同交配型的单核菌丝。

③两条可亲和的单核菌丝通过结合,进行质配。

④产生每个细胞中有两个细胞核的、横隔处有锁状联合的双核菌丝。

⑤在适宜条件下,双核菌丝形成子实体。

⑥在菌褶上,双核菌丝的顶端细胞发育成担子,担子排列成子实层。

⑦在成熟的担子中,两个单元核发生融合(核配),形成一个双元核($2n$)。

⑧担子中的双元核进行两次细胞分裂,其中包括一次减数分裂。此时,双方的遗传物质进行交换、重组、分离、最后重新形成 4 个单元核(n),每个单元核分别通过担子小梗在其顶端形成 1 个担孢子。

⑨担孢子弹射后(表示生活史结束),在萌发过程中,经常发生一次有丝分裂,表示生活史重新开始(图 4-1)。

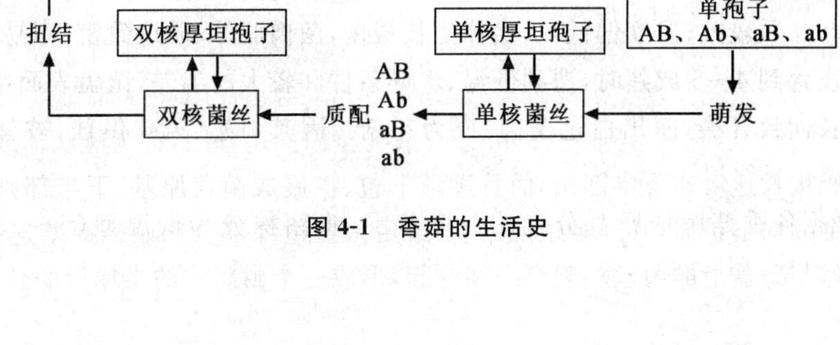

图 4-1　香菇的生活史

4.1.1.3 香菇生长发育需要的环境条件

1.营养

营养是香菇菌丝体、子实体构成的物质基础,也是其整个生命过程的能源。丰富而全面的营养是香菇优质高产的保证。

香菇是典型的木腐型真菌,香菇菌丝细胞体内含有分解木材中各种有机物质的酶类,并通过分泌胞外酶,将木质素、纤维素、半纤维素、蛋白质等大分子有机物,分解成结构简单、可溶于水的葡萄糖、氨基酸等物质,供细胞吸收利用。香菇和其他生物一样,需要的营养物质也分为碳源、氮源、矿质元素、维生素类和生长素类。

(1)碳源 香菇菌丝可利用广泛的碳源,包括单糖类(葡萄糖、果糖)、双糖(蔗糖、麦芽糖)和多糖类(纤维素、淀粉等)。具有很强的分解纤维素、半纤维素和本质素的能力,栽培中由于其生长周期较长,基质中应含有硬质的木屑,较长时间的供给其所需营养,有利于培养出优质的香菇子实体。

(2)氮源 香菇菌丝能利用有机氮和氨态氮,不能利用硝态氮和亚硝态氮。香菇生长发育的最适氮源浓度,因氮源种类和香菇菌株的不同而有所不同。一般情况下,在香菇菌丝营养生长阶段,碳源和氮源的比例以 C/N 在(25～40)∶1 为好,高浓度的氮会抑制香菇原基的分化。

(3)矿质元素 除了镁、硫、磷、钾之外,铁、锌、锰同时存在能促进香菇菌丝的生长,并有相辅相成的效果。钙和硼能抑制香菇菌丝的生长。

(4)维生素类 香菇菌丝生长必须吸收维生素 B_1,适合香菇菌丝生长的维生素 B_1 浓度大约是每升培养基 100 μg。其他维生素则不需要额外添加。

2.温度

温度是影响香菇菌丝生长、子实体分化和发育的最重要因素。

香菇孢子萌发的适宜温度在 22～26℃;菌丝生长的温度范围在 5～32℃,健壮生长温度 18～22℃,此时,菌丝生长速度稍慢,但菌丝粗壮、浓密;最适温度 24～27℃,虽生长快速,但菌丝较纤细、稀疏;0℃以下,32℃以上生长不良,35℃停止生长,38℃以上死亡。菌丝在 0℃以上有微弱活动,5℃以上开始生长,15℃以上菌丝生长明显加快。香菇菌丝耐寒力较强,5℃以下经 8～10 周仍能生存。但过大的昼夜温差有抑制菌丝生长的作用,并对出菇期菇蕾的形成和产量有一定影响。因此,养菌期间昼夜温差最好不要超过 5℃。生长在基质内的菌丝体,由于受基质的保护和秋季气温逐渐降低的锻炼,可抵御－20℃以下的低温。

香菇是低温和变温结实性的菇类,原基分化需要一定的温差刺激,一般需要 5～10℃的昼夜温差。子实体分化的温度范围是 7～22℃,最适温度为 10～12℃。子实体发育的温度范围是 5～28℃,适温为 8～20℃。子实体发育时,温度偏高,子实体生长较快,菌盖薄、菌柄长、质地疏松、易开伞,品质较差;温度偏低,子实体生长缓慢,菌肉肥厚、质地致密、不易开伞,品质优良。当子实体发育到 4～5 成熟时,遇到低温、干燥条件和较大的温差,菌盖表面细胞由于生长受阻或停止生长而致开裂,露出白色菌肉,成为花菇。因其口感、风味俱佳,被誉为香菇中之珍品。

生产中,根据各香菇菌株原基分化的温度范围,将菌株分为低温型(5～15℃)、中温型(10～20℃)、高温型(15～26℃)等。

除以上条件外，香菇子实体分化还需要积累一定的有效积温，不同的菌株(品种)有较大差异。早熟型品种的有效积温一般是800～1 300℃，中熟型品种为1 400～2 000℃，晚熟型品种需2 000℃以上。

3. 水分和空气湿度

(1)水分对担孢子的影响　在适温(22～24℃)条件下，孢子在水中或适宜的培养液中萌发率达80%～100%。在蒸馏水中能够萌发，但菌丝不能生长。在冰水中经24 h萌发率降至50%～60%。在20℃、相对湿度90%时，担孢子经90天便失去萌发力；在20℃，相对湿度10%时，经210天，孢子萌发力仍然很好。

(2)水分对菌丝的影响　在木屑培养基中，菌丝生长的最适含水量是55%～65%；在菇木中适宜的含水量是35%～45%。养菌期间密闭容器内的菌丝对环境中的空气湿度不敏感。发菌阶段空气相对湿度要求不高，适宜控制在70%以下，以免杂菌滋生。

(3)水分对子实体的影响　子实体发生、生长发育需要较多的水分，木屑培养基中适宜的水分为60%～65%，菇木适宜的水分为50%～60%，空气相对湿度一般为85%～90%。基质水分过大，香菇质软易腐、菌盖呈暗褐色水浸状，商品价值低。基质水分适宜，可培养厚菇；若基质含水量偏少，空气湿度昼低夜高，气温昼高夜低，可以培养柄短肉厚，菌盖色浅，表面有裂纹的花菇。

子实体的分化需要干湿差的刺激，“干湿交替、干干湿湿”的条件有利于养菌与出菇的转换，即干养菌，湿出菇。

4. 氧气与二氧化碳

香菇是好气性菌类，足够的新鲜空气是保证香菇菌丝生长和子实体发育的重要环境条件之一。菌丝生长阶段缺氧，菌丝生长受阻，生长缓慢或停止生长，菌丝易衰老、死亡，从而导致污染。生产中常用刺孔、换气、打开包扎等措施增氧，以解决菌丝生长阶段对氧气的大量需求。

子实体分化期间缺氧，原基无法分化，发育期间缺氧，子实体畸形，菌柄长、菌盖小、菌褶难以形成。当菇房内二氧化碳浓度达1%时，子实体长不大、易开伞；达5%时，不能形成子实体。

5. 光照

强烈的光照对孢子萌发有不利的影响，孢子在直射阳光下晒10 min，其萌发率减少一半，晒30 min几乎不萌发。在微弱的光照下形成的子实体中，孢子的发生量很少。

菌丝在黑暗条件下生长良好，强光对菌丝有强烈的抑制作用。波长为380～540 nm的蓝光对菌丝生长有抑制作用，而对原基形成有利。

完全黑暗条件下，子实体不分化，只要有微弱的光线(5 lx)，就能促进子实体的形成，但子实体的菌盖和菌褶发育较差，菌盖小、颜色浅、菌柄长、菌肉薄、品质差、畸形菇多。适当的散射光(10 lx)对子实体原基的分化以及子实体的生长发育非常有利。生产中，原基正常形成后，在发育过程中，即使在直射阳光下，只要温度不高，子实体就能够正常发育，且易形成花菇。

黑暗条件下，菌棒(菌块)不能正常转色，适当的散射光是转色的必要条件。

6. 酸碱度

香菇菌丝生长的pH是3～8，最适为4.7～6.5，大于7.5时菌丝生长受抑制。

pH 3.5～4.5适于香菇原基的分化和子实体的发育。在培养基中，香菇菌丝生长产生和积累的有机酸，如醋酸、琥珀酸、草酸等，至少有一部分可通过使培养基酸化，从而促进子实体的分化和发育。中性条件下的培养基，经香菇菌丝生长后，其 pH 是很低的，一般为 pH 3.7～3.8，有利于出菇。

总之，所谓环境条件是一个整体，各种条件是综合地对香菇生长发育发生作用的，决不能片面地强调某一因素的重要，而忽略其他因素。只有创造最适于香菇菌丝和子实体生长发育的环境条件，才能获得优质和高产。

4.1.1.4　各品种的特点

随着香菇育种技术的不断提高，已有一大批优良香菇品种。有的适合于段木栽培，有的则更适合于代料栽培，还有的既适合于段木又适合于代料栽培。

1. 段木种

适于段木栽培，较耐干旱，出菇期长，不适于代料栽培。目前较好的品种有 241、8210 等。

2. 木屑种

适于木屑栽培，多数耐湿性较强，出菇期较短。较好的品种有 Cr-04、Cr-63、L-66、L-26、241-4、856、939、135 等。

3. 草料种

适于木屑和一定比例的秸秆混合料栽培。较好品种有 Cr-04、L-66。

4. 两用型品种

段木、代料皆可。常见品种有 8001、241-4、7402 等。

5. 早生种

接种后 70～80 天出菇，多数出菇温度较高，如闽丰 1 号、武香 1 号等。

6. 晚生种

接种后 120 天出菇，多数出菇温度较低，如 241-4、135 等。

7. 低温型品种

冬季品种，出菇温度 5～15℃，组织紧密，盖厚柄短，品质好。常见品种有 7402、241-4。

8. 中温品种

秋季种，出菇温度 10～20℃，质地较紧密，菌盖较厚，柄短，品质好。常见品种有 939。

9. 高温品种

春季菇，出菇温度 15～25℃，质地较松，菌盖较薄，菌柄较长，品质较差。常见品种有 7405、闽丰 1 号、武香 1 号、苏香 1 号等。

10. 广温品种

出菇温度 8～28℃，多为代料种。质地多随温度改变有差异，较低温度下质地紧密，柄短肉厚，品质好；较高温度下菌盖小而薄，菌柄细而长。常见品种有 L-66、Cr-02、82-2 等。

4.1.1.5　几个主要优良菌株

1. 春栽迟生品种

(1)L-241　是我国第一个大量用于代料栽培的春栽迟生型品种。是从段木型菌株 241 分离的自然变异新菌株。属大型种，中低温型，柄短肉厚，最适出菇温度 12～16℃，180 天出菇。抗逆性强，适应性广，是代料香菇感官和品质最优品种，也是出口量最大的品种。

(2)939　是目前栽培花菇的当家品种，该品种占代料栽培总面积75%左右。属中温型，最适出菇温度14～18℃，菌龄90天左右。接种适期长，抗逆性强，是所有代料香菇中耐高温能力最优的品种。出菇期9月份到翌年5月份。

(3)135　系段木栽培香菇的品种，经代料栽培驯化成为栽培花菇的品种之一。菌盖大，肉厚，菇柄短，菇质优，属中低温型，出菇适宜温度9～13℃，菌龄200天以上，接种期2—4月份，出菇期为10月份至翌年3月份。该品种抗逆性较差。

(4)庆科20　属中迟熟型中温品种，出菇温度为8～22℃，以15～20℃为最适，菌龄90～150天。转色快，抗逆性强，菇形中等大，菇体单生，菌柄较短，易形成优质花菇。适宜接种期以4—7月份最佳。

2.秋栽早生品种

(1)Cr-33　大型种，菇形圆整，菌肉肥厚，盖色较深，柄短而细，产量高，菇质较优。最适出菇温度15～22℃，菌龄60天。在秋季和春季各有一个出菇高峰期。

(2)L82-2　菇型圆整，中型偏大种，盖深褐色，畸形菇少，菇质较好。最适出菇温度为14～19℃，菌龄60天，出菇期是10月份到翌年5月份。菌丝抗逆性强。

4.1.1.6　品种使用注意事项

①代料种与段木种勿混用；

②因地制宜选用对路品种，远地引进的品种，一定要进行出菇试验；

③大面积栽培时，早、中、晚，高、中、低、广温型品种搭配使用，以利于销售和占领稳定的市场。

4.1.2　香菇栽培方法

香菇栽培常用的方法有段木栽培和代料栽培。段木栽培分为长段木栽培法、短段木栽培法、埋木栽培法等，代料栽培可分成压块栽培、袋栽、埋袋覆土栽培等。为了退耕还林，保护森林资源，目前主要采用代料栽培。

4.1.2.1　段木栽培

段木栽培就是利用一定长度的阔叶树段木进行人工接种、栽培食用菌的方法。一般要经过选树—砍树—截段—打孔—接种—发菌—出菇管理—收获等过程。它主要适用于有菇木资源的山区。段木栽培香菇是贫困山区广大农民脱贫致富的一条有效途径。其具体生产过程如下：

1.菌种制备

选择适合本地段木栽培的香菇优良品种，按常规制种方法培养出大批栽培种。栽培种目前一般采用木屑培养基培养的木屑菌种，有少数地方也采用木块菌种或枝条菌种。

2.选择菇场

香菇栽培场地的选择关系到香菇生产的经济效益。选择菇场需要兼顾林木资源、水源、地形、海拔等条件。菇场周围应有水源、菇木资源以及高大树木遮阳。菇场应坐北朝南或东南方向，或是冬暖夏凉的缓坡地带。选择菇场后，应对场地做彻底的清理。根据香菇的生物学特性，创造适合于香菇生长发育的环境条件，并防止病虫害的发生，常需清除杂草、平整土地、挖排水沟、修筑浇灌和喷灌设施以及搭荫棚等。条件好的地方，则采用遮阳黑网进行搭棚发菌出菇，其效果更好。

3.栽培季节的确定

香菇在自然条件下进行人工栽培时，除了炎热的酷暑和寒冷的冬天外，一般在5～25℃的温度下都可播种。段木栽培多在2—5月份完成接种。

4.段木准备

(1)选择树种　除了松、杉、柏、樟等含有芳香油类物质的树木不能栽培香菇外，一般阔叶树均可选作菇树。通常作为菇树应具备下列条件：不含芳香油类等有毒物质；树皮厚薄适中，且不易脱落；木质适当坚实，边材多，心材较少。壳斗科、桦木科、金缕梅科等阔叶树基本符合上述条件，而且多为出菇较多、出好菇的上等菇树。可以种香菇的树木有200余种，我国常用的段木栽培树种有栓皮栎、槲栎、麻栎等。树龄较大、树身较粗的，营养贮藏丰富，木质坚实，不易腐烂，产菇期长，香菇质量好。生长在阳坡及高山的树，枝叶受阳光照射充足，枝密干短，积累养分多；空旷地的树比密林中的好；肥沃土壤中的树比瘠薄土壤中的好；同一种树，树枝和树干上的节愈多，积累的养分也愈多，质量也愈好。树龄在10～20年，大小以胸高处树围16.5～67 cm作为菇树较为合适。

(2)适时砍树　一般以物候期为准，当菇树的叶片三成变黄时，便可以砍树，直到菇树将要萌芽为止，均为砍树的适期。这个时期树干贮存的养分最为丰富，树液流动不快，树皮与木质部结合较紧，不容易脱落。而且这个时期砍树后，还可留下树桩（像栎木类）萌芽再生，以保持自然界的生态平衡。

(3)适当干燥　菇树砍伐以后（称为原木），在接种前需进行原木干燥，即调节段木的含水量，以利于接种后菌丝体定植和生长。段木含水量最好与香菇菌种培养基的含水量相等。一般段木含水量在40%～50%（即自由水占木材干重的40%～50%）时适宜接种。含水量太高，易污染；含水量太低，接种后菌种逐渐失水干燥，不易成活。干燥时间常以干燥后没有萌发力为度，或者以接种打洞时树液不渗出为宜。

检查段木含水量可以用“木材水分计”，也可以直接观察段木断面的裂纹，推测其含水量。当树心出现几条短而细的裂纹时，表示段木干燥合适，此时的含水量为40%～45%；如果树心没有裂纹，表示段木偏湿，应继续干燥；如果裂纹接近树皮，则表示段木过于干燥，必须采取措施补充水分，待树皮稍干后再接种。

(4)剃枝截杆　原木经适当干燥后，应及时剃枝截杆，段木长度以1～1.2 m为宜，如有小枝丫，可在分叉处保留3～5 cm，不可平切，以免加大切口面积，引起污染。剃枝截杆后，用新鲜石灰水（1份生石灰加20份水）涂刷剃枝后的砍口及段木两头的断面，可防杂菌感染。

5.接种

香菇段木栽培接种时间应根据气候情况进行安排，只要最低温度稳定在5～12℃以上，最高温度在25℃以下都可接种，且以月平均温度10℃左右为好。接种期以空气相对湿度在70%～85%时成活率最高，因此，我国南方立春前后（北方应适当推迟）接种最为适宜，由于这时气温低，湿度适合，而且冬季砍伐的菇树，营养充足，水分适宜，稍经干燥即可接种。当然，在其他季节接种，调节好温湿度，防治病虫杂菌，同样可获得较好的质量。

香菇段木接种需要专用工具，以保证接种质量。常用的接种工具主要有以下几种。

(1)打孔器 打孔器是常用的接种工具。一般为铁制、锤形,一端呈方形锤式,另一端装有皮带冲头,冲头的大小可视其菌种情况而定,一般木屑种以9～10 mm口径为宜,棒形木块种以7～8 mm口径为宜。孔过小接种困难,菌种量也少,菌丝生长慢,成活率较低;孔过大则菌种量多,但打孔时易损裂树皮。

(2)接种斧 接种斧一端为方形锤头,另一端似鹰嘴斧口,主要用于楔形菌种。斧口宽度与楔形菌种木块大小一致。

(3)手提式电钻 手提式电钻打孔速度快,花工少,效率高,但有电源才能使用。

(4)皮带冲头 皮带冲头可作打孔器,还可用于打树皮盖。一般打树皮盖的冲头大于打孔器的冲头约3 mm,以便打下的树皮盖能覆盖接种孔。

香菇菌丝一般在木质中纵向生长快,横向生长慢,行距常为5～6 cm,株距25～30 cm,树龄大、树身粗、树种好、木质较松的,菌丝生长快,接种距离可以适当稀些。

为了便于操作,避免泥土污染段木,在打孔时,最好先在地面垫上枕木或架设三脚木马架,从段木一端5 cm处开始打孔,依序进行。孔的深度以打穿树皮至木质部内1～1.5 cm为宜。树皮厚的,要打得深些,薄的可浅些。如果过浅,菌种接在树皮中,不易成活;如果过深,成活率高,但接种麻烦。因此,以达到形成层较好,这样菌丝生长好。在打孔时,应注意在段木头尾两端及枝丫、节疤处各多打一孔,以使菌丝早日发好封口,防止杂菌侵入。行与行之间的孔要相互错开,呈梅花形,以便菌丝分布均匀。过细的段木不便分行株距的,可采取螺旋式方法,盘旋打孔。

接种方法是:首先用0.25%的新洁尔灭溶液擦拭菌种瓶、工具及操作者的手,将菌丝挖出盛入盆内,用手轻轻将菌种塞入孔眼并用手指稍加压紧。一般每穴接种量以孔穴八成满为宜,最后盖上树皮盖,用锤轻轻捶平即可。若用圆形木块种及枝条种接种,先将菌种插入孔内,用锤头将菌块敲入孔内,保持与孔口齐平,不必加树皮盖。若用楔形木块菌种,应用鹰嘴形接种斧在段木打孔处砍一斧口,将菌种插入孔内,用斧背锤头敲入砍口内,同时保持与孔口齐平,也不需要再加树皮盖。

打孔、接种、加盖紧密配合,当天完成。树皮盖应选用较厚的树皮,在专备的树段处打制成。

在接种时,如果孔内菌种太多,树盖盖不稳,且孔内透气性也差,易污染杂菌;如果菌种太少,洞内空间大,易积水并感染杂菌。有人以封蜡代替树皮盖,其配方为:石蜡85%,动物油10%,松香5%。配制方法是先将石蜡、动物油放入金属容器内加热熔化,再把碾成粉末的松香加入溶液中,搅拌均匀,继续加热至松香全部熔化即可。封盖时用大毛笔或毛刷蘸少许蜡液涂于孔口,冷却即凝固成盖。这种方法省工、省材,效果好。

6.发菌管理

段木接种后就进入管理阶段。前期主要是在段木中做好发菌管理,后期主要是做好出菇管理。发菌包括菌种萌发、定植、深入、发展,直至形成小菌蕾,前后约需10个月。具体有以下几个步骤。

(1)堆积发菌 接种后必须及时把段木堆积起来,进行保温、保湿并保持良好的环境条件,促进菌丝萌发。堆积所用场地应撒石灰消毒除虫,然后将菇木(段木接种后称为菇木)按照树种、长短、大小分开堆放。堆积的方式主要有井叠式、覆瓦式、蜈蚣式、牌坊式等(图 4-2)。井叠式是在建堆处用石块垫高,再放两根菇木作横木,在横木上以每 10 cm 距离排列菇木,纵横交错,重叠起来达到 1~1.2 m 高。井叠式占地面积小,便于覆盖,有利于保温保湿,适合于大量栽培和平地堆积。

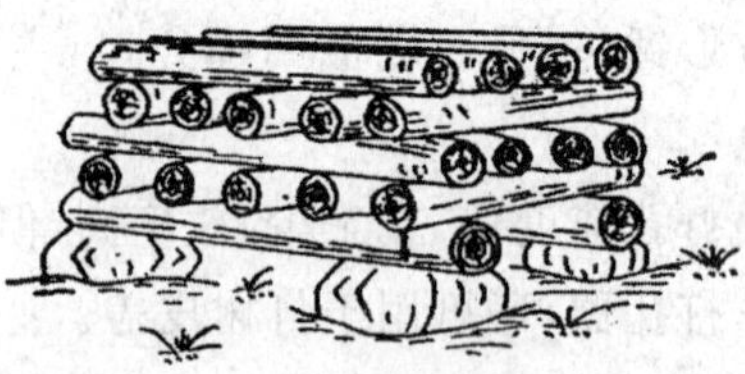

(a) 井叠式

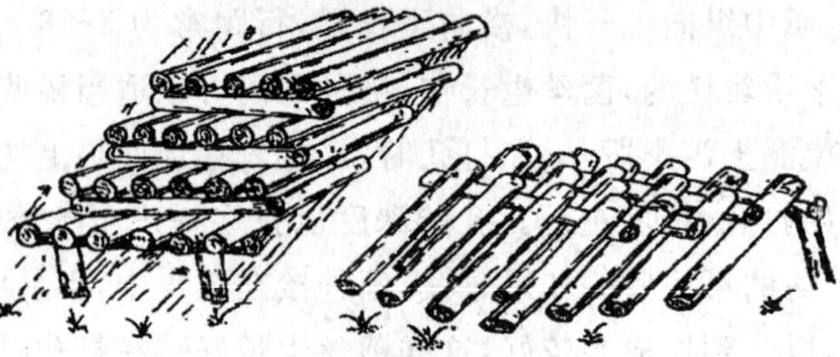

(b) 覆瓦式

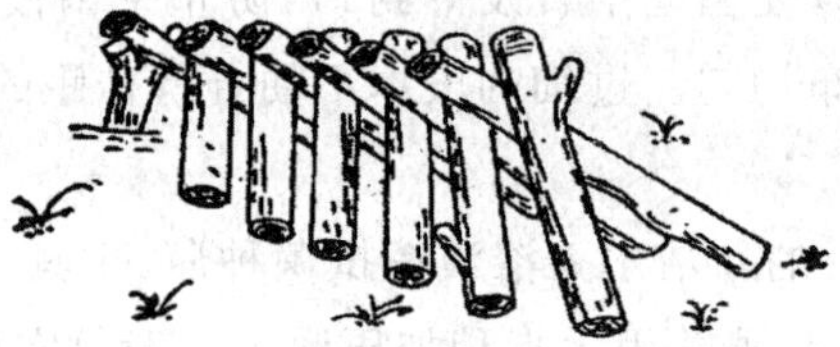

(c) 蜈蚣式

图 4-2　菇木的堆叠方式

覆瓦式堆积在堆积处打两根木杈或垫两大块石头,高度为 30~40 cm,其两端略短于段木,在两木杈或两石之间架一横木;然后按每根间距 10 cm 逐根排列,菇木头朝下,尾朝上。然后再用一横木摆于离排头约 30 cm 处,再放第二排,如此自山下至山上一排排地堆积上去。覆瓦式堆积向阳性好,吸湿均匀,环境稳定,根与根之间发菌一致,差别小,较适于斜坡山地或较干燥的平地。

(2)覆盖保菌　建堆后,及时采用树枝叶、山茅草及塑料薄膜等物覆盖,以保温保湿、防雨防晒,保护菌丝的生长环境,提高成活率。大规模生产可架设专用敞棚。若久雨堆温高,则将薄膜撑开透风。在低温干旱季节,最好用薄膜覆盖,但每隔 3 天应掀开一次薄膜通风。

(3)检查补菌　香菇菌丝在段木的生长从接种建堆开始,约 7 天萌发;15~20 天定植;25~30 天入菇木形成层;2 个月后深入木质部继续生长。在生长的前期,应经常检查其成活率。用木屑菌种的应检查树皮盖是否脱落,在接种孔内有白色菌丝圈从盖缝处露出来,表明生长良好;如果揭开树皮盖,里面菌种呈白色,有菌香味,表明菌种已萌发,并长入菇木;如果菌种颜色变暗,并出现绿、黑、灰、红色长毛,或变酸味者,说明已感染杂菌;如果菌种已变成像干糠粉一样,说明已经干枯,没有成活。用棒形种或枝条种的,将种木拔出,种木前端有白色菌丝,与菇木接触处为淡黄色，说明已经成活，并长入菇木；如种木干枯，说明没有成活；如菌丝变成其他颜色，说明已染杂菌。

菌种已死亡、感染杂菌或树皮盖已脱落的菇木，应及时补种，发现杂菌虫害应及时清除，提高成活率。

(4)翻堆养菌　由于堆积的菇木处于不同部位，其温度、湿度、通风状况等条件不同，发菌状态也有差异，因此需翻堆使其发菌较均匀一致。一般翻堆每月1～2次，翻堆时要将上下左右的菇木互相调换位置。

(5)调水促菌　经过几个月的翻堆养菌，菌丝已布满菇木表层，进入成熟阶段。入秋后便开始出菇，这时菇木内的水分已有较大的损耗，故此阶段管理应以保湿为主，调水促菌，使菌丝继续深入菇木内。可将井叠式堆积改为覆瓦式，使菇木距地面较近，以吸收地面水分，同时缩小段木间距，以减少水分蒸发；可加盖覆盖物或塑料薄膜以挡风保湿，也可早晚在覆盖物上淋水或喷水，让菇木吸收适当的水分，使菌丝向内蔓延，吸收更多的养分，为出菇做好准备。

7. 出菇管理

一般段木接种后，经过9个月左右，菌丝即达到生理成熟，可在段木上分化形成子实体原基，并逐渐生长发育为成熟子实体。这个期间应做好出菇管理工作。

(1)菇木鉴选　在出菇前对菇木进行一次逐根鉴定挑选，进行分类管理。

①用手抚摸菇木表面感到粗糙不平，或明显呈现许多小瘤，瘤的上面有些树皮裂开小口，甚至露出细小的白色组织，说明子实体原基已经形成，即将出菇。

②用手指按树皮，感觉柔软，富有弹性，用手指或刀背敲击菇木有浊音或半浊音的，说明菌丝在菇木内生长良好，并已基本成熟；如树皮坚硬，发出的声音清脆，则说明菌丝还没有成熟。

③树皮下面呈黄色或褐色，形成层有浓密的菌丝，组织松软，具有香菇香味，说明是良好的菇木。菇木外皮颜色新鲜，接种穴周围有香菇菌丝蔓延，树皮与木质紧贴，说明菌丝生长良好，但尚未成熟。

④如菇木呈灰黑色或其他不正常颜色，有腐朽味者，则说明有杂菌感染。

对已达到成熟度、形成了子实体原基的菇木，要尽快架木，加大湿度，争取尽快出菇；菌丝已经成熟，但原基尚未形成的菇木，要堆放到通风干燥处，仍堆成“井”字式，继续培养；菌丝生长尚差，没有成熟的菇木，要单独堆放和培养。

(2)浸水催蕾　当菇木上的子实体原基基本形成，进入出菇阶段时，在气候干燥、湿度不足的情况下，对含水量在45%以下的菇木，就要适时作浸水、补水处理，使原基迅速形成小菇蕾。

浸水的方法是：把菇木放在蓄水池、山坑、水沟或大型盆桶中用清水浸泡，上面压以重石，防止菇木上浮。浸泡的时间根据菇木大小而定，一般为12～24 h，2年以上的老菇木还要适当延长浸泡时间。浸泡菇木的水要求清洁，不污浊，越冷越好，但不能结冰。也可在蓄水池或盆桶内加入适量的柠檬酸或过磷酸钙等酸性养料，以促进原基加快分化成长。

无浸水条件的，必须采取人工喷水淋水的方法补充水分，每天少量多次，连喷四五天，力求喷施均匀，湿度一致。浸水或喷水前，如遇低温(10℃以下)干旱，浸喷后还要进行1 h时间的覆盖，甚至可用塑料薄膜包裹四周，每天换气1次，以保温保湿，进行“催蕾”。

(3)架木出菇　菇木中的菇蕾大量形成后，应及时将菇木架起来，便于管理采摘。

架木的具体方法是:在经过清理消毒的出菇场地,按架木设计的位置,根据需要先埋置一排排的木杈,木杈的高度一般距地面 60～70 cm,两木杈间的间距根据横木而定。木杈上先架上横木,然后将菇木一根根地交叉排列斜靠在横木两边,菇木大头朝上,小头着地。第一年出菇的新菇木斜度大些,多年的老菇木斜度小些。排架与排架之间留有一定距离的人行道,以便喷水、管理和采菇(图 4-3)。

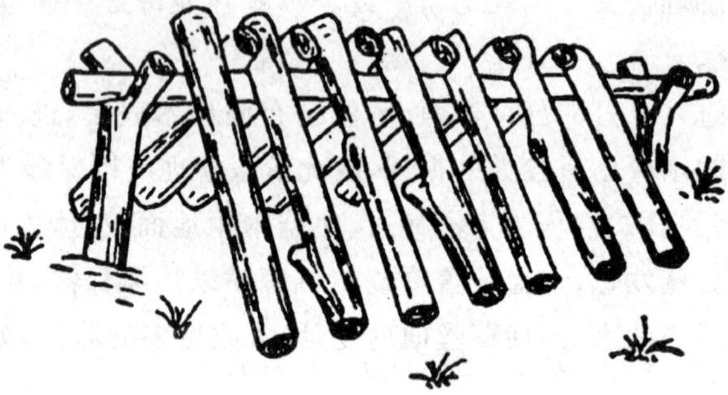

图 4-3 "人"字形架木

(4)出菇后的管理　架木以后,成熟的香菇很快便陆续出现。在一般情况下,从菇蕾到香菇成熟需 10 天左右,一般从第一年 10 月份至第二年 4—5 月份可产菇 4～5 批。菇木的产菇年限需根据其树种、大小及管理情况而定,一般直径 15～20 cm 的菇木可连续产菇 3～4 年,15 cm 以下的产菇 2～3 年,树径最大的产菇可达 7～8 年,但一般多以第二年为盛产期。

出菇期的管理工作主要是调节温度、湿度,防暴晒、暴雨、大风,以及治虫、除杂菌、催蕾、采菇、场地清理等,必须根据不同季节、不同气温、雨旱情况,在不同地区、不同生长阶段随时采取相应措施。

每批香菇收完后,按照发菌期的管理要求进行管理,使菌丝得到恢复,为下批出菇做好准备。一般经过半个月左右,又可采取一次催蕾管理措施,使香菇一批一批地生长出来。

对于多批或多年出菇的菇木,如后期子实体形成不理想,还可采取"击木"催蕾的方法,即当菇木浸水以后,用木棒或木槌在浸透水的菇木两头敲击几下,或将菇木举起直立在石上碰击几下,使菇木受到机械刺激后,木内菌丝发生震动而产生菇蕾。但须防止碰伤木质和树皮,击后即进行堆积覆盖,保温保湿 2～3 天,待菇蕾形成后,再搬至生产菇场的架木上出菇。击木催蕾法对所有菇蕾形成不好的菇木均可采用。

香菇长大后,要避免在菇盖上直接喷水,否则菇盖颜色变黑,易引起溃烂。

为了确保香菇质量的优良,管理中还应根据香菇子实体形成期需要温差刺激的特点,创造条件,在菇蕾形成过程中做到温度前高后低,昼高夜低,水分前湿后干、内湿外干,保持 10℃以上的生长温差及 10%以上的含水量与空气相对湿度差,以促进产生优质的香菇。

8. 采收

当子实体长到七八成熟,菌盖边缘仍向内卷呈铜锣边状,菌膜刚破裂时,采摘较为适宜。过迟或太早采摘均会影响香菇的产量和质量。

采摘香菇最好在晴天进行,因为晴天采摘的香菇可以先摊晒再烘烤,有利于提高商品的外观质量。因此,当香菇接近采收标准却遇到天气变阴、气温迅速升高且将要下雨时,则应提前采收,以免高温阴雨导致菇体迅速膨大,菌盖反卷而影响香菇的商品质量。

采摘香菇时,用拇指和食指钳住菇柄根部,轻轻旋起即可。尽量使菌盖边缘和菌褶保持原貌,并且注意不要碰伤旁边未成熟的小菇蕾,把菇柄完整地摘下来,以免残留部分在菇木上腐烂,招引虫蚊或杂菌伤害菇木,影响以后出菇。

采摘香菇不可用大箩筐或塑料袋等容器盛装,以防止鲜菇相互挤压变形,或因通气不良而变质。最好用小竹篮盛装,采满后及时摊晒或烘烤,然后分级包装,密封贮藏。

4.1.2.2 代料栽培

代料栽培是根据菌体生长发育的营养特性,利用各种工农业、林业的产品或副产物如木屑、作物秸秆、甘蔗渣、棉籽壳等作为培养料的主要成分,加入一定比例的辅料调配成培养料,用以代替传统的段木栽培食用菌。代料栽培材料来源广泛,可利用工农林产品的下脚废料,把这些经济价值低的下脚料转化成味道鲜美的菌体,变废为宝,扩大了食用菌的栽培地域,山区、平原、农村、城市均可进行栽培;同时由于无须段木,减少了树木砍伐量,有利于森林资源的保护;代料栽培缩短了生产周期并提高了产量,而且代料栽培采取科学的营养配料方法,能更好地满足菌体的营养要求,因而提高了产量。由于代料栽培缩短了生育期,因而也提高了经济效益。代料栽培操作方便,其栽培是在菇房内进行,便于控制培养条件,延长了栽培季节;便于机械化、自动化生产。因此,代料栽培是目前主要采用的栽培方式。香菇的代料栽培可分成袋栽、花菇反季节栽培、压块栽培、埋袋覆土栽培及开放式栽培等。

1. 塑料袋栽培

(1)栽培工艺流程

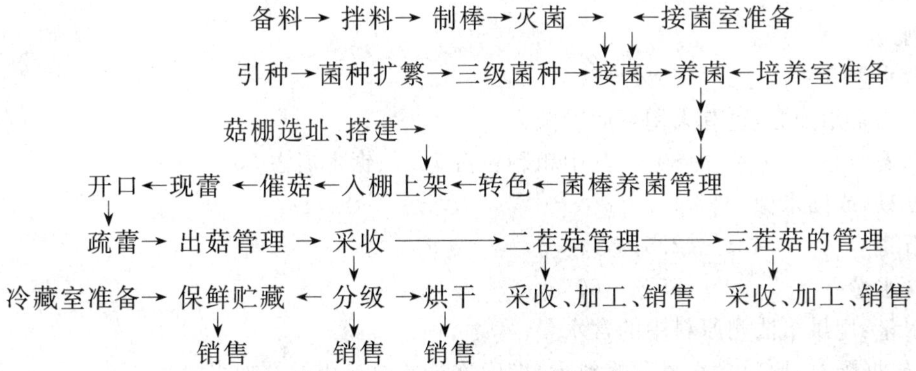

(2)生产季节安排　生产季节安排,主要依据市场行情、品种特性以及栽培方式而定。根据目前栽培状况看,我国绝大部分香菇主产区的正常生产季节,分秋菇和春菇两季,秋菇多在9—11月份出菇,春菇在第二年3—5月份出菇。

(3)准备工作

①厂房与设备。必要的厂房一般包括拌料装袋间、消毒灭菌间、接菌室、培养间等,培养间要求有取暖设施、保温良好、通风良好。面积与生产量成正比。

必要的设备一般包括拌料机、装袋机、高压灭菌器或常压灭菌灶、接菌器等。

②菌种准备。选择中温型或中温偏低型菌株,朵形好、耐储运、适于鲜销的高产花菇菌株

为主栽品种。外引品种一定要先做试验后再推广。来历不明、菌号不清、不了解菌株特性的菌种坚决不用。菌棒制作使用的菌种为栽培种，菌种培养基为木屑麦麸料。500 g 菌种可接香菇菌棒 30 棒。菌种菌龄最好为 50～70 天。

③原材料准备。

a. 原料。

木屑：是香菇生产最主要的原料，直接影响到香菇的品质和产量，约占原料总量的 80%。树种以硬杂木为好，软杂木次之。颗粒大小以粉碎的粗颗粒为最好，锯木屑亦可，但比例一般不得超过 30%。陈旧的木屑，只要不霉变，就可使用。

麦麸：一定要新鲜、无杂、无霉变。亦可用优质的细米糠替代。

石膏：熟石膏，无特殊要求。

b. 栽培容器。

塑料袋：聚丙烯或高密度聚乙烯折角袋。

内袋：(16～17)cm×58 cm×0.005 cm

外套袋：(17～18)cm×58 cm×0.002 cm(高密度聚乙烯)

扎口绳：纯棉纱线，不易打滑，系得牢。

c. 其他。菌种、消毒药剂、运输工具、燃料、周转容器等。

(4)菌棒生产工艺

①配料。

配方：

木屑	78%
麦麸(或细米糠)	20%
石膏	1%
糖	1%
含水量	55%～60%

此配方为常用配方，也有人用下面的配方：

木屑	80%(其中粗颗粒占 70%、锯木屑占 30%)
麦麸(或细米糠)	17.5%
石膏	2.5%
含水量	55%～60%

测含水量：用烘干法测原料中的含水量。

称料：根据配方、原料含水量和投料量，准确称量各原料用量及加水量。

②拌料。无论用人工拌料还是机械拌料，都应按操作规程严格操作，将料、水混拌均匀。拌料后应尽快装袋灭菌，超过 6 h 后拌好的料易变酸，既影响菌丝生长又易感染杂菌。

③装袋。

a. 装袋时要尽量装实、装匀，不能过松。装好的料袋，用手托起中央，两边不下垂为度。

b. 扎口：袋口留 8～10 cm，先用棉纱线贴近袋口基部扎两个扣，然后扭紧袋口后折回再扎两个扣，使其牢固密封。扎口时把袋口黏着的料擦净。

c. 每袋装料量不少于 2.5 kg，菌棒高度不低于 42 cm。

d. 整个操作过程要注意轻拿轻放，以免损坏菌袋。发现有刺破的菌袋，应立即用胶带封好。

e. 装好的菌袋应放在专用的周转筐（箱）内，以免在搬运过程中造成菌袋损坏。

f. 装袋操作最好 5 人一组，流水作业，每天每组可装菌袋 2 500 袋。

④灭菌。可采用高压蒸汽灭菌，也可采用常压蒸汽灭菌。

高压蒸汽灭菌：当温度达到 126℃，蒸汽压力达 1.5 kg/cm^2 时，开始计时，维持 2～2.5 h。

常压蒸汽灭菌：当锅内所有菌袋袋内温度达到 100℃时，开始计时，保持大火旺气，至少 12 h。

注意：

a. 灭菌锅内菌棒应装在筐内或摆放时菌棒间留有空隙，以利蒸汽流动，防止温度不匀，造成灭菌死角。

b. 常压灭菌过程中，计时和测温时，应注意掌握锅内最低温度部位，并使其在整个计时期间不得低于要求的温度。

c. 无论是高压灭菌还是常压灭菌，都应严格按操作规程操作。

⑤出锅冷却。

a. 菌棒灭菌前应先对接菌室消毒。先把接菌室清扫干净，再用 2%～3%的来苏儿溶液喷洒接菌室的地面、墙面、天棚及整个空间，并用硫黄或气雾消毒剂熏蒸消毒。

b. 菌棒灭菌结束后，应趁热出锅，并迅速运输至接菌室内冷却。灭过菌的菌棒尽量不要接触土壤、生料等易污染物品，整个操作过程都要求无菌操作。

⑥接种。

准备工作：

a. 菌种。仔细挑选菌种，确保其菌龄合适、菌丝强壮均匀、无杂、无老化。用消毒液擦洗菌种表面，仔细消毒。

b. 接菌工具。可高温处理的用蒸汽消毒，不可高温处理的用消毒液处理。

c. 工作服。洗净后蒸汽消毒。

消毒程序：

a. 喷雾。经灭菌后的菌棒趁热移入接菌室，适当冷却后，把菌种、接菌用具等也一同放入接菌室。工作服散挂在缓冲间墙壁上。用来苏儿等低毒、适于喷雾消毒的药品对以上物品逐一喷雾消毒。

b. 熏蒸。点燃气雾消毒剂，对无菌室和缓冲间封闭消毒 3 h 以上。

c. 紫外灯照射。接菌前半小时，打开紫外灯对无菌室和缓冲间照射 30～40 min。

d. 再喷雾。接菌人员进入缓冲间换好工作服后，再用消菌液对无菌室空间和有关物品喷雾消毒后，方可进行接菌操作。

接种程序：经以上消毒程序后，当菌棒温度降至 30℃以下时，可以进行接种操作。接种采用侧面打孔、多点接菌方式，每棒打孔 3 行，每行 3 穴，共 12 个接菌点。孔径 2 cm，孔深 3～4 cm，均匀分布。

每次接菌完毕，彻底清扫无菌室，排出不良气体，并再次消毒，保持无菌室经常处于无菌状态。

⑦培养。接菌后，将菌棒移入事先消毒好的培养室内养菌。在培养室内以“井”字形码堆，堆高 12～15 层菌棒，每层 4 棒，菌棒之间留空隙，两堆之间设一条 60 cm 的过道，以便管理操作和通风散热。

培养条件：室内温度 20～25℃（菌棒内温度绝对不能超过 28℃），空气相对湿度 50%～60%，避光，通风良好，昼夜温差最好在 5℃以内。

培养程序如下：

a. 1～7 天。菌种恢复生长并开始吃料，注意通风。

b. 7～15 天。1 周后，菌丝开始快速生长，接菌孔处菌种发白，并向四周辐射生长。由于缺氧菌丝颜色较暗，当菌丝直径达到 3～4 cm 时，可解开外套袋袋口，以增加透气性，使菌丝变白。

c. 16～25 天。当菌丝直径达到 6～8 cm 时，可进行第一次倒堆。倒堆就是改变堆形，使菌棒位置上下、内外调换，受温均匀，发菌一致。倒堆时脱去外套袋，并检出杂菌污染袋。倒堆后，由于震动，使袋内菌丝多处断裂，增加生长点，脱袋后又增加了供氧量，因此袋内温度会迅速增加。倒堆后应加大通风量、降温，防止温度过高。

d. 26～35 天。菌丝已基本连片，但由于缺氧，菌丝生长变缓，此时可进行第二次倒堆和第一次刺孔。沿菌丝边缘内侧 1 cm 处用锥子刺微孔，深度不要超过菌丝吃料的深度，孔间距在 1 cm 左右。刺孔后堆内温度会迅速增加，注意加强通风。

e. 36～50 天。菌丝已基本吃透菌棒，可进行第三次倒堆和第二次刺孔，以促进菌丝进一步生长，刺孔可用毛衣针，深度可达 3～4 cm，每棒刺孔数 25～30 个。仍须注意控制温度的突然升高。

f. 50 天以后。此时菌棒发满菌丝，可进行第四次翻堆和进行第三次刺孔。挑选已发满菌丝的菌棒，刺孔后移出培养室进行转色管理。未发满的菌棒要检查原因，重新码堆，继续培养。第三次刺孔可用钉板（木板上钉两排 2.5 寸铁钉，铁钉间距 3.5～4 cm，两排共 18～22 个钉子）沿菌棒方向均匀的拍 3 下（即每个菌棒刺孔约 60 个）。

g. 注意事项。刺孔的作用主要是供氧，促进菌丝生长；也有降低水分、促进转色和促进子实体分化的作用（转色后菌棒重量降低 20%左右有利于子实体分化）。刺孔要在菌丝生长良好的部位进行，且刺孔的深度要适宜，不可超过菌丝吃料的深度，否则，会造成污染。刺孔后供氧量增加，菌丝生长加速，会产生大量的生物热，因此，每次刺孔后都要注意通风降温，防止菌温过高，造成烧菌。

(5)菌棒转色管理

①瘤状物的形成及转色的概念。

瘤状物：所谓瘤状物即为菌丝发满菌棒后在菌棒表面形成的泡状菌丝。

转色：菌棒表面气生菌丝倒状和瘤状物细胞死亡，形成一层薄膜，同时分泌色素，菌棒表面由白色转成淡褐色至红褐色。转色开始由点片发生，逐步连成大片，最后使菌棒表面都形成淡褐色菌皮，此过程叫转色。

②转色开始标志。菌丝长满菌棒，菌棒表面出现瘤状物达 2/3，菌棒表面干燥，有褐色色素分泌；瘤状物手捏柔软。

③瘤状物及转色管理。

a. 温度。菌棒发满后，从刺孔到转色完毕，要求袋内温度 20～28℃，决不允许袋内温度超过 28℃，以免高温烧菌，严重影响香菇产量和质量。由于香菇的变温结实性，为防止转色期间形成菇蕾，要保持温度相对恒定，温差不超过 5℃。

b. 湿度。转色阶段要求空气相对湿度在 70%以下。

c. 光照。适当的光照强度可促进瘤状物的形成和转色，光照强度在 100～300 lx，有利于转色。此时，可去掉培养室窗户的遮荫物，或把菌棒移入光照较好的房间内转色。生产中，通过倒堆使菌棒均匀接受光照，均匀转色。

d. 通风。为增加菌棒深层的供氧和促进菌棒表面失水，促进瘤状物形成和转色，需加强通风和对菌棒刺孔。菌袋发满菌后，再刺孔 40～60 个（依据孔径大小确定孔数），孔深 4～5 cm（接近菌袋半径），通气增氧，促进菌棒内水分散失、料袋分离、气生菌丝形成与倒伏及瘤状物形成与软化，最终顺利转色。

为使菌棒均匀接受光照和有利于通风，码垛时，每垛菌棒之间要留有一定的空隙，每层菌棒由原来的 4 棒减少为 3 棒。

e. 倒堆。为使菌棒转色均匀一致，转色期间每隔 20 天左右倒堆一次。倒堆时把瘤状物形成弱和转色轻的一面翻转过来，朝向外侧光线充足的一面。倒堆时，上下、里外、不同位置的菌棒调换位置，避免因温度、光照及通风差异而使菌棒转色不一致。

④菌棒完成转色的标志。

a. 菌棒表面未形成瘤状物的部分，重新长出气生菌丝，浓密程度和菌丝长短适中，经通风干燥后倒伏，形成厚薄适中的红褐色菌膜。

b. 菌棒表面形成的瘤状物细胞，软化死亡后形成菌膜。

c. 菌膜均匀、厚薄适中，红褐色，有金属光泽。

⑤转色的作用（菌膜的作用）。

a. 保护作用：减少病虫害直接侵入；防紫外线杀伤菌丝；减少水分蒸发；减少机械损伤。

b. 支撑作用：提高菌棒的机械强度，增加支撑力。

c. 为出菇提供合适场所：在菌皮内侧（结合层）菌丝相对成熟，氧气充足，是菌丝扭结、形成原基的理想场所。原基形成后，菌皮对幼蕾有良好的保护作用。

d. 提高菌棒对环境的适应能力。

⑥转色异常现象。

a. 转色过重：即菌皮过厚，主要原因是瘤状物突起过多，造成培养料与袋膜之间间隙太大，气生菌丝旺盛，水分丧失太快，导致营养消耗和菌皮过厚。

b. 过薄或不形成菌皮，即不转色。

主要原因有：光照弱；温度低；刺孔不够，袋膜紧贴菌丝体，不能形成气生菌丝；菌丝未达到生理成熟前，遇低温刺激提前进入生殖生长；或者是由于某些品种的特性所决定。

(6)出菇管理

①上架催菇。菌棒上架时应注意以下问题：

a. 菌棒菌龄。根据品种特点，菌棒要达到足够的菌龄，积累足够的积温，达到生理成熟。

b. 转色程度。菌棒转色基本完成，转色面积应达到 80%以上。

c. 菌棒摆放。摆放菌棒时，菌棒的间隙为 4～5 cm。

d. 上架时温度。上架时必须考虑温度对上架后菌棒的影响，无论长龄还是短龄菌种，都有一个共同点，即在 7～21℃的温度范围内，在合适温差，较高湿度条件下都会形成菇蕾。

e. 上架季节。北方秋菇出菇期应集中在 10—11 月份，春菇出菇期应集中在 3—4 月份。

f. 上架时间。上架时，秋菇应选择在 9 月底至 10 月初（春菇可在 3 月初）的晴天中午上架最好，由于是不脱袋栽培，袋内水分保持良好，经过适当温、湿度差刺激和上架振动的刺激，上架后7～10天就会出菇。

②现蕾后的管理。菌棒现蕾后，每天检查一次菇蕾情况，根据现蕾情况管理如下：

a. 护蕾。菇蕾形成后，3～4天内菌盖开始分化，在菌盖直径小于1 cm时，一定要注意保护幼蕾，不能触摸、挤压菇蕾。此阶段要求的条件是：

温度：15℃左右，不要超过20℃。

湿度：80%～90%。

光照：适当。

通风：尽量少通风，特别是在干燥或风大的白天，一定不能大通风，可在夜晚进行少量通风。

b. 选蕾和疏蕾。

选蕾：选择生长健壮，无畸形，距离适当的菇蕾，每个菌棒留6～8朵菇，方向最好是朝一个方向。

割口：当菇蕾的菌盖部分生长至1 cm左右时，用锋利的小刀在菇蕾的菌柄周围的塑料袋上割3/4或4/5的圆形割口，塑料片要在袋上保存，以缓冲外界环境条件对菇蕾的影响，保护幼蕾。

疏蕾：把多余的、畸形的、丛生的菇蕾疏掉。大一点的菇蕾用刀割开塑料袋剔除，小菇蕾用指甲在塑料袋外按死。剔菇后，划口处用透明胶袋封严。

③香菇异态及预防对策。

香菇异态：在香菇形成及发育过程中，遇上多变的气候，或因管理不精细，很易造成各种异态花菇，以至影响花菇的产量和品质。

a. 菇蕾枯死。当菌棒进入现蕾阶段，由于环境条件骤变，一部分菇蕾无法顶出菌皮而夭折。另一部分虽已长成幼蕾，但由于根基浅薄，无法抗拒恶劣环境的侵袭，导致菇蕾枯死。若气温较高，直射光较强，也会灼伤幼蕾，甚至造成死亡。

b. 菇丁。由于恶劣环境的侵袭，一部分菇蕾枯死，还有一部分缺水，无法继续长大。这种长不大的香菇称为菇丁。这种香菇经济价值极低，甚至没有商品价值。

c. 开伞香菇。如香菇939，当长成2.0～3.5 cm大小的香菇时，在空气湿度60%，温度12℃条件下，一般都成为白香菇；当长到3.5 cm以上大小时，只能形成开伞菇，开伞花菇品级较低。

预防对策：

a. 湿度与光照调节。原基和幼蕾的枯死，主要是受干燥和直射光照的影响，因此必须注意湿度和光照管理。在原基分化成蕾，蕾生长至2～3 cm大小幼菇前，大棚内防止空气湿度大幅度下降(60%以下)，杜绝直射光照到幼菇上，保持空气相对湿度80%～90%，阴阳比为7∶3，即三阳七阴。保持幼菇生长在最佳温度下，以培育大菇和圆整菇，为幼菇长成花菇打下基础。

b. 水分调节。造成花菇丁大量发生的主要原因是1.0～1.5 cm大小幼菇的菌棒缺水，空气干燥，菇细胞停止生长所致(即菌棒含水量降致50%以下)，因此，必须注意防止大棚内通风次数过多，加强保持湿度的管理，或通过喷雾使空气相对湿度保持在60%～70%。破损面积大的，要疏去小蕾，减少营养消耗，保住每棒3～5个大菇厚菇形成花菇，以减少花菇丁发生。

c. 掌握好幼菇的成熟度。减少开伞花菇，主要措施是适时掌握幼菇的成熟度，即在幼菇大多数长至2～3 cm时，要防止突来的高温影响。因为较高的气温，幼菇长得快，易开伞。在高温来临之前应及时降温，保证在低温条件下形成厚香菇。

(7)采收

①香菇的采收。香菇从现蕾到成熟，所需的时间，因品种和温、湿度条件不同而有较大差异。晚秋及早春气温较低，从现蕾到采收需要2～3周，且质量较好。而气温较高时，现蕾只要1周便可采收，此时花菇比例减少，光面厚菇增多。

香菇的采收原则是：达到标准及时采，天要下雨提早采，天气转暖马上采，保证香菇质量内优外美。

②采收后的管理。

a.养菌。第一茬香菇采收后，应让菌棒处于一个有利于菌丝休养生息，积累营养的环境，为下茬菇的生长打好基础。方法是：停止喷水，降低湿度，减少温差，稳定温度，减少通风。

待菌棒上被采菇柄基部重现绒毛状菌丝(一般在20℃左右，约1周)，即可做下茬菇的催菇处理。此时，如果菌棒水分充足或基本充足，可不必急于补水。否则，应做补水处理。

b.催蕾。春季香菇栽培，除第一茬菇一般不用催蕾外，以后每一茬菇都要催蕾。催蕾方法得当，可使菇蕾整齐出现，既缩短生产周期，又便于集中管理，有利于提高产量和品质。

Ⅰ.催蕾的条件。

ⅰ.温度。最高温度不超过24℃，昼夜温差10℃以上，持续时间不少于3天。

ⅱ.水分和湿度。菌棒含水量50%～60%，空气相对湿度85%～95%。

ⅲ.菌皮状态。菌皮要充分软化，如菌皮过厚要刺破菌皮。

ⅳ.适当振动。菌皮厚振动力度要加大。

ⅴ.其他。适当的光照和通风条件。

Ⅱ.催蕾步骤。

养菌：一茬菇采收后，要充分养菌，一般需养菌7～10天。

补水：注水或浸泡。

振动：经补水的菌棒，最好经振动刺激，菇蕾才能整齐地分化。振动的方法：左右手各拿起一个菌棒，互相敲一下，菌棒转动180°，再敲一下。振动力度、振动频率和次数都对菇蕾的分化早晚、数量有很重要的影响。

喷水：经振动的菌棒，应马上在菇棚内，贴地面“品”字形摆放，高度随气温变化而不同，气温低时可多摆几层，气温高时不要超过3层，以免层高堆大，堆内菌棒温差不够，影响催蕾。每日早晚各喷2次水，水温最好不要超过10℃，水要喷透。白天不要喷水，以免影响温差。喷水的作用：提高湿度、软化菌皮、拉大温差。喷水需持续5～7天。

现蕾后的菌棒应立即上架，进行第二茬菇的管理。

(8)后期管理　二茬菇以后的管理基本同第二茬菇，如此反复直至整个采收结束。如当年不能出菇完毕，而菌棒需过冬时，应适当降低菌棒含水量，菌棒含水量在50%～60%时最易过冬，低于45%或高于65%都难以越冬。

2.花菇反季节(夏季)栽培技术(以塑料袋棚式栽培为例)

由于国内外市场对鲜香菇需求量的日益增加，依靠自然栽培季节，阶段性生产鲜香菇供应市场，已经满足不了市场竞争的需要。因此香菇反季节栽培——在不是生产香菇的季节，进行香菇生产栽培，做到“人无我有”，填补夏、秋鲜香菇市场的空白，均衡协调市场，具有明显的经济效益和良好的市场前景。

花菇反季节(夏季)栽培技术中的前期准备工作、厂房与设备要求、菌种准备、原材料准备、菌棒生产工艺、菌棒养菌管理及菌棒转色管理方面,与前面介绍的香菇栽培基本相同。其栽培特点如下:

(1)栽培工艺流程　同塑料袋栽培工艺流程。

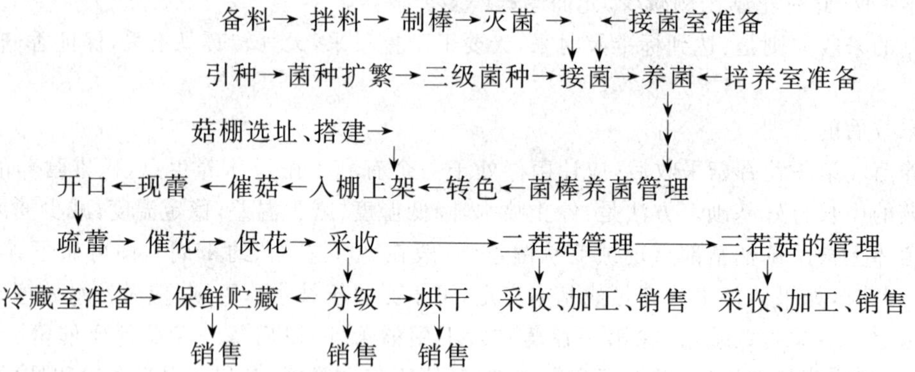

(2)生产季节安排　生产季节安排,主要依据市场行情、品种特性以及栽培方式而定。根据目前市场行情看,4—9 月份是我国绝大部分香菇主产区不能出菇的季节。因此,鲜香菇,特别是鲜花菇的国内外市场十分紧俏。所以,出菇期应安排在每年的 4—9 月份为宜。

目前国内鲜花菇的品种主要是中晚熟的,菌龄一般在 150～180 天,例如,939、135 等。因此,菌棒生产季节一般安排在秋季的 9 月初至 9 月下旬开始,最晚不要超过 10 月下旬。

(3)菇场选择与菇棚搭建

①菇场选择。交通方便,靠近水源;地势较平坦,易于排水;通风良好,又要避免在大风口上;对场地土质无特殊要求。

②菇棚搭建。花菇菇棚分遮荫棚和出菇棚两部分。

a. 遮荫棚。高 3～3.5 m,与常规遮荫棚类似,可用竹、木或旧钢管搭建。可多个出菇棚共建一个遮荫棚,也可以单个出菇棚外建一个遮荫棚。遮荫度可根据季节适当调节,早春气温低,为保持菇棚内温度可不加遮荫物或少加遮荫物,随温度升高而逐渐增加遮荫物,以防温度过高。

b. 出菇棚。高 2.5～3 m,宽 3.5～4 m,长 12～15 m,棚内搭架,架宽 80 cm,高 1.5 m,5～6 层,层间距 25～30 cm,过道 65～70 cm,材料任选。

(4)出菇管理

①上架催菇。同上。

②现蕾后的管理。同上。

③催花。

a. 催花的定义。采取措施,促使香菇菌盖表皮出现裂纹,露出白色菌肉的过程。

b. 催化机理。菌袋"内湿外干"、"内长外不长",致使菌盖表皮出现裂纹。这时菌袋内含水量 55%～60%,菌丝体吸收和转运养分的功能正常进行,菌肉正常生长,而菌盖表皮细胞在干燥条件下(空气相对湿度小于 65%),生长缓慢或停止生长,致使菌盖表皮出现裂纹,露出白色菌肉。

c.催花时幼蕾应具备的条件。菌盖直径 2～2.5 cm，菌肉质密坚实，菌盖圆整。菌盖过大，催花时易形成条状裂纹，如菌盖过小，易形成花菇丁，培育不出优质花菇。

d.催花时的天气条件。晴天、有微风、空气湿度小的天气进行。

e.催花的方法和措施。当菇棚内的菇蕾菌盖直径大部分已达 2～2.5 cm 时，进行适时催花。上午 9 点以后，将菇棚两侧的塑料薄膜揭开，加大通风让微风吹拂幼菇，使菌盖表面达到干燥状态。此时如果温度较低(低于 15℃)，可让阳光直射到菌盖表面。下午 5 点以后，盖上薄膜保持湿度。如此这般处理，经 3～5 天后，菌盖表面开裂，露出白色菌肉，形成花菇。

注意：整个催花过程，应尽量控制棚内温度不要超过 20℃，如温度过高，采取措施后，虽也能形成花菇，但菌盖较薄，菌肉疏松易开伞，品质不好。

④保花。

a.保花的定义。幼菇菌盖开裂形成白花后，在生长过程中，要一直保持其白度。防止由于湿度过大，造成开裂的菌肉处重新形成表皮细胞，颜色加深、变褐，最终变成茶花菇。保持白花菇的色度不变的措施，即为保花。

b.保花的条件。

温度：15～18℃，有利于优质白花菇的形成。

湿度：空气相对湿度 50%～70%，有利于保花和花菇的正常生长。

c.保花的措施。幼菇表皮开裂后，继续控制温度和湿度，使幼菇能够继续生长，而又能保持花的白度，控制湿度是关键。在保证温度和湿度的前提下，尽量提高光照强度和加强通风。

(5)采收　花菇的采收(同上)。

(6)采收后的管理　主要体现在催菇措施上：

a.温度控制。夏季温度较高，为降低温度，可采取加厚遮荫物的方法，降低菇棚内的温度。在棚外遮荫物上大量喷水，也可降低棚内的温度，特别是在夏季的中午，效果更明显，可控制菇棚内的最高温度不超过催蕾的上限。接合补水加大温差，即采用夜间补冷水的方法，降低菌棒的温度，拉大菌棒的昼夜温差。还可选择连续阴雨天催菇，此时催菇，既可保持湿度，又利于控制温度，是进入夏季以后催蕾的有效措施。

b.振动。振动可促使菇蕾整齐快速的形成，振动的力度因菌棒的品种、菌龄、菌皮厚度、上茬菇的出菇状况不同而不同。一般情况下，振动力度大，出菇早，菇蕾量大。

c.软化菌皮。浸水、喷水、提高菇棚内湿度都可软化菌皮。

d.菌棒补水和提高空气相对湿度。是催菇措施的中心环节，通过补水提高菌棒含水量和空气湿度不仅影响菌丝生长、菇蕾的正常形成，对温度和温差的调控也起着至关重要的作用。补水的方法：注水和浸水。

3.压块栽培

香菇压块栽培是将培养适龄的菌袋经过破碎后压成块状，使之出菇。因此块栽香菇首先必须生产大批菌袋。培养容器主要用聚丙烯塑料袋。

(1)培养料配方

①杂木屑 78%，米糠或麦麸 20%，石膏 1%，糖 1%。

②杂木屑 39%，甘蔗渣 39%，米糠或麦麸 20%，石膏 1%，糖 1%。

③甘蔗渣 77%，米糠或麦麸 20%，糖 1%，石膏 1%，尿素 0.2%，磷酸二氢钾 0.3%，硫酸镁 0.3%，单宁酸 0.2%。

④棉籽壳 39%，杂木屑 39%，麦麸 20%，糖 1%，石膏 1%。

(2)栽培块制作

①季节安排。目前室内或塑料大棚块栽香菇仍在自然气温下进行。秋季最为适宜，一般以 9 月上中旬平均气温为 22℃，此时温度适宜香菇菌丝生长，是压块栽培的好时机。到了 10 月底、11 月上中旬，自然气温下降到 10℃左右，适于菌丝体扭结形成菇蕾。各地可根据自然气温确定压块适期。

②压块。栽培块的大小由栽培架层间的距离、菌床宽度和出菇的摆放方式决定，可做成正方体、长方体或柱状体。用木板按设计的长、宽、高规格制作四周边板活动的框子作为栽培块压模。在栽培层架床面上垫上干净的塑料薄膜，把活动木框架摆在塑料膜上，将瓶或袋内的菌体放入框内沿框四周压紧，注意四边、四角成形，去框时注意不要弄碎菌块，保持其完整。块与块之间相距 3～4 cm，满一层架后，立即用塑料薄膜覆盖好，保持湿度以促使菌丝愈合。对压块有几点要求：不同品种不能混合压块，否则产生拮抗作用；老菌皮应去除掉；避免菌块愈合中出现杂菌感染。

(3)栽培块的培养　栽培块的培养是指从压块后至出菇前的管理。它包括栽培块菌丝愈合、菌块转色、扭结现蕾 3 个阶段。

①菌丝愈合阶段管理的重点是防止高温，提供适宜的温度、湿度及新鲜空气，防止霉变，促进断裂菌丝恢复生长，迅速愈合。

②转色管理的目的是促使愈合，栽培块的表面菌丝层转化成红棕色或褐色菌皮，以利保温保湿，促进菌丝分化，扭结成原基。栽培块菌丝愈合时，表面菌丝已趋成熟，分泌出了色素，进入转色期。当栽培块表面菌丝浓白，有一层刚布满表层的菌丝时，增加掀动薄膜次数，以提高干湿差，并增加与光线和干燥空气的接触时间，使菌丝倒伏，分泌色素，形成红棕色具有光泽的薄薄一层菌膜。随着菌丝的倒伏，表面的菌丝体在光照、湿度、通风换气等条件下渐趋成熟，并不断分泌褐色色素，菌皮的色泽由淡变深，这就是转色。

③扭结现蕾是指栽培块经过 7～14 天的转色管理，菌膜已转色，即进入第 14～21 天的后期扭结现蕾管理。香菇是低温、变温结实性菌类，当其菌丝生长达到生理成熟时，应进行低温诱导，造成干湿、冷热的落差，促使菌丝相互交织形成盘状组织，盘状组织膨大即成为香菇子实体原基。

在管理上，应减少通风换气，基本上不掀动薄膜，让其表面湿润，最好能出现连续 23℃左右的小高温，之后白天气温下降为 18℃左右，晚上降到 4～6℃。趁夜间气温下降时，掀开薄膜，打开窗门，加大日夜温差和干湿差，使之形成原基。该过程中注意创造形成菇蕾的各种条件，如增加空气湿度等。

(4)出菇管理　香菇产生子实体后即开始出菇管理工作。香菇出菇过程可分为原基形成期、子实体分化期和子实体发育期 3 个阶段。

从原基到菇蕾，一般需要低温和水分等条件。尤其是第一批菇蕾的形成对全过程的产量具有重要的影响。块栽出菇期间应注意防止栽培块污染，要延长栽培块寿命，以提高产量和质量。如水分过多，再遇上高温且空气不流通，霉菌将迅速繁殖，因此在子实体发育期遇高温，应加强通风，沉积在塑料膜上的水分应当除去。

秋菇的管理，一般秋菇多在10—12月份发生，秋季一般较干燥，必须保湿。将菇房内架空的薄膜盖紧，以保持空气相对湿度90%左右，同时也要注意保持空气新鲜。

冬菇的管理，一般冬菇多在1—2月份发生，这时气温较低，菌丝生长缓慢，出菇较少，菇体发育也慢，因此，管理工作的重点是提高菇房温度，喷水不能过多，保持湿润即可。

春菇的管理，一般春菇多在3—6月份发生，这一时期气温已逐渐升高，菌丝生长也逐步旺盛，但因已出过菇，栽培块含水量降低，出菇不及秋季旺盛。其管理要点是保持空气新鲜，增加薄膜掀动次数，在闷热天和雨天，薄膜要全部打开。若空气相对湿度在95%以上，气温超过20%。一定要加强通风透气，降低温、湿度。

(5)采收　注意适时采收，过早采收会影响产量，过迟采收又会影响质量，一般原则为先成熟的先采，以达到优质高产。

4.2 侧　　耳

侧耳属[*Pleurotus*(Fr.)Kummer]是具有重要经济价值的药食兼用真菌，也是食用菌栽培种类中重要的属。又称蚝菇、冻菌、北风菌等，被广泛栽培的有10多个种。最常见的有糙皮侧耳、榆黄菇、凤尾菇、佛罗里达侧耳等。通常把侧耳属中普遍栽培的糙皮侧耳、凤尾菇和白黄侧耳等食用菌，统称平菇。平菇是世界上栽培量最大的食用菌之一，也是我国发展速度较快、种植面积较广、经济效益较高的食用菌种类。目前，除我国外，种植面积较大的国家有韩国、日本、泰国、印度、新加坡、意大利、匈牙利、德国等国家。美国、加拿大、法国、波兰、澳大利亚等国家也开始重视平菇的生产，平菇已成为世界性的食用菌。

平菇肉质肥厚、风味独特、营养丰富，味道鲜美适口。据分析，新鲜平菇含水量为86%～93%，游离氨基酸含量丰富，谷氨酸含量最多，总氮含量为2.8%～6.05%，水溶性糖含量为14.5%～21.2%。干平菇蛋白质含量为21.17%，含有所测定的18种氨基酸，其中8种人体所必需的氨基酸含量十分丰富，特别是含有谷物和豆类中通常缺乏的赖氨酸和甲硫氨酸。其他矿物质如磷、钾、铁、钼、锌、铜、钴和维生素B_1、维生素C等都有一定含量。据报道，经常食用平菇能调节人体的新陈代谢，降低血压，对肝炎、胃溃疡、十二指肠溃疡、软骨病等都有疗效。因此，平菇是一种营养丰富的保健食品。

平菇的适应性很强，在我国分布极为广泛，通过人们对野生平菇的驯化栽培与育种后，已形成了一系列的配套品种。从秋季到冬春，甚至夏季都有适宜生长的种类和品种，少数耐高温的品种还能在南方的盛夏出菇。平菇和其他食用菌相比，具有较强的生活力，菌丝生长旺盛，生长发育快，生产周期短，抗逆性也较强，对杂菌的感染和蔓延有较强的抑制能力。因此，平菇是食用菌中最易栽培的菌类之一，能利用多种农副产品下脚料进行生料或熟料栽培，栽培方法简单易行，产量高，栽培场地多样化，取材广泛，成本低，见效快，是城郊菇农种植的大宗鲜菇品种。

4.2.1 生物学特性

4.2.1.1 形态特征

平菇菌丝体是白色，多细胞分枝的丝状体。子实体丛生或叠生，分为菌盖和菌柄两部分。菌盖直径 5～20 cm，呈贝壳形或舌状，褶长，延生，较密。子实体开始形成时，菌褶一直裸露在空气中，没有菌膜包围，菌褶片状，由菌盖一直延伸到菌柄上部，形成脉状直纹。菌柄生于菌盖一侧(偏生或侧生)，白色，中实，柄着生处下凹。孢子圆柱形，无色，光滑，一朵平菇可产数亿孢子。弹射孢子时，看起来好似一缕缕青烟，呈烟雾状。

4.2.1.2 生活史

平菇属于双因子四极性异宗配合的食用菌，其生活史与许多高等担子菌相似。由担孢子萌发后形成单核菌丝，两条不同性别的单核菌丝结合(质配)后形成双核菌丝，双核菌丝以锁状联合不断进行细胞分裂，达到生理成熟后，遇到适宜的温度、湿度、光照、通风等条件，菌丝扭结形成子实体。在子实层中，双核菌丝顶端产生担子，其遗传物质进行重组和分离，形成 4 个担孢子。孢子成熟后，从菌褶上弹射出来，完成一个生活周期。平菇子实体的分化发育可分成以下几个时期(图 4-4)。

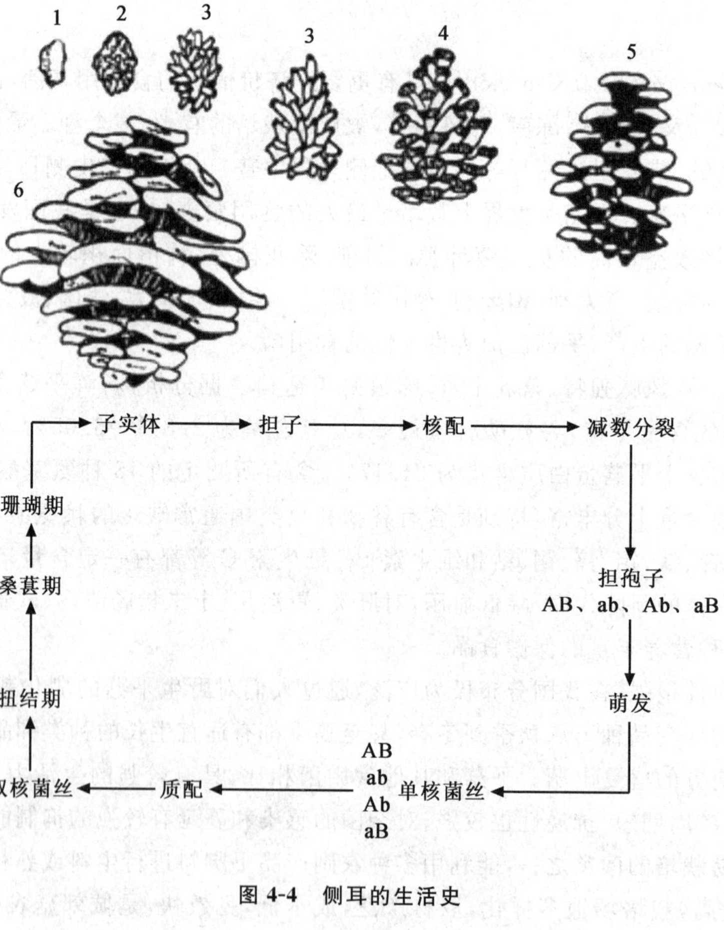

图 4-4 侧耳的生活史

(1)原基期 菌丝体在适宜的环境条件下，当培养料表面的气生菌丝的生长逐渐减弱，颜色由雪白转暗，菌丝扭结成团，并出现黄色水珠时，开始分化子实体原基，使其呈瘤状突起。

(2)桑葚期　原基进一步分化发育，成为小米粒状的菌蕾，形似桑葚表面，故称为桑葚期。

(3)珊瑚期　桑葚期经一定时间后形成珊瑚状的菌蕾群，小菌蕾逐渐伸长并且中间膨大，成为原始菌柄。其中只有少数小菌蕾能发育成子实体，大部分萎缩。

(4)伸长期　菌盖和菌柄已有明显区别。

(5)成形期　菌柄逐渐加粗，菌盖进一步发育长大。

(6)成熟期　从成形期至成熟期，根据菌盖形态变化及成熟程度，又分为以下几个时期。

①幼菇期。菌褶开始出现，孢子也开始形成。

②成熟前期。菌盖展开，中部隆起呈半球形，孢子开始散放。

③成熟中期。菌盖充分展开，边缘上卷，此期释放孢子最多，其中又以菌盖向上翻卷部分释放孢子最多。

④成熟后期。菌盖开始萎缩，边缘有裂缝出现，孢子散落进入尾声。

4.2.1.3　营养和生活条件

1. 营养

平菇属木腐菌，分解纤维素、木质素、半纤维素的能力很强，对营养物质要求不太严格，可以从各种天然材料中获得生长发育所需要的碳素营养、氮素营养及维生素物质。各种农林副产品，如木屑、棉籽壳、玉米芯、蔗渣、甜菜渣、麦麸、米糠、豆饼粉、稻草等都可以作为栽培平菇的原料。栽培时一般采用麸皮、米糠、玉米粉、豆粉等来补充氮素，适当地加入磷、钾、镁、钙等矿物质和维生素 B_1、维生素 B_2、维生素 C 等，可增加产量和改进品质。

2. 温度

平菇为低温型变温结实性菌类，平菇的不同发育时期对温度要求不同。平菇的孢子形成以 12～20℃最好；孢子萌发的最适温度为 24～28℃；菌丝在 3～35℃均可生长，在 25～27℃生长最快，高于 35℃时菌丝易老化、变黄，40℃停止生长，45℃时死亡，低于 7℃生长缓慢。菌丝抗寒力强，能忍耐－15℃的低温。

平菇子实体分化需要变温条件的刺激，以 10～18℃为最适宜，也因平菇的品种不同略有差异。平菇菌丝成熟后，在一定的温度范围内，昼夜温差大，能促进子实体原基的形成。在子实体发育的温度范围内，温度低时，生长较慢，菇体肥厚；温度高时，菇体成熟快，但菇体薄、易碎，品质差。因此，栽培时应根据气候条件正确选择温型不同的平菇品种。

3. 湿度

水是平菇生长的重要条件。菌丝生长要求培养料含水量为 60%～65%。含水量过高、过低都不利菌丝生长。子实体发育要求较高湿度，以空气相对湿度 85%～90%为合适。低于 80%，子实体发育缓慢；高于 95%，子实体易腐烂，容易污染杂菌。

4. 空气

平菇是好气性真菌，需要吸收氧、排出二氧化碳。菌丝生长对氧的需要量较低，但后期养菌室需要通风换气。子实体发育要求通气良好。如果二氧化碳过多，则抑制子实体的形成和发育，甚至形成畸形菇。所以当平菇子实体形成时，菇房要通风换气，保持空气新鲜。但风也不能直接吹在菇体上，否则会影响子实体发育。

5. 光照

平菇菌丝在黑暗条件下能正常生长。子实体形成需要一定的散射光，因此，在平菇形成子实体时，菇房内要能照射进一定的散射光，利于菇体发育。光线过暗会形成畸形菇。直射光照射则抑制子实体形成或使表面的子实体干裂。

6. 酸碱度(pH)

平菇在 pH 3～9 均能生长，但喜欢偏酸的环境，生长的最适 pH 为 5.5～6.0，如果培养料过酸可用石灰水调节。

7. 促进原基分化的技术措施

平菇在温度合适的情况下，菌丝长满培养料后即出现原基分化，产生子实体。但出过一潮菇后，第二潮菇、第三潮菇的原基形成的比较慢，可采取以下措施，促进原基分化，缩短生产周期。

(1)生态刺激法

温差刺激：平菇为变温结实菇类，可利用昼夜温度的变化，结合人工管理措施，使环境的温度变化在 10℃以上，有利于原基的发生。

干湿刺激：在菇床喷重水或培养料内灌水，提高培养料的含水量和环境湿度后，采用加大通风量和延长通风时间的方法，造成培养料面干湿交替的生长环境，可加快菌丝的扭结分化。

光线刺激：根据平菇原基发生具有光效应的特点，给予一定的光线刺激，可促进子实体分化。

(2)机械刺激法

搔菌：当气生菌丝生长旺盛，培养料表面会形成一层厚菌皮，影响原基分化。此外，采收第一、二潮菇后，由于停水养菌，培养料表面板结，透水透气能力下降，加快了菌丝衰老，也会影响原基分化。因此，要根据不同情况，采取不同搔菌措施。料面板结，菌皮过厚，失水过多，严重时料面出现干裂，可将料表面薄薄铲去一层菌皮，或将老化菌丝切去一层；对于菌皮较厚，但菌丝尚未老化的，可用小刀等尖利工具在料表面划出纵横交错的小沟来搔菌；室外畦床栽培的，可用扫帚在料面来回扫动，将老菌皮划破。不论采取何种搔菌方法，都应该将刮下的老菌丝清除干净，同时提高环境湿度，待菌丝恢复生长后，再进行喷水。搔菌后被切断的菌丝形成愈伤组织，加快养分积累与扭结，一般在搔菌 7 天后，即能形成大量原基。

惊菌：这是一种古老的机械刺激方法。用木板敲击培养料表面，也可以挤压菌袋，使培养料表面出现细微裂痕，给营养菌丝以一定刺激，称之为惊菌。惊菌之后，在培养料表面喷施重水，加膜覆盖，一般经过 7 天左右时间，即可出现大量菌蕾。

接触(阻碍)刺激法：对于畦床栽培，当菌丝长满后，将消过毒的小木片、薄木板、竹片或玻璃碎片插入培养料并留在培养料以下 2 cm 处，可促进子实体的形成，提前出菇。

镇压刺激：对于畦床栽培，菌丝长满后，在床面放小石块、砖块等重物镇压，对菌丝施加重力刺激，会在镇压物周围出现更多的原基。

打洞填土：对于畦床栽培，用直径 4 cm 的木棒品字形在床面打洞，洞穴距 20 cm，深至料底。打洞时，木棒在料内稍摇动几下，使边缘培养料出现裂缝，然后在洞内放入经过暴晒的土粒，土粒要高出床面 1 cm，并结合喷水管理，土洞周围会出现大量子实体原基。

碎块灌水：平菇畦床栽培经过 1～2 潮菇后，用竹片将培养料撬动，使其表面出现裂缝，然后用大水浇灌，灌后覆膜保湿，在缝隙及附近块面上会出现大量菌蕾。

4.2.1.4 常见栽培品种

平菇品种很多,可根据季节、栽培场所、市场需求等因素选择适宜品种。按菌盖的色泽,平菇可分为黑色、灰色、灰白色、白色、黄色和粉红色等,但是菌盖的色泽会随着温度的升降而变化;按出菇的温度,可分为低温型品种、中低温型品种、中高温型品种和广温型品种。

1.低温型品种

糙皮侧耳是目前广泛栽培的菇类。菌盖主要呈灰色或黑灰色,随其长大渐变为浅灰色或褐黄色。

2.中温型品种

(1)佛罗里达(华丽侧耳) 引自美国。菌盖漏斗或扇形,初期灰白、成熟多呈奶白。性状稳定、产量高、耐贮运。

(2)凤尾菇(漏斗菇) 原产印度,1978 年从澳大利亚引进。菌盖灰褐色,形状似凤尾,菇体肥厚,品质好,用稻草栽培效果最好,成本低。

3.高温型品种

(1)桃红侧耳(红平菇) 子实体幼嫩时桃红色,成熟退至近白色,味鲜美。

(2)鲍鱼菇(盖囊侧耳) 菌柄短小、粗壮,菌盖呈暗灰或褐色,成熟时菌褶边沿呈暗黑色。肉质肥厚,脆嫩可口,有独特的鲍鱼风味。

低温型栽培面积较大,品质好,产量高。品种一定要轮用,忌重复。不能认准一个品种多年连续在一个场地栽培,菌的分泌物对自身有抑制作用。同一场地种同一品种的效果会越来越差。

4.2.2 栽培方法

平菇的栽培模式很多,推广面积较大的有熟料大袋墙式栽培和发酵料大袋墙式栽培两种。

4.2.2.1 熟料大袋墙式栽培

1.熟料大袋墙式栽培工艺流程图

选择合适的培养料配方→拌料、装袋→灭菌、接种、养菌→出菇管理→采收。

2.培养料配方

代料栽培平菇的原料很多,主要有棉籽壳、杂木屑、玉米芯等,各地可因地制宜选用。常用配方有:

配方一:杂木屑 78%,麸皮(或米糠)20%,糖 1%,石膏 0.5%,石灰 0.5%。

配方二:杂木屑 78%,玉米粉 15%,黄豆粉 5%,糖 1%,石膏 0.5%,石灰 0.5%。

配方三:玉米芯 80%,麸皮 18%,糖 1%,石膏粉 1%。

配方四:玉米芯 60%,木屑 20%,麸皮 18%,糖 1%,石膏粉 1%。

配方五:棉籽壳 98%,石灰 2%。

配方六:棉籽壳 94%,石膏 2%,过磷酸钙 2%,石灰 2%。

配方七:棉籽壳 85%,米糠 10%,石灰 1%,石膏 2%,过磷酸钙 2%。

3.拌料、装袋

不管选择何种原料,要求培养料必须新鲜、干燥、无霉变。杂木屑使用前必须过筛,玉米芯要粉碎成蚕豆大小的颗粒。溶于水的料要先分批用适量水溶解,其他不溶于水的预先和主料进行干拌,拌料时必须注意使培养料的总含水量维持在 65%左右(用力攥时指缝间有水印),

做到吸湿均匀。

料拌好后，要迅速分装。用 23 cm×55 cm 的聚丙烯塑料筒装料，边装边压实，装料后形成直径约为 15 cm，高为 35 cm 的料柱，袋的两端可用颈圈加棉塞等方式封口，每袋装干料 1.5 kg 左右。

4. 灭菌、接种、养菌

采用常压灭菌，灭菌开始时要用猛火在 4 h 内将灭菌仓内温度达 100℃，再保持 8～12 h，焖一晚后至第二天起锅。

料袋起锅后要及时放入已消毒好的无菌室，待料温下降至 28℃以下时在无菌操作条件下以足量蒸汽封口，向袋两头接入菌种。一般每袋栽培种可接 15 大袋，接种后的菌袋放入干燥、清洁、黑暗的房间培养，培养室地面撒石灰可防止杂菌污染。在菌丝生长阶段应控制温度在 20～28℃范围内，并注意控制空气相对湿度在 70%以下，每天通风换气 1～2 次。另外，每隔 7～10 天翻堆检查一次，发现污染等问题及时处理。经过 35 天左右，菌丝即可长满料袋。

5. 出菇管理

出菇场地要求洁净，通风良好，有保温设施，取水排水方便。使用前进行消毒杀虫处理，并在通风口安装纱窗，入口地面撒石灰。

将菌袋打开，用锋利刀片在塑料筒表面 2/3 处环割，揭去 2/3 部分，留下 1/3 部分。用菌袋砌成两堵墙(菌袋脱去塑料筒端相对、向内)，有塑料筒端向外，两墙的间隙应下宽上窄，两墙间隙及菌筒间隙用菜园土(1%石灰处理过)充填，墙高约 10 层菌袋，顶部用泥砌成水渠状，以便从此处向墙内注水。也可以按以下配方配制营养土：菜园土或塘泥 500 kg、石灰 5～10 kg、磷酸二氢钾 2.5 kg、草木灰 5～10 kg，调整好水分备用。

菌墙砌好后，进行人工催蕾，此时最适温度为 15～17℃，人为拉大出菇场内的温差(高温不超过 22℃，温差 10℃左右)，向菌墙内注水，并向地面喷水，环境空气相对湿度在 90%，但不直接向菌袋上喷水，同时给予一定光照，刺激促进菌蕾产生。也可以不解开袋口，菌丝成熟时，尽量造成 10～12℃的温差，促进原基分化，当菌袋两端形成密集的菌蕾时，再解开袋口进行出菇管理。

出菇前期，保持空气相对湿度在 90%～95%，光照 1 000～1 500 lx，加强通风，通风量由小到大。当菌盖变大、菌盖与菌柄区别明显时，菇体需水量增加，每天可喷水 3～4 次。喷水应根据天气变化灵活掌握：阴雨天少喷或不喷；晴天多喷勤喷；高温天中午不喷早晚喷；冬天中午喷温水，结合向菌墙中注水，空气相对湿度保持在 95%左右。同时加强通风和光照，使珊瑚期转入成形期，提高成菇率。成形期以前不可向子实体上直接喷水，否则会造成畸形或烂菇。此时管理的关键在于解决保湿和通风的矛盾，可采取地面灌水，通风后立刻喷水的方法，使子实体尽量从空气中吸收水分，减少培养料中水分的散失。当空气相对湿度低于 85%时，培养料中的水分大量散失，不仅会影响到第一潮菇的产量，还会影响第二潮菇的发生。但空气相对湿度长期处于接近饱和状态，会导致菇体死亡。一般菇体在 5～26℃下可以生长，最适温度为 18℃左右。

6. 采收

当菇体八成熟时(即菌盖已展开但边缘仍向内卷)，即可采收。如果采收过迟，不仅影响第一潮菇的产量和品质，第二潮菇转潮也慢，且产量低，品质差。采收后去除残留的根部和死菇，表面形成的菌膜也应及时除去，因为衰老的菌膜会使表面板结，影响培养料深处的呼吸。由于料表面板结，水分不能蒸腾，以水为载体的运输作用也会受到影响。因此，对于衰老的菌皮要全部刮去，对于菌丝较嫩洁白，而且菌皮较薄的菌袋，可用小刀等利器将菌皮纵横刮破，改善基内菌丝呼吸效果，重新将菌袋口叠好，停止喷水 3 天，使菌丝恢复，准备出第二潮菇。

我国的平菇出口多以盐渍菇为主，外贸部门有一定的分级标准，根据菌盖的直径、颜色，菌柄长度，菌肉的厚薄等指标，将其分为 3 级：

1 级：菌盖直径 1～5 cm，菇色自然，菌盖肉厚，菇体破碎率小于 5%，无杂质霉变。

2 级：菌盖直径 5～10 cm，菇色自然，菌盖肉厚，菇体破碎率小于 5%，无杂质霉变。

3 级：菌盖直径大于 10 cm，菇体破碎率小于 5%，无杂质霉变。

4.2.2.2 室内畦床栽培

1. 菇房的建造

可利用现有的空房、地下室等，改造为菇房，有条件的也可新建菇房。菇房应座北朝南，设在地势高、靠近水源、排水方便的地方。菇房大小以栽培面积为 16.6 m^2 为宜。屋顶、墙壁要厚，门窗安排要合理，有利于保温保湿和通风透光。内墙和地面最好用水泥抹光或用石灰粉刷，以便消毒。另外，也可建造简易菇房，即从地面向下挖 1.5～2 m 深的半地下式菇房。

为了充分利用菇房空间，在菇房内设置床架，用于栽培。床架南北排列，四周不要靠墙，床架之间留 66 cm 宽的走道。上下层床面相距 66 cm，最下层离地面 33 cm，最上层不要超过窗户，以免影响光照。床面铺上秸秆帘或代用料，上面再铺上一层塑料薄膜。

2. 培养料的配制

栽培平菇的培养料有以下数种：

(1)棉籽壳培养料

①取新鲜棉籽壳直接加水拌匀，使料的含水量达到 65%左右为宜，即用手紧握培养料，手指缝中有水珠渗出，但不滴下来为宜。

②棉籽壳加 1%石灰水拌匀，含水量达到 65%左右。

(2)稻草培养料

①将稻草浸泡在 3%的石灰水中 8～12 h 捞出，再用清水冲洗后，滤出多余水分，加 5%～10%的麸皮或米糠后即可使用。

②将新鲜稻草切成 6.6～10 cm 长，放入 0.1%～0.3%尿素溶液中浸泡 24 h，捞出，滤去多余水分即可铺料播种。

(3)麦秸培养料　将麦秸铡成 6.6～10 cm 长，浸泡在 2%石灰水中 24 h，捞出后再用清水冲洗，然后滤去多余水分，加 5%～10%麸皮或米糠，拌匀后即可铺料播种。

(4)木屑培养料　木屑 78%、麦麸或米糠 20%、蔗糖 1%、石膏粉 1%，水分适量，使料的含水量达 65%左右。

(5)玉米芯、玉米秸秆培养料

①将玉米芯(去掉发霉部分)粉碎成黄豆粒大小的小块，用 1%石灰水浸泡 24 h，捞出滤去多余水分，加棉籽壳 20%～30%，使含水量达 65%左右，即可使用。

②玉米芯 78%、麦麸或米糠 20%、糖 1%、石膏粉 1%，加水适量。

③玉米秸 90%(切成 6.6～10 cm 长，然后碾劈)、麦麸 10%，加水，使料的含水量达 65%左右。

(6)花生壳与秸秆培养料

①粉碎的花生壳与秸秆78%、麦麸20%、糖1%、石膏粉1%,加水适量。

②粉碎的花生壳与秸秆79%、棉籽壳20%、石膏粉1%,加水适量。

不管配制哪种培养料,在拌料时应注意:不能在泥土地上及不清洁的场地进行;要用符合饮用水标准的水拌料;料与水一定要拌匀;拌好的料应立即送入菇房,铺床播种,不能隔夜。

3.菇房消毒

菇房在使用前,要进行消毒,特别是旧菇房,更要彻底消毒,减少杂菌污染。其消毒方法是:

(1)甲醛加高锰酸钾熏蒸　先将菇房密封好,1 m^3 用甲醛10 mL,高锰酸钾5 g。

(2)硫黄熏蒸　菇房密封好后点燃硫黄熏蒸。1 m^3 用硫黄15 g左右。

(3)石炭酸溶液喷雾　将石炭酸配成5%的溶液对菇房进行喷雾消毒。

4.播种

平菇的播种方法很多,有混播、穴播、层播、履盖式播种等。混播:将菌种与培养料均匀地拌在一起,铺于床上。穴播(点播):将培养料摊铺到床上,整平略压实后,以6.6 cm×6.6 cm的距离在料面上挖穴,穴深3.3 cm,然后将准备好的菌种放入穴内,再用木板压平,使菌种与培养料贴紧即可。层播:先在床上铺一层培养料,约5 cm厚,然后撒一层菌种,铺一层培养料,再撒一层菌种,最后整平压实。履盖式播种:将培养料铺好后,把菌种全部铺放在料面上。无论采用哪一种播种方法,一般每平方米用料20～22.5 kg,厚度为13.2～16.5 cm,床面要呈龟背形。在播种前,应先将菌种从瓶内或塑料袋内掏出,放在干净的搪瓷盆内,用手(先将手洗净)将菌种掰成枣子大小的菌块,再播入料内。播种后,料面上先履盖一层报纸再盖一层塑料薄膜,这样既利于保湿,也可控制杂菌污染。

播种时间一般从9月开始至翌年3月初,均可播种。不过春播要早,秋播要晚,气温掌握在20℃以下。这样,既适于平菇生长发育,又不利于杂菌生长。在有空调设备的地方或人防地道中栽培,不受季节的限制,一年四季均可生产。播种量一般为料重的10%～15%,播种量大,发菌快,出菇早而且稠密。但也不宜过大,否则浪费菌种。

5.管理

(1)发菌期管理　即播种后到出现菌蕾时的菌丝体生长发育阶段的管理。主要是调温保湿和防止杂菌。

平菇播种后两天,菌种开始萌发并逐渐向四周延伸发展,料温随即逐步升高,此时每天都要多次检查培养料内的温度变化,料温过高会烧死菌丝。若料温偏高,应迅速掀开薄膜,通风降温,等温度下降后,再盖上薄膜,尽力将温度保持在24℃左右。料温稳定后,就不必掀动薄膜。发现杂菌污染,可用15%的石灰水或0.3%多菌灵揩擦,此期间空气相对湿度保持在65%左右。在正常情况下,播种后20～30天菌丝就长满整个培养料。

(2)出菇期管理　菌丝长满培养料后,每天在气温最低时打开菇房门窗和塑料薄膜2 h,然后再盖好,这样可加大料面温差,促使子实体形成。还要根据料面湿度喷水,将室内空气相对湿度调至80%。达到生理成熟的菌丝体,在适宜的环境条件下,就扭结成很多白色小米粒状的菌蕾堆(即子实体原基)。这时,可向空间喷雾,保持室内空气相对湿度在85%左右,切勿向料面喷水,以免影响菌蕾发育,造成幼菇死亡。同时,揭掉料面上盖的报纸,支起塑料薄膜,这样既通风又保湿,保持温度在15～18℃。菌蕾堆形成后,迅速生长,2～3天菌柄延伸,顶端有灰黑色或褐色扁圆形的原始菌盖时，把覆盖的薄膜掀掉，可向料面少喷些水，保持菇房和料面的湿度、温度、空气和光线。室内空气相对湿度应保持85%～90%。阴雨天少喷水或不喷，晴天干旱多喷、轻喷，一般每天喷2～3次。此外，还要加强通风透光。平菇整个生长期，从播种到第一批菇采收需要35～40天。

平菇每批采收后，要将床面残留的死菇、菌柄清理干净，以防腐烂。盖上薄膜，停止喷水4～5天，随后轻轻喷水保持料面潮湿，但不能大水漫灌。约经10天时间，料面再度长出菌蕾。仍按第一批菇的管理方法管理。

6. 采收

无论采用哪一种方法栽培平菇，当平菇的菌盖基本展开，颜色由深灰色变为淡灰色或灰白色，孢子即将弹射之时，就是平菇的最适收获期。这时采收的平菇，菇体肥厚，产量高，味道美。如果采收过迟，菌盖卷曲，边缘干燥，重量减轻，质量下降。尤其是孢子四处飞扬，有的落在菌丝块表面，形成黏液而腐烂，也不利于下茬菇生长。采收方法是：用左手按住培养料，右手握住菌柄，轻轻旋转扭下。也可用刀子在菌柄基部紧贴斜面处割下。采收时，不论大小一次采收完。在一般情况下，播种一次可采收3～4批菇。

4.2.2.3 塑料袋栽培

塑料袋栽培既省工，又便于管理，还能充分利用菇房空间，减少病虫害，易于栽培成功。它不仅适用于室内栽培，而且也适于在塑料大棚、人防工事等地方栽培，还可以放入稻田、玉米地、蔬菜地与水稻、玉米、蔬菜间作。这是近几年广泛采用的一种新的栽培方法。

1. 塑料袋的规格要求

选用厚0.03～0.04 cm、宽24～30 cm、长40～50 cm的塑料筒（双开口）。

2. 调制培养料

用塑料袋栽培，因保水性能好，料与水的比例要小于畦床栽培，一般料水比为1：（1.1～1.2）。

3. 装袋接菌

先将塑料筒的一端上颈圈并用塑料薄膜或纸封口，撒入一些菌种，再装入培养料，边装边压实。装至一半时，再撒一层菌种，然后继续装料，快装满（离袋口约6 cm时），再撒一些菌种，整平压实，使菌种与料紧密接触并封口。接种量一般为料的10%～15%。关键是靠近袋口多撒一些菌种，使平菇菌丝优先生长，杂菌就难以滋生。

4. 堆积

将扎好口的袋子一层层排好堆积在一起，堆积的层数应根据当时的气温而定，气温在10℃左右，可堆3～4层高；18～20℃，堆2层为宜；20℃以上时，可将袋子排成花堆或平放于地面上，以防袋内培养料温度过高而烧死菌丝。15天左右，袋内料温基本稳定后，再堆放成6～7层或更高。

5. 管理

播种后两天料温开始上升，每天都要观测料温变化，防止料温过高，当温度上升到32℃时，及时打开门窗，向地面喷水，以降低温度。若温度继续升高，可进行倒堆或减少层次，以达到降温之目的。最好能控制温度在24℃左右。15天左右进行调堆，把菌丝生长好的放在一起，差的放在一起，被污染的挑出。污染轻的将袋口打开，放在阴凉处晾几天，或用0.3%的多菌灵涂抹，重的挖深坑埋掉。这样出菇整齐，便于管理。室内空气相对湿度保持在65%左右。

一般经30天左右，菌丝即可长好。

当菌丝布满培养料后，经5～10天，袋内就会出现菌蕾。这时要及时解开袋口，露出菌蕾堆。以后的管理方法基本同室内畦床栽培。此方法栽培平菇，采4茬菇后，还可脱去塑料袋，将菌块埋入菜地、林荫地、玉米地或棉田中(顺行开沟)。浇水后仍可再出2茬菇。

4.2.2.4 菌砖栽培、箱栽、盆栽和塑料袋脱袋栽培

平菇栽培容易，可以充分利用各种原料和容器进行箱栽，盆栽和塑料袋栽等。培养料采用床栽培养料的种类及其处理方法。培养料调制好后，采用以下几种形式栽培：

1. 菌砖栽培

地面先铺一层塑料薄膜，用木模把培养料和菌种压制成菌砖。菌种穴播或撒播在菌砖内1 cm深处，底部和表面也各撒一层。上面再用塑料薄膜盖好。经20～30天培养后，菌丝长满整个菌砖，即可将塑料薄膜掀开，并喷水保持湿度。

2. 箱栽、盆栽

即利用木箱、纸箱、陶盆、搪瓷盆、塑料盆等做容器，将培养料装入容器，接菌后，上面盖好塑料薄膜。木箱、纸箱，在底部和四周也要铺一层塑料薄膜，以保湿和防止木材霉烂。发菌阶段，应把容器放在温度较高的地方培养。出菇阶段应把容器移到阴凉通风，有光线的地方。必要时，可把培养料从容器中搬出(由于菌丝相互联结，整个培养料已成为一个整体，不会散块)，放在适当的地方培养，以增加出菇面积。

3. 塑料袋脱袋栽培

用聚丙烯或农用塑料薄膜，制成35 cm×70 cm或20 cm×35 cm的袋子，装入已播上菌种的培养料，放在温度较高的地方培养。待菌丝长满袋后，再移至阴凉处，除去塑料袋，进行水分管理，并注意通风和透光。经10～15天就会长出小菇蕾。

4.3 黑 木 耳

木耳[*Auricularia auricula* (L. ex Hook) Underw]又称黑木耳，属木耳科木耳属的真菌，又名耳子、川耳、云耳等。我国木耳的自然分布很广，北至黑龙江、吉林，南到广西、贵州，西起陕西、甘肃，东至福建、台湾，遍及20多个省份的广大地区。黑木耳是我国传统的出口商品之一，居世界首位。

黑木耳是一种质地鲜脆、滑嫩爽口、营养丰富的胶质类食用菌，在人们的生活中占有重要的地位，是我国最早人工栽培的食用菌，历来是我国人民餐桌上的佳肴，黑木耳的蛋白质含量相当于肉类，维生素B_2含量是一般米、面和大白菜以及肉类的4～10倍，钙的含量是肉类的4～10倍。

黑木耳还有很高的药用价值，据《神农本草经》等记载，黑木耳具有清肺、润肺、益气补血等功效。因此，是矿山、纺织业工人良好的保健食品。现代医学证明黑木耳中的多糖具有增强人体免疫力，防癌抗癌等功效。美国科学家发现黑木耳能减低血液凝块，缓和冠状动脉粥样硬化，并且能明显地防止血栓的形成。明代医学家李时珍在《本草纲目》中写到"木耳生于朽木之上，主治益气不饥，清身强志，并有治疗痔疮，血淤下血等作用。"

我国黑木耳栽培的历史悠久，据有关历史资料记载，至少有800年以上。过去黑木耳栽培

是沿用老法，即砍树，剔枝，断棒后排在耳场里，让其自然生耳。20 世纪 70 年代以来，随着科学技术的不断进步，黑木耳栽培进入纯菌接菌时代，黑木耳种植量迅速扩大，栽培黑木耳的经济效益有了大幅度的提高。20 世纪 80 年代以来，随着管理技术的不断改进和适于各地气候条件的优良菌株选育的完成，黑木耳栽培水平有了很大的提高。产量水平由过去的每标准段(直径 8～10 cm，长 1.2～1.5 m)周期产干木耳不足 50 g，提高到 75 g。部分栽培点创造了周期平均段产 325 g 的高产纪录。

4.3.1 生物学特征

4.3.1.1 形态特征

黑木耳是木耳属的一种，木耳属有 15～20 个种，广泛地分布于温带和热带。我国有 10 余个种，如毡盖木耳、皱木耳、黑木耳、大毛木耳、琥珀木耳、盾形木耳、大厚皱耳、黄黑木耳、褐毡木耳等，其中大部分可食，但除黑木耳外，一般品质较差。

黑木耳子实体是柔嫩富有弹性的胶状物，具有很强的吸水能力，鲜木耳含水量达 90%以上。黑木耳子实体还具有较强的抗旱能力，当遇到太阳暴晒时子实体积聚干缩，形成坚硬如革的角质，但不失去生命力，遇水后又可恢复原状，继续生长。

黑木耳和其他食用菌一样，形态上也是由菌丝体和子实体组成。黑木耳的菌丝纤细，有分枝，粗细不匀，常出现根状分枝，有锁状联合，但数量较少，锁状联合呈骨关节嵌合状。

子实层胶质，位于子实体的腹面，担子圆筒形，由 3 个横隔分成 4 个细胞，紧密排列成栅栏状。担子小梗伸长，能穿出胶质膜的表面。在担子小梗的顶端产生担孢子。担孢子腊肠形或肾形，大小(9～15) μm×(5～6) μm，光滑、无色。

4.3.1.2 生活史

黑木耳属二极性异宗配合型食用菌，其担孢子有"＋"、"－"两种不同性别。由孢子萌发成单核菌丝，不同性别的单核菌丝结合之后，形成双核菌丝，双核菌丝达到生理成熟阶段，就在基质表面形成子实体原基，并不断胶质化，发育成子实体。成熟的子实体产生大量的担孢子弹射出去，又开始一个新世代，这就是黑木耳的生活史(图 4-5)。

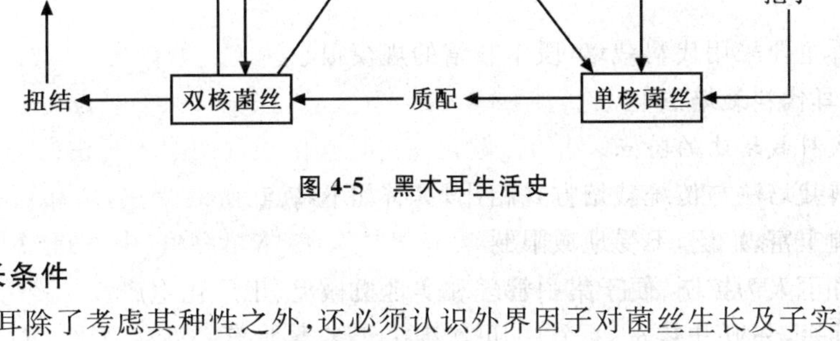

图 4-5 黑木耳生活史

4.3.1.3 生长条件

栽培黑木耳除了考虑其种性之外，还必须认识外界因子对菌丝生长及子实体形成的影响。

(1)营养　黑木耳对养分的要求是以碳水化合物(如葡萄糖、蔗糖、淀粉、纤维素、半纤维素、木质素等)和含氮的物质(如氨基酸、蛋白胨、蛋白质等)为主;此外还需要小量的无机盐类,如钙、磷、铁、钾、镁等。耳树中含有的营养物质基本可以满足黑木耳生长发育的需要,但是用锯木屑等代料栽培黑木耳时,则应添加一定量的麦麸、米糠,以补充氮源及维生素源的不足。

(2)水分和湿度　水分是黑木耳生长发育的主要条件之一。在不同的生长发育阶段,黑木耳对水分和空气湿度的要求是不同的。用耳木种植黑木耳,在菌丝的定植、蔓延生长时期,含水量应控制为45%～55%,而木屑培养基含水量应为55%～60%。在子实体发生和生长阶段要求培养基的含水量要高于菌丝定植和生长蔓延阶段。这是因为在子实体形成和生长阶段要求有更多的水分参与养分的运输。另外,在出耳阶段,还需要有较高的空气相对湿度(90%～95%),以保证耳片的正常生长和发育。

(3)温度　黑木耳属于中温型菌类,孢子萌发的温度为20～32℃。菌丝在6～36℃均能生长,而以22～32℃为宜。黑木耳对低温有很强的抵抗力,短时间的温度急剧变化也不影响菌丝的生活力。在12～28℃的条件下均能出耳,15～25℃为宜。在温度较低、温差较大的条件下,黑木耳耳片生长较为缓慢,但子实体色深,肉厚,抗自溶腐烂能力强,品质好。而在高温条件下,耳片生长速度快,色浅、肉薄、品质不佳。所以春耳、秋耳品质好于伏耳,在高温高湿条件下易出现自溶腐烂现象。

(4)光照　黑木耳在各个发育阶段,对光照的要求是不同的,在黑暗条件下菌丝能正常生长,但子实体在黑暗环境中很难形成,子实体生长需大量的散射光和一定的直射光;在光照充足的条件下,才能生长出色黑肉厚的健壮子实体。因此,在生产上要选择阳光充足的地点为栽培场所。据报道,黑木耳只有在光照强度为250～1 000 lx,才有正常的深褐色。在微弱光照条件下,耳片呈淡褐色,甚至白色。又小又薄、产量低。黑木耳是胶质菌,阳光暴晒不会使其子实体干枯死亡,但是暴晒易引起水分大量蒸发,生长缓慢。

(5)空气　黑木耳是好气性真菌,缺乏氧气,会使菌丝体和子实体的生长发育受到影响,甚至会造成窒息死亡,调制培养基时,水分不可过高,装瓶不能太满,在黑木耳整个生长发育过程中,栽培场地应保持空气畅通、清新,以满足菌丝体、子实体呼吸作用对氧气的需要,另外,空气清新还可以避免烂耳,减少病虫滋生。

(6)酸碱度　黑木耳喜欢在微酸性环境中生活。菌丝在pH 4～8的范围内都能正常生长,以pH 5.5～6.5为宜。

上述各种生长条件彼此并非孤立,它们是相互影响,综合地对黑木耳生长发育起作用的。因此,在栽培黑木耳的过程中,应根据其习性进行综合性科学管理,以获得木耳的高产和稳产。

4.3.2　黑木耳栽培技术

目前黑木耳主要采用代料栽培,段木栽培的规模很小。

4.3.2.1　黑木耳代料栽培法

1.黑木耳代料栽培法的特点

黑木耳代料栽培法与传统栽培方式相比,具有如下特点:

①原料来源丰富,广泛,不受地域限制。

②培养条件可人为控制,便于集中管理和实现机械化、工厂化生产。

③生产周期短,一般只有3～4个月,可实现一年多季生产。

④生物学转化率高，一般可达100%～150%，显著高于传统的段木生产。

2. 代料栽培黑木耳的方式

代料栽培黑木耳有多种方法，归纳起来主要有塑料袋栽培、吊袋栽培、地摆栽培、全光栽培、林下栽培等方式。

3. 代料栽培黑木耳工艺流程

挂袋栽培黑木耳生产工艺流程归纳为：

原料配制→装袋→灭菌→接菌→养菌→开口催耳→出耳管理→采收加工

↑（接菌）

二级种或三级种

4. 袋栽黑木耳技术

(1)优良菌种选择　优良菌种的含义有两个方面：一是菌株本身特性要优良，并适于装袋方式。适于段木栽培的菌株，不一定适于袋栽，在一个地区表现好的菌株，在另一地区不一定表现好，因此选择使用适合于本地区气候特点和适合于装袋的菌株，对于做好袋栽黑木耳非常重要。二是菌种质量要好，袋栽黑木耳无论是使用二级菌种还是三级菌种，都要求菌种生长强壮，生长势强，无污染，无老化，菌龄适宜。

(2)原料配制　能用于栽培黑木耳的材料非常广泛，几乎所有天然有机物都可用来栽培黑木耳，不同原料，化学成分不同，物理状态不同，栽培黑木耳的效果也往往不同。任何一种天然材料在化学和物理性状上都很难达到黑木耳菌丝生长和出耳要求的最佳状态。因此，根据黑木耳营养生长和生殖生长的生理特点合理调配材料，才能获得较好的效果。

在我国适合于栽培黑木耳的材料很多，主要有棉籽壳、锯木屑、玉米芯、豆秸粉及稻草粉等，下面介绍几种目前北方广大农村使用的袋栽配方：

①锯木屑86%、麦麸10%、豆饼粉2%、过磷酸钙1%、石膏0.5%、石灰0.5%。

②锯木屑44%、豆秸44%、麦麸10%、过磷酸钙1%、石膏0.5%、石灰0.5%。

③锯木屑44%、玉米芯44%、麦麸10%、过磷酸钙1%、石膏0.5%、石灰0.5%。

④玉米芯88%、麸皮10%、过磷酸钙1%、石膏0.5%、石灰0.5%。

⑤棉籽壳30%，玉米芯30%，锯木屑30%，麸皮7%，石膏1%，复合肥1%，磷肥0.5%，石灰0.5%。

以上各种配方加入适量水，配料含水量要求达到60%～65%，即料水比1∶(1.2～1.25)，手握成团，指缝有水不滴下为准。

(3)装袋　栽培袋选用17 cm×38 cm×0.035 cm的低压聚乙烯袋或聚丙烯袋。用手工或机械装袋均可。配制好的培养基要立即装袋，以每袋装0.5 kg干料为准，表面压平，打洞，装袋要紧，认真清理袋口黏着物，然后封口。

(4)灭菌　料袋装入专用钢筋筐内，采用高压灭菌或常压灭菌，料袋之间不要挤压，以利水蒸气穿透，要达到无灭菌死角。常压灭菌锅自冒气时计时，一直在100℃维持8 h，停火后再焖3～5 h，焖一夜更好。高压灭菌时要求在1.5 kg/cm² 压力下，维持1.5～2 h。取出料袋后，料温降到25℃以下时接菌。

(5)接种　接种在无菌室或无菌箱内操作。接种室定期使用甲醛及高锰酸钾熏蒸12～24 h灭菌处理。接种前先用紫外线灯杀菌及气雾消毒盒消毒30 min。严格按照无菌操作程序操作，每瓶菌种可接菌袋 40～50 袋。接种前勿忘严格检查菌种质量。接种工具可用接菌勺或接菌枪。

(6)发菌　也叫养菌，接入菌种后的料袋叫菌袋，菌袋培育期需 50 天，这期间的管理内容是：培养室消毒及放菌袋。培养室消毒前先安置好床架，可搭 4～7 层，视规模大小而定，层距不小于 30 cm。灭菌方式与接种室消毒要求相同。排放菌袋时，不要用手提袋口，防止进入空气，造成污染。袋与袋之间不要挤压，以免造成变形。

接菌后 1～15 天为萌发期，前 5 天室温以 26～28℃为宜，促进菌丝吃料，定植，造成生长优势。形成表面菌层，减少杂菌入侵。6～15 天室温调节在 25～26℃。培养 15 天之后，菌袋中菌丝已长入料内 3 cm 以上，此时菌丝生长旺盛，成分枝状，室温可降到 23～24℃，促进菌丝健壮。

菌丝培养室的湿度对菌袋湿度能起到微调作用，室内空气相对湿度维持在 60%～70%为宜。在菌丝生长阶段一定要保持黑暗，窗门用草帘或布遮挡。木耳是好气菌，发菌过程要求空气清新，根据实际情况，开小窗通风 20 min 左右即可。经常检查菌袋情况，从培养第 5 天开始，每隔 3 天要检查一遍菌袋，随时移走污染的菌袋。

(7)黑木耳室外栽培管理

①菌袋消毒、开口。菌丝发满菌袋后当室外气温已达 15℃，即可开口催耳。开洞前，去掉菌袋的颈圈和棉塞，将塑料袋口内折(向一侧)后再卷到一起，再用 0.2%高锰酸钾擦洗袋面，干后用刀片打洞，刀片一定要消毒。洞穴以“V”字形为好，“V”形每边长 2～3 cm，划口深度一般为 2～3 mm。穴口数以 10～12 个为宜，“品”字形排列，袋底划 2 个“X”形口，出耳时可将菌袋倒置。目前推广的小孔出耳技术，能显著提高木耳质量。小孔出耳的最佳出耳孔密度为孔间距 1.5～2.0 cm、孔径 0.4～0.6 cm、孔深 0.5 cm。手工打孔或用小孔打孔器打孔。

②催耳。催耳最佳时期：4 月 20 日至 5 月 15 日，催耳必须在有一定湿度(80%～90%)的房间、荫棚、大棚、温室或野外进行。

a. 荫棚催耳。搭荫棚，棚高 2 m，宽 4～6 m，长度不限。先在四周埋好立柱，埋深 50 cm 以上，中间应根据荫棚的长宽和横木的长度适当增设立柱，棚顶的经纬木需用铁丝捆紧，棚顶及四周用草帘、草、秸秆等铺盖，达到保温保湿，防止禽畜进入的目的。一般一个 30 m^2 的荫棚一次可催耳 6 000～7 000 袋。催耳时棚内温度在 14℃以上，24℃以下，最好有 10℃左右温差刺激，温差越大越利于出耳。空气湿度 75%以上，最高不超过 90%。若湿度不够可向袋表面喷雾化水，喷的水要洁净，菌袋表面湿润即可。注意通风换气，特别是气温较高时要加大通风量，以防杂菌滋生。温度较低时可覆膜增温，覆膜后要注意通风和降低湿度。一般经过 10～15 天的保湿和温差刺激，菌袋的开穴处即可整齐地形成耳基，耳基形成后可搬出催耳棚，摆放到出耳场地进行出耳阶段的管理。

b. 阳畦催耳。根据地势做畦，地势低易积水作高畦，地势高可做低畦，畦宽 1 m，长度不限。畦做好后先撒生石灰等消毒，然后把划好口的菌袋倒立摆放，间距 2～3 cm。菌袋上覆盖一层地膜，地膜上再盖一层草帘或遮阳网。白天温度高时可向草帘上喷水降温或掀膜通气。夜间揭开地膜和草帘拉大昼夜温差，同时保持空气相对湿度 75%～90%，如湿度不够，向菌袋表面喷雾化水，或把地面喷湿。耳基形成后进行出耳管理。

③出耳期菌袋管理。

a. 全光栽培。全光栽培就是指菌袋(已形成耳基的)在露天条件下，不需任何遮阴条件、全光照射栽培出耳。先选择好场地(场地要求平整无陡坡、无低洼积水的裸露地即可)，再摆放菌袋，两边留走道，道宽约 80 cm，做到作业方便，管理容易，省工省时即可。摆出的菌袋要晒 1～2 天后再浇水，早晨少浇，晚间多浇。这样的条件可使晚间长耳，白天养菌。待耳片长至 3～4 cm 时可停水 2 天，让菌丝充分恢复后，再按上述方法喷水管理。直到采收。

b. 阳畦栽培。催耳后的菌袋，整齐地摆放在阳畦上，菌袋间隔 7～15 cm。上盖草帘，草帘透光度约 30%。保持草帘下空气相对湿度 80%～90%，经常向草帘上喷水，以增加草帘下湿度，晴天每天喷水 3 次，每次 20～30 min，阴天可少喷水，雨天可不喷水。一般经过 15～20 天即可采收。

c. 吊袋栽培。在荫棚或大棚内把袋子吊起来，进行立体栽培，管理方法基本同上。优点是省工，缺点是上下层温度不匀，易造成减产。吊在荫棚下时，由于缺光，耳片略浅。

d. 树荫下栽培。管理方法基本同阳畦栽培。

④采收。耳片展开，边缘内卷，也叫耳片收边时，应及时采收。采收应在晴天进行，木耳采收要去掉耳基并将朵形撕成单片状，用水洗净，放在带眼的帘上晒干或烘干。晒干或烘干的黑木耳水分含量应低于 14%，盛装于双层大塑料袋中，避光保存以备出售。

4.3.2.2 黑木耳的段木栽培

段木栽培方法主要是将黑木耳适生的阔叶树枝干，截成适宜的木段，将黑木耳菌种接种在段木上，放在适宜的生长环境中培养，其操作规程如下：

1. 耳场选择与清理

耳场是人工栽培木耳的场地，应以满足木耳的生活条件为依据。只有满足木耳生长发育所需要的温度、水分、光照条件才能获得丰收。

(1)耳场的选择　耳场要选在耳树资源丰富、温暖、潮湿的地方，位置应坐北朝南，海拔高度以 500～1 000 m 的半高山地区为宜，地面有短草，空气流通和靠近水源的缓坡地，这样的场地比较暖和，云雾多，湿度大，冬暖夏凉，有利于黑木耳的生长发育，管理也省工方便。有回头山的地方，阴沟边或山岗上下不宜选作耳场。前者日照不足，通气条件差；后者风力过大不利于保湿。耳场上方要有树木遮阴。

(2)耳场的清理　耳场选好之后，要割去刺藤杂草，保留地皮草、浅草和苔藓等，既有利于通风透光又利于耳场保湿。还可以避免泥土污染木耳。郁闭度过大的要剃掉部分树枝，创造合理的透光条件。上方和两边要挖排水沟，以防耳场积水。场地清理结束后撒些石灰和杀虫剂，进行耳场消毒。

2. 段木的准备

耳树的选择包括树种、树龄与直径和立地条件等内容。

(1)耳树的种类　耳树的种类很多，但不同的树种或同一树种在不同环境中生长，由于质地和养分不同，产耳量也有很大的差距。耳树一般选用树皮厚度适中，不易剥落，边材发达，树木和黑木耳亲和力强，不但能出耳，且能获得高产的树种为宜。常用的有麻栎、栓皮栎、青杠栎、朴树、枫香、白杨、枫杨、榆树、椴、赤杨、白桦、槭树、刺槐、桑树、山拐枣、洋槐、黄连木、悬铃木等。凡含有松脂、醇醚类杀菌物质的阔叶树如樟科、安息香科等树种不能用来栽培黑木耳。在适宜栽培黑木耳的树材中，木质疏松，通透性能好又容易吸收水分和贮藏水分的树种，接种后出耳早、多，长得快。当年秋天便可长较多的子实体，能采收几次。第二年盛产，但第三年就基本无收了，而木质坚硬的树种接种当年产量较少，但产木耳的年限长。

(2)树龄与树径　壳斗的树木如栓皮栎、麻栎等，砍伐的树龄以 8～10 年为宜，胸径为

10 cm 最好。生产实践证明，以直径 6～10 cm 的小径木产量最高，经济效益好。树龄过小，虽能早出耳，但由于树皮薄、平滑、保湿和吸水性差，木质中养分少产量低。反之，树龄过大，皮层厚，心材大，产量也低。

(3)立地条件　选用生长在阳坡，土质肥厚的山地上的树木为好，因为长在阳坡及土质肥厚的山地上的树木生长速度快，木质疏松，养分多；反之，长在阴坡，土质瘠薄的山地上的树木生长速度慢，木质较硬，养分也不足。

(4)砍树　段木砍伐时间在冬至到立春之间为好，这段时间树木进入“冬眠”阶段，树中汁液处于凝滞状态，营养丰富，含水量少，皮层与木质之间结合紧密不易脱皮，病虫害少。砍伐时为了使营养集中于树干，伐树时尽可能使树梢倒向上坡。为了使树干内水分加速蒸发，砍后保留枝叶一段时间再剃枝，一般保留 10 天到半个月。大树，含水率高的树种留枝时间宜长一点，反之则短一些。剃枝时要适当留一点凸出的杈子，粗一点的枝杈仍可作耳木用。剃枝后将树干锯成 1～1.2 m 的段木，然后按“井”字形堆叠在地势高、通风向阳的地方干燥。堆叠时，应将粗细不同的段木分开堆叠。堆与堆之间要留有空隙以利通风架晒。在架晒过程中每隔 10～15 天翻堆一次，将段木上下，内外对调，以利均匀干燥。架晒时不能让阳光暴晒和淋雨，所以应遮盖。待段木两端变色，敲击声音变脆，就应接种。初学者经验不足，不易掌握时，可采用称重法，先将湿木称重，每百千克湿木干到 70～80 kg 时接种为宜。段木干燥过度，接种后菌种的水分很快被段木吸收去，会影响菌丝萌发和生长，但段木太湿又容易产生霉菌。

3. 段木的人工接种

人工接种就是把培养好的菌种移接到段木上的一道工序，它是人工栽培黑木耳的重要环节，接种程序如下：

(1)接种季节　根据黑木耳菌丝生长对气温的要求，当自然温度稳定在 5℃以上时即可进行接种。在此期间，杂菌处于不活跃状态，而黑木耳菌丝又能生长，既减少污染又保证了充足的营养生长期，一般都把接种季节安排在“惊蛰”期间，故此，老区有“进九砍树，惊蛰点菌”之说，近年来有的单位把接种时间提前到 2 月份，效果也很好，且更有利于劳力安排。即便遇上低温菌丝也不会冻死，气温回升菌丝又继续生长。

(2)接种密度　接种密度一般掌握在穴距 10～12 cm，行距 6 cm，穴的直径 1.2 cm，穴深打入木质部 1.5 cm，“品”字形排列。此外，穴距还应遵循树径粗，木质硬，海拔高要加密，反之要稀疏的原则。

(3)接种方法　黑木耳菌种分木屑种和木塞种。木屑种制种容易接种麻烦，而木塞种制种麻烦接种容易。

①木屑种的接种法。先用 1.3 cm 冲头的打孔锤，皮带冲或电钻按接种密度和深度要求打孔，然后将木屑种接入一小块，以八分满为度，然后将用 1.4 cm 皮带冲打下的树皮盖或木塞盖放在接种穴上，用小锤轻轻敲平。

②木塞种的接种法。木塞菌种是事先将木塞和木屑培养基按比例装瓶制成菌种。接种时不必另外准备木塞或树皮盖。接种时先接入少许木屑种，然后敲进一粒木塞种即可。

为了保证接种质量，接种时应注意：

a. 雨天耳木表面湿润时不能接种，若耳木是堆放在避雨处，树皮不湿，可在避雨处接种，而晴天则应在阴蔽处接种。

b. 盛装菌种的器皿和接种工具及手都要事先消毒，场地要清洁卫生。

c.接种应流水作业，专人打孔，专人接种，打完一根孔就马上接种，不能久放，以免接种穴干燥或污染杂菌。

d.选用适合本地气候的优良品种和菌丝洁白、粗壮、无污染、不老化的优质菌种。

e.用于封穴的树皮盖要当天打当天用；若用木塞应在接种前用开水煮沸再用。也可用石蜡 80%、松香 15%、猪油 5%熔化混合均匀涂在接种穴上封口。

4.发菌

黑木耳接种后，为了使其尽快定植，使菌丝迅速在耳木中蔓延生长，要采取上堆发菌。其方法是：

①在栽培场内选择向阳、背风、干燥而又易于浇水的地方打扫干净，搞好场地消毒。

②铺上横木或石块砖头，把接好的耳木按树径粗细分类堆成“#”字形。堆高 1 m 左右，耳木之间留有一定间隙，便于通气。上堆初期气温较低，空隙可留小一点，堆的高度可高一点。后期随着气温上升，结合翻堆应增加间隙，降低堆高，堆面上盖薄膜或草帘保温保湿。

③为了使菌丝生长均匀，发菌期间每隔 7～10 天要翻一次堆，使耳木上下、内外对调。第一次翻堆因耳木含水量较高，一般不必浇水，第二次酌情浇少量水。以后翻堆都要浇水，且每根耳木都应均匀浇湿。若遇小雨还可打开覆盖物让其淋雨，更有利于菌丝的生长。发菌期间应注意温、湿、气的调节以满足菌丝的生长条件，提高菌丝成活率。上堆发菌 20～30 天，应抽样检查菌丝成活率，方法是用小刀挑开接种盖，如果接种孔里菌种表面生有白色菌膜，而且长入周围木质中，白色菌丝已定植，表明发菌正常，否则就应补种。

5.散堆排场

接种的耳木经过 4～6 周的上堆定殖阶段，菌丝开始向纵向伸展，极个别的接种穴处可看到有小子实体，这时应散堆排场，为菌丝进一步向纵深伸展创造一个良好的环境，促使菌丝发育成子实体。排场的方法是先在湿润的耳场横放一根小木杆，然后将耳木大头着地，小头枕在木杆上，耳木间留 3～6 cm 间隙，便于耳木接受地面潮气，促进耳芽生长；又不会使耳木贴地过湿闷坏菌丝和树皮，且可使耳木均匀地接收阳光、雨露和新鲜空气。排场后要进行管理，主要是调控水分。菌丝在耳木中迅速蔓延，这时需要的湿度比定植时期大，加上气温升高，水分蒸发快，需要进行喷水。开始 2～3 天喷一次水，以后根据天气情况逐渐增加次数和每次喷水量。排场期间需要翻棒，即每隔 7～10 天把原来枕在木杆上的一头与放在地面的一头对换；把贴地一面与朝天的一面对翻，使耳木均匀接触阳光和吸收水分。

6.起架管理

排场后 1 个月左右，耳木已进入“结实”采收阶段。当耳木上大约半数的接种孔产生耳芽时便应起架。方法是将一根木杆作横梁，两头用支架将横木架高 30～50 cm。耳场干燥宜架低一点，反之则架高一点。然后将耳木两面交错斜靠在横木上，形成“人”字形耳架。为了方便于计算和管理，一般每架放 50 根耳木。起架后，子实体进入迅速长大和成熟阶段，水分管理最为重要。耳场空气相对湿度要求在 85%～95%，需要喷水管理。喷水的时间、次数和水量应根据气候条件灵活掌握。晴天多喷，阴天少喷，雨天不喷；细小的耳木多喷，粗大的耳木少喷；树皮光滑的多喷。树皮粗糙的少喷；向阳干燥的多喷，阴暗潮湿的少喷。喷水时间以早晚为好，每天喷 1～2 次。中午高温时不宜喷水。在黑木耳生长发育过程中若能有“三晴两雨”的好天气，对菌丝生长和子实体发育都极为有利。每次采耳之后，应停止喷水 3～5 天，降低耳木含水量，增加通气性，使菌丝复壮，积累营养。然后再喷水，促使发出下一茬耳芽。

4.4 银 耳

银耳[*Tremella fuciformis*]别名白木耳、雪耳，在分类学上隶属于真菌门担子菌纲银耳目银耳科银耳属，是我国久负盛名的山珍菌类，是一种营养丰富的珍贵滋补品。近年来，随着人民生活水平的提高，我国银耳消费已进入千家万户，加上国际市场的开拓，银耳更是闻名全球。据中国医学科学院营养卫生研究所分析，每百克干银耳内含有蛋白质 5.0 g，脂肪 0.6 g，碳水化合物 79 g，粗纤维 2.6 g，灰分 3.1 g，钙 380 mg，磷 250 mg，铁 30.4 mg，硫胺素 0.002 mg，核黄素 0.14 mg，尼克酸 1.5 mg。

银耳除食用外，尚有很好的药用效果。医学家认为银耳性平、味甘、具有“强精、补肾、润肺、生津、止咳、降火、润肠、养胃、补气、活血、强心、壮身、补脑、提神、美容、嫩肤和延年益寿”等功能。

我国关于银耳的记载已有 1 000 多年。陶谷(902—970 年)撰写的《清异录》中有：“北方桑上生白耳，名桑鹅。富贵有力者嗜之，呼‘五鼎之’。”银耳人工栽培最早的记述是在杨延烈等纂修的《房县志·物产》(1866 年)，书中写道：“房东北有香耳山，鹜利者货山木伐之，杈丫纵横，如结栅栏。”现有资料表明，银耳的食用与人工栽培均起源于我国。银耳的人工栽培在 20 世纪 60 年代以前是一种半野生方式，“靠天收”，1960—1980 年，银耳研究取得突破性进展(纯种分离、双菌制种、瓶栽、袋栽)，使我国银耳产量猛增，占世界总产的 95%以上。目前，我国银耳产区主要集中在福建和四川通江等地。栽培银耳的原料来源广泛，棉籽壳、杂木屑、玉米芯、甘蔗渣等都是常用的原料，生产上主要以棉籽壳为主。

4.4.1 生物学特性

Bandoni 于 1984 年提出银耳目所具有的 4 个特征：①二型性(dimorphism)生活史，单倍体阶段酵母状，双核体阶段的菌丝具有锁状联合；②具桶孔隔膜(dolipore septum)，并具膨大的膜质环结构；③纵隔担子(longitudinal heterobasidium)；④属于非典型的双因子交配系统，即 A 位点只有两个等位基因，B 位点有多个等位基因。

1. 银耳的形态特征

银耳的形态由两大部分组成，包括营养器官——菌丝体和繁殖器官——子实体。

(1)菌丝体　由担孢子萌发生成，是多细胞，分枝分隔的丝状体。呈灰白色，极细。能在木材或各种代用料培养基上蔓延生长，起着吸收和运送养分的作用。达到生理成熟阶段，条件适宜时，形成子实体。菌丝分为单核菌丝，双核菌丝和结实性双核菌丝(产生子实体并呈胶质化的菌丝)。

(2)子实体　即人们食用部分，无菌盖、菌褶、菌柄之分。由薄而多皱褶的瓣片组成，常见的有福建、云南(菊花形)和四川、湖北(鸡冠形)两大品系，都呈朵形，白色，表面光滑，有弹性、半透明。干后微黄呈角质，硬而脆，体积强烈收缩，为湿重的 1/13～1/8，通过水浸泡可恢复原状。成熟的子实体瓣片表面有一层白色粉末，即银耳的孢子，孢子成熟后会自动弹射出来，借风力传播。

2. 银耳的生活史

银耳的生活史是比较复杂的(图 4-6)。它包含一个有性生活周期和若干个无性生活周期。担孢子芽殖产生酵母状分生孢子是银耳属的特征。

(1)有性繁殖　银耳是四极性异宗结合菌类。也就是说,银耳的担子能产生 4 种不同交配型的担孢子。担孢子在适宜的条件下,萌发成单核菌丝,或再生次生担孢子。在单核菌丝生长发育的同时,相邻的、可亲和的(可以交配的)单核菌丝相互结合,经质配,形成具有锁状联合的双核菌丝。随着双核菌丝的生长发育,达到生理成熟的双核菌丝,就逐渐发育成“白毛团”并胶质化成银耳原基。原基在良好的营养和适宜的环境条件下,分化成洁白如银的耳片。随后从子实层上弹射出担孢子,完成其生活史。

(2)无性繁殖　在一定的条件下,银耳担孢子会反复芽殖,产生大量的酵母状分生孢子。分生孢子越来越多,但孢子越来越小。条件适宜时,酵母状分生孢子便萌发成单核菌丝,并按上述的方式完成其生活史。

无论单核菌丝或双核菌丝,只要受到环境条件的刺激,如受热(接种针未冷却)、搅动(接种时用力搅拌)、浸水(培养基表面有游离水)都可以断裂成节孢子。待自然条件好转之后,节孢子会萌发成双核菌丝,并按上述的方式继续完成它的生活史(图 4-6)。

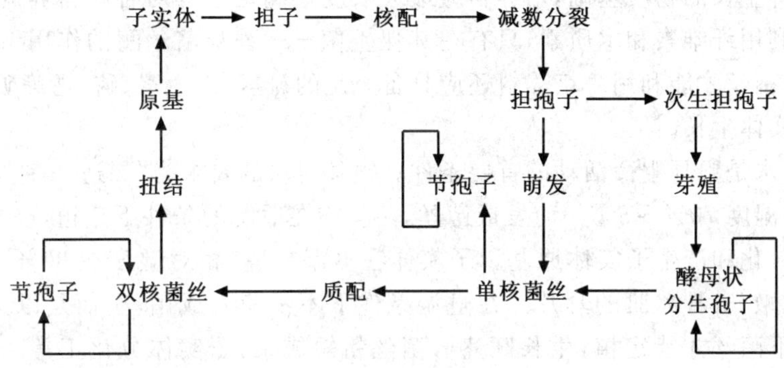

图 4-6　银耳的生活史

3. 银耳近缘种

银耳属包括 40～60 个种,它们在形态上是极相似的,容易混淆。为了便于鉴别,现将主要的近缘种介绍如下:

(1)橙耳(*T. cinnabarina*)　又称橙银耳、朱砂色银耳。新鲜时子实体橙黄色,成熟时褪为淡黄色或白色,宽 6～7 cm,由许多瓣片组成,但成熟时耳片中空,子实层覆于整个耳片表面。担子卵形,浅白色,十字分割,担孢子球形,有小尖,直径 6～7 μm,长芽管或反复出芽形成酵母状分生孢子。可食。通常生于栲树的枯干上。

(2)茶耳(*T. foliacea*)　又称茶银耳。新鲜的子实体呈红褐色或褐色,有黏液,半透明,韧胶质。干时黑色,角质脆。由卷曲的瓣片组成,横切面有明显的髓层(菌丝平行走向);担孢子呈极淡的黄色至透明,近球形,基部尖。

(3)血耳(*T. sanguinea*)　子实体呈胶质,叶状,大型,叶片萎软状,富含酱油状色素,水溶性,可食和药用。

(4)金耳(*T. aurantia*)　又称黄木耳。原来误定为 *T. mesentarica*。金耳新鲜时子实体橙黄色，脑状，不规则皱卷，基部狭小，从树皮裂缝中长出，宽 6～14 cm，高 3～4 cm，胶质，干后收缩，但基本保持原有的形状和颜色，子实层覆于子实体的整个表面，内部由粗毛硬革的菌丝组成，担子梨形，担孢子近球形至卵形，微黄色，长芽管或以出芽的方式形成酵母状分生孢子，可食。主要生于麻栎等阔叶树的枯干上。

4. 银耳生长对环境的要求

银耳菌丝几乎没有分解纤维的能力，也不能利用淀粉。在自然条件下，银耳需要一种被称为“香灰菌”的子囊菌来帮助它分解木材，作为“开路先锋”。香灰菌有分解纤维素和木质素的能力，可以帮助银耳分解木材，提供营养，把银耳菌丝无法直接利用的材料变成可被利用的营养成分。这样就有利于银耳担孢子的萌发、菌丝的定植和子实体的生长发育。此外在生长过程中，对营养、温度、空气相对湿度、空气(氧)、光照以及酸碱度各个因素都有一定的要求。因此，在栽培过程中，必须采取各种措施，符合银耳的生长发育特性，满足它的要求，才能达到稳产高产的目的，现将生长条件分述如下：

(1)营养　银耳和香菇、黑木耳一样，也是一种木腐菌，营腐生生活。银耳菌丝能直接利用简单的碳水化合物如葡萄糖、蔗糖、半乳糖、麦芽糖、甘露糖、木糖、纤维二糖等，而对纤维素、木质素等物质的利用能力甚弱。对氮源易利用有机氮、铵态氮(硫酸铵)，而难利用硝态氮。

营养是银耳生长的物质基础，培养料应最大限度地满足银耳对各种营养的要求。因银耳菌丝不能直接利用纤维素和木质素，只有在其伴生菌——香灰菌丝酶的作用下分解了木质素和纤维素，银耳菌丝才能利用。培养料还应具备充足的氮素、维生素、磷、钙等矿物元素以及微量元素以利子实体生长。

(2)湿度　水是银耳生命活动的首要条件。银耳对水的要求为“二适一多”，即孢子在适湿的条件下(相对湿度 70%～80%)萌发成菌丝，菌丝亦在适湿的条件下定植，蔓延生长，并在一定的发育阶段分化和产生子实体原基。子实体在多湿环境(相对湿度在 80%～90%)迅速发育，展出肥美饱嫩、玉骨冰肌的耳片。在过湿条件下不易萌发成菌丝，而是以芽殖形式出现。在适湿的条件下菌丝才能定植，生长旺盛。菌丝粗短成束，子实体分化正常。在过湿的环境中，菌丝生长柔弱纤细稀疏，子实体分化不良或胶化成团。要根据银耳生长各阶段对湿度的不同要求，给以适当的水分。

(3)温度　温度是银耳生命活动强度和生长发育速度的重要因素。银耳属中温型真菌，菌丝(包括银耳孢子和香灰菌丝)在 16～30℃内均能生长，其中 20～28℃生长正常，23～25℃生长最好，低于 20℃或高于 28℃菌丝纤弱。子实体分化的温度在 16～28℃，低于 16℃生长迟缓，高于 28℃分化不良，最理想的温度应是 22～25℃。银耳抗寒力很强，孢子在 0℃以下 2 h，不会失去发芽力。

(4)氧气　银耳是一种好气性真菌。菌丝萌发对氧气的需要，随着菌丝量的增加而增加。子实体的分化对氧的需要也应掌握耳大氧多，耳小氧少的原则。在适温多湿的环境中，氧气充足，子实体分化迅速，在缺氧的情况下，菌丝生长缓慢，子实体分化迟缓，所以在栽培过程中，必须适当通风换气。

(5)光照　强烈的直射光，不利银耳菌丝生长及子实体分化，散射光能促进孢子的萌发和子实体的分化。不同的光照对银耳子实体的色泽有明显关系，暗光耳黄，子实体分化迟缓；适当的散射光，耳白质优。

(6)酸碱度　银耳是弱酸性真菌，pH 应在 5.2～5.8，过酸或过碱对银耳都有一定的影响。

人工栽培时，配制培养基时应掌握 pH 在 6.0～6.5，适合银耳生长。在银耳菌丝(包括香灰菌丝)生长过程中，会分泌一些酸性物质，使培养料酸化，但在出耳时培养料的 pH 一般为 5.2～5.5，仍然在最适的范围内。

4.4.2 银耳栽培技术

4.4.2.1 菌种生产

栽培银耳要获得高产、优质，菌种是关键。纯菌种的获得一般有孢子弹射和耳木分离，即有性繁殖和无性繁殖。无性繁殖虽然方法简单，但菌种纯度不高，且易退化，产量也低；有性繁殖菌种纯度高，产量高，但方法比较复杂，无论哪种方法都必须具备银耳和香灰两种菌丝。香灰菌称为银耳的伴生菌。

1. 孢子弹射分离法

(1)种耳的选择　种耳的要求应是出耳正常，朵大、朵形好、肉厚、片大、色白、开片正常、无杂菌、无病害、八成熟的子实体。

(2)试管培养基的配制　选用马铃薯葡萄糖琼脂(PDA)培养基。即去皮马铃薯 200 g，葡萄糖 20 g，琼脂 20 g，水 1 000 mL。

(3)银耳孢子的弹射　取烧杯 4 只，以及不锈钢钩、接种针、剪刀、镊子、无菌水、无菌纱布、酒精灯、0.1%的升汞溶液，连同装有马铃薯琼脂培养基的三角瓶等放入接种箱，用福尔马林 10 mL 和高锰酸钾 10 g 混合熏蒸，消毒灭菌 30 min，先将 3 只烧杯用酒精消毒后，各倒入无菌水若干，另 1 只烧杯倒入 0.1%的升汞溶液，用剪刀剪数片肉厚、片大的耳瓣，在升汞溶液中浸 5～10 s，迅速依次放入 3 只无菌水烧杯中，各浸洗 1 min，再用无菌纱布将水吸干，用钢钩迅速挂于三角瓶内，塞上棉塞。为防杂菌感染，耳片距培养基 3 cm 左右。置于恒温箱，温度保持在 23～25℃，培养 24 h，可在培养基表层看到雾状的孢子，这时可在接种箱内，取出钢钩及耳片，塞好棉塞，继续培养 2～3 天后，培养基表面可看到白色糊状，边缘光滑，中间凸起的菌落，这就是银耳孢子。若无杂菌可采取划线法或稀释法，获得纯孢子后再进行扩大。

2. 香灰菌丝的分离

(1)香灰菌丝的特点　与银耳菌丝相反，生长速度极快，不仅在耳基周围或接种部位数厘米内生长，远离耳基、接种部位处也有香灰菌丝生长；香灰菌丝生长的后期会分泌黑色色素，使培养基变黑；香灰菌丝不耐旱，基质干燥后即死亡。

(2)香灰菌的分离　取子实体长得理想的耳木（段木栽培银耳的木段)一段，去掉耳基及树皮，用 75%的酒精表面擦洗，在远离耳基、接种部位处取材料，钩取一小块基质移入 PDA 培养基，25℃下培养 5～7 天，培养基颜色变黑者即为香灰菌。纯香灰菌丝色白，粗短，爬壁力强。分离后要根据其爬壁力强的特点，及时转管提纯，这样就能得到理想的香灰菌丝。

3. 银耳母种的交合

获得纯银耳孢子和香灰菌丝后，要进行交合，然后才能用于原种及栽培种的生产。交合的方法是：选由孢子萌发的银耳菌丝扩接数支，当试管里米粒大的银耳菌丝长至黄豆大小时(23～24℃培养 6～8 天)，接入香灰菌丝。配接时，挑取香灰菌管的先驱菌丝，约米粒大，接于银耳菌落旁边距 0.5 cm 处。2 天后出现白色菌丝，7 天后出现浓白色的粗短菌丝团(白毛团)，12～15 天在白毛团上方出现红黄水珠。待香灰菌丝蔓延全试管时即为母种。

4.原种的培养

(1)培养基的制作

成分:木屑 100 kg(银耳适生树种),麸皮 25 kg,石膏粉 15 kg,蔗糖 15 kg,硫酸镁 0.5 kg,水 150～160 kg,酸碱度(pH) 5.2～5.8。

制法:将蔗糖、硫酸镁用温水化开,再称取木屑、麸皮、石膏粉拌匀加入糖水,补水至足量拌匀,含水量掌握在 65%左右,装入 500～750 g 白色透明的菌种瓶中,稍压实,装入量为瓶高的 2/3,擦净,塞上棉塞,置 1.5 kg/cm^2 压力的灭菌锅内,灭菌 1.5 h,取出冷却后备用。

(2)接种　灭菌后放于干净通风处冷却,然后用无菌操作法,将试管母种接入原种培养基。接种工作完成后,应立即移入恒温室培养。

(3)培养　将接好菌放入恒温室的原种菌瓶,直立于架子上,温度保持在 23～25℃,经 3～4 天培养,菌丝就会萌发。这时每天要观察一次,直至银耳菌丝覆盖培养基表面为止。观察中若发现长得极快的是毛霉、根霉、木霉菌感染,绿、黄、黑为青霉和各种曲霉,都应及时淘汰。在正常温度下,培养 15 天左右接种块出现浓白色的发育菌丝;20～25 天菌丝扭结,并有红黄色水珠出现时,便可进行扩大生产。

5.生产种的制备

原种成熟后,为确保高产优质,要严格进行筛选,并要进行瓶栽试验。对不同品系,或不同菌株分离的原种作比较,选择肉厚、朵大、开片正常、色白、出耳快、产量高的菌株,作为优良原种进行扩大。方法是:在接种箱中,用无菌刀去掉银耳原基,用接种勺挑起一勺,接入生产种培养基,塞好棉塞,然后用此法接完所有瓶子。每瓶原种可扩接生产种 40 瓶。移入恒温箱,培养 15～20 天,待出现红、黄色水珠时,便可栽培使用。生产种的培养基制作、灭菌及接菌箱的消毒与原种一样。

4.4.2.2　银耳栽培管理

银耳栽培的原料广泛,取材容易,因此大有发展前途。

1.配料

栽培银耳的培养料,根据当地资源,因地制宜选择主要原料,并配合其他辅料制成。棉籽壳、木屑、玉米秆、棉花秆等均可使用。阔叶树如杨、柳及各种果树的木屑均可用。也可将这些树的枝条切成薄片,晒干,再粉碎成粉状的木屑。棉籽壳是栽培银耳的好原料,单产比木屑可提高 20%～30%,此外,玉米芯、甘蔗渣、花生壳、葵花籽等,晒干后粉碎成细屑均可用于栽培。

配方 1:木屑 100 kg,麸皮 25 kg,石膏粉 4 kg,尿素 0.4 kg,石灰粉 0.4 kg,硫酸镁 0.5 kg,水 100～110 kg。

配方 2:棉籽壳 100 kg,麸皮 25 kg,石膏粉 4 kg,尿素 0.4 kg,石灰粉 0.4 kg,水 100～110 kg。

配方 3:甘蔗渣 40 kg,棉籽壳 20 kg,木屑 40 kg,麸皮 30 kg,石膏粉 3 kg,过磷酸钙 2 kg,尿素 0.5 kg,水 100～110 kg。

配方 4:玉米芯 60 kg,麸皮 30 kg,棉籽壳 30 kg,石膏粉 3.5 kg,尿素 0.4 kg,硫酸镁 0.5 kg,水 100～110 kg。

选定配方后,把主要原料同麦麸、石膏粉等倒在水泥地上,把蔗糖、化肥、硫酸镁等放入水中溶化,倒进料中,经 3 次搅拌,打散团块,含水量掌握 55%～60%。配料要选择晴天或阴天上午进行,雨天不宜。

2. 装袋

拌好的培养料必须抓紧时间装入栽培袋。银耳栽培袋，应选择低压高密度聚乙烯筒膜，直径扁宽 12 cm，薄膜厚度 0.35～0.4 mm，长 50 cm。

一般农户采用手工装料。装一半时抖一抖，压实后再装。大面积生产应采用食用菌专用装袋机。装袋要求装紧装实，袋口用塑料绳绑扎。在料袋壁上打 3 个接种穴，穴口直径 1.2 cm，深 1.5 cm，擦去袋面沾的木屑后，用 3.3 cm×3.3 cm 的方块纸胶带贴封穴口。从拌料到装袋结束最好不超过 5 h，以防培养基发酸变质。

3. 灭菌

可采用常压灭菌和高压灭菌。注意达到灭菌温度和时间后，要趁热取出，防止胶布受湿。

4. 接种

经过灭菌的料袋，待料温降到 30℃以下时，方可进行接种。接种前先做好接种室消毒，并把菌种表层薄薄挖去一层老化菌丝，然后往下挖将菌丝搅拌均匀。接种时先打开袋子穴口上的胶布，用接种器提取蚕豆大小的菌种，集中迅速地通过酒精灯火焰接入穴内，并顺手贴封好胶布，防止杂菌侵入。菌种处要比胶布凹 1～2 mm，有利于原基形成。每瓶栽培种可接栽培袋 25～30 袋。

5. 发菌

银耳的发菌与出耳可同用一室，利用民房即可。有条件的专业户可以建造专用的发菌室与栽培室。要求地势稍高，靠近水源，便于清洗场地，门窗通风，光线良好。也可以在庭院内搭简易耳棚。不论是住房或是简易耳棚，内部均要设置排放栽培袋的架子。架层可用竹木做骨架，架高 2.5 m 左右，宽一般为 50 cm，架子分为 8 层，层距 30 cm。每层架子用竹木铺平，便于排放菌袋。室内四周可用塑料薄膜围罩，使保温保湿性能好。栽培室要用福尔马林（5～10 mL/m^3）或气雾消毒盒（3～5 g/m^3）熏蒸 2 h。接好种后移入经过消毒的培养室，堆放发菌。温度保持在 26～28℃干燥培养。经 5～7 天后便可排放在架子上。发菌时要注意温度和堆放的方法，防止因温度过高而烧垛，造成菌种死亡。经过 5 天培育，菌丝向穴口扩展，此时应进行一次翻堆检查，并要适当通气换气，保持室内空气新鲜，以利菌丝生长。

室内空气相对湿度为 70%以下，在保持室温的前提下，每天打开门窗通风换气 1～2 次，每次 30 min，若气温已达上述要求时，可长时间开窗使空气新鲜。

通过 10 天左右的培养，袋内菌丝已向接种口的四周蔓延，形成圆圈状。待菌丝长到直径约 10 cm，即穴与穴的菌圈形成连接时，要把胶带掀起黄豆粒大小圆形孔隙，让氧气透进料内，加快菌丝生长发育，经过 4 天后，穴中逐渐出现突起的白色绒毛状菌丝团，俗称"白毛团"，此时控制室内温度 20～23℃，相对湿度为 80%～85%。随着菌丝生理成熟，白毛团上出现浅黄色水珠（菌丝新陈代谢的分泌物），此时可把袋子朝穴口倾斜，让黄水流出穴外，室温调到 25℃，使黄水收缩。一般接种后 15～16 天，穴内逐渐出现白色碎米状的幼耳时，就要把胶带全部撕开去掉，并在菌袋上面喷水，保持湿润。

6. 出耳管理

银耳由原基分化为子实体，一般需 18 天左右。出耳期管理的具体办法是：

（1）扩穴增氧　用刀片沿着出耳穴口边缘割去薄膜大约 1 cm，扩大穴口，增加袋内的氧气。

（2）喷水加湿　出耳阶段每天喷水 1～2 次于所盖的纸上，经常保持纸的湿润为适，当子实体长到 3 cm 时，为避免烂耳，应把覆盖的纸取下，放在阳光下暴晒一天，再收回使用，每隔 3～5 天都应进行一次，每次取下纸应隔 12 h，让子实体接触氧气，然后再覆盖，继续喷水保湿。幼耳阶段喷水多，天气阴湿应少喷，多通风；天气晴而干燥，应多喷少通风。

(3)注意通风　银耳子实体长到 24～29 天是生活力最强阶段，袋温较高，若室温超过 27℃以上，应整天打开门窗，长时间通风，并配合喷水管理防止通风后耳片干燥。通风工作对银耳生长关系较大，银耳是好气性真菌，室内郁闷不但不利银耳生长，还会引起杂菌感染，造成烂耳及虫害。通风应与保湿相结合，否则四周环境干燥，将不利菌丝和子实体生长。通风工作从第 7 天就开始进行，每天一次约半小时，最好在中午进行。20 天后就要增加到每日 3 次。

(4)停喷待收　接种后 30 天左右时，子实体已长到 12 cm 左右，应停止喷水，防止耳片过湿霉烂。停湿 5～7 天后，耳片增厚，转入采收期。

7. 采收

(1)采收的标准及方法　当 3～4 朵银耳长得碰在一起时(约 35 天)，就可直接喷水于菌袋上，并加温到 26℃，空气相对湿度接近 100%，待耳片全部展开，没有苞芯，耳瓣色白，半透明，稍有弹性，每朵重 100～150 g 时，停止喷水一天，就可采收。采收时用锋利无锈小刀，沿耳根割下，去掉老耳根留下白色菌丝，将湿度调至 80%～85%，温度 22～25℃以利再生，木屑培养基再生收获不大，棉籽壳如管理得当，产量不低于第一次。将采下的银耳修整后用清水漂洗，然后两朵对起来挤掉水分。晾 3 天，再将耳基朝上晾干，如色白、无霉变、无杂质，即为合格的商品银耳，保存时要保持朵形，注意霉变。大量生产时应将晾干改为烘干。

总的说来，要想获得高产优质的银耳，管理工作是关键，在管理中要观察银耳生长情况，结合外界环境条件，因地制宜，灵活对待。

(2)分级标准　银耳分级可参照以下标准：

一级：耳片白色肉肥厚，整朵成圆形，有光泽，无杂质，无耳脚或带轻微耳脚。

二级：耳片色白，肉肥厚，略带棕黄色，整朵圆形，无杂质略带耳脚。

三级：耳片色白或米黄，肉略薄，整朵无杂质，略带耳脚。

四级：耳片无杂质、无异味，有食用价值，无木屑，无烂耳。

4.5 金针菇

金针菇[*Flammulina velutipes*(Curt. ex Fr.)Sing.]属担子菌门伞菌目口蘑科小火焰菌属(或金钱菌属)的真菌，又名冬菇、构菌、朴蕈、毛柄金钱菌等。金针菇子实体由细长而脆嫩的菌柄和形似铜钱的菌盖组成，呈乳白色或金黄色，其盖滑、柄脆，是目前人工栽培较为广泛的食用菌之一。

金针菇含有多种营养成分，其中含有人体所必需的 8 种氨基酸，且含量较高，而赖氨酸和精氨酸含量特别丰富，能促进儿童的健康成长和智力发育，国外称之为“增智菇”。金针菇中含有朴菇素，具有较显著的抗癌功能。经常食用金针菇还可以预防高血压，治疗肝炎及肠胃溃疡病。

金针菇是我国最早进行人工栽培的食用菌之一。20 世纪 60 年代日本开始利用空调设备与各种自动化装置，实现了金针菇的工厂化栽培，从拌料、装瓶、灭菌、接种、发菌、出菇管理到采收包装全部自动化作业。20 世纪 30 年代我国科学家进行了金针菇的瓶栽试验，从 20 世纪 80 年代开始用塑料袋栽培，主要利用木屑、棉籽壳、甘蔗渣等原料，大大提高了金针菇的产量及经济效益。近年来国内多个省、市利用空调等制冷设备及其他自动化装置人工调节温度、湿度、通风、光照等条件，采用瓶栽法实现了金针菇工厂化栽培，已成为目前工厂化栽培的主要食用菌品种之一。金针菇的主要生产国是中国、日本、韩国等。在国际食用菌市场上，金针菇的产销量居第 4 位。

4.5.1 生物学特性

4.5.1.1 形态特征

金针菇菌丝体是由细长呈分枝状的丝状体构成，由担孢子萌发而成菌丝，呈灰白色，绒毛状，有分隔。子实体丛生，菌盖直径 1～8 cm，幼小时淡黄色或白色，半球状，后逐渐展开呈扁平状，表面黏滑有光泽，在空气稍干燥及有光条件下，菌盖呈深黄色至栗色。菌褶稀疏，呈白色或淡奶油黄色，与菌柄离生呈弯曲状。菌柄中空圆柱状，硬直或稍弯曲，长 3.5～14 cm，直径 0.2～0.8 cm，生于菌盖中央，菌柄基部相连，上部呈肉质，黄褐色，下部为革质，表面密生黄褐色短绒毛，柄上部在成熟时也渐变淡棕色。孢子近圆柱状或卵圆形，表面光滑，白色，大小为 $(5\sim7)\ \mu m\times(3\sim4)\ \mu m$。

4.5.1.2 生活史

金针菇的生活史比较复杂。它属双因子控制的四极性异宗配合。有性世代产生担孢子，每个担子产生 4 个担孢子，有 4 种交配型(AB,ab,Ab,aB)。性别不同的单核菌丝之间进行结合，产生质配，形成每一个细胞有 2 个细胞核的双核菌丝。双核菌丝经过发育后扭结，形成原基，并发育成子实体。子实体成熟时，菌褶上形成无数的担子，在担子中进行核配。双倍核经过减数分裂，每个担子尖端着生 4 个担孢子。

金针菇单核菌丝也会形成单核子实体，与双核菌丝形成的子实体相比，子实体小而且发育不良，没有实用价值。

金针菇的无性阶段，产生大量单核或双核的粉孢子。粉孢子在适宜的条件下，萌发成单核菌丝或双核菌丝，并按双核菌丝的发育方式继续生长发育，直到形成担孢子为止。

4.5.1.3 金针菇对营养和环境条件的要求

1. 营养

金针菇是一种木腐菌，它分解木材的能力较弱，坚硬的树木砍伐之后，没有达到一定的腐朽度是不会长出子实体的。金针菇碳源可以是淀粉、葡萄糖、果糖、蔗糖等，人工栽培金针菇以木屑为主要原料。棉籽壳、玉米芯、稻草等也都可用来培养金针菇，其中棉籽壳的产量最高。如果以木屑为原料，阔叶的软木屑产量较高，而且在使用前应当露天堆放发酵半年左右效果较好，如果与棉籽壳混合使用产量会大幅度增加。金针菇可以利用多种含氮化合物，其中以有机氮化物最为适宜，如蛋白胨、氨基酸、尿素、牛肉浸膏、麦芽浸膏等。栽培实践中，金针菇一般以麦麸、米糠、玉米粉、豆饼粉为氮源。与其他食用菌相比，金针菇所需的氮素营养比较多，是一种喜氮的菌类。在培养料中如果没有木屑，单用米糠、麦麸也可以形成子实体。但是，如果没有米糠、麦麸，菌丝长不好，子实体不能发生。金针菇对磷、钾、镁等元素的需求量较大，栽培时应适量加入。金针菇属于维生素 B_1、维生素 B_2 天然缺陷型，如果培养料中缺少维生素 B_1、维生素 B_2，菌丝生长会减缓，粉孢子数量增加。但在培养料中添加一定量的麦麸和米糠，就可以满足金针菇对维生素 B_1、维生素 B_2 的需求。

2. 温度

金针菇属低温型恒温结实性菌类。金针菇的孢子在 15～25℃时大量形成并容易萌发出菌丝。菌丝能在 3～34℃的范围内生长，最适温度为 20～23℃。菌丝耐低温的能力很强，在 −21℃的低温下经过 3～4 个月仍具有旺盛的生活力，但对高温的抵抗力很弱，34℃以上停止生长，甚至死亡。在自然条件下，夏季高温时期菌丝生长不太旺盛，而且容易形成粉孢子；秋末气温下降之后，菌丝才开始迅速生长。子实体形成所需的温度是 5～20℃，原基形成最适温度是 12～15℃；子实体分化后，在 3～20℃范围内能够生长，低于 3℃子实体发育不良，菌盖变为麦芽糖色，高于 18℃生长不良。

3. 水分和湿度

金针菇是喜湿性菌类，抗旱能力较弱。菌丝生长阶段要求培养料含水量为 63%～65%，水分过多、过少均会影响菌丝生长。子实体形成期要求空气相对湿度 85%～90%。

4. 空气

金针菇是好气性真菌。通气不良将抑制子实体生长，在催蕾阶段要供给适量的氧气，保持室内空气新鲜。但在子实体形成后，菌盖的直径随二氧化碳浓度的增加而变小，二氧化碳的浓度超过 1%时，菌盖的发育会受到抑制，二氧化碳浓度达到 3%时，不会影响菌柄的发育，相反，菌柄生长会加速，而且，菇的总重增加。因此，在子实体形成后，人们为了获得优质金针菇子实体，往往控制氧气进入量，适当提高二氧化碳进入量，从而达到抑制菌盖伸展、促进菌柄伸长，获得优质金针菇的目的。

5. 光照

金针菇菌丝体生长不需光照，菌丝体在黑暗下生长正常，同时，在黑暗下金针菇的原基也能形成，不过光照下原基形成数目比黑暗下多得多，子实体的发育也需要微弱的光照，并诱导子实体朝着光源方向快速生长。没有光线，只能形成幼小的原基，只有菌柄伸长而不形成菌盖，因而光线是子实体成熟所必需的。但强光照使子实体容易开伞，能抑制菌柄生长，菌柄变短，而且菌柄基部容易变褐色。因此，子实体生长阶段，一般采取遮光措施或采用微弱光，子实体色泽变浅，呈黄白色至乳白色，还可以抑制菌柄基部绒毛的发生和色素的形成，以保证金针菇的质量。

6. 酸碱度

金针菇需要弱酸性培养基，在 pH 3～8 范围内都能生长，最适 pH 为 5～6；原基分化和子实体发育以 pH 6 左右为宜。将培养料 pH 调为 6，可以促进菌丝生长，缩短栽培周期，并可提高产量。

4.5.1.4 品种

金针菇的品种可按子实体形态发生特性和子实体色泽进行分类。

1. 按子实体形态发生特性分类

根据金针菇分枝的株丛形态，可分为两种类型：

(1)细密型(多柄型)　菌柄枝数多且细，容易分枝，株丛细密。

(2)粗稀型(少柄型)　菌柄枝数较少且粗壮，不易分枝，株丛粗稀。

2. 按子实体色泽分类

按金针菇子实体颜色的深浅可分为 3 种类型：

(1)金黄色品系　菌盖和菌柄均为金黄色，菌柄基部茶褐色，被褐色绒毛，枝数较少，株丛粗稀。较耐高温，对温度适应范围宽，菌丝生长适温是22～24℃，分化适温是10～14℃，子实体生长适温是8～12℃。出菇早，菇潮的后劲足，产量高，抗病力强。菇体色泽对光较敏感。鲜菇质地脆嫩，口感好，但色泽欠佳，适于鲜销。

(2)白色品系　菌盖和菌柄均为白色，菌柄基部稍有白色绒毛，粗稀型菌柄枝数较少，细密型枝数较多。较不耐高温，出菇温度较低。菌丝生长适温是18～20℃，分化适温是10℃，子实体生长适温是5～8℃，超过15℃时，易发生病害，超过18℃，子实体难以形成。出现菇蕾较晚，一般需40～50天才出菇，对光线反应不敏感，产量集中在第一潮菇。菇体质地鲜嫩柔软，外观色泽极佳，为金针菇中之上品，多以鲜销及盐渍出口。

(3)乳黄色品系　菌盖和菌柄为乳黄色，菌柄基部微黄，褐色绒毛少，枝数较多，株丛细密，品质优，但抗性一般。出菇温度较金黄色品系窄，对温度的需求介于金黄与白色两品系之间。鲜菇质地脆嫩，纤维质少，口感好，色泽居中。适于鲜销和加工制罐。

目前国内金针菇品种繁多，通过引种、野生驯化、诱变育种、杂交育种等途径得到近100个品种。

4.5.2　金针菇的栽培方法

1.菌种的制作

金针菇一级菌种制作过程与其他菌种相似，这里不介绍。主要介绍二、三级菌种制作过程中区别于其他菌种的特点。

(1)二、三级菌种的配方　二、三级菌种的配方相同。

配方1：阔叶树木屑73%	蔗糖1%	细米糠(或麦麸)25%	碳酸钙1%
配方2：棉籽壳88%	蔗糖1%	细米糠(或麦麸)10%	碳酸钙1%
配方3：木屑50%	棉籽壳36%	玉米粉10%	硫酸镁1%
糖1%	石膏1%	过磷酸钙1%	
配方4：棉籽壳78%	麦麸17%	石灰1%	过磷酸钙1%
硫酸镁1%	石膏1%	糖1%	

(2)装瓶、灭菌、接种(略)

(3)培养　接种后，将菌种瓶置于23℃黑暗的菌种室中培养，当菌丝尚未布满培养料表面时，每天都要检查菌丝生长状况和料面状况，因为在这段时间内，接种时可能带入培养料中的杂菌孢子很容易萌发生长，若不及时剔除，杂菌一旦被金针菇菌丝覆盖，很难区别，必然会影响菌种的纯度。凡是染上杂菌的菌种，一定要及时淘汰，否则将给生产造成巨大损失。一般二级种30～40天可长满菌瓶，而三级种25～30天可长满瓶。

2.金针菇的栽培工艺流程

工艺流程：培养料配方→拌料、装袋、灭菌→接种、养菌→栽培管理

(1)配料　培养料配方如下：

①豆秸屑78%	麦麸10%	玉米粉10%	糖1%	石膏粉1%	磷肥0.5%
②硬木屑63%	玉米芯10%	麦麸20%	玉米芯5%	蔗糖1%	石膏粉1%

硬木屑必须经过2～3个月风吹、日晒、雨淋的自然发酵。这两个配方是经过多年验证的，效果较好。

③木屑 70%　　麦麸 25%　　玉米粉 3%　　蔗糖 1%　　碳酸钙 1%

木屑需用疏松阔叶树木屑，并经过 3～6 个月的堆积发酵。

④稻草（切碎）70%　　麦麸 25%　　玉米粉 3%　　碳酸钙 1%　　糖 1%

⑤麦秸（切碎）70%　　麦麸 25%　　玉米粉 3%　　石膏粉 1%　　糖 1%

以上材料要求新鲜、干燥、无霉，木屑要过筛。

在众多的配方中，加入棉籽壳的培养料金针菇产量最高、采收的潮数多、金针菇菌盖厚、菌柄长、不易开伞，而只用木屑配方中则收不到上述效果。

金针菇属于喜氮菇类，在一定范围内，金针菇的产量与培养料的含氮量成正比。同时金针菇的产量与培养料的通气性有很大关系，这点与其他菇类有明显区别。疏松的木屑因孔隙大、透气好，栽培金针菇比硬实的木屑产量高。因此，对于金针菇来说，培养料的配方除满足营养要求外，还必须注意到培养料的透气性，这两方面都直接关系到金针菇的产量。

（2）拌料、装袋、灭菌　按比例称好各种原料、混匀，可溶于水的原料溶于水中随水加入，边加水边混匀，待到用手用力攥料，指缝间有 1～2 滴水滴下时，培养基的含水量正合适（65%），一般干料与水的比例约为 1∶1.3。

栽培金针菇一般采用 17 cm×33 cm 的聚丙烯塑料袋装料。拌好的料要求当天装完，开始装时应将袋底边角用料填实，装袋时要求边装边压实，装满袋后打孔，套 3 cm×3 cm 颈圈后用棉塞封口。装袋需装紧，让培养料紧贴袋壁，表面要光滑，不可凸凹不平，防止金针菇子实体从袋壁空隙间长出，造成浪费，也可预防培养料表面菇蕾数量减少。不要让棉塞接触到培养料，以免棉塞吸湿引起杂菌污染。目前大规模生产的都采用机械装袋。

灭菌时菌袋不要重叠排放，最好使用灭菌筐，这样袋不受挤压，可保持接种孔的完整。常压灭菌时初期火势要猛，应在 4 h 内使仓内温度达到 100℃，在此温度下维持 8～10 h 后停火，焖锅 6 h 后出锅。

灭菌室与接种室间的距离越近越好，在运送灭菌后的袋（瓶）时，使用的工具及人员力求洁净。

（3）接种、养菌　接种时 2～3 人一组，菌袋应水平放置，袋口用酒精灯、蒸汽或其他热源封住，一人拔下棉塞，另一人用接种铲（叉或枪）取菌种并迅速移入待接袋内，最好进入接种孔（越深越好）内，然后封口即可。整个接种过程要求干净利落。接种后，轻轻摇动菌袋，让少量菌种进入到接种孔内，这样可以加速养菌过程，一般可以缩短养菌时间 10～15 天，而且，菌丝上下一起生长，菌龄比较一致。

养菌室要求洁净、保温、有通风条件，室内可搭 5～8 层架子，每层高度为 50 cm，但最下层距离地面最少 30 cm。发菌期间室内前期温度应控制在 22～23℃，后期降至 18℃以下。养菌室可遮光，室内保持洁净无尘，相对湿度小于 70%，每天通风 1～2 次。接种后 7～10 天检查淘汰污染的菌袋，并根据菌丝长势定期调换上下层菌袋位置（一般上层温度高、菌丝生长快，下层则慢）。菌丝培养过程中，在菌丝未覆盖培养料表面之前要经常检查培养料表面是否有杂菌污染，发现污染应立刻清除。菌丝生长到深入培养料表面 1 cm 以上后，几天检查一次即可。若是脉孢霉引起的污染，在塑料袋表面形成一团红色的球状物，发现后，用旧布将整个栽培袋包住，然后放至远处处理。处理时千万小心，防止杂菌孢子的扩散。

接种后 30～35 天可长满袋，再培养 5 天后菌丝生理成熟。

金针菇属于原基发生快的品种，在培养过程中，经常发生菌丝未长满菌袋以前，培养料的表面出现大量子实体原基的现象，如果原基出现在菌袋的侧面，则会造成营养的浪费。原基过早出现的原因，一是因为培养温度低于18℃，二是由于受到了光线刺激。因此，只要使培养室温度保持在20～25℃，同时注意遮光培养，即可避免上述现象。

(4)栽培管理　金针菇菌丝生长期相对较短，而出菇至收获期相对较长，是决定产量和品质的重要时期。另外，由于金针菇菌蕾发生数量多，可以达几百个。因此，子实体生长期间的管理工作必须十分细致，才能栽培出产量高、品质好的产品。目前，我国栽培金针菇的方法较多，按栽培容器可以分为瓶式栽培和袋式栽培两种。袋式栽培以产量高、栽培技术实用而得到大面积推广，袋栽技术包括搔菌法栽培、再生法栽培、直接出菇法栽培和两头出菇法栽培等，这里主要介绍金针菇袋栽技术。

①搔菌法管理技术。金针菇和平菇一样，属于菌丝体营养繁殖后很快产生子实体的菇种，同时又是产生很多菇蕾的品种。搔菌是指将培养料表面的老菌皮和菌种一起耙去并弃除的方法。通过搔菌去掉老菌皮和菌种，培养基表面长出新菌丝，新菌丝生命力强，分化子实体的能力也强，同时，菌柄的伸长好，比不搔菌的更硬挺，并能产生菌盖圆形、菌肉厚的金针菇。所以搔菌管理法具有培养出生长极其整齐、菌柄挺拔、质地优良金针菇的特点。搔菌必须及时，搔菌时间过晚金针菇发生菇蕾减少，产量下降，出菇不整齐，质量下降。据报道，对于800 mL的菌瓶，晚搔菌1天，减产2.5 g，晚搔菌5天，减产5.0 g左右。因此，当菌丝长满菌袋后，营养生长阶段已经结束，必须及时将栽培袋转移至栽培室中进行搔菌。

a. 搔菌。将长满菌丝菌袋的棉花塞和茎环去掉，再将塑料袋上端部分完全撑开，接着从袋口处再把塑料袋往下卷至距培养料表面3～4 cm处，然后用铁丝制成的搔菌耙将培养料表面的老菌皮和菌种一起耙去并弃除。不可将培养料耙除，否则菌丝受到损伤，会推迟出菇时间。简单的搔菌方法是戴上消过毒的塑料手套，将培养基上的菌块拣去即可。为了防止杂菌污染，搔菌工具在使用前必须在酒精灯火焰上灭菌后再使用。搔菌过程中，如发现染上杂菌的菌袋，搔菌工具必须重新清洗并灭菌后再使用。

b. 催蕾。催蕾是金针菇栽培管理工作中最关键的一环，它关系到金针菇产量的高低和质量的优劣。催好蕾的菌袋产量高、质量也好；催蕾差的菌袋，其后的管理十分困难，再认真细致的管理也难以补救，不仅产量低，子实体经常柄粗、盖大。催蕾成功的关键是，必须在适合的温度、水分和通气下，促使菌丝体产生大量的菇蕾。金针菇在5～20℃范围内都形成菇蕾，大量发生菇蕾的温度是13～14℃，温度过低条件下发生菇蕾数量少，温度过高条件下发生的子实体菌柄参差不齐。

搔菌后培养料暴露在空气中，必须要注意湿度的管理。如果培养基干掉，会妨碍菌丝的再生，菌丝发育不好，不仅原基难以形成，发生率低，长出来的子实体参差不齐，而且容易在培养料和菌袋之间形成子实体(因为此处湿度比较适宜)。同时，干燥的培养基表面菌丝活力降低，细菌和木霉等病菌容易侵入，造成金针菇的根腐病和心腐病。为促进搔菌后原基的形成，培养室的相对湿度应该控制在85%～90%。具体的管理方法是：菌袋搔菌并放在培养架上后，马上在塑料袋袋口上覆盖无纺布、纱布或塑料薄膜等，覆盖物应比培养架长度多30 cm，宽度多20 cm，使之覆盖到菌袋上之后四周下垂10 cm左右，喷水时水不易滴到袋中。在培养室的地面、周围空气中及覆盖物上喷水保湿。在这些覆盖物中以深色的无纺布效果较好，它具有一定孔隙，既能透气，又能保湿、遮光，可满足金针菇子实体发生、发育的要求。无纺布的规格可根据场地的大小任意裁剪，喷水时，水应喷在无纺布的上面，水滴要呈细小的雾状，无纺布上不能有积水，以防止水渗透过无纺布流入袋中，引起培养基上积水。一旦发现袋中有积水，要及时倒掉，否则，子实体不容易发生，而且，培养料容易腐烂发臭。比较简单的办法是，将无纺布浸入到水中，浸透水后，捞出稍加拧干，再盖在塑料袋上保湿，不仅湿度均匀，而且可以避免水流到塑料袋中的现象。浙江、江苏以及大部分北方地区采用塑料薄膜来覆盖，也收到比较好的效果。但广东、广西、福建等气温较高的省区不宜采用塑料薄膜覆盖，因为在高温条件下，盖上塑料薄膜后，菌袋内不透气，容易导致子实体发生病害。一般每天上下午、傍晚各喷一次水，使无纺布保持湿润，基本上可以保持金针菇子实体形成所需的相对湿度，即 85%～90%。

搔菌保湿 4～5 天后，搔菌后的培养料表面上出现一层白色绒毡状物，而且出现琥珀色水滴，即所谓饴滴，这是原基出现的先兆。饴滴出现后，要加强通风，增加氧气量。如果氧气不足，会使原基的发生受到抑制，不仅原基的数量减少，而且还会延长出菇时间，菌柄和菌盖生长不整齐。所以，在保持湿度为 85%～90%的前提下，以培养料表面不干为原则，进行适当的通风换气对子实体的正常发生是十分重要的。因为通风和保湿有一定的矛盾性，因此，在生产上要精心管理，克服这一矛盾，使温度和氧气能同时满足金针菇的需要。

c. 菇体的生长。当菇蕾长满塑料袋培养料表面之后，会很快分化出菌柄和菌盖，即形成子实体。最初产生的子实体数量有限，但随着菌柄的伸长，在菌柄的基部发生侧枝，使菌柄数量增加。一般情况下，不是所有的菌柄都能顺利的发育，其中菌柄细发育迟的菌柄不能充分伸长。因此，在金针菇子实体发育初期给予一定的低温、吹风和黑暗条件，金针菇就会生长得整齐，也就是抑制阶段。抑制温度最好是 4～6℃，此时虽然金针菇生长缓慢，但健壮有力，也很整齐。低温的同时要注意每天揭开覆盖物通风，这是使菌柄生长整齐的重要措施。如果让覆盖物一直覆盖在菌袋上，菌柄会生长得参差不齐。但如果通风过度，金针菇子实体过于干燥，也生长不好。因此，应当采取覆盖与揭开通风交替进行的管理方式。只有足够的通气量，子实体才能生长得整齐，这是提高子实体质量的重要手段之一。在栽培中如果发现菌盖未能正常形成，生成针尖菇时，表明覆盖物覆盖的时间过长，袋中的氧气不足，必须打开覆盖物通风，让菌盖形成后再重新盖住。抑制期间二氧化碳浓度应该在 1 000～2 000 μL/L。子实体生长期间基本不需要光线，因此，栽培室应保持黑暗至 1～2 lx 的微弱光线，抑制阶段金针菇对湿度的要求比催蕾时低，一般相对湿度应保持在 80%～85%。少喷水，湿度低，子实体较为干燥，质量好，保存时间也长。

当菌柄长度达到 3～4 cm 时，抑制阶段结束，进入生长阶段。此阶段的适合温度为 6～8℃，但如果没有遇到气温的急剧变化，只要使室温保持在 4～16℃范围内，仍可以获得优质高产的金针菇产品。进入此阶段后要及时将卷下的塑料袋往上提高，一般情况下分两次提高。要注意提高后的塑料袋口必须高于子实体 5 cm 左右，否则子实体长出袋口后容易开伞，同时，菌盖碰到覆盖物上的水容易发生腐烂或产生细菌性斑点病。不要一次性将塑料袋袋口拉直，在气温偏高的地区，因通气不良可能导致子实体枯萎或腐烂。该阶段栽培室的相对湿度应保持在 80%左右，湿度过大，容易发生根腐病，而且菌柄基部易呈黑褐色。当子实体长至 15 cm 时，相对湿度应控制在 75%～80%，这样，子实体较干燥，颜色白，菌盖不易开伞，同时因含水量较少，便于销售和贮藏。生长阶段对氧气(通气)的要求比催蕾和抑制阶段低，相反，对二氧化碳的要求更高，以为较高浓度的二氧化碳可以促进菌柄的生长。因此，塑料袋口的覆盖物不要经常揭开，只是在喷水管理时揭开 15～20 min，即可满足要求。此阶段应尽量保持黑暗，以使整株子实体颜色浅，有光泽。

d. 第二潮菇的栽培管理。第一潮采收完毕后，当培养室的温度低于 15℃时，只要将培养料表面的残菇柄拣除或耙干净，再把塑料袋口卷至离培养基表面 2～3 cm 处，上面盖上覆盖物，喷水保湿时，经常揭开覆盖物通风。当温度在 13℃左右时，3～4 天，温度低于 13℃时，5～6 天，培养基表面就会出现菇蕾。一旦发现菇蕾，就要经常揭开覆盖物通风，增加塑料袋中的氧气量，让菇蕾更多更快地发生，2～3 天后，菇蕾全部长出。催蕾好的菌袋，菇蕾基本上可以长满培养基表面。当采收第一潮菇前后遇到高温时，残余的菇柄数量多而且基部变黑，因而要用搔菌耙将菌柄基部的残余物耙去，即进行第二次搔菌，要注意不可将培养基整层或整块耙掉，否则，不仅会造成浪费，而且会影响第二批菇出菇的时间。二次搔菌后一般要 7～8 天才能出现菌蕾，而且菌蕾的数量也比不搔菌的少，但二次搔菌是对付高温的一种有效的处理方法。

第二潮金针菇的生长发育管理方法与第一潮菇管理方法类似。但因为培养基的水分已经减少，所以管理过程中，要特别注意在地面上喷水保湿及预防覆盖物干燥。同时由于培养料中营养减少，菌盖更易开伞，所以在第二潮子实体生长管理过程中，只在喷水保湿时将覆盖物揭开通气，一般情况下必须将覆盖物盖在培养料表面，以防止菌盖很快开伞。

采用添加棉籽壳的培养料栽培金针菇，第二潮的子实体的产量和质量都较好，菌柄长度在 13～15 cm，菌盖直径在 1.5 cm 以下。第三潮与第二潮的管理方法类似，但因第二潮之后的培养料已偏干、萎缩，应将培养料表面清理干净后，泡在清水中 2～3 h，让培养料吸水后再把水倒掉，这样可以保证第三潮菇蕾形成时所需要的湿度，促进第三潮菇正常地生长发育。

②直接出菇法管理技术。这是一种较为简单的金针菇栽培方法。即菌丝长满袋后，不必通过搔菌而直接出菇的方法。因为不进行搔菌，菌丝未受到伤害，无须恢复生长阶段，可比搔菌法早出菇 3～5 天，而子实体生育期与搔菌法相同，因此栽培周期比搔菌法短。直接出菇法生产的子实体不如搔菌法整齐、挺拔，但产量与搔菌法相同，而且不易引起污染，成功率高，是一种简单方便的栽培管理方法。

对金针菇的规格、等级要求不严格的市场，可以采用直接出菇法进行出菇。直接出菇法生产与搔菌法基本相同，只是在催蕾之前的操作上有所不同。

a. 接种。采用直接出菇法栽培，栽培袋中的菇是直接从菌种块上长出来的，因此，菌种块的数量决定了第一批菇的数量。为了第一批菇能获得高产，在接种时，应加大接种量，除部分菌种掉到接种孔中外，菌种块应尽量分布在培养料表面，这样，不仅可以缩短养菌时间，而且出菇时，菌蕾可以布满培养基表面。如果接种量少，出菇时仅在接进去的菌种块上出现菇蕾，势必影响第一批菇的产量。

b. 催蕾和生长。直接出菇法催蕾的条件与搔菌法一致，不同之处是不用搔菌。当菌丝长满袋后转移至栽培室中，去掉棉塞和颈圈，将塑料袋口卷至距培养基表面 3～4 cm 处，直接在袋口盖上无纺布保湿，催蕾过程与搔菌法一致，特别注意保持空气的相对湿度在 85%～95%，预防菌种块干燥造成出菇困难。在适宜的条件下经过 4～5 天即在老菌块上布满菌蕾。菇蕾出现以后的管理方法与搔菌法一致。第一批菇采收完毕，必须将培养料上面的菌种块耙掉，倒出，然后再进行第二批菇的管理，第二批菇的管理方法与搔菌法相同。

③再生法管理技术。金针菇具有在菌柄上产生二次分枝的再生特性，菌丝长满袋后，调节温度和光线，诱导培养基表面形成原基。原基因在袋内二氧化碳浓度过高，不断伸长形成细长的菌柄，而未能形成菌盖。待菌柄长到一定数量后，翻折袋口露出菌柄，进行吹风干燥，然后利用已近枯萎的菌柄在适宜的条件下再生出许多细小的原基(侧枝)，侧枝不断生长形成大量子

实体，此项技术称为再生技术。

a. 制袋技术。培养料的配制与装袋过程和搔菌管理技术相同。但必须强调的是：含水量要求高些，以利于老菌柄再生时水分的补给；装颈圈时，要把颈圈尽量往下拉，套在距离培养料表面 3～4 cm 处。颈圈若套得太高，袋内培养基表面第一次发生的原基数量多，菌柄长得很长，再生菇头大，占去很大分量，影响商品价值，而且产量不高；若套得太紧，不仅不易接种，而且长出来的菌柄因空间小，通风差，一旦没有及时开袋，就容易烂掉，因此，套颈圈技术是再生法技术中的关键一环。如果采用线绳扎袋口封袋，省去了棉塞和颈圈，但一般不用于再生法栽培技术。因为用绳子扎口袋内通气性不好，原基数量少，再生后原基很难长满整个袋口。

b. 接种技术。接种量可以多些，这样培养基表面长出的菌柄可再生出数量较多的菇蕾。接种时，适当将菌种搅碎，均匀分布在培养基表面。但如果用麦粒制作菌种，接种量不必太多，因为麦粒菌种量多时，长出大量多而细的菌柄，反而对再生菇不利。

c. 培养措施。接种后置于 23℃下培养，一般 25 天长满袋。菌丝长满袋后可以直接放到栽培室内，温度降为 10～15℃，再通过光线诱导，促进袋内菇蕾形成。

d. 栽培管理。再生法与搔菌法和直接出菇法的不同之处是要先在袋内培养基表面上部空间内形成原基。原基形成后，不急于将袋口打开，让原基继续生长。待袋内子实体菌柄长到 2～4 cm 时，将袋打开。但必须掌握好在黄色金针菇菌柄（细须状）变成褐色之前，白色金针菇菌柄变成黄色之前，将袋口打开，否则开袋后，子实体容易腐烂，这是再生法栽培的关键技术。如果菌丝尚未长到袋底，而培养基表面的子实体已经达到了上述要求，也可以开袋进行培养。但如果培养料表面的子实体稀疏，数量很少时，不要急于打开袋口，否则会因为子实体数量少而影响产量。开袋时将棉塞、颈圈拔除，塑料袋口外折卷至距离培养料面 2～3 cm 处，把子实体向下压使之倒伏，紧贴培养料表面，如果个别菌柄太长可用剪刀修剪；有的袋中因为棉塞没有塞紧导致菌盖形成，可用剪刀剪去菌盖。开袋后加强通风，袋口不加覆盖物，使针尖菇逐渐失水而枯萎变成深黄色和黄褐色，然后在枯黄的菌柄上形成新的菇蕾丛。枯萎的方法有以下几种：一是对于在原培养室内进行栽培的，把翻折后的栽培袋直接放在栽培架的顶层，利用顶层空间相对湿度比较低的条件，使针尖菇枯萎。二是在室内放置旋转式电风扇，采用机械吹风的方法加快菇柄枯萎的速度。三是将开口后的菌袋放在通风较好的房间，将门窗打开，使之形成对流，逐渐使其枯萎。

翻卷后，机械吹风或风力大的地方菌柄枯萎得快，1～2 天后，原有的纤细菇柄就干枯变色，但要注意风量不可太大，针尖菇若过度枯萎的话则容易枯死，再生效果差。因此，最好是微风吹干，一般需要 2 天时间，气温较低时需要 3～4 天。另外还要注意，这个阶段空气相对湿度不要太高，如果相对湿度超过 90%，仅仅针尖菇的尖端枯萎，停止吹风后，又继续恢复生长，不能达到增产的目的。因此，吹风枯萎阶段的空气相对湿度控制在 75%～80%为宜，同时要掌握好枯萎的程度，这是再生法成功与否的关键。适宜的枯萎程度的简单判断方法是：菌柄没有完全发软，用手触摸菌柄有轻微的硬实感即可。通风吹干结束之后，将置于培养架顶层的菌袋移到最底层，在底层地面洒水，利用底层地面相对湿度较高的条件，让枯萎的菌柄上形成密集的菇蕾丛。对于采用机械吹风和通气吹风的栽培袋，可以在菌袋上覆盖湿无纺布，使菌袋内部无纺布与培养料之间形成一个相对湿度较高的小气候，让接近枯萎的菌柄吸湿恢复，形成菇蕾丛。一般经过 2 天，在原来枯萎的菌柄上又形成新的、整齐的、密集的菇蕾。

当菌柄长到 3 cm，菌盖直径为 2～3 mm 时，分两次将卷下的袋口拉直。子实体生长期间的温度、湿度、光线、通气管理方法与搔菌法管理相同。因为再生菇要去除基部的老菌柄，所以可以在菌柄 18 cm 时再采收，采收后可剪掉 3 cm 左右的菌柄。

采收完第一潮菇后，耙去培养基表面的老菌种及残菌柄，将塑料袋上端重新套入颈圈和棉塞，继续培养 10～15 天，第二批原基发生，仍然采取上述方法管理第二批再生的金针菇。由于第一潮菇采收后，培养基的含水量大幅下降，因此要在塑料袋口覆盖较多的湿布、无纺布，促进菌蕾的再生和再生后子实体的生长发育。如果袋内水分明显下降，可在采收后培养 1 周，直接向袋内倒水，让水淹没培养基，经过 3～4 h 后，倒去多余的水，把棉塞塞上，促使第二批金针菇尽快发生。第二批菇从再生开始到采收需要 10 天左右，但菌柄短，菌盖大，产量质量都比第一批菇差，培养基也严重收缩。一般再生法栽培黄色金针菇采收两批后丢弃，而对于白色金针菇，采收一批后丢弃。

3. 金针菇一般的分级标准

(1)一级菇　菇形完整，菌盖白色，菌盖直径不超过 1 cm，菌盖内卷呈半球形。菌柄长 13～16 cm，白色，或 2/3 为白色、1/3 为淡黄色，基部修剪干净不粘连。无畸形菇，无病虫害，无斑点，无霉烂变质及杂质，具有鲜金针菇应有的自然滋味和气味。

(2)二级菇　菇形完整，菌盖白色或淡黄色，菌盖直径不超过 1.5 cm，菌盖内卷呈半球形。菌柄长 10～18 cm，白色，或 2/3 为白色、1/3 为淡黄色，基部修剪干净不粘连。无畸形菇，无病虫害，无霉烂变质及杂质，具有鲜金针菇应有的自然滋味和气味。

(3)三级菇　菇形较完整，菌盖白色、金黄色或咖啡色，菌盖直径不超过 2.5 cm，菌柄长 6～20 cm，无明显纤维质感，基部修剪干净。无畸形菇，无病虫害，无霉烂变质及杂质，具有鲜金针菇应有的自然滋味和气味。

思 考 题

1. 花菇形成的花纹浅、窄、颜色暗，是哪些原因造成的？
2. 代料栽培香菇为何用熟料栽培？
3. 平菇的主要栽培方式有哪几种？各有什么优缺点？
4. 试述熟料栽培平菇的关键技术。
5. 简述木耳的生活史。
6. 木耳的荫棚催耳和阳畦催耳各有什么措施？
7. 银耳栽培中的伴生菌是什么？它有何特点？
8. 袋栽银耳发菌期的管理要点是什么？
9. 金针菇分化期需采取哪些措施？其对空气、光照有什么特殊的要求？
10. 若金针菇长得颜色深、菌柄粗短、菌盖较大，是哪些原因导致的？

第5章 草腐型食用菌的栽培

5.1 双孢蘑菇

5.1.1 概述

双孢蘑菇(*Agaricus bisporus*)别名蘑菇、洋蘑菇、白蘑菇,欧美各国生产经营者常称之为普通栽培蘑菇(common cultivated mushroom)或纽扣蘑菇(button mushroom)。双孢蘑菇在分类上隶属担子菌门伞菌目蘑菇科蘑菇属。因其肉质肥厚细嫩,味道鲜美,营养丰富,又具有较高的保健功能,被欧洲人誉为"植物肉",美国人称为"上帝的食品",深受国内外消费者欢迎,双孢蘑菇是我国出口的主要食用菌之一。目前全世界有100多个国家或地区栽培双孢蘑菇,产值数十亿美元,有"世界菇"之称,也是最早实现周年化、工厂化生产的食用菌,其中产量最多的是中国、美国、法国、荷兰、英国等。在发达国家工业化生产已逐渐成为双孢蘑菇栽培的主导模式,我国目前大多数农户的双孢蘑菇栽培仍为季节性生产,有些企业和合作社开始了工厂化栽培,其栽培水平和规模还处于起步阶段。

5.1.2 生物学特性

5.1.2.1 形态特征

双孢蘑菇的基本形态可分为两大部分。一是构成菌床主体的菌丝体;二是生长在菌床表面的子实体。

1. 菌丝体

双孢蘑菇菌丝体是由无数管状细胞组成,被称作营养器官,菌丝体多为白色至灰白色,栽培养菌期间,菌床中的菌丝体形态主要为绒毛状菌丝。菌床在覆土调水时,特别是在喷结菇水前后,土层中的菌丝体由绒毛状转变成线状。线状菌丝除具备结菇功能外还会继续交织、增粗,形成菌丝束。菌丝束呈现束状或根须状,主要作用是输送养分和支撑子实体的生长。

2. 子实体

双孢蘑菇子实体俗称菇体,它由菌丝发育而来,是供人们食用的部分,被称作繁殖器官。双孢蘑菇子实体多为白色,发生初期,其体形很小,似米粒状或铆钉帽状的原始小菇蕾,所以人们俗称其为米菇、钉头菇。菇蕾逐渐分化发育,长出菌盖,菌柄的雏形,呈倒葫芦形,黄豆粒大小时,菌柄逐渐增粗,菌盖不断长大,并由球形变为半球形,菇蕾发育成纽扣状幼菇。幼菇长大后，子实体发育并进入成熟期。成熟后的子实体外形呈伞状，它由菌盖、菌柄、菌褶、菌膜等部分组成。

5.1.2.2 生长条件

影响双孢蘑菇生长发育的环境条件很多，主要有营养、温度、水分、空气、光照、酸碱度及覆土层等。

1. 营养

双孢蘑菇是一种草腐菌，属异养型生物，体内无叶绿素，不能通过光合作用来制造养分。所需的营养物质主要是碳源、氮源和无机盐。碳源主要来自作物秸秆，常用的氮源是粪肥、饼肥和化肥。双孢蘑菇菌丝分解纤维素和木质素的能力差，也不能直接吸收蛋白质，不能用未经发酵腐熟的培养料栽培双孢蘑菇。培养料必须通过堆制发酵，经物理、化学的作用和微生物降解，才能达到能够被双孢蘑菇利用的状态。

双孢蘑菇生长发育所需要的无机盐包括主要元素磷、钾、钙、镁等和微量元素铁、铜、锌、硼、钼等，在培养料、覆土层和栽培用水中均有一定含量，不足部分一般在培养料配制时加入。

2. 温度

双孢蘑菇不同温型的品种以及在不同的生长发育阶段，对温度的要求不同，常用的中低温型品种的发菌温度为 6～32℃，最适温度为 22～24℃，超过 33℃基本停止生长，35℃以上死亡。出菇的温度范围为 6～22℃，最适温度为 13～16℃。双孢蘑菇发菌阶段除注意环境温度变化外，更要注意料温的检测，后者一般较前者要高。出菇期间，要保持菇场内温度相对稳定，温度变化急剧，对菇体发育不利。

3. 水分

双孢蘑菇所需水分主要来自培养料和覆土层，其次是空气湿度。双孢蘑菇培养料在堆制发酵期间，含水量应调节在 65%～70%，产菇期培养料含水量应控制在 62%～65%。覆土层的含水量一般控制在 18%～22%。发菌期间，空气湿度要求在 60%～70%，不得超过 75%。出菇期间空气相对湿度应提高到 90%左右。湿度过低菌床容易失水，菇盖会产生鳞片，菌柄会出现空心，即空心菇现象。湿度过高，菌床易发生病害，菇体会出现锈斑、红根等症状。

4. 空气

双孢蘑菇是一种好氧性真菌，其呼吸作用是吸收氧气，排出 CO_2，在栽培双孢蘑菇过程中，菌丝体和子实体的呼吸作用以及对培养料的分解过程中会不断产生 CO_2、NH_3、硫化氢等有害气体，如果这些有害气体积累到一定浓度，就会对菌丝生长和子实体发育产生抑制或毒害作用。因此，菇房经常性的通风换气，是栽培双孢蘑菇中极重要的管理工作。

5. 光照

双孢蘑菇菌丝体和子实体生长发育阶段都不需要光照，在黑暗条件下，子实体发育顺利，且菇体色泽洁白度高，双孢蘑菇忌阳光直射，菌床管理可采用无光线的黑暗条件。但间接微弱的散射光对双孢蘑菇生长没有妨碍。

6. 酸碱度

双孢蘑菇适宜在中性偏酸的环境中生长，菌丝生长的最适 pH 为 6.8～7.0，子实体发育阶段 pH 为 6.5～6.8，栽培过程中由于菌丝的代谢作用会产生碳酸、草酸等有机酸，致使菌床逐渐变酸。所以，播种时培养料的 pH 应调节至 7.5 左右，覆土层的 pH 调节到 7.5～8.0。

7. 覆土

覆土是双孢蘑菇出菇的必要条件。菌床不覆土就不会出菇。覆土材料的质地、结构、土层的厚度、持水量、酸碱度以及覆土的时机等，都直接影响到结菇性能和子实体的质量。

5.1.3 农业式双孢蘑菇栽培

双孢蘑菇栽培的第一阶段是采用堆制发酵技术将培养料分解成双孢蘑菇能利用的状态；培养料经发酵后才能播种，进入栽培的第二阶段，即培养菌丝阶段；第三阶段是出菇管理。

5.1.3.1 栽培设施

1. 简易菇房

我国的双孢蘑菇生产主要是以农户为单元的季节性栽培，由于生产条件的限制，加之地域广、自然条件不同，因而无统一规格标准的菇房。在长江以南的双孢蘑菇产区，多采用砖木结构的菇房。面积以 150～200 m^2 居多，从地面到屋顶高 5～6 m，宽约 10 m。菇房的墙壁、屋面最好用空心砖砌成或有夹层，以减少因自然气温的突然变化造成对双孢蘑菇的危害。菇房内壁最好用石灰粉刷消毒。地面应光洁、坚实，最好铺水泥地面，便于冲洗。

简易菇房由通风窗、拔风筒、床架等构成。通风窗通常是在每条走道两端的墙上各开上、下窗，若菇房较高，可开上、中、下三排简易通风孔。一般开 2 扇门，门宽与走道相同，高度以人可进出为度，门上设有窗孔，以利通风。菇房中间的屋顶上设置一排拔风筒，筒高 1.3～1.6 m，直径 0.3～0.4 m。拔风筒顶端装风帽，风帽大小为筒口直径的 2 倍。帽缘应和筒口平，这样拔风效果好，又可防止风雨倒灌。床架一般可采用竹木结构，也可采用钢筋水泥结构，有条件最好采用镀锌铁管。根据菇房的大小或宽窄，床架可设两列一通道、两列二通道或两列三通道。床架一般为 4～6 层，每层相距 66 cm 左右。两侧有通道的床面宽约 1.5 m，一侧有通道的不要超过 0.8 m，以便于操作。床架之间需留走道宽约 70 cm，靠墙走道宽约 50 cm。底层离地面 20 cm 以上，上层离屋面 1.5 m 左右。

2. 塑料菇棚

我国长江以北地区，大都采用塑料膜暖棚栽培双孢蘑菇，搭建成本不高，保温保湿性好，冬季还可采光升温，适合农户生产。塑料膜菇棚按其结构、大小的不同，分为塑料大棚、中棚和矮棚 3 种。塑料大棚内设多层床架，是塑料膜菇棚的主要形式。塑料中棚和矮棚的结构相近，只是高度、大小不同，外观与种植农作物或蔬菜塑料拱棚相同，其内一般不设置床架，而是在地面开沟做成地床，堆肥直接与土壤接触进行栽培，故又叫畦式或地床式栽培。

拱棚畦式栽培　这是双孢蘑菇生产中投资最省、推广最易的一种因地制宜的栽培方式。其栽培地点多利用农闲田或选择与其他作物套种，如蔗田、果园、林地等。先开挖整理好畦床，再搭建相适应的拱棚，所挖出的土将畦床垫高，畦宽 85 cm，畦内深 15 cm，两畦中间留出约 50 cm 宽的走道。拱棚跨度为 260 cm，高为 100～150 cm。拱棚可用竹片、木棍等作支架，支架弯成拱形，支架搭牢后用塑料薄膜和草苫覆盖。需要指出的是，拱棚畦式栽培因为棚的保暖防风功能较差，易受高温或低温、风雨等自然气候的影响，因此发菌出菇条件不如较大的棚室好调控。

日光温室架式栽培　在我国北方采用生产蔬菜的日光温室，畦床或搭架栽培可以较好地调控环境和提高大棚的整体效益。畦床栽培时铺薄料 15～20 cm，9 月初播种，11 月出菇，采菇期为 40～50 天，12 月底结束出菇，将残料翻入土中做底肥。1—6 月份利用大棚种香瓜或其他蔬菜。这种模式形成秸秆→双孢蘑菇→有机肥→瓜菜生态循环，综合效益较高。日光温室内还可以搭架栽培，通常用竹、木、钢材、水泥构件等搭建，2～3 层不等，床宽 1～1.5 m，层间距离 60 cm 左右，发酵好的堆肥分层铺放进行栽培。菇床上一般铺料 20 cm 左右，利用这种棚还可以进行二次发酵。

5.1.3.2 培养料堆制

双孢蘑菇只有生长在经过堆制的培养基上才能获得理想的产量，堆肥的质量对双孢蘑菇的产量具有重要的影响。为了获得高产优质的双孢蘑菇，优质的堆肥成为双孢蘑菇栽培中的第一个关键步骤。双孢蘑菇培养料的堆制技术经过了百多年的发展演化，由早先的近自然、简易式的堆肥逐渐发展、演变到现在的由电脑控制环境和过程的现代化堆制模式。堆肥的质量逐步提高，双孢蘑菇产量由每 100 kg 堆肥产几千克蘑菇发展到产几十千克。中国是世界双孢蘑菇栽培大国，但堆肥技术还比较落后。

栽培双孢蘑菇的原料主要是草料、粪肥、饼肥和化肥，其中草料和粪肥用量最大。不同产区所用的原料略有不同，但都是因地制宜，就地取材，多选用来源广、数量多、价格低、材质结构好的原料。优良的双孢蘑菇培养料包括高质量的原材料、科学的配方及合理的堆制发酵 3 个方面。

1. 培养料的种类与特点

（1）粪肥　粪的种类较为广泛，猪、牛、马、鸡、鸭等禽畜粪便都可用来堆制培养料。目前较为普遍采用的是猪粪、牛粪和马粪，用量最多的是猪粪和牛粪。猪粪发酵快，较疏松，易升温，含速效成分较多，堆制的培养料出菇快而密，产量集中，但后劲不足。牛粪粪质较细腻，结构紧密，升温发酵慢，含迟效养分多，但肥效较长，后劲足，出菇较稀，菇形较大。在生产上通常采用猪、牛粪混合堆料，以取长补短。马粪粪质疏松，通气性能好，发酵快，升温高，但养分较差，肥源较缺。其他如鸡、鸭、兔、羊粪也可利用，但用量不宜过多。

（2）草料　凡含有纤维素、半纤维素、木质素等碳水化合物的禾草都可用来堆制培养料。一般多采用稻草和麦草混合堆料。北方地区近几年常用玉米秆、高粱秆、豆秆等，但这些秸秆要事先压扁或粉碎。麦草以大麦草较理想，它们茎秆粗，表面蜡质少，吸水性能强，透气性好。小麦秆硬，表面蜡质多，吸水性能差，腐熟慢，所以堆料前要先压扁或粉碎，并进行预湿，以改变其物理性状，使之柔软便于吸收水分，促进发酵。稻草营养成分较麦草高，透气性好，易腐熟，堆制时不能过湿。南方水稻产区多采用稻草堆料，北方产麦区多采用麦草和玉米秆堆料。有条件的菇农在用玉米秆时最好加入部分稻草混合堆料。草料要干燥，新鲜，无霉变，无腐烂。另外，还需添加一些辅助材料，如豆饼粉、花生饼粉、棉籽壳粉、尿素、硫酸铵以及过磷酸钙、石膏、石灰等。

2. 培养料的配比

培养料的配比要掌握 2 个原则，第一是满足双孢蘑菇生长发育所需要的养分，特别是碳氮比例要合适；第二是堆料时能使堆温上升到 70℃，保持在 50～60℃ 的时间较长。这样既能杀死虫卵杂菌，又能使材料分解腐熟，达到松紧适中、疏松柔软，通气保湿性能良好。培养料碳氮比是指培养料中碳素和氮素的比值。一般配料中的碳氮比值为（30～35）：1（平均 33：1），通过微生物的分解作用，堆制后的培养料 C/N 降至 17：1，正适合双孢蘑菇的生长发育。若培养料堆制后碳多氮少，则双孢蘑菇菌丝生长不旺；反之碳少氮多，则菌丝徒长而不出菇。碳氮比的计算方法很简单，只要将各种物质的碳素相加，所得总量除以物质中的总氮量，就可得出碳氮比值。国内常用的双孢蘑菇培养料配方为：

①草 500 kg、牛粪 500 kg、饼肥 20～25 kg、尿素 3.5 kg，硫酸铵 7 kg、过磷酸钙 15 kg、石膏粉 15 kg。

②玉米秸秆 2 500 kg、牛粪 1 500 kg、尿素 40 kg、过磷酸钙 50 kg、石膏粉 50 kg、钙镁磷肥 5 kg、石灰 30 kg。

③草 1 750 kg、大麦草 750 kg、猪粪（干）1 000 kg、菜籽饼粉 150 kg、石膏粉 75 kg、过磷酸钙 37.5 kg、石灰 10～15 kg。

④麦草 500 kg、马粪 500 kg、饼肥 20 kg、尿素 10 kg、过磷酸钙 15 kg、石膏粉 15 kg。

⑤麦草 2 500 kg、湿鸡粪 2 000 kg、石膏 50 kg、尿素 20 kg、石灰 25 kg、磷肥 25 kg。

⑥无粪培养料：稻草 100 kg、菜籽饼 7 kg、尿素 1 kg、复合肥 1 kg、碳酸钙 1 kg、过磷酸钙 2 kg、石膏粉 2 kg、石灰 2 kg。

由于各地方种植作物不同，双孢蘑菇培养料的原料来源也有所区别，各地可根据本地的具体情况，采用不同的配方。

3.培养料的前发酵

所谓前发酵，也叫堆料，就是第一次发酵。发酵时间较长，一般为 30 天左右。前发酵的作用是利用好热性微生物的繁殖活动产生高温杀死虫卵和杂菌，使料中复杂的大分子物质转化为简单的、易被双孢蘑菇菌丝吸收的小分子物质。因此，要求升温快、堆温高、堆期短，这样堆制后的培养料腐熟发酵得好，物质损失得少。

（1）材料处理　干粪在堆料前 7 天用水拌湿，每 100 kg 干粪加水 110 kg 左右，拌湿前把粪先捣碎过筛，拌湿后做成方形堆，高度不超过 1 m。第 3 天翻堆 1 次；禾草在堆料前 2～3 天亦要预湿，先将禾草截段或碾压，截段后边浇水边踩踏，使其吸足水分。其他如饼肥亦要在堆料前粉碎并密闭熏蒸 2～3 天，以杀死螨类和其他害虫。

（2）建堆发酵　一般在播种前 30 天左右开始堆料，京津地区一般在 8 月份堆料，各地可根据材料和当地气候条件灵活掌握。

选择离菇房近、便于搬运、地势高燥、排水良好、地面平整的水泥地面上建堆。堆的大小根据生产实践经验，堆宽以 2 m 左右、堆高 1.5 m 为宜，长度不限，堆顶呈龟背形。这样既操作方便，又有利于发酵。堆料方法是先用草料铺底，厚 20～30 cm，厚薄一致，四边整齐。草上撒一层粪料，粪厚 5 cm。这样一层草一层粪，草粪间隔地堆叠上去，直至堆高 1.5 m 为止。大约铺 10 层草，10 层粪，顶层用粪肥全面覆盖。实践证明，草料最好采用二层麦草一层稻草最为理想。辅助物质如饼肥、尿素等，在建堆时分层加入，最好加在第三层至第八层靠中部位置，以便充分发酵和吸收。为了调节堆料中的水分，每铺一层粪草后，都要适当浇点水。浇水时掌握底层不浇水、中层少浇水、上层多浇水的原则，直至堆料四周有少量水溢出为止。若建堆后第二天仍有水渗出，表明调水合适。建堆完毕，堆中插一支温度计，以便观察堆温上升情况，顶部晴天用草被覆盖，避免风吹日晒；雨天覆盖塑料薄膜，严防雨水渗入。堆的四周要开小沟，四角各挖 1 个小坑，使堆料内渗出的水聚积在坑内，便于回浇于堆上，以免养分损失。

发酵的实质是多种微生物的作用，使有机质经过分解，进行矿质化、腐殖质化的过程。由于培养料堆积发酵时粪草所处的部位不同，发酵情况也不同，从发酵堆的横切面可以看出明显分为 3 层，即干燥冷却层、好气发酵层和厌氧发酵层。干燥冷却层在堆料表面，由于风吹日晒，水分散失多，堆温低，培养料基本上没有发酵。紧靠干燥冷却层是好气发酵层，这部分培养料分解得最好，料温也高；最里面的料堆中心是厌气发酵层，由于缺氧，培养料经常处于厌气条件，堆温低，分解差，特别是堆底积有大量二氧化碳，常使培养料呈酸性发黏。

(3)翻堆　翻堆就是定时将堆积的粪草抖松拌和，把处在料堆下面的培养料翻到上面，上面的翻到下面，四周的翻到中间，其目的是改善堆内空气条件，调节水分，散发废气，促进有益微生物继续生长，进一步发酵，再次使堆温回升，以达到培养料的均匀分解腐熟。翻堆时间和次数根据材料和气温条件灵活掌握。一般堆料后，堆温上升到65～70℃后开始降温时，即进行第一次翻堆，为建堆后的5～7天，翻堆次数视堆制要求而定，如常规一次性发酵，一般要翻堆4次。第一次翻堆在建堆后第6天进行，第二次翻堆在第11天进行，第三次翻堆在第15天进行；第四次翻堆在第18天进行，然后第21天进料。整个发酵过程为21天。

生产中为了改善堆底通风状况，促进一次发酵质量，可以再建堆时堆底纵向埋入一根或间隔20 cm埋入两根直径15 cm的PVC管，PVC管上部每隔50 cm打一个直径2 cm左右的孔，孔径由堆端向堆内逐渐加大，另一端采用2 kW的风机鼓风向堆料提供氧气，间隔3～5 min，鼓风2～5 min。

前发酵要掌握一湿、二调、三不动的原则，一湿是指堆料和第一次翻堆时水分要浇湿浇透；二调是指第二次及以后的翻堆只将局部偏干的草料，适当浇清水调节；三不动是指最后一次翻堆最好不要浇水，以免生水带进杂菌和病原菌。

结合翻堆添加辅助物质，第一次翻堆时添加石膏和石灰，第二次翻堆时加入过磷酸钙的50%，余下的50%在第三次翻堆时加入。这些辅助物质可以提高培养料的营养水平和改善物理结构，有利于双孢蘑菇菌丝的生长发育。

4.培养料的后发酵

后发酵又称二次发酵或巴氏灭菌，具体方法是将前发酵结束(第三次翻堆后3天，温度达50℃以上时)的培养料趁热搬进菇房内，上架堆成15～18 cm厚，然后紧闭门窗，用煤炉或蒸气加热，使料内温度在1～2天内上升到57～60℃，维持6～8 h，随后通风降温到50～55℃，维持3～5天进行控温发酵。最后打开门窗通风换气降温。

后发酵的技术关键是对温度的控制，全过程的温度分为3个阶段：

(1)升温阶段　后发酵使料温上升到60℃左右，维持6～8 h，这是巴氏消毒阶段，其作用是进一步杀灭料内的杂菌和害虫，促进嗜热微生物大量繁殖，有利于腐殖质类物质的形成。

(2)持温阶段　巴氏消毒结束后，将料温降至50～55℃，维持3～5天，以供嗜热微生物处在最佳生态条件，使堆料残留下的氨转化为氮源，加速基质降解，同时产生聚糖类物质、烟酸、B族维生素及氨基酸等，有利于双孢蘑菇菌丝的吸收。

(3)降温阶段　持温结束，将料温逐渐降低到45～50℃约12 h，当降温到45℃时，必须立即打开门窗，使料温迅速下降。

后发酵要再经过一次高温，水分损失较多。因此，进行后发酵的料要适当湿一些，含水量在68%～72%，同时后发酵过程中要注意保湿，发酵结束后培养料的含水量在66%左右。进行后发酵的培养料，堆料(即前发酵)时间要缩短到15～18天，只翻堆3次。严格控制好料温变化，料温靠室温控制，室温升高或降低约2 h才能影响到料温的变化。因此，需及时准确地通过对室温的调节达到维持料温的目的。升温、降温都不能太快，因此，需要有一定经验的人来掌握。

5. 培养料腐熟度鉴别

二次发酵结束后，粪、草由金黄色或黄绿色转变为褐色或咖啡色；培养料放线菌很多，呈灰白色，没有黏性，不黏手，有弹性，浸出液呈透明状，pH 7.5，含水量 66%左右，含氮量 1.9%～2.1%，C/N 为 17/1，无氨味。

5.1.3.3 发酵过程中微生物群落的变化

堆料的过程是一个复杂的微生物群体直接参与的发酵过程。麦草、鸡粪、石膏等原料经过混料和发酵后，持水性、通透性和结构性得到了最大限度的优化和保持，各种微生物在水、温、气、适宜的培养料中快速启动繁殖，微生物的演替随料温的变化而变化。在这个过程中每一个微生物群落在一定时期内都有适合自己的生长繁殖条件，且对某一种或某一类特定物质具有分解作用，通过不同时期不同优势菌群的演变及分解活动，促进堆肥中有机元素的不同形态转化。发酵结束后，稻草(或麦草玉米秸)表面会沉积一种暗褐色物质，该复合物来源于木质素代谢后的产物，含有大量的氮和完整的微生物细胞成分以及部分分解后残留下来的碎片。这种复合物除双孢蘑菇菌丝外，其他微生物或杂菌难以利用，因此双孢蘑菇栽培适合开放式栽培。

5.1.3.4 播种和栽培管理技术

1. 播种

所用菌种都应是无杂菌污染，无虫害，菌丝生长浓壮洁白的优质菌种。凡是菌丝灰暗，吐黄水，菌丝老化的菌种都不能使用。目前国内双孢蘑菇栽培用种有气生型菌株、贴生型菌株和半贴生型菌株，这些不同类型的菌株对营养、水分、温度等栽培条件的要求都有差别，播种前应充分了解菌种的特性。此外，气温和料温都在 28℃以下方可播种。选择低温凉爽的天气播种，可以降低杂菌污染率。播种方法有穴播、条播和混播。

2. 发菌期管理

(1)初期保湿　播种后 6 天内，要求菇棚保湿、微通风，以促使菌种萌发。若菇房保湿差，要喷水保持菇房湿度，若温度高或阴雨天气，可在播种后第 2～3 天选择早晚开窗通气 10～15 min，促进菌种萌发生长。播种后的菇房温度以 22～25℃为适，如果气温升到 28℃以上，则必须通风降温。

(2)中期通风　播种 7 天后菌丝已基本封面，可打开通风孔加大通风量，即使料面干燥也无妨，以促进菌丝向料内生长蔓延。适度吹干料面，不但促使菌丝向料内生长，还能防止料面滋生杂菌。

(3)后期撬料　用木棍、双齿叉等细短工具撬动料层，主要作用是松动堆肥，排出菌床内废气，改善料层的透气性能，调节菌床的温度、湿度，促进双孢蘑菇菌丝快速生长。撬料措施在发菌期和产菇后期采用。

(4)“吊菌丝”　在覆土之前把双孢蘑菇菌丝从菌床的表面之下，较快地引生到表层来叫“吊菌丝”，一般采用调水增湿的措施来实现。例如，在菌床覆土前对干燥的料面适度喷水，可使料内菌丝返回料面蔓延生长，这叫“吊菌丝”。菌床覆土后，对土层适度调水，以促使堆肥上的菌丝长入土层，这也叫“吊菌丝”。

播种后至覆土前，要对菇房和堆肥内温度、湿度做到心中有数，调节措施要有效。要对双孢蘑菇菌丝的生长情况仔细检查，发现问题及时采取措施。正常情况下，播种后 2～3 天双孢蘑菇菌丝就应呈萌动状态，用手电筒或照明灯照射菌床表面，若接种块已长出白色绒毛菌丝，则说明菌种已恢复生长。播种后大约 7 天，再检查菌丝是否长入堆肥，检查时轻轻拨开种块周围堆肥，若菌丝已伸入料中，则表示菌种已经定植生长，俗称“吃料”。播种3天后，若不见种块萌发，或种块萌发后1周，菌丝仍不吃料，就应及时处理。如果只是个别不萌发、不吃料，可视具体情况进行补种；若是整个料床的菌种不萌发、不吃料，就必须查明原因，然后再采取相应措施。不要盲目补种，以免一误再误造成更大损失。

3. 覆土与覆土后管理

双孢蘑菇的重要特性是不覆土不出菇，因而在发满菌丝的料面覆土是双孢蘑菇栽培中一项极重要的技术措施。覆土对双孢蘑菇生长发育的主要影响是改变菌床的生态环境，促进双孢蘑菇菌丝逐渐由营养生长转为生殖生长，诱导原基形成。覆土中含有诱导双孢蘑菇分化原基的有益微生物，还能保持适度的水分、固定子实体等，覆土是双孢蘑菇发生的必要条件。

覆土材料应具有良好的团粒结构，持水力强，含有促进出菇的有益微生物，不含病原菌和害虫。覆土应为中性或微碱性(pH 7.2～7.8)，含少量腐殖质(5%～10%)，含盐量低于0.4%。常用的有泥炭土、粗细土、发酵土和河泥砻糠土等。覆土材料在种植双孢蘑菇前就要准备。

播种以后的双孢蘑菇菌床，在正常培养管理条件下，大约2周就可以准备覆土。覆土的具体时间主要是根据菌床堆肥内的菌丝生长繁殖程度来决定，其次还应结合菇房条件、自然气候、菌丝生长活力等因素灵活掌握。一般要求是：翻开堆肥，当菌丝吃料2/3以上，或大部分菌丝的生长部位已接近堆肥底部时，就要进行覆土，一般在播种后15～20天。

覆土层的厚度根据覆盖材料的不同而确定，其次还应结合产区的自然气候、菇房保湿性能、菌床的铺料厚度和栽培菌株以及菌床发菌情况等综合因素灵活掌握。菌床采用粗、细土覆盖时，粗土厚2.5～3 cm，细土厚0.8～1 cm，覆土层总厚度一般为3～4 cm；采用河泥砻糠覆盖时，土层厚度以2 cm左右为宜，最厚不超过2.5 cm，加盖细土后，总覆土层厚度3～3.5 cm；采用细土砻糠覆盖时，土层厚度约3 cm，补盖细土后总厚度为3.5～4 cm。

菌床覆土层偏薄，透气性虽好，但保湿性差，加上土层持水量低，菌丝增殖量少，生长不旺盛，产菇量会相应下降，同时由于覆土层供水不足，子实体发育要从堆肥中吸取更多水分，致使菌床本身水分消耗过快，变得过干，影响产菇能力。覆土层过厚，菌床透气性差，不利于结菇或结菇部位偏深而影响菇质。一般来说，产区气候干燥，菇房保湿性能差，菌床铺料较薄，草多粪少，堆肥偏干，菌丝生长旺盛或覆土材料疏松，覆土层可适当厚一些；反之则应薄一些。

覆土调水：为了便于操作，覆土材料配制时通常含水量在最大持水量的30%左右，覆到床面上后要进行喷水，使覆土的含水量达到最大持水量的60%～70%，一般喷水1.5～2 kg/m^2，在2天内分3～4次补足。

4. 出菇期用水技术

双孢蘑菇堆肥自进入菇房到出菇结束，菇房管理工作都是围绕水分管理这个中心环节来进行的。水分管理合理与否，直接影响到菌床发菌的好坏、出菇的早晚、产量的高低、菇质的优劣，同时也与菇房病虫害的发生情况有很大关系。菇房水分管理的技术要点如下：

(1)喷“结菇水” 菌床覆土后形成原基到双孢蘑菇成熟的过程大致为：土中许多菌丝集合成较粗的菌索；土表旺盛生长的气生菌丝倒伏，扭结出菌丝团；菌丝团发育膨大成原基；从原基长到豆粒大小的幼菇，需4～5天，豆粒大的幼菇发育成不开伞的商品菇需要4～5天；如菇体不采收，就会继续长大开伞，露出粉红色的菌褶，弹射孢子之后，菇体逐渐衰败而结束一生。

菌床覆土调水以后，当双孢蘑菇菌丝在土层内已充分繁殖并长到土层表面时，需及时喷一次重水，以迅速增加土层的湿度，促使绒毛状菌丝倒伏变粗而形成菌索，进而扭结出菇，因而第一潮菇形成之前喷的“结菇水”又称为“菌丝低头水”或“定位水”；第2～3潮菇形成之前喷的“结菇水”，又称为“转潮水”或“返潮水”。

“结菇水”是菌床由发菌期转为产菇期管理的关键性用水。喷“结菇水”须同时进行大通风，利用大量的水分和通风降温，诱导菌丝由营养生长转为生殖生长，促使菌床出菇。喷“结菇水”后需通风1～2天，待土层表面水分适度散发，再逐渐减少通风。若温度适宜，菇房昼夜都要通风；若温度偏高，白天关门窗，夜间大通风。

(2)喷“出菇水”　菌床喷“结菇水”后，当原基普遍形成，并且大部分发育成黄豆般大小的菌蕾时，需及时喷一次重水，进一步补充土层湿度，满足迅速生长的菌蕾对水分的需求，使子实体正常生长，以达到高产优质。出菇水用量可视土层湿度和菌床上出菇多少等因素而定，一般喷水2.25 kg/m^2，2天内分次喷完。喷出菇水后3～4天即可采收第1潮菇。

5.秋菇管理技术

在季节性生产中，秋季是双孢蘑菇收获的旺季，一般秋菇占双孢蘑菇总产量的70%左右，因此秋菇管理备受栽培者重视。

(1)温度　秋菇阶段自然温度呈逐渐下降趋势，总体上对菇体的生长发育非常有利。但是，短期气温回升的变化经常发生，再加上双孢蘑菇呼吸代谢不断产生的热量，都会使菇房温度处于非稳定状态。因此，秋菇前期抓好高温回升时的降温措施，秋菇后期加强寒潮来临时的保温增温措施，是秋季菇房温度管理的关键。

(2)水分　秋菇阶段菌床出菇量大，菇体发育快，水分消耗多，需水量大。特别是产菇前期，菇床耗水达到高峰。此时水分的来源主要依靠覆土层和湿润空气，所以，秋菇的水分管理主要是抓好土层喷水和调好空气湿度。

秋菇土层喷水的关键是要抓好结菇水和出菇水，其次要调节好土层维持水。土层喷水技术的实践性很强，要结合菇房的保湿性、菌株的耐水性、菌丝的生长势、菌床的出菇量、土层的持水力和天气的多变性等因素综合判断后，才能正确掌握喷水量和喷水技术。根据秋菇生育的特点，水分管理还要把好以下环节：一是菇房温度达20℃以上时，要考虑暂停喷水。即使需要喷水，也应在夜间和清晨进行；菇房温度在20℃以下16℃以上时，喷水应安排在上午9时以前或下午3时以后；菇房温度在16℃以下10℃以上时，喷水应选择在下午；菇房温度在10℃以下时，应在中午前后喷水。二是土层喷水要讲究方法，要有节奏，要干湿交替，既要看菇喷水，又要停水养菌，菌床不可长时间处于高湿状态，总用水量要控制前期多后期少。三是应选择床面无菇和转潮期间，喷洒石灰澄清液和肥水，以补足菌床养分，提高菌床pH。

调好秋菇阶段菇房的空气相对湿度，既可减少菌床水分的过量蒸发，又可满足菇体发育时自潮湿的空气中吸收一定量的水分，从而有助于菇体内外层细胞的同步生长，这是提高秋菇产量和质量的重要管理环节。秋菇生长阶段，如果空气湿度过低，会加快菌床水分的散失，造成子实体生长变慢，单菇重减轻，菇体色泽发暗且无光泽；如果空气湿度过高(长时间处于95%以上)，菌床会处于闷湿状态，不仅会影响菌丝的生活力，还会导致红根菇和锈斑菇的发生，并容易诱发病虫危害。菇房空气湿度的高低，主要是通过喷洒空气维持水和通风换气来调整。具体做法是，秋菇前期每天都要向菇房空间喷空气维持水2～3次，必要时菇房走道上、墙壁上也要适量洒水，空气相对湿度要控制在90%左右。菌床无菇时，空气相对湿度宜控制在85%左右，空气维持水一般不喷或少喷，以利于菌床养菌和菇体转潮。

(3)通风　菇棚通风的目的，一是利用菇房内外的温差和湿差变化，控制好菇体生育时所需要的温度、湿度。二是不断引进新鲜空气，满足菇体发育和菌丝生长对氧气的需求，同时排出其呼吸代谢产生的二氧化碳，以及堆肥分解后出现的硫化氢、氨气等有害气体。

根据秋季的天气变化和双孢蘑菇的生育特点，秋菇的通风管理应掌握好两个原则：一是秋菇前期气温高，菇体生长速度快，新陈代谢旺盛，菇棚内二氧化碳多，通风管理以不提高菇棚温度和尽量不降低菇棚空气湿度为原则，重点解决菇棚换气；二是秋菇后期气温降低，出菇减少，菇棚内的二氧化碳和呼吸热相应降低，通风管理应注意提高室温。具体管理方法是：秋菇前期，应选择能起对流作用的通风窗，保持经常性半开启状态，以利菇棚始终处于缓缓换气之中，然后再根据菌床出菇情况和天气变化，适时增减通风口的数量，并采用改变通风口大小的方法，来调节菇棚通风量。当菇棚温度在 20℃以上时，背风口应日夜常开，通风应多放在夜间和雨天进行；当菇棚温度在 20℃以下 16℃左右时，背风口应日夜常开，夜间无风时应把所有风口打开，棚内外温度相同时，只要风力小于 3 级，除中午前后稍将迎风口关闭 3～4 h 外，都要常开对流风口。秋菇后期，当气温降至 14℃以下 10℃左右时，通风应放在中午前后，白天只要风力不大，通风时间可适当长一些，尽量引进棚外的热空气，以提高菇棚温度。此时，要多开朝南通风口，防止昼夜温差过大。

(4)"转潮"的管理　每潮菇成熟并采收后，至下一潮菇再次发生的相隔时间，叫作"转潮"。优良菌种转潮快，能缩短栽培周期，减轻病虫危害，降低生产成本，提高栽培收益。影响转潮速度的主要因素是温度，其次是菌床菌丝生长状况。在产菇温度范围内，温度偏高，转潮快，温度偏低，则转潮慢。在产菇前期(1～3 潮菇)，当菇房温度在 14～16℃的情况下，经常是一批菇尚未采完，下一批小菇蕾已经开始扭结，转潮时间为 5～7 天。当产菇进入第 4 潮以后，或菇房温度低于 10℃时，转潮时间达 10 天左右或更长。

"转潮"期间的菌床整理是贯穿产菇期间的一项不容忽视的管理工作。其主要作用是促进菌床出菇均衡，缩短菌床转潮周期，延长菌床产菇寿命。菌床整理一般是在当天采菇以后喷水之前进行，若床面出菇量大，2～3 天内菇体不断，挑根补土工作可放在一潮菇结束后再进行。挑根是用小刀或镊子把板结的过旺菌丝崩断，或将衰老萎缩的老菌丝挑除。采菇或挑根后，若凹穴较小较浅，可随时用少许周围的土粒填平；凹穴较大较深时，则要另用湿润的粗土或细土补平。经整理后的菌床要达到和未出菇时一样平坦。

菌床养菌管理的主要措施是土层用水，尽可能在喷出菇水时调足，长菇阶段菌床要少喷水或间歇喷水，要以喷空气维持水为主，切忌频繁调水催菇。菌床无菇阶段，床面要停止用水，并适当加大菇房通风换气，降低空气湿度，抓好菌床的整理工作，改善菌丝生长环境，以利菌丝复壮和再生，产菇中后期，要适量追肥和补足营养液，提高菌丝新陈代谢能力和产菇潜力。

6. 冬季管理技术

菇房越冬管理的主要技术指标是恢复和保持菌床菌丝的生活力，为出好春菇打下良好的基础。双孢蘑菇越冬管理实质上是借助低温停菇阶段，为菌丝的休养生息创造一个适宜的环境条件。因此，秋菇结束后，只要菌床还具备产菇管理价值，都应进入越冬管理状态。如果冬季不管，土层会过分干燥，菌丝会干缩衰老，开春后不仅调水特别困难，而且菌丝也不易恢复生机，再好的菌床也难获得春菇的高产。由于南北方产区气候条件的差异，菌床进入越冬期的具体时间应分别掌握。当气温低于 10℃，且不再回升时，菌床要少喷水，让菇体自然发生。当气温降至 5℃左右，菌床上不再生菇时，即可进入越冬管理阶段。

(1)菌床状态　秋菇结束后,逐床检查了解菌丝的生长现状,是菌床越冬管理的重要依据。越冬时的菌床,因受秋菇出菇数量和管理水平的影响,其菌丝的生长势不同,常将其分为 3 种类型。一类菌床菌丝生长势仍很旺盛,色泽洁白,无板结现象,没有明显的病虫危害,房内可闻到双孢蘑菇特有的香味。此类菌床将土层内老菌丝、死菇等挑除干净,补好细土,在土层表面均匀撒上石灰粉。二类菌床土层菌丝较为板结,料面菌丝有发黄现象,但萎缩不严重,菌床有局部或轻度的病虫危害状。此类菌床先把细土刮到一边,再用竹签或齿叉斜插入土层至料内撬动粗土,拣净枯黄菌丝、老菇根,覆上细土,并均匀撒上石灰粉,再补上新的细土。三类菌床的土层菌丝细弱,暗淡无力,土层与料层之间菌丝萎缩,局部出现"夹心"或者变黑,菌床有明显的病虫危害状。此类菌床处理较为困难,可视情况弃之。

(2)管理措施　菇房越冬管理应根据菌床菌丝的生长情况区别对待,重点要抓好菌床整理以及打扦、通风、保温、保湿、追肥、松土、除老根等技术措施。

①打扦戳洞。菌床越冬时,应首先对菌床普遍进行一次反打扦措施,以改善菌床的透气性能,排去菌床内的不良气体和有害于双孢蘑菇菌丝的代谢产物,及早使菌丝得到养息、复壮的机会。打扦的要求是,用竹签或削尖的细木棍或尖头钢钎自菌床底面向上戳洞,洞距 12～15 cm,戳至土层松动为宜,打扦时床面要垫上薄膜,防止上层堆肥落入下层菌床上。

②喷水追肥。冬季气候干燥,菌床水分仍在缓慢蒸发,为了防止菌床过干而影响菌丝正常的代谢活动,菇房一般宜采取湿过冬方式。即在越冬期间,每隔 7～10 天,对菌床喷水 1 次,每平方米用水量 0.25～0.5 kg,保持细土层不发白,捏得扁,搓得碎,呈半干半湿状态,含水量在 15%左右,以使菌丝缓慢生长,逐步复壮。采用干过冬的菇房,越冬期间也应注意菌床含水量的检查,并注意保湿,必要时要适当喷水,以维持菌床菌丝越冬休眠时对水分的最低需求。冬季菇房喷水最好配合追肥,一般不喷清水。若菌丝长势正常,则以猪、牛、人尿稀释液为好,也可喷施堆肥浸出液、菇根煮液、0.03%～0.05%酵母粉液、1%葡萄糖水等。喷水应在晴天的中午进行,寒潮期间或室温在 0℃以下时不要喷水。此外,还应喷 1～2 次 2%石灰澄清液,调整好土层的酸碱度。

③保温与通风。冬季气温低,菌丝生活力明显减弱,为维持菌丝缓慢生长,菇房必须加强保温工作。如拔气筒要堵塞,南北通气门窗要挂上防寒草帘,朝北气窗可适当封闭。在注意保温的同时,菇房仍应进行通风换气并保持空气新鲜,一般每天中午开南面窗通风 2 h,天暖无风天气,也可开南北对窗通风 1 h 左右,这样既可换气又能增温。如果气温较低,要缩短通风时间,如果气温过低,则要停止通风。越冬期间菇房温度最好保持在 3～4℃以上,以菌床不发生冰冻现象为最低标准。

7.春菇管理技术

3 月中旬,气温逐步回升,当菇棚温度稳定在 5℃以上时,就可准备进行春菇管理。

(1)温度控制　春季气温变化幅度较大,而且温度变化趋势由低向高,与双孢蘑菇的生长规律相反。京、津地区春菇生长发育的时间范围是 3 月下旬至 5 月下旬约 60 天,4 月中旬以后出菇。到 5 月中、下旬,棚内温度早晨为 17℃,中午高达 21～24℃,即到了双孢蘑菇出菇的最高温限。24℃以上时菇蕾就会枯萎死亡。管理上白天要少通风或不通风,夜间多通风;可给菇棚或菇房增盖草帘,或在地面泼浇冷水,为春菇赢得较长的出菇时间。

(2)水分调节　北方的春季干燥而多风,而且菌床经漫长的冬季而失水较多,因此调水是否合适是春菇丰歉的关键。春菇期间气温由低到高,出菇由少到多,用水量也要随之逐渐增加。春菇菌丝的活力弱于秋菇菌丝，因而春菇菌床调水不可过早，否则遇低温而损害新生菌丝；但调水时间也不能过晚，否则出菇推迟而影响产量。初始调水的早晚、大小与菌床的越冬状况密切相关，技术要求为：①对于干过冬的菌丝健旺菌床，调水可提早到3月初并采用打重水的方法。用5%的石灰水喷浇菌床，要求水渗漏到床底，用水量5～9 kg/m^2，然后保温保湿发菌15天左右。待床面有新生绒毛菌丝后，再喷一次催蕾促菇水，5～7天后即可见新生菇。②对于湿过冬的菌丝细弱菌床，调水要晚一些，而且不可采用重水喷浇的方法，须轻喷勤喷缓增土层水分，待气温稳定且菌丝萌发后，再增加用水量，促进菌床出菇。

春菇调水的原则是3月"稳"，4月"准"，5月"狠"。3月调水要"稳"，是指棚内气温达到8℃时调水较适，喷水要轻而匀。一般隔日喷水1次，喷水量约2 kg/m^2，保持土层湿软，空气相对湿度80%～85%。4月份调水要"准"，是指及时喷催蕾水而控制菌丝旺长过度。当菌床上大量生成幼菇并发育到花生米大小后，一般每天喷水1次，喷水量约3 kg/m^2，要求覆土湿润但不黏手，空气相对湿度85%～95%。5月中、下旬，随时可能有高温天气，适合双孢蘑菇结实的时间已经有限，所以要调足菌床水分，促使菌丝尽量扭结出菇，因而喷水量要大，用水要"狠"，土层湿度比秋菇旺产期还要大些。春菇中后期，菌床可喷施0.5%～1%的食盐水，不但能使菇体增重增白，而且能刺激菌丝扭结出菇。

8. 采收技术

双孢蘑菇长到标准大小时就要及时采收，否则留得过大，影响质量，过小采收产量不高。鲜菇的收购一般分3个等级，但鲜销对规格要求不太严，只要不是开伞菇，大小均可。凡是开伞菇、畸形菇、泥根菇、空心菇、薄皮菇以及病虫杂斑菇都属于等外菇。因此，必须适时采收。双孢蘑菇的采收方法有两种，即旋菇法和拔菇法。菇密时，将菇轻轻旋转采下，以免带动周围小菇。许多丛生在一起的球菇，采收时要用小刀小心切下。出菇稀的地方，可直接将菇拔起。采下的双孢蘑菇要及时修整，即用锋利小刀把菇柄下部带有泥土的根部削去。刀口与菇柄垂直、平整，柄的长短应符合商品要求。同时不要在风口处切削，以防止吹风引起菇色变褐，影响加工色泽，降低商品价值。削菇时，要将不同等级的子实体分开盛放。另外，在存放及运输过程中，要轻拿、轻放，防止碰伤、挤压或变色。

5.1.4 工厂化双孢蘑菇栽培技术

传统的栽培方式已经无法满足市场发展的需要，随着绿色食品与无公害食品的提出和迅速发展，以及市场常年对双孢蘑菇鲜品强烈的需求，双孢蘑菇的周年生产技术日益受到重视。1983年以来，我国有关部门和省份先后从国外引进了约10条工厂化双孢蘑菇生产线，但是由于技术原因、市场原因和管理因素等问题，绝大多数都被迫停产放弃，工厂化生产一度处于低潮。到了20世纪90年代，随着改革开放的进一步深入，国内再次掀起了进军食用菌工厂化的投资热。目前国内不少企业在学习借鉴国外成功经验的基础上，采用引进设备和技术自主创新相结合的方式，逐步探索和完善着适合我国的双孢蘑菇工厂化生产工艺。工厂化栽培是实现双孢蘑菇周年供应的重要途径，是双孢蘑菇发展的必然趋势，我国双孢蘑菇产业正处于产业转型时期。

5.1.4.1 工厂选址、平面布置和工艺路线

工厂化双孢蘑菇项目主要包括原料堆放场、堆料场、出菇房、配套机械和水电路系统等的建设，通常是一次建成使用多年，菇房的总体规划很重要，平面布置的是否合理，对后期生产影

响很大，如菇房、覆土加工间的规划、物料流程规划、菇房建设方向、菇房进风和排风口位置、原料辅料和产品的运输路线规划等。应掌握以下原则：

①选择交通运输方便、地势开阔的地方。运输麦秸、稻草的车辆和运送鲜菇的冷藏集装箱车辆一般都比较高大、重型，应尽量避免在道路比较窄，电线、电话线架设比较低的村庄内或通过大型车辆有一定难度的场地建厂。

②培养料生产基地远离城市和村庄。培养料堆制场地要与居民区、学校、医院、办公机关和污染企业有一定距离。发酵培养料时的气味较大，很容易影响周边的人，培养料发酵之后是很干净的基质，也不要被周边的污染企业所影响。

③要选择水、电充足的地方。特别是水质一定要先分析化验浑浊度（含沙量）、pH、硬度、矿化度、腐蚀性等指标。以便根据水质和水资源及电价情况确定最优化的菇房空调系统。

④工厂平面布置要合理。应根据场地的形状、地势、主要风向等因素，布局菇房和堆料场。尽量减少培养料生产和出菇房相互污染，最好选择培养料生产基地和栽培出菇房有一定距离，尽量避免出菇房和一次发酵隧道靠在一起，二次发酵隧道与出菇房之间也应有一定距离。一次发酵隧道和二次发酵隧道之间也要有隔离或者有一定的距离。

⑤生产的工艺路线安排要合理。在满足工艺要求的情况下尽量减少运料距离和方便装载机的节油。雨季排水和泡料肥水回流要分开，要让培养料预湿和堆制时多余的肥水回到肥水池内，尽量减少泡料肥水外流。原料、辅料和产品的运输路线要规划好，避免运输麦草、鸡粪等原料的车辆经过菇房前。

⑥有效利用地形地貌和风向。将培养料堆制场地安排在地势低的地方比较好，菇房建在地势高的地方。

⑦菇厂的工艺方案和工艺设施一定要匹配。菇房的大小要和栽培面积匹配，设施一定要和菇房数量配套，菇房的空调及通风系统要与菇房的栽培面积和产能匹配，栽培床架要和上料方式和上料设备匹配，机械设备要和菇房的生产能力相匹配。

⑧菇房的主要环节一定要重视。菇房要密封和保温，通风系统要满足均衡通风的要求等。

⑨要提倡因地制宜、适度规模、科学设计双孢蘑菇工厂化厂房。因地制宜：南方和北方利用稻草和麦草工艺流程的标准化。适度规模：最佳投资与产出（日产量）。如上海建设金针菇工厂，2000 年入门规模的日产量是 2 t，2010 年起步的最低规模则是 10 t。科学设计：a. 工艺先进。工艺决定产量和质量，单产要达到国际中等水平，国内先进水平，25 kg/m^2。b. 流程合理（循环利用）。c. 操作环境人性化。d. 整体布局要美观。

国内菇房普遍存在的问题是密封不好、床间通道偏窄，风向不正，风量不匀等；菇床上料、卸料的方式落后，很多是采用半机械化上料，效率比较低，容易造成污染。从国内工厂化栽培实际情况看，出现问题比较多的首先是二次发酵隧道和出菇房的空气调节系统；其次是上料设备和床架方面。其三是观念上的误差，往往以造价低作为选择隧道、空调等建设的优先条件，结果达不到预期效果。

5.1.4.2 一、二次发酵隧道建设

一、二次发酵隧道是双孢蘑菇工厂化栽培的一个重要工艺设施，是一项集微生物发酵、机械制造、电子控制的综合工程，需要几个部门共同合作。

二次发酵隧道内进行的巴氏消毒和控温培养过程，是一个非常复杂而又要求精准的生物转化过程。是决定培养料出菇能力的关键环节，是双孢蘑菇栽培高产的基础。建设的二次发

酵隧道应当做到进出料和设备维护方便,能有效控制通风,一年四季都能实现整个隧道内培养料的升温、恒温、降温和均衡控温。

①隧道的具体长、宽尺寸应和出菇房的栽培面积配套,一般情况是一个二次发酵隧道的一批培养料供一个或两个菇房的栽培用料。若人工上料,在一个隧道内的培养料一天不能全部出完时,可考虑建设小的二次发酵隧道,两个隧道供一个标准菇房的栽培用料,但这样隧道的造价会提高很多。

②隧道的高度应根据隧道的布料设备和出料设备确定,满足方便进出料即可,不宜过高,一般在3～4 m。

③隧道通风设备应和隧道通风底面的结构及隧道内布料厚度相匹配,通风能力过大造成能源和投资浪费,并影响发酵质量;通风能力过低也影响发酵质量。

④隧道的个数一定要和菇房个数配套,如果隧道个数不足会影响菇房利用效率,影响产能。一个效能比较好的二次发酵隧道每月最多能产四批料,通常情况可按一个隧道两个月产七批料来计算工序平衡。

5.1.4.3 培养料堆制技术

1.培养料的配比

培养料常用原料。工厂化双孢蘑菇生产常用的原料有麦草、稻草、玉米秸秆、鸡粪、饼肥、石膏、磷肥等。原料的选择,既要考虑营养,又要考虑到培养料的通透性,麦草和鸡粪是首选原材料。

原料要求。麦草新鲜无霉变,麦草含水量18%～20%,含氮量0.4%～0.6%,黄白色草茎长者为佳。鸡粪要尽量的干,不能有结块,含水量30%左右,含氮量4%～5%,以雏鸡粪最好,蛋鸡粪次之,也有人用含水量60%左右的湿鸡粪。碳酸钙、石膏等辅料,要求无杂质,不含重金属,特别是镁含量不宜过高,MgO含量控制在1%以下。

培养料配制原则。首先要计算初始含氮量,然后确定粪草比,最后确认培养料中碳和氮的比例。以粪草培养料配方为主的初始含氮量控制在1.4%～1.7%,以合成培养料配方为主的初始含氮量控制在2.0%左右。培养料配制的粪草比不能超过1∶1,否则游离氨气将很难排尽。

关于培养料配制中碳和氮的比例,国内资料一致推荐碳氮比为(30～33)∶1,这种比例是基于国内相应的生产条件所适应的,在工厂化生产的培养料配制中碳氮比应为(23～27)∶1,这种碳氮比的配制将在料仓和隧道系统中发挥优势。在培养料的堆制过程中,含氮量过低,会减弱微生物的活动。含氮量偏高时,将会造成NH_3在培养料中的积累,抑制蘑菇菌丝的生长。

推荐配方:①麦草25 t,鸡粪50 m^3,石膏2 t。②麦草1 000 kg,鸡粪1 400 kg,石膏110 kg,其中麦草水分18%,含氮量0.48%,鸡粪水分45%,含氮量3.0%。培养料中初始含氮量1.6%,碳氮比23∶1。

2.一、二次发酵技术

培养料堆制流程。一般用料仓进行为期16天的一次发酵,用隧道进行为期7～9天的二次发酵,一般在20～23天内完成一个堆制过程。其流程为:

原料预处理→培养料预湿处理→混料调质→料仓一次发酵→隧道二次发酵→降温上料播种

混料调质。麦草预湿、鸡粪及石膏等混合后的质量控制数据是:初始含氮量1.5%～

1.7%,水分73%~75%,pH 8.3~8.5,碳氮比(23~27):1。

一次发酵阶段。现在普遍采用遮雨篷下(料仓)自然环境条件下的自然发酵过程,也有用封闭式的一次发酵隧道。这个阶段的主要目的是①让所有原材料充分混合;②利用自然发酵对原材料进行分解;③堆制出含水量在75%~77%和含氮量1.7%~1.9%的均匀混合料。经过14~16天的第一阶段发酵堆料后进入第二阶段(二次发酵)的堆制。

二次发酵阶段。采用控温、控湿、控气的隧道式二次发酵技术。近年来这一阶段采用电脑控制的自动化技术已经成熟。这个阶段的主要目的是:①培养特定的微生物群落以分解堆肥,使堆肥形成特别适合于双孢蘑菇菌丝生长的最佳营养状态和最佳生态环境。②使 NH_4^+ 降低到最低限度。③形成理想质地和密度的堆肥。④使堆肥的含水量、含氮量分别达到66%~68%和1.9%~2.1%。为了达到此目的,二次发酵要经过几个阶段及步骤:经过一次发酵的堆肥转入二次发酵隧道后,关闭通道门口和风机让其自然发酵升温,16~20 h后温度升至50℃左右;适时通入热(蒸)气使升温过程持续进行,达到58℃后开启调节设备使堆肥温度控制在58~61℃共6~7 h,以杀死各种有害微生物和害虫;然后将堆肥调控到47~49℃持续5~7天。这期间要监测排出气体中的氨气浓度,当不能嗅到氨气时给予冷风,使堆温下降到室温左右。二次发酵阶段的加热通气量和发酵时间是随着堆肥原料的不同而不同,随着一次发酵堆肥成熟度的不同而不同,随着外界温度的不同而有所差异。图5-1显示的是常见二次发酵过程中温度的变化轨迹。

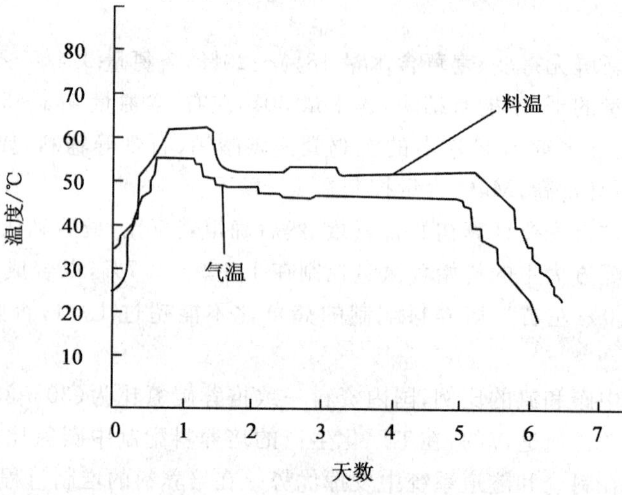

图5-1 二次发酵阶段堆温的变化

经过正确隧道发酵获得的培养料质量控制数据为:水分66%~68%,pH 7.5~7.7,氨气50~100 μL/L,氮1.9%~2.1%,灰分27%~32%,碳氮比(14~16):1。

一、二次隧道发酵技术堆肥比传统的堆肥堆制模式有许多优点,主要表现在:①缩短了堆制时间。②堆肥的得率高。传统的堆制技术由于发酵时间长原材料氧化消耗大,每吨干秸秆只能得到2 t左右的堆肥,而采用现代堆制技术一般可得到3 t优质堆肥。③堆肥质量高。每吨堆肥的双孢蘑菇产量在330 kg左右,是传统产量的2倍。目前在英国、荷兰、波兰等国家双孢蘑菇堆肥都是由专业公司进行生产,专业化程度极高。

5.1.4.4 工厂化栽培空调菇房的设计与要求

空调菇房是双孢蘑菇出菇的场所，其空气调节系统是一年四季保证鲜菇产量和质量的重要设施，菇房的空调系统要能够有效调节菇房内的温度、湿度和CO_2浓度，满足栽培双孢蘑菇的工艺控制要求，菇房内的床架、走道等也都要与双孢蘑菇的栽培工艺相配套。

1. 空调菇房的主要特点

空调菇房与传统菇(棚)房在通风方式和栽培工艺上不同。传统菇房是靠自然通风，料层比较薄，一般在10～15 cm，风量、风温都不能精确控制，一批料单产在8～15 kg/m²。空调菇房用现代栽培工艺控制通风，进入菇房的室外空气都要经净化过滤，风量、风温、湿度及CO_2浓度都是根据栽培工艺要求严格控制，一批料单产在20～30 kg/m²。传统菇房每年只能在温度适宜的季节出菇，空调菇房可以四季出菇，每年可以栽培4～8个周期。传统栽培追求的是每批料的产量，工厂化栽培的空调菇房在追求每批料高产的同时还要追求菇房全年的产能，空调菇房只有在栽培床架全年产量达至120 kg/m²以上时才能获得较好的效益。

空调菇房要满足高温蒸汽消毒、湿度大，通风量大的要求，因此对菇房的保温材料和空调设备要求较高。

2. 空调菇房的平面结构设计

空调菇房的平面结构一般采用整栋双排结构、整栋单排结构和简易单体大棚式3种结构形式。

(1)整栋双排结构的空调菇房　采用整体式建筑，一栋菇房内建10～24间空调菇房，分两排布置。中间是公共走廊通道，菇房专用空调装置可以安装在走廊内，也可以置于走廊顶部，走廊宽度5～6 m。每间空调菇房占地130～260 m²，栽培面积为260～600 m²，菇房上、卸料门装在两侧外墙上。采菇门装在走廊侧的内墙上。主要特点是：①走廊通道内的温度波动较小，可减少开关采菇门对菇房内温度的影响。避免采摘的鲜菇直接与室外高温接触，有利于菇体保鲜。②两排空调菇房共用一个走廊，可节省部分建筑费用。③菇房的设备都集中在公共走廊内，便于管理。

(2)整栋单排结构的空调菇房　也是采用整体式建筑，一栋菇房内建6～12间空调菇房，单排布置，一侧为走廊通道，菇房专用空调装置可以安装在走廊内，走廊宽3～4 m，每间空调菇房的占地面积和栽培面积与双排空调菇房基车相同，菇房的上、卸料门装在没有走廊的外墙上。采菇门装在走廊侧的内墙上。主要特点是：①与双排空调菇房一样，走廊通道内的温度变动较小，可减少开关采菇门时对菇房内温度的影响。②单排空调菇房走廊的一侧墙体直接与室外接触，便于引进新风和走廊采光。③菇房的设备也都集中在走廊内，便于管理。

(3)简易单体大棚式空调菇房　采用单体式建筑，一间空调菇房为单独一栋(也可在菇房一端安装一个公共通道)。每间菇房占地面积一般不应小于200 m²，主要特点是：①便于项目审批，结构简单，造价低。②采菇通道窄小，日常管理没有整体菇房方便，空调菇房的墙体结构要做到密封、保温，要达到保鲜库的保温、密封要求。

3. 空调菇房进、出料门设计

进、出料门的设计是空调菇房设计的重要部分，直接影响到保温质量和生产效率及成本。进、出料门的位置、形式、大小是由进、出料的方式而定的。一般有3种情况：①正对出菇床。这个位置只适合拉布式机械化上料方式，门的大小与栽培床架匹配，门的宽度一般在1 200～1 800 mm，高度一般是高于最上层菇床面300 mm，门的安装形式可采用悬挂移动式、铰链侧开式或滑道平移式。②正对两排菇床架中间。这个位置适用传送带上料或人工上料方式，门的尺寸及安装形式与①相似。③对应两排菇床架及中间通道安装一个大门。这种门即可机械化上料，亦可传送带或人工上料，门的宽度一般在 3 800～4 600 mm，高度一般是高于最上层菇床面 300 mm，门的安装形式一般都是采用悬挂移动式。

4. 空调菇房栽培床架设计

空调菇房内大多都是采用层架式栽培，栽培床架一般是采用热镀锌型钢或铝合金型材。每间菇房内安装两排或四排栽培床架，每排长度以 18～20 m 为宜，栽培床架每层间距 60 cm，一般不超过 6 层。每层床面的宽度一般在 120～150 cm。料层厚度 18～23 cm，栽培床架要有一定承重能力，每平方米栽培面积的培养料重量一般在 80～120 kg。栽培床架的侧面要便于采菇和通风。采用栽培床架直接支撑保温房顶的结构，可有效降低菇房建设成本，采宽菇房短床架的布置方式，更容易控制菇房内的通风。

经过几年的实践总结，国内也在逐渐完善国产菇房床架的结构，逐步实现人力资源与简单设备的有机结合。应注意的问题有：菇房建设和床架加工时，应考虑为将来进一步改进上料方式预留空间，应按标准化设计，先简化安装，逐步完善。如床架的框架部分采用标准结构的热镀锌钢材，床面、侧板的安装孔全部加工好，先用廉价材料替代。技术熟练、生产销售顺利后可分步添加，逐步实施机械上料，提高效率。另外，对于目前的上料方式不要盲目追新，选择上料方式要综合考虑长期运营成本。打包上料方式，从工艺、生产、卫生安全方面考虑都是比较理想的，但长期运营成本很高，需要在工厂化发展的高级阶段逐步实现。

5. 菇房专用空调装置的设计

菇房专用空调装置是一年四季内保证菇房鲜菇产量和质量的重要设施，关系到菇房是否能实现四季出菇和稳产高产。菇房专用空调装置包括温度调节、湿度调节、CO_2 浓度调节及净化控制系统。温度调节、湿度调节、CO_2 浓度调节三因素是即相互独立又相互联系制约。菇房专用空调装置要在保证净化控制的前提下，能够有效调节菇房内的温度、湿度、CO_2 浓度，满足栽培双孢蘑菇的工艺控制要求。

设计菇房专用空调装置时，主要是根据菇房的大小、保温情况和栽培面积来确定空调装置的制冷量、制热量和通风能力。其中，栽培面积和单位产量是确定菇房专用空调装置负荷的重要参数。一般要求菇房的温度应在 15～28℃范围内可调，相对湿度在 70%～98%范围内可调，CO_2 浓度在 600～5 000 μL/L 范围内可调，培养菌丝阶段一般不用主动控制 CO_2 浓度。净化控制系统包括净化过滤系统和正压控制系统。空气只能通过装有过滤器的进风口进入菇房内，在整个栽培过程中，菇房内应始终保持正压。菇房专用空调装置选型时，在考虑菇房结构尺寸、栽培面积、净化要求等因素的同时还要考虑地区环境的温度、湿度及海拔高度以及双孢蘑菇的销售方式等因素，如果是以鲜品销售为主，对空调的除湿能力要求高一些。如果是为罐头、速冻等加工做原料，对空调的除湿能力就要求低一些。

对于整体结构有公共走廊的标准空调菇房，可选用单体水源冷(热)空调机组，在北方地区也可考虑集中制冷(制热)分散控制的中央空调装置。对于菇房较少或分散建设的菇房，应考虑单体空调装置。地下水资源丰富的地区可考虑水源热泵机组。专用空调装置要保证菇房内各部位通风量一致。特别要提醒的是在出菇时要控制 CO_2 浓度，千万不要把冷库或金针菇房的制冷机组或空调装置作为双孢蘑菇菇房的专用空调装置，那样会严重影响鲜菇的产量和质量。

6. 空调菇房水系统设计

菇房内的水系统包括床面喷水用的净水系统、清洗用水系统、空调用水系统及排水系统。栽培床架喷水用的水源要达到饮用水标准，每间菇房至少有一个接口。清洗用水系统主要用于菇房地面、走廊地面、工具、周转箱等的清洗。走廊内要有清洗槽，空调用水应按空调装置的要求安装。

排水系统主要是针对菇房清洗排水和空调冷凝水排水。菇房的排水系统要保证菇房之间不串气，室外污水及空气不能倒灌进入菇房内。在设计空调菇房时，除考虑以上设计要点，还要考虑栽培的具体品种、原材料、环保、节能等因素。总之，工厂化栽培双孢蘑菇是一个系统工程，要根据具体项目、具体环境、具体工艺来具体分析、具体对待。一个规模、品种相同的项目，在南北方不同的地点建造，设计要求也是不同的，不要照搬一个模式。

5.1.4.5 菇房的上料方式及设备

目前双孢蘑菇工厂化栽培引进模式和国产化模式的最大区别在于上料方式及设备，引进模式全部机械化上料，要求床架与上料系统完全匹配，投资较大；国产化是充分依靠人力资源或简易设备上料，目前以传送带半机械化上料为主，床架以满足出菇要求为主，酌情考虑将来机械化上料。

双孢蘑菇项目投产前，一定要健全各项工艺规程、安全生产管理制度，健全各项生产操作原始记录，员工一定要经过认真培训。这些都是保证项目顺利投产，快速达到设计产能的重要措施。

5.1.4.6 播种、培菌和菇房管理

1. 播种发菌

培养料经过二次发酵后，以每吨堆肥 5～7 L 菌种的比例进行播种，或是 0.6～0.7 kg/m^2，菇床铺料 89～100 kg/m^2，在菇床或发菌隧道(国外采用三次发酵隧道)内经 15～17 天完成发菌。菇房播种前进行消毒，播种在一天内完成。菌种可以选择 A15、SB295 等工厂化专用菌种。

启动菇房空调，维持气温 25℃、料温 24～26℃，通过调解气温来保持料温。室内空气相对湿度控制在 70%左右，二氧化碳浓度控制在 5 000～11 000 μL/L。菌丝长满培养料，覆盖的地膜下出现黄色水珠时，即可去除地膜，进行覆土。发菌期间保持地面湿润。发菌结束后良好的控制数据为：水分 64%～66%，pH 6.3～6.5，含氮量 2.1%～2.3%，灰分 29%～35%，碳氮比(12～15)∶1。

2. 处理草炭土

草炭土在使用之前，需要加入碳酸钙和杀虫剂堆闷 72 h。加入碳酸钙的目的是用于提高 pH，增加钙元素含量以及提高覆土的比重。草炭土的 pH 调整为 7.5～7.8。

3. 覆土与浇水

菌丝长满培养基后，去掉覆盖的地膜，在培养料表面均匀的覆盖一层草炭土，厚度控制在 3.5～4 cm。覆土完毕当天就要对床面喷水。第 2～5 天打清水，第 6 天打一次 3%漂白粉水或 0.5%漂白精，第 7 天打清水。7 天内打水总量为 6～7 L/m^2，使草炭土含水量达到最大持水量的 78%～80%(浇水量为每天 1～1.5 L/m^2)。第 8 天菌丝基本长满覆土层。此过程中，室温控制在 24～25℃，培养料温度控制在 24～26℃，空气相对湿度在 90%～95%，二氧化碳浓度前 4 天控制在 8 000～10 000 μL/L，后 4 天控制在 10 000～13 000 μL/L，这期间不通风。

4. 搔菌

①当菌丝穿透草炭土厚度的70%～80%，需要用耙将草炭土表面2 cm左右厚度耙松，称为搔菌，使菌丝可以更加容易和均匀地向外生长，以利于菇蕾的扭结。

②室温控制在24～25℃，培养料温度控制在26℃以下，空气相对湿度95%，二氧化碳浓度13 000～15 000 μL/L，2天不通风，让搔菌后受伤的菌丝重新愈合。

③调整床面，将床面上多余的草炭土耙掉，不足的地方补充，使长出床面的菌丝生长整齐，便于以后的出菇管理。

5. 出菇

①刺激原基形成，对床面喷水一次，喷水量0.5～0.8 L/m^2。室温控制在15～17℃，培养料温度20℃以下(17～20℃)，空气相对湿度70%～78%，二氧化碳浓度800～1 000 μL/L，降温过程需要30～38 h完成。

②出菇管理。当菇蕾直径0.5～1.5 cm时，再次对栽培床面进行喷水，第1天0.5 L/m^2，第2天0.8 L/m^2，连续浇3天，双孢蘑菇直径2～3 cm时浇水量最大，将草炭土水分调整至最大持水量的77%～79%，双孢蘑菇直径3 cm之后停止浇水直到采收。此时，室温控制在16～18℃，培养料温度18～20℃，空气相对湿度控制在65%～70%，二氧化碳浓度800～1 200 μL/L。

③采头潮菇。采第一批蘑菇，采摘周期为3～4天。

④采后管理。采摘结束后清理床面，对床面进行浇水，1天浇2次水，每次不超过1 L/m^2，加起来约2 L/m^2，持续3天。第4天双孢蘑菇直径2 cm大小时停水。此阶段，室温控制在16～20℃，培养料温度控制在18～20℃，空气相对湿度在65%～70%，二氧化碳浓度800～1 500 μL/L。

⑤二潮、三潮、四潮菇管理。按照上面的方法操作，分别采收第二、三和四潮菇。每次采菇间隔7天。出菇管理时间为40天左右。工作重点是正确处理喷水、通风、保湿三者间的关系，既要多出菇，出好菇，又要保护好菌丝，促进菌丝前期旺盛，中期有劲，后期不早衰。

⑥取废料、运新料，进入新的栽培循环。

5.2 草　菇

草菇(*Volvariella volvacea*)又名兰花菇、苞脚菇。在真菌分类上属于担子菌门伞菌目光柄菌科草菇属。菌丝体是草菇的营养器官，按生长发育的顺序可分为初生菌丝体和次生菌丝体。子实体丛生或单生，由菌盖、菌褶、菌柄和菌托等部分组成。草菇含有人体所必需的8种氨基酸，维生素C含量丰富，性寒味甘，能消暑去热，增强体质，提高免疫力。草菇肉质脆嫩，味道鲜美，长期以来为席上佳肴，深受人们的青睐，是国内外市场上消费量较大的食用菌之一。

5.2.1　草菇的生物学特性

5.2.1.1　形态和生活史

草菇菌丝体在基质中不断生长，繁殖，起着吸收、运输和积累营养物质的作用。菌丝白色至淡黄色，透明或半透明，含有一个至多个细胞核，无锁状联合，有少量或极大量的厚垣孢子，厚垣孢子淡黄色或紫红褐色，圆球形或椭圆状球形，直径 35～45 μm。

子实体是草菇的繁殖器官，在出菇期大量集中地出现，形成周期性的菇峰。它由菌盖、菌褶、菌柄和菌托等部分组成。菌盖钟形，幼时黝黑，老时褪为灰褐色或灰白色，中央色深，外围色稍浅；菌肉白色，肥厚；菌盖完全展开后，中央稍突起，直径 5～20 cm，边缘完整，表面光滑。菌褶离生，280～380 片，初期白色，后水红色，最终红褐色，稍密集。菌柄圆柱形或顶端稍细，白色、肉质，没有菌环，菌托杯状。孢子椭圆形或卵状椭圆形，8 μm×5 μm，孢子印粉红色。

草菇子实体初生时为白色小颗粒，形如鱼卵，以后逐渐长大如豆，如雀蛋、鸭蛋。根据子实体发育的情况，大致可分为针头期、小纽扣期（小菇蕾期）、纽扣期（菇蕾期）、卵形期（蛋状期）、伸长期和成熟期 6 个阶段。子实体成熟时弹射出无数担孢子，担孢子在适宜条件下萌发又开始新的生活周期。草菇完成一个生活周期所需的时间为 4～6 周。除有性生活周期外，还有一个无性的小生活周期，即草菇的菌丝上经常产生大量的厚垣孢子，厚垣孢子在条件适宜时萌发成菌丝进入上述的有性生活周期。

5.2.1.2 生长条件

草菇的生活条件包括营养、温度、湿度、空气、酸碱度和光照等。

1. 营养

草菇是一种腐生菌，必须从死的有机体吸取营养物质，才能生长发育。草菇能利用多种碳源，其中以单糖最好，双糖其次，多糖再次。能很好地利用有机氮和铵态氮，而对硝态氮利用较差。培养料的碳氮比以 40∶1 为好。培养料中营养充足，菌丝生长旺盛，子实体健壮，产量高，质量好，产菇期长。如果培养料营养不足，则菌丝生长不良，不形成子实体或产量很低。

2. 温度

草菇原产于热带和亚热带地区，属高温型食用菌。孢子萌发的温度比一般伞菌高，最适的萌发温度为 40℃左右，低于 25℃或高于 45℃孢子都不萌发。菌丝生长的温度范围为 20～40℃，最适温度为 35℃，高于 42℃或低于 15℃，菌丝生长极微弱，10℃停止生长，呈休眠状态，5℃以下菌丝很快死亡。子实体发生的最适温度为 28～32℃，低于 20℃或高于 35℃，子实体都难以形成。在适温范围内，菌蕾在偏高的温度中发育较快，但个体小，质量差。在偏低的温度中，发育稍慢，朵大质优。因此，夏季最好在树荫或荫棚下栽培。晚秋昼夜气温变化剧烈，室外栽培应注意保温。

3. 湿度

草菇需要较高的湿度。草堆的含水量在 65%左右最适于子实体的形成。空气相对湿度在 96%以上菇体易腐烂，杂菌多；在 80%以下，草菇生长缓慢，表面粗糙，缺乏光泽。

4. 空气

足够的氧气是草菇生长发育的重要条件。氧气不足，二氧化碳积累太多，常因呼吸受抑制而导致生长停止或死亡。因此，在栽培上应选择空气缓慢对流的场所，但通风不宜过甚，否则，水分容易散失，对草菇的生长也是不利的。

5. 酸碱度

草菇是一种喜碱性的真菌。孢子萌发的最适 pH 为 7.4～7.5，菌丝生长最适的 pH 为 7.2～7.5，子实体在 pH 7.5 的草堆中生长最好。

6. 光照

草菇孢子的萌发和菌丝的生长完全不需要光照，但子实体的形成需要一定的散射光，在完全黑暗的条件下不形成子实体。散射光能促进子实体的形成，并使之生长健壮，增强抗病力。强烈的直射光不仅增加水分的蒸发，而且对子实体有严重的抑制作用，故室外栽培时，应注意遮阴或覆草被，以避免受强烈直射阳光的不良影响。

5.2.2 草菇栽培技术

草菇是典型的高温型菇种，栽培周期短，出菇快。栽培方式包括露地小拱棚畦式栽培、室内床式栽培等，栽培季节从最初提出的日平均气温 25℃以上的 7—9 份月栽培，发展到根据市场需求和技术逐步完善后的提前或延后栽培，目前我国已能进行草菇的周年化栽培。

5.2.2.1 草菇室外栽培

1. 场地的选择

选择背风向阳，供水方便，排水容易，肥沃的沙质土壤作为建菇床的场所。盛夏时应选择阴凉、通风处作菇床，塑料大棚内、果树林下、屋前屋后空地及稻田等均可栽培草菇，菇床选定后，日晒 1～2 天，耙平，同时拌入石灰杀虫。

2. 栽培料处理及播种

将新鲜、无霉变的干燥稻草，放入 2%～3%石灰水中浸泡 24 h，捞起，扭成草把，铺成畦面，压紧压实，在草层边缘 5 cm 处撒一圈混合好的菌种(麦麸与菌种 1∶1 混合)，在第一层草的外缘向内缩进 5 cm 铺第二层草把，压实，在四周边缘 5 cm 处撒一周混合好的菌种，以后每层如此操作，一般铺 4～5 层草把，盖上薄膜。也可将稻草逐层散堆而不扭成草把，菌种用量通常为每 50 kg 干草 10 袋菌种。

3. 管理与采收

播种后注意遮阴喷水，降温保湿，当料面温度高于 45℃时，要及时揭膜通风，喷水降温。一般高温季节一天揭膜喷水 2～3 次，每次间隔 1～2 h。大约 3 天菌丝长满畦面，第 7～10 天可以看见小白点状的幼蕾，第 10～15 天可采收第一批菇。采收后停水 3～5 天再喷水和管理，5 天左右可收第二批菇。

4. 注意事项

①稻草浸石灰水后发酵 5 天(其间翻堆一次)，等料温降到 40℃时趁热铺料播种，可减少杂菌(特别是鬼伞)的污染。②栽培过程中如发现杂菌污染应及时用石灰浆消毒。③揭膜通风降温时，要防止温度下降过多。④草菇喜欢在偏碱环境下生长，一般用石灰粉或石灰水调节 pH 在 9 左右。

5.2.2.2 草菇室内及周年栽培

1. 菇房的建造

(1)利用双孢蘑菇菇房　广大农村大多是利用冬春季栽培双孢蘑菇后的菇房及床架，在夏季栽培草菇。

(2)砖瓦房　先用砖砌房子，菇房高约 4 m，长约 6 m，宽 4 m。内部宽度以放下 2 个1.2 m 宽的栽培架为宜，一个门，上下两排窗。砖砌好后，在屋顶封 3 cm 厚的泡沫板，再封一层薄膜，最后搭床架。每一个菇房面积约为 20 m^2。作为周年生产的菇房，需要加温设备，方法是在菇房长度方向的两侧墙边，安装直径 25～30 cm 的陶管，陶管一头与进门两侧的火炉相连，另一端通过转弯通向后墙上方的墙外。火炉为 65 cm 见方，由砖砌成，内部可以放入 30 块左右的蜂窝煤，炉口在墙外，利于添加煤块和清理炉膛，不会对菇房造成污染。菇房的前后墙上设高低两层窗口，使菇房上下通风。窗口用塑料膜和窗架做成，大小为 40 cm×60 cm，菇房的顶部由塑料膜、10 cm 厚聚苯板和房顶构成，利于保温保湿。菇房内设由竹木做成的 4 层栽培架。菇房外铺水泥地面，用作拌料的场所，距菇房门约 5 m 处设排水沟，以排出拌料时渗出的多余水和清理菇房时的冲刷水。菇房建造时可以十几间相邻并排，便于不断地播种和采收。菇房结构见图 5-2 和图 5-3。

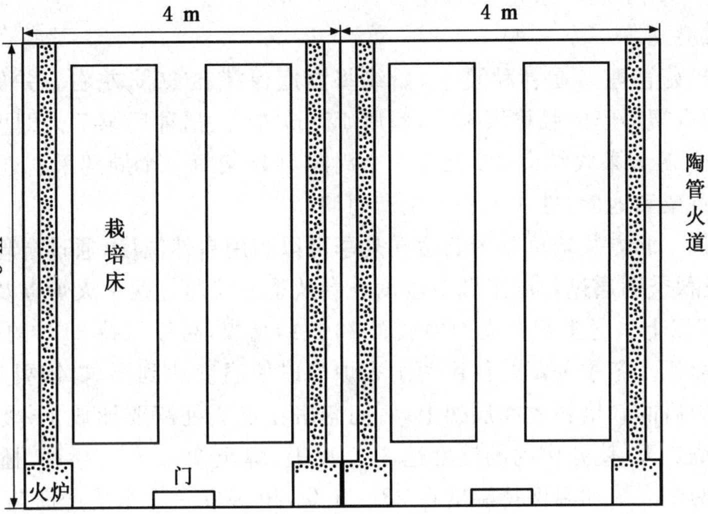

图 5-2 北方草菇周年生产菇房平面图

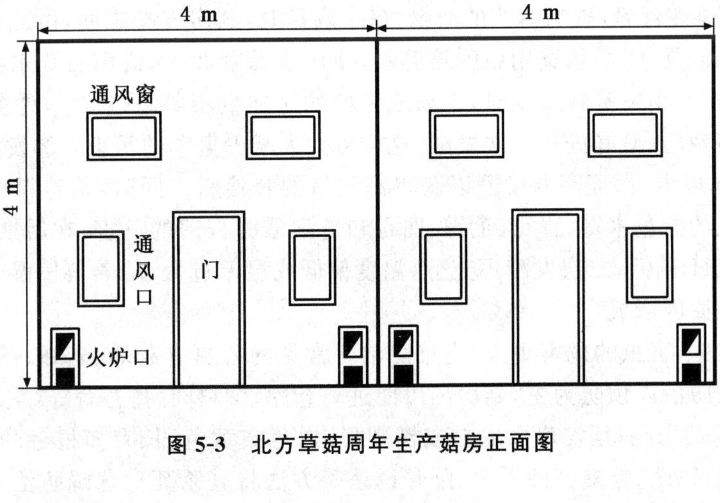

图 5-3 北方草菇周年生产菇房正面图

2. 培养料的配制、发酵

(1)以稻草为主料 将稻草切成 5～10 cm 长或用粉碎机粉碎。切碎的稻草用 5%石灰水浸泡，浸泡 6 h 后捞起沥干，拌入畜禽粪、复合肥、磷肥、石膏、草木灰等建堆发酵。畜禽粪用量为稻草用量的 3%，石膏为 1%，复合肥 2%左右。堆制 5～6 天，中间翻堆 1 次，翻堆时可加入

4%～5%麦麸。稻草堆制发酵时，一般堆宽1.2 m，堆高1 m，长度1 m以上。堆制好的培养料要质地柔软，含水量70%，pH调至9左右。一次堆制发酵后最好经二次发酵。

(2)以废棉为培养料　废棉是草菇栽培最好的培养料。废棉450 kg、麸皮30 kg、石灰20 kg。做一个1.8 m×3.0 m×0.5 m的铁框，在水泥地面上放置铁框，随后在铁框中铺一层废棉，厚10～15 cm，撒一薄层石灰粉，洒水压踏使废棉吸足水分，然后撒一层麸皮，再铺一层废棉，撒一薄层石灰粉，再洒水压踏让第二层废棉吸足水分，再撒一层麸皮。如此一层层地压踏到满框时，把铁框向上提，再继续加料压踏，直到堆高1 m左右。发酵3天。翻堆后再发酵2天就可进料铺料，培养料含水量70%左右。

3.栽培管理要点

(1)播种与出菇管理　在春秋夏季，始终将温度保持在30℃左右。并保持良好的通风。将培养料放在铺有塑料膜的栽培层架上，料厚15 cm左右，播种后第7天即可开始出菇，第11天开始采收，16～17天采收结束，20天为一个周期，4层架每一个周期采菇近100 kg。采后清除栽培料，冲刷竹架和地面，进入下一个生产周期。

(2)温度调控　北方栽培草菇的菇房在夏季可以利用自然温度，通过合理的通风进行正常生产。在冬春及秋季则通过加温来调节温度。春秋季节仅通过两个火炉以及延长的陶管即可使温度达到30℃以上。通常每个火炉内放置36块蜂窝煤，可以保持24 h的高温，蜂窝煤放入后，炉口要用泥封死。冬季种草菇仅用两个火炉难以使温度达到要求，需要加强室温的管理，在播种前，将拌匀后的栽培料放在层架上，每间菇房在走道处需要加放1～2个大油桶作的火炉，内加蜂窝煤烧1天，使菇房内的温度达30℃以上，降至30℃左右播种，播后盖厚的塑料膜保湿，以后通过两个火炉加温保持温度在28～30℃，20天左右一个生产周期。

4.杂菌与害虫防治

草菇栽培一般采用生料栽培或二次发酵栽培，栽培的全过程均处在高温高湿环境中，杂菌危害较多。如鬼伞类杂菌，子实体白色，很快开伞，变黑并自溶如墨汁。它们一般比草菇早2～3天，与草菇争夺营养，影响草菇的产量；鬼伞腐烂时，菇房气味难闻，由此常常会导致霉菌的产生。防治措施是：①尽量选用新鲜培养料，使用前暴晒2天，或用石灰水浸泡原料。②控制培养料的含氮量，用发酵料栽培时，麦麸或米糠的添加量不要超过5%，禽畜粪以3%为宜。无论用何种材料栽培，最好进行二次发酵，这样可大大减少鬼伞的污染。③发酵时控制培养料的含水量在70%以内，保证高温发酵以获得高质量的栽培料。同时，培养料拌料时，调节pH至9左右。常见的绿色木霉、青霉、毛霉、曲霉和链孢霉等霉菌的危害，在后期出现多，主要原因是原料陈旧，pH偏低，二次发酵不充分，温度偏低或温差过大，培养料偏湿，通风不良，草菇菌丝生长过弱等原因造成。

在草菇栽培中，害虫的危害更大，更难防治。常见的害虫有菇螨、菇蝇、菇蚊、果蝇、线虫、跳虫等。菇螨的防治以预防为主，菇房尽可能远离仓库、饲料间、禽畜舍等，重新铺料前要用杀螨剂喷雾或熏蒸24 h，一旦发现呈扁平或椭圆形、白色或黄色、长有多根毛的菇螨时，可采用熏蒸杀螨、菜籽饼诱杀、糖醋药液诱杀、鲜骨诱杀等方法将其杀死。菇蝇防治可在菇场四周设排水沟，排出积水，并定期用0.5%敌敌畏喷杀；培养料进行二次发酵，杀死料内幼虫和卵；成虫用灯光诱杀。菇蚊的防治必须保持菇房干净，栽培场所应远离垃圾堆及腐烂物质，收获后的菌渣应及早清除。线虫的防治主要是培养料含水量严格控制在70%左右，进行二次发酵，栽培前，认真打扫卫生，保持通风干燥等。

5. 采收

草菇的产量大多集中在第一潮菇，周年栽培为了加快设施的利用效率，通常收一潮菇后，就清理菇床，季节性栽培时可采收两潮菇。

5.3 鸡 腿 菇

鸡腿菇（*Coprinus comatus*）又名毛头鬼伞。菌柄形状似火鸡腿，故名鸡腿菇，幼时肉质细嫩，鲜美可口，色香味皆不亚于草菇。鲜鸡腿菇含水量为92.2%。每100 g干菇中含粗蛋白25.4 g，脂肪3.3 g，总糖58.8 g，纤维7.3 g，灰分12.5 g。鸡腿菇含有20种氨基酸，包括8种人体必需的氨基酸。鸡腿菇味甘性平，有益脾胃，清心安神，经常食用有助消化和增加食欲。鸡腿菇还有降血糖作用，对糖尿病有一定疗效。

5.3.1 生物学特性

5.3.1.1 形态特征

子实体较大。菌盖直径4～6 cm，圆筒形后钟形至近平展，初期白色，顶部淡土黄色，光滑，后渐变深色，边缘具条纹。菌肉白色，较薄。菌柄(7～24) cm ×(1～1.7) cm，白色，光滑，圆柱形，中空，基部渐粗。菌环白色，膜质，后期可上下移动，易脱落。孢子印黑色。孢子光滑，椭圆形，(12.5～19.6) μm×(7.5～11) μm。

子实体单生、群生或丛生，菌褶初期白色，随生长变为灰色至黑色，后期与菌盖边缘一同溶为墨汁状。

5.3.1.2 生长条件

1. 营养

鸡腿菇属草腐和土生菌，适应性强，农作物秸秆、皮壳等均可作为鸡腿菇的培养料，棉籽壳、玉米芯、麦秸、稻草等是栽培鸡腿菇较好的原料。

2. 环境条件

(1)温度　鸡腿菇属于中温型食用菌，菌丝体生长的温度范围是3～35℃，最适温度为22～28℃。菌丝体在低温环境下可存活很长时间。子实体形成和生长的温度范围为8～30℃，最适温度为15～24℃，在此温度范围内，温度越高，子实体发生越多且生长快；温度低，子实体生长慢，但个体大。温度在20℃以上时，菌柄易伸长，菌盖变薄，品质降低，极易开伞自溶。

(2)水分及空气相对湿度　培养料的含水量以60%～70%为宜。发菌期间的空气相对湿度为70%～80%。子实体生长时，空气相对湿度为85%～90%，低于60%菌盖表面鳞片反卷，湿度达95%以上时，菌盖上易得斑点病。

(3)光线　菌丝生长阶段不需要光线，菇蕾分化及生长发育阶段需要200～1 000 lx的光照。光照弱时，菇体色泽白，鳞片少；光照强时，鳞片色泽深。

(4)空气　菌丝生长和子实体生长发育阶段都需要新鲜空气，所以人工栽培时，应保持菇房空气新鲜。

(5)pH　在pH 2～10的范围内均能生长，最适pH为6.5～7.5。

5.3.2 栽培技术

鸡腿菇栽培可采用发酵料和熟料方式，春秋季节均可种植，在温度稳定的山洞可以常年栽培。

5.3.2.1 发酵料栽培

1. 原料

鸡腿菇菌丝生命力强，适用原料非常广泛，如麦秸、稻草、玉米芯、树叶、锯末、平菇及金针菇菌渣以及猪、牛、鸡粪都可作为栽培鸡腿菇的原料。

2. 常用配方

①麦秸 70%、麸皮 20%、玉米粉 5%、氮磷钾复合肥 1%～2%、糖 1%、石膏 1%、石灰 1%。

②麦秸 35%、食用菌菌渣 35%、麸皮 20%、玉米粉 5%、氮磷钾复合肥 1%～2%、糖 1%、石膏 1%、石灰 1%。

③棉籽壳 76%、麸皮 20%、氮磷钾复合肥 1%～2%、石膏 1%、石灰 1%。

④玉米芯 73%、麸皮 20%、玉米粉 3%、氮磷钾复合肥 1%～2%、石膏 1%、石灰 1%。

⑤麦秸 35%、玉米芯 35%、禽畜粪 20%、麸皮 5%、氮磷钾复合肥 1%～2%、糖 1%、石膏 1%、石灰 1%。

3. 培养料堆制

将上述配方按比例称好主料后，加水拌匀，堆积发酵，料堆高 1～1.5 m，宽 1～1.5 m，长度不限，盖上塑料薄膜，1～2 天后待料内温度达到 60℃以上时，揭去薄膜通风散热，维持 10 h 左右，然后翻堆。先在料面喷水，然后把料上下、内外对调，同时喷洒敌敌畏杀虫。翻堆后，继续把料堆成原来形状，盖上薄膜，待堆温升到 60℃以上时，维持 10 h，进行第二次翻堆，方法同上。采用这样的方法连续翻堆 2～3 次，结束发酵，摊开堆，温度降到 30℃左右时，按配方比例拌入麸皮、玉米粉、氮磷钾复合肥及石膏后进行畦栽。

4. 作畦

大水灌溉，作畦，畦宽 80 cm，深 20 cm，畦长不限，用石灰和敌敌畏消毒杀虫。

5. 播种

层播，三层种二层料，每层料厚 5 cm 左右，盖膜保湿发菌。

6. 播后管理

播种后 2～3 天，菌种块萌发，4～5 天开始吃料，待菌丝吃料后，每天需揭膜 1～2 次，每次 1～2 h，以后逐渐增加揭膜次数，促使菌丝向下生长。

7. 覆土

鸡腿菇最大的特点是不覆土就不长子实体。选用有一定黏性的肥沃菜园土，用 0.2%的敌敌畏处理，盖上薄膜 2～3 天后再用。当菌丝吃料 2/3 以上或发满后覆土，覆土厚度为 2～3 cm。

8. 覆土后管理

覆土后喷水保湿，盖上薄膜，保持空气相对湿度 85%～90%，8～9 天后，待菌丝爬上土层，揭去薄膜，保持空气相对湿度 90%以上，7～10 天幼菇开始形成，8 天后即可采收。第一潮菇采收后，清理地面上的菇残体，通风养菌 3～5 天，再浇一次透水，1 周后可采收第二潮菇。总共可采收 3～4 潮菇，生物学效率达 80%～150%。注意大棚或畦面不要温度过高、湿度过大，否侧容易产生其他杂菌，如总状炭角菌等。

5.3.2.2 菌袋栽培

1. 菌袋制作

制作鸡腿菇的菌袋要在8月中旬以后，采用15 cm×32 cm的低压聚乙烯塑料袋。制袋也可以在早春，这样出菇期在4—5月份。常用的培养料配方为：

①棉籽壳90%、麸皮4.5%、玉米粉4.5%、石膏1%。

②玉米芯78%、米糠20%、石灰1%、过磷酸钙1%。

③稻草(已粉碎)75%、棉籽壳20%、玉米粉3%、石灰1%、过磷酸钙1%。

④麦秆60%、棉籽壳15%、牛粪15%、玉米粉8%、石灰1%、过磷酸钙1%。

按常规方法拌料、装袋、灭菌和接种。接种后在清洁的培养室内发菌，在适宜的温度下，一般40天左右菌丝长满培养料，移入栽培棚开袋。开袋时一定要注意当时的气温条件能否适宜鸡腿菇子实体的形成。鸡腿菇脱袋覆土后一般在15天左右就能形成子实体。蔬菜大棚栽培鸡腿菇，秋季最早投放时间在9月中旬，最适宜投放时间在10月中旬至11月底。如果种在露地，越冬后还可以继续出菇。

2. 覆土方法

菌袋长满菌丝后，在温度适宜的条件下，就可以脱袋投放到菇床上，一边投放一边覆土，覆土材料可直接用菇床旁边的泥土，充分捣碎预湿。最好是预先制作的营养土，方法是取大田土或葱蒜类种植地的土，加入少量粪肥，自然堆积发酵后加入1%石灰水调节含水量在25%，即可使用。

3. 管理

覆土后浇透水，表面盖树叶或干草保湿，20天左右即可出菇。

5.3.2.3 采收与加工

1. 采收

鸡腿菇子实体成熟快，必须在菇蕾期，菌环刚松动，钟形菌盖上出现反卷状鳞片时及时采收，当菌环松动或脱落后，子实体在加工过程中，就会氧化褐变，菌褶甚至会自溶流出黑褐色的孢子液，完全失去商品价值。

2. 加工

主要加工方法有：干制鸡腿菇片、罐头、盐渍品等。

5.4 竹　荪

竹荪为鬼笔目笔科竹荪属中著名的食用菌，又名竹笙、竹参。常见并可供食用的有3种：长裙竹荪(*Dictyophora indusiata*)、短裙竹荪(*D. duplicata*)和红托竹荪(*D. rubrovalvata*)。每年夏秋季节，产生于我国南方少数山区的竹林中。其中长裙竹荪产于福建、湖南、广东、广西、四川、云南、贵州等地，短裙竹苏产于河南、黑龙江、江苏、浙江、云南、四川、广东等地，红托竹荪在云南较为多见。目前这三个种的人工栽培均已成功，形成了一定规模的商品性生产。

竹荪被誉为"真菌之花"，古时作为贡品，专供宫廷御膳，现仍为我国国宴等高级宴席上的"山珍"名菜。竹荪富含蛋白质、氨基酸(人体必需的8种氨基酸齐全)、维生素和多糖，味道鲜美，而且具有防腐特效。在医药上具有减肥、保健及补益功能，并能防癌治癌。因此，竹荪是一种名贵的食药兼用型保健食品。

5.4.1 生物学特性

5.4.1.1 形态特征

竹荪的子实体由菌盖、菌柄、菌裙和菌托组成。由菌丝构成的根状绳索状的菌根，从菌托一直延伸到土壤或基质。通常菌盖高 2～4 cm，表面有不规则的网纹，带有椭圆形的孔，深绿色的子实层位于菌盖表面。子实层吸湿性很强，充满了水。菌柄筒状，中空，结构松软，白色，长 7～25 cm，厚 0.2～0.5 cm。子实体成熟时，菌裙垂在菌盖下方，长 4～22 cm，白色，有圆形、椭圆形或多角形的裙孔，裙孔直径 0.2～1.0 cm，从而使菌裙呈网状。菌裙是重要的分类特征。竹荪属（*Dictyophora*）有长裙种和短裙种两类。如长裙竹荪（*D. indusiata*）和短裙竹荪（*D. duplicata*）。菌裙的有无也是这一科中分属的重要特征，如鬼笔（*Phallus impudicus*）就没有菌裙。菌盖的子实层上产生大量担孢子，孢子无色、透明，菌盖有很浓的臭味。野生竹荪的菌盖常黏附着昆虫。

单核菌丝为白色；双核菌丝具有锁状联合，培养较长时间后，菌丝体变成桃红色、浅紫色或黄棕色。菌丝体的色素随温度、光线、机械刺激、失水等条件的改变而变化。

1. 长裙竹荪

子实体长 12～20 cm，菌托白色，直径 3～5 cm。菌盖略带土黄色，钟形，高和宽均为 3～5 cm，有明显的网格，顶端平、有穿孔，上部微尖。菌裙白色，从菌盖下垂 10～15 cm，由管状线组成，网眼呈多角形，直径 5～10 mm，菌柄白色，中空，基部粗 2～3 cm，向上逐渐变细，壁海绵质。

2. 短裙竹荪

子实体高 12～18 cm，菌托粉灰色至淡紫红色，鞘状、膜质，直径 3～5 cm，菌盖白色，钟形，高、宽均为 3～5 cm，具明显网格，上有青褐色臭而黏的孢体，顶端平，有穿孔。菌裙白色，从菌盖下垂 3～5 cm，由多条线状体组成，上部网眼圆形，下部为多角形，网格直径 0.1～0.55 cm，菌柄中空，纺锤形至圆柱形，长 10～15 cm，中部约粗 3 cm，向两端稍细，壁海绵质。

3. 红托竹荪

子实体高 22～33 cm，菌盖钟形或钝圆锥形，高 5～6 cm，粗 3.5～4.5 cm，顶端平，有穿孔，四周有明显的网格，表面是微臭的孢体，暗青色至青褐色。菌裙钟形，白色质脆，从菌盖下垂 7 cm，圆形网眼，直径 1～1.5 cm，菌柄圆柱形，长 11～22 cm，粗 3～5 cm，白色，海绵质，中空；菌托球形，红色、膜质，担孢子卵形至长卵形，光滑、透明，(2～2.5) μm×(3.7～4) μm，菌索损伤后由白色变为蓝紫色。

5.4.1.2 竹荪的生活史

担孢子在适宜条件下萌发成单核菌丝，单核菌丝经过质配形成双核菌丝。双核菌丝进一步发育成组织化的线状和索状菌丝束，称为菌索或三次菌丝。菌索逐渐膨大成白色小球，即为子实体原基，也称之为竹荪球，竹荪球长至鸡蛋至鸭蛋大小并露出地表，见光后产生色素，有粉红、红、灰褐、污白等不同颜色。竹荪球的中心为白色，被暗绿色的子实层所包围，子实层生于菌盖表面，裸露于空气后迅速吸湿液化为黏稠物，与此同时孢子在子实层中形成，当子实层散发出浓烈的气味，招引苍蝇等昆虫舔食时，即可将孢子带走，孢子也可被雨水冲到土壤中，遇到适合的条件，又萌发形成单核菌丝，从而完成生活史。

5.4.1.3 生活条件

1. 营养

早期人们曾认为竹荪是一种菌根真菌，后来证明竹荪是一种腐生菌。在自然界，竹荪从非活体的植物材料，如竹子的植株残片中获得养分，竹荪也能生长在死的槭树干上、腐烂的红松针叶堆中及苔藓上。竹荪不仅能利用竹类残体，而且还能利用阔叶树桩、赤松、秸秆、茅草等富含纤维素的物质，而且以竹类、硬质阔叶树木做基质培养的竹荪个大、质优、产量高。

2. 温度

竹荪是中温型菌类，菌丝在4～29℃均能生长，22～24℃最适。长裙竹荪的双核菌丝体生长得很慢，在添加1%糖蜜或10%双孢蘑菇浸出物，或10%银耳的木屑菌种浸出物的PDA培养基上，在24℃下培养两周菌落直径仅20 mm。竹荪子实体在12～32℃均能形成，最适温度为20～25℃。

3. 水分

培养基的水分含量在60%～65%时菌丝生长良好，低于30%时菌丝死亡。含水量过高，菌丝会因缺氧而死亡，在竹荪球分化和子实体最后形成阶段，80%～90%的空气相对湿度有利于菌柄的伸长和撒裙。通常卵形子实体分化所要求的空气相对湿度为80%，子实体发育为85%，菌裙散开要求空气相对湿度94%或更高。

4. 空气

竹荪为好气性真菌，氧气充足，菌丝和子实体发育加快；反之，生长缓慢，菌裙不易全部张开，甚至子实体畸形，严重影响产品质量。因此，室外栽培时，应粗细料合理搭配。

5. 光照

竹荪菌丝体生长阶段不需要光线，在黑暗条件下生长整齐，快速；相反，当菌丝受到光线照射之后很快变色，生长停滞，生活力显著下降。原基分化与子实体生长期间应有一定的弱光，强光对其有一定的抑制作用。

6. 土壤

竹荪在菌丝生长阶段，没有土壤菌丝能正常生长。在分化阶段，没有土壤则不能形成竹荪球，这可能与土壤中所含的某些元素、微生物的分泌物及土壤的机械作用有关。

7. 酸碱度

竹荪属嗜酸性菌类，菌丝在pH 4.5～7.0均能生长，但以pH 4.6～5.5最为适宜。子实体形成以pH 4.6～5.0为宜。

5.4.1.4 子实体形成过程

菌丝束形成菌根，菌根一端分化成小的白色球状结构。这个球状结构就发育成子实体原基。这一时期的原基结构称球状期或卵形期。

卵形期的子实体基部有几个菌根束，这个小的卵形子实体和菌根束同步发育，直至成熟，这一时期的子实体可有鸡蛋甚至鸭蛋那么大。发育到这个时期要40～60天，这取决于温度和使用的培养料。子实体就在这个卵形物中发育。在培养料表面下的1～2 cm处形成子实体原基，当长到直径1～2 cm时露出培养料表面。因为它形成于料表面之下，所以是白色的，其形成不需要光，但是它长到表面以后，接受光照，形成色素。卵形子实体表面的色素深浅随菌株的不同而异，同时也受光强的影响。一般是桃红色、红色、棕色或淡白色。

将卵形子实体切开,能看到中间是白色的柄,柄周围是生在菌盖上的深褐色子实层。菌裙生于菌柄和子实层之间。这些结构都被一坚韧的内菌幕所包被。卵形子实体的外层是外菌幕。内菌幕和外菌幕之间是胶质的透明物。

当卵形子实体达到生理成熟时,里面的菌柄逐渐伸长,卵形上部形成很坚韧的突起,其他部分变得疏松、柔软,表面皱缩。卵形子实体的顶端破裂是菌柄伸长的结果,子实体的成熟在10～15 h内完成,菌裙从出现到完全散开仅需要0.5～1 h。

5.4.2 栽培技术

竹荪栽培一般分春、秋两季。以春播为宜。我国南北气温不同,应把握两点:一是播种期气温不超过28℃,以利于菌丝生长发育;二是播种后2～3个月菌蕾发育期,气温不低于10℃,使菌蕾健康发育成子实体。南方诸省竹荪套种农作物,通常春播,“惊蛰”开始铺料播种,“清明”开始套种农作物;北方适当推迟。播种后60～70天养菌,进入夏季5—9月间出菇,10月结束,生产周期7个月左右。

栽培方法有畦栽、床栽、压块栽培和熟料栽培等。

5.4.2.1 畦栽和床栽

畦栽和床栽的场地可以选择在温室、大棚或露地。

1. 栽培原料

栽培竹荪的原料一般有3类,即竹类:如竹根、竹枝、竹叶及竹制品的下脚料;木类:不含香、臭、油醇、醚等的阔叶杂木及枝条均可;秸秆类:玉米秆、玉米芯、豆秆、花生壳、棉籽壳、甘蔗渣等均适合栽培。

2. 栽培料处理

栽培竹荪一般每平方米备风干料25 kg,其中竹片或木块占80%,切成长3～5 cm,宽1～3 cm的片或块。原料的处理方法有石灰水浸泡法、蒸煮法和堆积发酵法。浸泡法一般用1.5%～2%的石灰水浸泡5～7天,捞出后用清水反复冲洗至中性,含水量50%～60%。蒸煮法是将料在沸水中煮沸1 h,或在灭菌灶中蒸2～3 h。堆积发酵法是将主料堆好覆盖草帘自然升温发酵至60～65℃翻堆,然后再制堆发酵,如此反复三四次,直至主料稍变软并有酒香味为止。

3. 建畦播种

选择好栽培场地之后,挖去表土3～4 cm,将土向两边堆积,并将畦底整平,即可下料播种,通常用3层料两层菌种的播种方法,第一层料厚5 cm,料面撒一层菌种;第二层料厚10 cm,再撒一层菌种;第三层料厚5 cm,然后就可以覆土,通常覆土层厚度4～5 cm。若覆土太厚,会推迟出荪期;覆土太薄,易导致表层菌丝受光照和温差刺激,使生长受到抑制。在覆土的同时,要整理好畦床,畦床表面最好呈中间略高、四面略低的龟背形。

4. 管理

播种之后及时在畦床上搭荫棚,棚高25～30 cm,这样有利于保湿、保温,也可以防止雨水冲刷料面。在播种后的30天内,一般不需要补充水分,但要经常通风换气,30天以后,表土水分逐渐散失,用喷雾器适当喷些水。菌丝经过2～5个月的生长,达到生理成熟形成小原基时,空气相对湿度提高到80%左右,随着竹荪球的形成与生长,湿度应逐渐提高,最后达到95%。

在出荪阶段，喷水时间应安排在早晨7时之前，7时以后开始出菇不能喷水。中午气温高时也不能喷冷水，温差刺激不利于菌丝的生长和竹荪球的分化发育。

竹荪一年播种可以收获3年6次，其中第一年可收总产量的30%，第二年60%，第三年10%左右，第三年若能补充营养，可提高一定的产量。

5.4.2.2 压块栽培

压块栽培是将培养好的竹荪栽培种从瓶或袋中挖出，与培养料混合压制成菌块，进行覆土栽培的方法。特点是出菇早而集中，栽培周期短，但用种量较大。

1. 挖瓶压块

在春季将刚长满的竹荪栽培种从瓶（袋）中挖出，用木框（40 cm×40 cm×12 cm）做成四周较中部稍薄的栽培块，木框使用前用5%石灰水或0.5%的高锰酸钾溶液喷洗。注意不要压得太紧，以免过于损伤菌丝体。

2. 菌丝体愈合

压块成型后，去掉木框，先盖一张消毒干报纸和薄膜，菌块之间相距4～5 cm，置于床架上，保湿培养15～20天，菌丝体重新愈合。

3. 覆土

菌丝愈合后，在菌块上面盖厚1～2 cm的竹叶，继续培养5～10天，菌丝布满叶层80%以上时，及时覆盖泥土厚3～4 cm。

4. 管理

主要通过调节覆土层含水量、菇房内的温度、通风和光照等来满足竹荪生长发育所需的最适条件，达到高产稳产。一般在覆土后空气相对湿度80%，气温16～20℃，光照30～100 lx条件下，1～2个月现蕾。以后的管理与畦栽基本相同。

5.4.2.3 林地栽培

在树林或竹林下，利用废竹、木屑、甘蔗渣、作物秸秆等原料栽培竹荪，具有应用范围广、投资省、用工少、管理方便、成本低、效益好等优点。

1. 场地选择

向阳背风、排水良好、土壤湿润、无白蚁活动的竹林、竹木混交林、阔叶树林、针阔叶树混交林、果园等都可作为栽培竹荪的场所。选好场地后，清除地上杂草、保持环境卫生，并撒上干石灰粉作消毒处理。为防止外界人畜干扰，播种后最好在栽培场所周围作上围栏或围墙。

2. 播种时间

一年四季均可播种，但以春秋两季播种效果最好。

3. 林间栽培方法

一般采用床栽。床宽80～100 cm，长度不限，最好是每0.5 m^2一厢，厢间间隔30～50 cm，以增加边际效应和菌丝蔓延空间。用栽培种2～6瓶/m^2。播种采用层播法，即先铺处理过的竹叶、木屑或树枝叶等，再铺一层料，撒一层菌种，然后再铺一层料，播一层菌种，如此播3～4层，一般铺料厚15～20 cm，播种后盖竹叶、木屑等，最后盖土，土层厚4～5 cm，并用清水浇透。根据地势高低情况，可采用相应的地表和坑栽栽培两种形式。

4. 竹林栽培方法

在各种竹林里，按每亩180～200个窝计算打窝，空地上最好在腐竹头边，挖深15～20 cm，长×宽为50 cm×35 cm大小的坑，每坑投料1～1.5 kg，每亩投干料2 000～3 000 kg，挖好后就地取一些腐竹叶垫底，然后铺料撒种，如此播2～3层，再盖竹叶，稍踩紧，上面用挖坑时挖出的土覆盖；晴天土壤干燥时，应浇透水（雨后栽培不用浇水）。由于林间地下的根交错盘踞，因砍伐或自然死亡等多种原因，使地下埋藏了不少腐根，这些腐根是竹荪生长所需的营养物质。在林间播种，菌丝不仅在投料的地方生长，而且也蔓延到其他有养料的地方。

5. 管理

野外林间栽培竹荪，只要场地选择恰当，一般不需要搭棚遮阴。土壤湿润也不必浇水。春秋季节若遇干旱，则需在菇床及竹头、坑边附近适当浇水。越冬后的菌丝待气温回升后，开始向四周蔓延伸展，形成菌索，在3—4月份，菌索先端形成小菌蕾，在菌蕾形成时，需经常浇水。此阶段若严重缺水，菌蕾则会因不能分化而死亡，即使形成菌蕾，也不能进一步分化发育；若浇水过多，则菌丝徒长，幼菌蕾到成熟时便破口，易造成病菌侵染。在雨水较多的6—8月份，是竹荪大量出现菌裙的时候，要注意及时采收。

5.4.2.4 熟料栽培

1. 栽培方法

按常规方法拌料、装袋、灭菌、接种、培养菌丝体。配方为废竹、木屑、甘蔗渣等80%～85%，麸皮或玉米粉10%～13%，石灰3%～5%。

2. 管理

菌丝发满袋后，脱去塑料袋，摆在床架上畦内或箱内，菌棒间隔10～20 cm，在菌棒空间处及两端填满填充料（配方为：腐殖土33%，杂木屑33%，竹屑33%，尿素1%，混匀后使含水量在60%左右）。填充料高出菌棒1～2 cm，再盖2～3 cm的腐殖土，最后覆上薄膜，常规管理。保持空间温度20～25℃，空气相对湿度70%～80%以及良好的通风。15～20天菌丝长出腐殖土表面，并形成菌索，以后保持20～26℃，经常通风，60～90天可采收。

5.4.2.5 采收

竹荪的商品部分一般指菌裙和菌柄。裙、柄的完整性和颜色的洁白程度直接影响到竹荪的产品质量。这就要求我们在采收和加工过程中要特别注意。

1. 采收时间和方法

当菌裙散开时，就要马上采收。过早地采收，菌裙、菌柄尚未完全伸长展张，干制后个体小，商品价值低；过迟采收，菌裙和菌柄萎缩、倒伏，而且产孢体自溶沿裙柄流下，污染裙、柄，严重影响产品的色泽。采摘时，一只手扶住菌托，另一支手用小刀将菌托下的菌索切断，轻轻取出，将菌盖和菌托及时剥掉，保留菌裙和菌柄，放入瓷盘或篮子内。如果有土沾在菇体上，首先要清理干净。清理时用一支软毛刷将脏物轻轻刷掉。动作一定要轻，以免损伤菌裙和菌柄，然后烘干或放在日光下晒干。采收后必须立即干燥，如果干燥拖延2 h，商品质量就会降低一级。从烘箱或烘房取出时要小心操作，一般应将隔板或架子一起取出，20～30 min后竹荪会变软，及时捆扎并包装。

2. 分级与包装

竹荪干品按大小、色泽和伤损程度分级：

一级：长12 cm，宽4 cm，白色，无伤损。

二级：长10～11 cm，宽3 cm，浅黄色，无伤损。

三级：长8～9 cm，宽2 cm，黄色，轻度伤损。

四级（最低级）：长小于7 cm，色泽深，有破损。

用塑料袋分级包装，每捆 20～50 g，两端用线系好。

思 考 题

1. 双孢蘑菇栽培时为何能够进行开放式接种？
2. 双孢蘑菇覆土的作用是什么？
3. 为什么双孢蘑菇工厂化种植需要总体的设计？专业分工细化的好处是什么？
4. 草菇栽培的特点有哪些？
5. 简述鸡腿菇的栽培季节与方式。

第6章

药用菌栽培

我国真菌资源非常丰富，民间利用真菌入药也有悠久的历史并积累了丰富的经验。早在仰韶文化时期，我们的祖先就开始采食蘑菇了。2000 年前的《礼记》、《吕氏春秋》和《齐民要术》等古籍文献中都有人类食用菌蕈的记载。东汉时的《神农本草经》记载药物 365 种，其中就有茯苓、猪苓、雷丸、木耳等 10 多种真菌。南北朝时陶弘景的《本草经集注》和《名医别录》中增添了马勃和蝉花等。明代李时珍的《本草纲目》增加了六芝、桑耳、槐耳、柳耳、皂荚菌、香蕈、天花蕈、羊肚菜、鬼盖、鬼笔、竹荪、桑黄、蝉花、雪蚕以及茯苓、猪苓、雷丸及马勃等真菌 40 余种。清代汪昂的《本草备要》首次明确记载了冬虫夏草并作为药用保健品。

一般意义上的药用菌，是指那些人们食用之后对疾病有一定的治疗效果，并能形成大型的子实体或菌核或与高等植物形成共生体的真菌。事实上，食用菌和药用菌之间并无明显的界限，只是各自在功能上和用途上有主次之分而已。所以，它们既是餐桌上的美味佳肴，又有很好的保健甚至药用价值，它们的许多种类就是某些中成药的成分或者被单独提炼成药。这类真菌既是食用菌，也可称为药用菌，如香菇、猴头、银耳等。有些药用菌则不能作食品，如多孔菌类。用作中草药的真菌已超过 150 种，它们的药理作用是多方面的，而抗癌和抑制病毒复制的作用更是引人注目。

6.1 灵　　芝

灵芝(*Ganoderma lucidum*)属担子菌门层菌纲非褶菌目灵芝菌科灵芝属(*Ganoderma*)。别名红芝、灵芝草、丹芝、木灵芝、瑞草、万年蕈等。

灵芝的药用价值早为我们的祖先所认识，其作为药材已有 2 000 多年的历史。东汉《神农本草经》中就有关于灵芝入药的记载，后来的《本草纲目》中有更详细的药用记载，如安神、益肺气、益脾气、利肝气、益精气等。历代医学家均认为灵芝是滋补强壮、扶正培本的珍贵药品，有延年益寿的功效。现代医学研究证明，灵芝含有多种氨基酸、有机酸、生物碱类、香豆素类、有机锗、多肽、灵芝多糖等，有提高机体免疫力的功能，临床上用作抗肿瘤和抗辐射等。近年来，在临床实践中，已试制成灵芝糖浆、针剂、片剂、蜜丸、水剂、灵芝合剂等，用于治疗神经衰弱、头昏失眠、慢性肝炎、肾炎、血清胆固醇高、高血压、冠心病、白细胞减少、鼻炎、慢性气管炎、支气管哮喘、胃病、十二指肠溃疡等。

灵芝的早期人工栽培主要用段木栽培，目前段木栽培、代料栽培以及菌丝深层培养并举，广泛应用于灵芝生产及其深加工产品的不同领域。

野生灵芝主要分布于黑龙江、河北、河南、山西、山东、江苏、浙江、安徽、江西、福建、广东、广西、海南岛、贵州、四川、云南以及日本、欧洲、北美洲等地。

6.1.1 生物学特性

6.1.1.1 形态特征

灵芝菌丝呈白色、纤细、具有分隔,具锁状联合,菌丝分泌白色草酸钙结晶;子实体一年生,有柄,木栓质;菌盖肾形、半圆形,罕近圆形,直径 12～20 cm,厚达 2 cm,表面褐黄色或红褐色,向边缘渐变淡,有同心环沟和环带且有皱,有漆样光泽,边缘锐或钝,往往向内卷;菌柄圆柱形,侧生,罕偏生,长 3～19 cm,粗 0.5～4 cm,紫褐色,其皮壳的光泽比菌盖显著;菌肉近白色至淡褐色,厚 0.2～1 cm;菌管长0.2～1 cm,近白色,后变为浅褐色,管口初期白色,后期呈褐色,平均 4～5 个/mm^2;孢子褐色,卵形,一端平截,(8.5～11.5) μm×(5～7) μm,外孢壁光滑,内孢壁粗糙,中央含一个大油滴。

6.1.1.2 生活条件

1.营养条件

灵芝属于木腐型真菌,生于阔叶林内伐桩上,有时生于针叶树干基部,能引起立木腐朽。主要营养为碳素、氮素和无机盐,在含有纤维素、半纤维素和木质素的基质上灵芝菌丝均可良好生长。代用料栽培中,碳源有杂木屑、棉籽壳、玉米芯、糖菜渣等。氮源主要来自麸皮、米糠以及无机氮肥。栽培料中适量添加石膏、过磷酸钙、磷酸二氢钾、磷酸氢二钾、硫酸镁等可满足灵芝生长对矿物质如钙、磷、镁、钾等的需求。

2.环境条件

(1)温度　灵芝对温度的适应范围较广,菌丝生长的温度范围为 3～40℃,最适温度为 26～28℃;子实体原基分化温度范围为 22～28℃,子实体生长发育的温度范围为 18～30℃,最适温度为 25～28℃。温度低于 18℃,子实体不能正常分化,若接近 30℃,子实体质量差。变温不利于子实体的分化和发育,容易造成薄厚不均匀的分化圈或造成菌盖异形。

(2)湿度　灵芝生长和发育需要充足的水分和较高的空气相对湿度。代料栽培时,培养料的含水量要求在 60%～65%;空气相对湿度 60%～70%利于菌丝的生长,子实体分化和生长发育阶段要求空气相对湿度在 85%～95%。

(3)空气　灵芝是好气性真菌。在子实体生长阶段尤其要注意通风,如果通风换气不良,易出现树枝状、鹿角状的畸形菇,二氧化碳浓度过高,甚至会造成子实体停止生长。

(4)光线　菌丝体生长阶段不需要光线。子实体生长阶段需要适量的散射光,黑暗或阳光直射条件下均不能形成子实体。适量的散射光,是子实体色泽鲜艳的必要保证。

(5)酸碱度　灵芝喜欢在偏酸的培养料中生长。灵芝菌丝能在 pH 3.0～7.5 的环境中生长,但以 pH 5.0～6.0 为最适宜。

6.1.2 栽培方法

6.1.2.1 菌种制备

灵芝的菌种制作方法参考第 3 章。下面介绍一些常用的培养基配方。

主料为杂木屑、棉籽壳、玉米芯等。辅料为麸皮或米糠、石膏粉、蔗糖、豆饼粉等。

1.二级菌种培养基配方

①阔叶树木屑75%,麸皮24%,红糖0.8%,硫酸铵0.2%,水适量;

②杂木屑78%,麸皮或米糠20%,蔗糖1%,石膏粉1%,水适量;

③棉籽皮90%,麸皮(或米糠)9%,石膏粉1%,水适量;

④玉米芯50%,杂木屑40%,麸皮8%,豆饼粉1%,红糖1%,水适量;

⑤杂木屑82.8%,麸皮15%,豆饼粉2%,硫酸铵0.2%,水适量。

2.三级种培养基配方

①杂木屑79%,麸皮20%,豆饼粉1%,水适量;

②杂木屑75%,麸皮24.8%,硫酸铵0.2%,水适量;

③杂木屑44%,棉籽壳44%,麸皮5%,玉米粉5%,蔗糖1%,石膏粉1%,水适量;

④杂木屑45%,玉米芯45%,麸皮8%,黄豆粉1%,石膏粉1%,水适量;

⑤杂木屑30%,玉米芯50%,麸皮20%,水适量;

⑥杨树叶75%,麸皮(或米糠)25%,水适量;

⑦杂木屑88%,麸皮10%,石膏1%,红糖1%,水适量;

⑧杂木屑44%,棉籽壳44%,麸皮10%,石膏1%,红糖1%,水适量;

⑨棉籽壳88%,麸皮10%,石膏粉1%,糖1%,水适量;

⑩棉籽壳50%,木屑38%,麸皮10%,石膏粉1%,糖1%,水适量。

6.1.2.2 栽培技术

灵芝栽培可以用段木栽培或代料栽培方法。

1.段木栽培

段木栽培灵芝较代料栽培灵芝质量好,商品价值高。但是段木栽培周期较长,同时又受森林资源制约,因而有一定的局限性。灵芝产量高低取决于菌材的菌丝体总量,而菌丝体总量又与原木的体积和其营养成分有关。凡是能种香菇的树木,都可以栽培灵芝。段木尽量选用壳斗科树种为主,如栲、栎、槠、榉等。其他如枫、杜仲、苦栎、乌桕等亦可,但产量与品质均不如壳斗科树种段木生产的灵芝。

(1)场地选择　栽培场地应选择在夏秋最高气温在36℃以下,6—9月份平均气温在24℃左右,树木资源丰富,排水良好,水源方便,土质疏松、偏酸性、沙砾质,朝东南、座西北的疏林地或田地里。按“三分阳,七分阴”的光照要求搭架建棚。

栽培场地应在晴天翻土20 cm,作畦开沟。畦高10~15 cm,畦宽1.5~1.8 m,畦长按地形决定,去除杂草、碎石。畦四周开好排水沟,沟深30 cm。

(2)准备段木　树木休眠期一般在10月至翌年1月,应根据灵芝栽培时间提早1个月砍伐树木,去枝后运回生产场地。树木尤以质硬者为好,直径不小于6 cm,不大于22 cm,以8~18 cm为宜,砍伐运输过程中,尽可能保持树皮完整。

在熟化消毒的当天或前一天进行切段,长度一般30 cm,切面要平,周围棱角要削平,以免刺破塑料袋。袋的规格一般为口径15、20、26或32 cm的聚乙烯筒料,每袋装一段,根据段木粗细大段装大袋,小段装小袋,两头缚紧。若段木过干,则浸水过夜再装袋。

(3)灭菌接种　用常压灭菌,100℃保持10 h。加热时要避免添加冷水以致降温,影响灭菌效果。注意灶的实际温度,防死角、防断水。

按1 m^3 段木用50 kg菌种的量接种。接种时进行二次空间灭菌。菌种要紧贴段木切面。

(4)菌袋培养　菌袋放在通风干燥的室内较暗处培养,放室外要有遮雨、保湿、遮阳措施。菌袋立体墙式排列,两菌墙之间留通道,以便检查。接种后1周内要加温到22～25℃,以利菌丝恢复生长。菌丝生长的中后期若发现袋内产生大量水珠,要加强通风或降温,每天午后开门窗通风换气1～2 h。一般培养20天左右菌丝便可长满整个段木表面。这时,可结合刺孔放气,减少袋内积水。通过开门窗换气增加袋内氧气,促进菌丝体向木质部深层生长。室内培养期约60天。

(5)排场埋土　排场埋土时间应选择四五月份天气晴好时进行。事先清理干净场地,注意防治白蚁。发菌结束后,除去袋子,将段木的一端断面朝下排放在畦床内。段木间距10 cm,填充干净表土或沙土,上断面露出土面1～2 cm,覆盖稻草或麦秸,搭拱棚,拱棚上面再搭荫棚。

(6)后期管理　温度保持在25～28℃,空气相对湿度90%左右,有散射光,良好通风,保持较小的温差。在子实体有大量褐色孢子弹散,菌盖表面色泽一致、不再增大转为增厚时采收。

2.代料栽培

灵芝代料栽培常采用的有瓶栽法或袋栽法,培养料配方可参照三级种培养基。

(1)瓶栽法　可用口径3～4 cm的菌种瓶,也可以用广口瓶或罐头瓶作为栽培容器。手工装料,边装料边压实,使料松紧适中,装至距瓶口1 cm处,压平,在料中央用锥形木棍打孔至瓶底。擦净或洗净瓶口和瓶壁,用两层牛皮纸将瓶口包扎紧,灭菌,出锅冷却后在无菌条件下接种,用菌种将料面覆盖,一瓶500 mL容量的菌种可接30～35瓶。

接种后,将瓶子放到发菌室的架床上,瓶子之间要稍有空隙,以便散发热量,室温保持在26～28℃,室内空气相对湿度保持在60%～70%。培养3～5天后,检查发菌情况,如果没有特殊情况,菌种都应恢复生长,凡是有杂菌污染的瓶子都要处理掉。室内要保持近于黑暗的环境,以利菌丝生长。

菌丝长满瓶后,移入出芝室,增加散射光强度,提高空气相对湿度至80%～90%,室温控制在25～28℃。当料面形成白色的原基时,将封口纸去掉,使料面直接暴露于空气中,促进原基生长。原基生长至2～3 cm高时,开始形成菌盖,此时应将湿度提高至90%～95%,适当通风,保持空气新鲜。

从菌盖形成到采收,大约20天的时间,菌盖成熟的特征是四周白色生长圈消失(此时停止扩大生长),菌盖比较厚,子实体形成菌管,并隐约可见咖啡色孢子粉,说明已成熟,达到采收要求。采收时,连同菌柄一同采下,将菌柄下端带有菌丝的部分剪掉,晾干即可。在栽培过程中,有时在菌丝未长满瓶时即已出现原基,这样的栽培瓶可以移入出芝室,边发菌,边出芝,但仍以菌丝长满瓶后,或已接近长满瓶时出芝为好。头潮芝采收后,可停水7天左右,让菌丝恢复生长,储备养分,然后重新进行出芝管理。

(2)袋栽法　采用低压聚乙烯或高压聚丙烯塑料袋栽培。将塑料筒料裁成长50～55 cm,直径15 cm的小筒备用。培养主料要过筛,挑出木刺,以免刺破塑料袋。装料时,先将料筒一端扎死呈袋形,然后分层装料,装至离袋口7～8 cm处,用绳扎死,进行灭菌。接种时,在料袋的一侧用打孔器或用直径1 cm的锥形木,按等距离打深1～1.5 cm的孔穴,将菌种接入穴内,用专用胶布贴住,一瓶500 mL容量的菌种可接20～25袋。接种后,放入发菌室内培养,管理同瓶栽,30～40天菌丝可长满袋。

袋栽出芝阶段多在塑料大棚或温室内进行。塑料大棚或温室栽培通风换气比较好,温度和湿度容易控制。出芝前在棚(室)内做两排畦,每排畦宽 80 cm,两排畦间筑一宽 0.5 m 的沟,畦长不限,根据栽培量和地形而定。将侧面接种穴周围用小刀割一个直径 3 cm 的圆形圈,脱袋,露出菌丝,然后按畦的方向排放菌袋并使接种穴朝上,袋间距 4～5 cm,填充沙土或腐殖质含量低的湿土,菌袋上面覆一层厚约 1 cm 的沙土。经 2 周,原基可发生并伸出土面。此时应加强温度(25～28℃)、湿度(85%～95%)和通风管理,并给予一定量的散射光,适时采收。

6.1.2.3 孢子粉的采集

灵芝孢子粉也是栽培灵芝的产品之一。将孢子粉也作为产品时应采用"多孢灵芝"菌株,采用瓶栽或短袋熟料栽培,其生产过程与前述相同。但子实体培养要在水泥地面为好,摆袋前用水清洗干净,瓶(袋)间距 4～6 cm,以长畦形状排放。菌盖扩大的过程中,子实体逐渐成熟,形成菌管,孢子开始发育。在瓶颈处有少量咖啡色孢子粉时开始套袋收集孢子。袋子用纸制作,一张大白纸可制成 6 只袋底折角的方形袋。将瓶壁擦洗干净,然后将袋子套在瓶子的上半部,用皮筋固定,袋底朝上。套袋后,室内空气相对湿度保持在 85%～90%,温度 24℃左右,有适当的散射光和通风,使菌盖正常发育和产孢。产孢期约 30 天,当栽培容器内的基质收缩,表明产孢结束。在产孢结束取袋前,应先擦去袋外的灰尘,取下袋子,用刷子轻轻刷下袋内及瓶颈处的孢子粉,置避风向阳处晒干或低温烘干。干制后,用 0.17 mm 筛子过筛,再用聚乙烯袋密封保存。

6.2 猪　　苓

猪苓(*Polyporus umbellatus*)属担子菌门层菌纲非褶菌目多孔菌科多孔菌属。别名为豕苓、粉猪苓、猪伏苓、野猪粪、地乌桃等。

猪苓的菌核即中药猪苓。猪苓入药有利尿、渗湿、解热之效,用以治疗小便不利,水肿脚气、肝硬化腹水及糖尿病等疾病。猪苓中的葡聚糖具有抗肿瘤活性。据《本草纲目》记载,猪苓"开腠理,治淋肿,脚气,白浊带下,妊娠子淋,胎肿,小便不利"。

猪苓主要分布于我国河北、山西、黑龙江、吉林、辽宁、湖北、四川、贵州、云南、陕西、甘肃、青海以及日本和欧洲。

6.2.1 生物学特性

6.2.1.1 形态特征

子实体从地下的菌核上长出,俗称猪苓花。子实体有短的主柄,多次分枝,上生 10～100 朵扁圆形的菌盖,菌盖总直径可达 20 cm。菌盖圆形,宽 1～4 cm,中部脐状,有淡黄色的纤维状鳞片,近白色至浅褐色,无环纹,边缘薄而锐,常内卷,肉质,干后硬而脆。菌肉薄,白色。菌管长约 2 mm,与菌肉同色,下延。管口圆形至多角形,每毫米 3～4 个。菌柄白色,柔软,有弹性。孢子印白色,孢子无色,椭圆形或梨形,(7～10) μm×(3～4) μm,内有 1～2 μm 的大油球。菌核呈不规则块状,大小约为(2.5～4) cm×(3～10) cm,坚实。外皮层紫黑色,有多数凹凸不平之皱纹,内部白色。

6.2.1.2 生活条件

1. 营养条件

研究发现猪苓菌核的生长靠蜜环菌提供营养，蜜环菌侵入猪苓菌核，蜜环菌的代谢产物及侵染后期的菌丝体都成为猪苓的营养。菌丝纯培养可以利用葡萄糖、蔗糖、纤维素等碳源，蛋白胨是较好的氮源。

2. 环境条件

野生猪苓多分布于海拔 1 200～3 000 m 的次生林中，其中以桦木、枫树、柞木、柳树、山毛榉、栓皮栎等衰弱的老树或半腐朽的根株周围为多。生长地点为气候凉爽，土壤比较干燥、排水良好的砂壤土或砾壤土的坡地上。菌丝在 10～30℃都能生长，以 22～25℃最适宜。菌核在 8～9℃时开始萌发，18～22℃生长最快，超过 28℃生长受到抑制。土壤 pH 5～6、含水量 30%～50%的条件适宜猪苓生长。生长旺季空气相对湿度为 65%～85%。

6.2.2 栽培方法

猪苓喜欢生长在枫、桦、柞木的根际。但用枫、桦、柞的段木栽培却又不易成活。有人认为猪苓不是腐生菌，而是寄生菌，需寄生在活树上，所以难栽培。然而用活树栽培更不易成功。20 世纪 70 年代，人们发现野生猪苓绝大多数生长在带有蜜环菌的树根及腐殖质土层中，并认为猪苓是依靠蜜环菌来吸取自己生长发育所需要的养分，而蜜环菌则依靠鲜木、半朽木、腐殖质土层中的养分供自己生存。蜜环菌离开猪苓可以独立生存，而猪苓离开蜜环菌则自己不能生长发育。彻底弄清猪苓和蜜环菌之间的关系，将为猪苓的人工栽培提供新途径。

6.2.2.1 栽培场所

在海拔 1 200～3 000 m 的次生林中，选择气候凉爽、土壤比较干燥、排水良好的砂壤土或砾壤土的向阳坡地，周围有枫、桦、柞、栓皮栎等阔叶树木的地方作为栽培场所最佳。也可因地制宜的选择林荫下、葡萄架下、普通闲置平房、防空洞等场所。室内栽培时应予调配沙土和腐殖土按 3∶7 的比例混匀后使用。

6.2.2.2 栽培季节

除土壤冰冻无法下种外，其余季节均可实施栽培，尤以每年 5 月上旬至 6 月，当地温回升到 9℃以上最佳。

6.2.2.3 栽培技术

目前栽培猪苓离不开蜜环菌，一般可使用蜜环菌种直接伴栽，也可先培育菌材，然后播种猪苓。蜜环菌菌材有菌枝、菌棒和菌床等形式。

1. 菌材培育

(1)菌枝培养　选直径为 1～2 cm 的阔叶树枝条，先削去细枝、树叶，截成 6～10 cm 长的小段。然后将树枝浸泡在 0.25%硝酸铵溶液中 10 min，以便有利于蜜环菌生长。挖坑 30 cm 深、60 cm 宽、因地制宜地选择长度，先在坑底平铺一层薄树叶，然后摆放两层浸泡好的树枝段，覆盖一薄层腐殖土(以盖严树枝为准)。采挖野生蜜环菌索，或选无杂菌污染已培养好的菌枝或菌材用作菌种，摆在树枝上，覆土后在菌种上再摆两层树枝，之后再盖一层薄土，再摆放两层树枝段，如此反复摆放六七层，最后覆土 5 cm 厚，并覆一层树叶保湿，培育 40 天。

(2)菌棒培养　将直径 6～12 cm 阔叶树枝干锯成 40～80 cm 长的木段，在木段上，每隔 10～15 cm 砍一深至木质部的小口，将蜜环菌种接种于小口处。接种后的木段搭成井形架。

也可以按菌枝培养方法，将木段置于坑底，每层平铺100～200根木段，木段之间加入蜜环菌枝，用土填充空隙，共摆放4～5层，最上层覆土10 cm厚。

(3)菌床培养　一般于6—8月份或10月至翌年3月进行。先挖30 cm深、长度及宽度均为60 cm的坑，坑底铺一层树叶，摆放新鲜木段3～5根，其间距为3 cm，放菌枝3根，上面覆土10 cm。

2. 菌种准备

猪苓的菌核依其生长年限及成熟度，分为老苓、黑苓、灰苓、白苓4种。老苓、黑苓、灰苓均为商品苓，可直接入药或提取有效成分生产成药；栽培时，多用灰苓作种，有时也可用黑苓，白苓系新生的嫩苓，生活能力极差，一般不宜作种用。夏季采收猪苓后，将猪苓子实体晾干(切忌熏烤、曝晒和雨淋)，揉成粉末状，即制成孢子菌种。还可通过组织分离法繁殖三级菌种待用。

3. 接种

先将腐殖土壤翻耕，耙平，挖穴深30～50 cm。穴内放入3根培养好的菌材，将菌种接种在菌材间蜜环菌生长旺盛之处，并用树叶填充间隙。也可直接在底层菌材上放一层猪苓菌种，最后覆盖腐殖土或沙土。还可将培育好的菌床挖开，取出上面几层菌棒，将猪苓菌种直接铺于最下一层菌棒上，再用树叶填充空隙，然后按上述方法摆放菌棒和猪苓菌种，最后在顶层覆土30 cm。

4. 管理措施

栽培后，要适时遮阳控温，保持土壤湿润，旱季及时浇水，雨季注意排涝，并严防人畜践踏。

(1)温度管理　猪苓与蜜环菌生理特性相似，一般情况下，当温度达到12℃以上时，二者开始萌发，达到14℃时猪苓开始膨胀长大，蜜环菌才能够进入正常生长阶段；此后随着温度的提高，如达到26℃以上，二者的生长均受到抑制，达到30℃时，即进入高温休眠。据此进行合理调控，比如适量浇水、遮阴，将土壤温度控制在28℃以下。冬春季节则应覆盖柴草、秸秆或在栽培沟上搭盖塑膜等进行增温、保温，只要使土层内温度保持12℃以上，猪苓即可缓慢生长。

(2)水分管理　刚播种后不要即时用水，约1周后方可浇透水；此后，根据土质状况及气候状况，每7～10天浇一次水，使沙土湿润。注意春夏之交季节如有干热风、大旱天气等，则应加大浇水频率，并需每月至少灌透水一次，否则将因过度干燥使蜜环菌菌索生长缓慢、活力降低或死亡。

(3)保护管理　第一，遮阴管理。遮阴的主要作用一是降温，二是防止水分过量蒸发流失，如在室内栽培，不存在遮阴问题。但在山坡、果园及平地栽培时，则必须采取遮阴措施，主要方法：依靠原有树木的遮阴、种植长蔓型植物搭架遮阴、搭架后利用秸秆、杂草类遮阴、植草皮、直接在栽培沟上覆盖秸秆、柴草等。第二，蓄水、排水。野外尤其山坡栽培猪苓时，春季干旱时，应将栽培坑(沟)下游方向稍加围高，以利保存和利用水分，但当汛期雨水频繁且雨量较大时，则应将栽培坑稍加屯高，以免存水。第三，猪苓生长过程是其菌核的膨大过程，需要相应的土壤通气性，因此，应防止人畜践踏，尤其大牲畜的践踏，将使栽培坑下陷，既破坏了猪苓的生长微环境，又使之下凹积水。

(4)通风管理　该项管理主要针对地下室、防空洞之类场所，该类场所的最大不足之处是通气性差、湿度高且稳定，因此，应予定期通风，尤其夏季高温高湿季节，通风换气不仅排除其中二氧化碳等废气，而且还可降低湿度，从而为猪苓生长创造一个良好的条件。

5.采收与加工

猪苓有多年生的习性，一两年内产量不高，栽培3年以后进入繁殖旺盛时期。猪苓菌核全年都可以采收，以夏秋季采收为好。

色黑质硬的为老菌核，即商品猪苓。色泽鲜嫩的灰褐色或黄色猪苓，一般核体松软，可留做种核。在收获时要去老留幼，将已收获的猪苓菌核用刷子刷净沙土与杂质，不能用水洗，置于阳光下晒干或晾干，再放在阴凉通风处保存。

6.3 茯　苓

茯苓(*Poria cocos*)属担子菌门层菌纲非褶菌目多孔菌科卧孔菌属(*Poria*)。别名为茯灵、茯菟、不死面、松腴、松柏芋、松茯苓等。

茯苓皮为止咳、利尿药。治水肿，泻温热。内部白色部分泻热、利小便，生津止渴，退热安胎，宁心益气，而消烦躁。药理试验表明，茯苓有降低血糖及利尿作用，由茯苓精制而成的羧甲基茯苓多糖(钠)对慢性肝炎有显著的疗效。茯苓不但是一种著名的中药而且也是一种著名的食用菌。北京的茯苓夹饼、茯苓馅饼，福建泉州、厦门的茯苓糕，南平的茯苓饼干，福州的茯苓挂面，都是深受群众欢迎的名牌产品，并有一定的食疗价值。

我国从周朝开始人工栽培茯苓。过去都利用茯苓(菌核)作为接种材料，20世纪60年代开始使用纯菌种。目前，多采用段木栽培、树头栽培等方法。主要产区为湖北(罗田、英山)、湖南(绥宁、靖县)、广西(蒙山、滕县)、云南(楚雄)、安徽(霍山、岳西、金寨)、福建(尤溪、连城、永春)等地。

茯苓在我国主要分布于吉林、浙江、安徽、福建、江西、河南、湖北、湖南、广东、广西、四川、贵州、云南等省。朝鲜和日本也有分布。

6.3.1 生物学特性

6.3.1.1 形态特征

子实体无柄，生于菌核表面，平伏，厚0.3～1 cm，初白色，老后或干后变为淡黄白色。菌管长度几乎和厚度相等，管口多角形，大小不等，蜂巢状，直径0.5～2 mm，老时管口成齿状。孢子长方形至近圆柱形，有一歪尖，(7.5～8) μm×(3～3.5) μm。菌核球形，椭圆形，卵圆形，至不规则形，长10～30 cm，重量不等，小的0.5 kg左右，大者可至5 kg，生地下的松树根上，新鲜时软，干后硬，有深褐色多皱的皮壳，内部粉粒状，白色或淡粉红色。

6.3.1.2 生活条件

1.营养条件

自然状态下，茯苓多生于马尾松、黄山松、云南松、赤松等松树的根上，偶尔也可以在漆树、栎树、枞树、柏树、桉树、橘树、枫树、洋玉兰、桑树、毛竹、玉米秆上结苓。茯苓是一种腐生真菌，也有人认为茯苓具有一定的弱寄生能力，它生长繁殖所需要的碳素、氮素和矿物质都来源于朽木。

2.环境条件

(1)温度　茯苓对温度的适应范围较广，菌丝生长的温度范围为5～35℃，最适温度为

25～28℃；20℃以下，菌丝生长缓慢，在0～4℃的低温情况下，菌丝几乎停止生长。子实体分化的最适温度为24～26℃。菌核对极端温度的适应能力很强，自然界菌核暴露于土表的部分，即使在夏季烈日下暴晒也未见灼伤；而冬季气温低于－10℃时，也未见冻坏。但是菌核形成和发育则要求较高的温度，且变温有利于菌核形成。

(2)湿度　栽培茯苓时，菌丝体、菌核和子实体的生长发育都要求土壤有一定的含水量，土壤含水量过低生长缺水，过高则缺氧，10%～20%的土壤含水量比较适合茯苓对水分的需求。

(3)空气　茯苓是好气性真菌。栽培时需要注意土壤的物理结构，理想的栽培场所土壤含沙量应为70%左右，既可保水又可保证通气良好。

(4)光线　没有阳光照射的地方不宜栽培茯苓，苓场要背风向阳。

(5)酸碱度　茯苓喜欢偏酸性的环境。茯苓菌丝能在pH 3～7的环境中生长，但以pH 4～5.5为最适宜。

6.3.2 栽培方法

自然界茯苓生长所需的营养主要来自松树的根和干，栽培茯苓一般选用松树作为原料。树种以马尾松为主，黄山松、云南松、赤松、红松、黑松也可。生产上常采用段木栽培和树墩栽培两种方法栽培茯苓。

6.3.2.1 备料

1.准备段木

每年初冬砍伐松树后，立即修去树杈及削皮留筋，即沿树干周围每隔3～4 cm从基部至树梢削去宽3～4 cm的树皮，促使油脂溢出和水分散发，然后放在山上干燥。经半个月以后，将木料锯成长约80 cm的小段，然后就地在向阳处叠成“井”字形，待敲之发出清脆响声，两端无松脂分泌时即可使用。这时段木的含水量约20%。

2.准备树墩

即利用伐木后留下的树墩作材料。在秋、冬季节伐松树时，选择直径12 cm以上的树桩，将周围地面杂草和灌木砍掉，深挖40～50 cm，让树桩和根部暴露在土外，然后在树桩上部分别铲皮4～6行，留下4～6条宽3～6 cm的树皮。待树墩得到充分暴晒至干透，用草将树墩盖好，防止降雨淋湿。

6.3.2.2 选地挖窖

1.选地

选择排水良好的向阳缓坡地，土质深厚、疏松的砂质壤土为好。黏土、透气性差的土壤不宜采用。最好选生荒土或放荒3年以上的庄稼地，栽过茯苓的地块应放荒5～10年方可再种。

2.挖窖

挖窖时间一般在12月下旬至翌年1月底进行。先清除场地的草根、杂木墩、石块等杂物，然后依段木的规格沿等高线顺坡向挖窖。窖形为长方形(长度视段木长短而定)，深20～30 cm，宽30～50 cm，窖地按坡度倾斜，清除窖内杂物。挖出的土也要保持清洁。场地沿山坡两侧开沟以利排水，如坡度较陡，需在坡顶筑坝拦水。

3.下窖与接种

下窖接种时间在春分至清明前后进行。下窖应选连续晴天土壤微润时，把干透心的段木按大小搭配下窖，一般每窖两至多段。细料应垫起与大料一样高，两节段木留皮处应紧靠，使铲(削)皮成“V”形,便于接种。

茯苓菌种用长 1.2 cm、宽 0.2 cm、厚 1.0 cm 的小松木块为材料制作。接种时在两段木的上半部分用利刀削成 15 cm×10 cm 的新口,然后用消毒过的镊子将菌种瓶内的菌种(长有白色菌丝的松木块)取出,平摆在两段木间的新口处,并加盖松木片或松针,覆土 10~15 cm,整个窖面成龟背形。

利用树墩栽培茯苓则于树墩上削 2~3 个新口,然后将菌种分别接种在新口处,盖上松片或松针,覆土高出树墩 15~18 cm。

6.3.2.3 田间管理

1.查窖补种

段木接种 7~10 天,便长出白色的茯苓菌丝,检查时若发现段木上不长菌或污染杂菌应立即进行补缺。方法是将窖的盖土扒开,露出段木,取去一段,从菌丝生长旺盛的窖中取出一段补上,然后将土覆回;或是将窖内的段木全部取出,晒去水分,再将段木重新削口,放回原窖用菌种接种。

2.培土

茯苓形成菌核(结苓)后,苓体不断增大或因大雨冲刷表土层而露出土面,使茯苓停止生长。故要勤检查,如发现窖土裂开或苓体露出,要及时用细土覆盖,同时还应注意拔除杂草和防止人畜进入地内踏踩。

3.排涝抗旱

茯苓忌湿,雨后应及时修沟排水,以利土壤通气。旱时培土保墒。旱情严重时要扒开窖顶表土灌水抗旱。

4.病虫害防治

害虫主要是白蚁,危害严重。从备料、清场到接种各个环节都要采取措施驱杀白蚁,如施用灭蚁灵等。茯苓的主要病害是腐烂病,患病菌核流出黄色汁液,这是由排水不良或收获太迟引起的。因此茯苓生长后期要密切注意苓场排水情况,若雨水过多或降雨过密,排水沟底要低于窖底 10 cm,并注意及时收获。患病苓窖应提前收获,以免传染。

6.3.2.4 采收加工

1.采收

茯苓一般在接种后 8~10 个月内成熟。茯苓成熟的标志是:苓场表土不再出现龟裂,茯苓皮色变深并不再出现新的白色裂纹,松木养分已耗尽,一击即碎。茯苓一旦成熟,应立即采收。通常是小段木先成熟,大段木后成熟。成熟一批收获一批,不宜拖延。

2.加工

将采收的茯苓堆放在室内避风处,用稻草或麻袋盖严使之发汗,析出水分,再摊开晾干至表皮皱缩呈褐色时剥下外表黑皮(茯苓皮)。选晴天切成长 4 cm、宽 4 cm、厚 0.5 cm 的薄片,摊在竹席或竹筛上晒干。以足干,去净外皮,成正方形块,厚薄均匀,白色者为优质成品。

6.4 猴 头

猴头(*Hericium erinaceus*)属担子菌门层菌纲非褶菌目猴头菌科猴头菌属。别名为猴头蘑、刺猬菌、花菜菌、对脸蘑、喝拉巴(藏名)等。

猴头是我国著名的食用、药用真菌。其样式诱人,肉质鲜嫩可口,被誉为“山珍”,长期以来与熊掌、燕窝、鱼翅齐名。猴头菌营养丰富,每 100 g 干品中含有蛋白质 26.3 g,脂肪 4.2 g,碳水化合物 44.9 g,粗纤维 6.4 g,磷 85.6 mg,铁 18 mg,钙 2 mg。还含有维生素 B_1、维生素 B_2、胡萝卜素。

猴头菌性平味甘,有利五脏,助消化,滋补身体等功效。猴头子实体内的多糖体和多肽类物质,可以提高机体免疫功能,且对小白鼠肉瘤 180 有明显的抑制作用。国内已用猴头菌菌丝体制成口服“猴头片”,用于治疗胃溃疡、十二指肠溃疡、慢性胃炎、慢性萎缩性胃炎,对胃癌、食道癌也有一定疗效。

在我国猴头菌主要分布于黑龙江、内蒙古、吉林、辽宁、山西、河北、河南、甘肃、四川、广西、河南、湖南、云南、西藏等地。日本、欧洲以及北美洲也有分布。

野生猴头菌多生长在深山密林中的栎类及其他阔叶树的主木、倒木上,并引起木材白色腐朽。

6.4.1 生物学特性

6.4.1.1 形态特征

子实体肉质,块状或头状,宽 5～10 cm,新鲜时白色,干后浅黄至浅褐色,基部狭窄或略有短柄,有密集下垂长刺,刺针形,长 1～3 cm。子实层生刺周围,孢子无色光滑,球形或近球形,有油滴,(6.2～7.0) μm×(5.4～6.2) μm。

6.4.1.2 生活史

担孢子在适宜的条件下,萌发形成单核菌丝,它存在的时间较短。当两条性状不同的单核菌丝相遇时,便结合成具有两个细胞核的双核菌丝。双核菌丝粗壮,从基质中吸取营养建造自身,直至生长到一定阶段。在条件适宜时,菌丝便扭结形成原基,继而发育成猴头菇子实体。子实体成熟后,又产生新一代的孢子,完成其生活史。在不良的环境条件下,双核菌丝会形成厚垣孢子。当环境条件改变后,厚坦孢子又重新萌发成为双核菌丝。

在自然条件下,着生于朽木上的猴头菇要经过一年才能完成其生活史。在人工代料栽培条件下,3 个月左右就能完成其生活史。

6.4.1.3 生活条件

1.营养条件

猴头属木腐菌,在自然界靠分解朽木获得营养。它所需要的营养物质同其他食用菌一样,主要有碳素、氮素、矿质元素和维生素等。在代料栽培中,碳素物质主要从木屑、棉籽壳、玉米芯、农作物的秸秆、单糖、双糖、有机酸和醇类等原料中获取。氮素物质主要从主料的蛋白质中、辅料中(麸皮、米糠、豆饼、玉米粉等)获取,维生素也从栽培料中获取。在培养料中加一些石膏、磷酸二氢钾等无机盐可以满足猴头对矿质元素的需要。

2.环境条件

(1)温度　猴头菇属于中低温结实性菌类,不同生长发育阶段所需温度有所不同。菌丝体生长温度范围 6～33℃,适宜温度 22～25℃。低于 16℃或高于 30℃菌丝生长缓慢,低于 6℃时菌丝生长停止,高于 30℃后菌丝易老化,超过 35℃完全停止生长。子实体生长的温度范围为 12～24℃,适宜温度为 16～20℃,超过 25℃时子实体生长受到抑制,温度低于 16℃时子实体变成微红色，生长缓慢。温度偏高，子实体生长快，但个体小，菌刺长；温度偏低，子实体较大，菌刺短，品质好。经代料栽培和人工定向培育后，子实体形成和生长的温度幅度更广，适应性更强。

(2)水分和湿度　在菌丝生长阶段，培养料的含水量65%左右、空气相对湿度60%～70%为宜；子实体生长发育阶段，空气相对湿度保持在85%～90%为宜，此时子实体生长比较快，而且洁白。子实体生长阶段，如果空气相对湿度偏低，子实体表面就会失水，菇体干缩，变黄，菌刺短，伸展不开，产量低；如果空气相对湿度高于95%，通气不好，菌刺粗，个体小，易出现分枝，产生畸形菇，也易感染杂菌。

(3)空气　猴头菇属好气性菌类，但不同生长发育阶段需氧情况有很大差异。菌丝生长阶段能忍受0.3%～1%或更高浓度的二氧化碳，但以较低二氧化碳浓度条件下生长迅速和健壮。子实体形成和生长阶段需氧量大，对二氧化碳极为敏感。通气不良，二氧化碳含量高，子实体不易分化，或产生分枝，菇柄拉长，菌刺弯曲；通气良好，二氧化碳含量低，容易形成子实体，产量高，质量也好。

(4)光线　猴头菌丝生长阶段基本不需要光线，但原基形成和子实体生长均需要光线。在充足的散射光条件下，子实体生长健壮而洁白，但光照过强子实体发红，质量下降，产量也会受到影响。菌刺生长有明显的向地性，子实体形成后不易过多地改变容器方向，以免形成卷曲状的菌刺，影响质量。

(5)酸碱度　猴头菌菌丝生长和子实体生长发育阶段均需酸性环境条件。菌丝生长阶段以pH 3.6～5.5，子实体生长阶段以pH 4.0～5.0为宜。若pH大于7.0或小于3.0，菌丝和子实体生长不良。为了保持菌丝和子实体生长阶段能有比较适宜的酸碱环境，根据培养料经灭菌后pH下降0.5左右的特点，拌料后的pH最好为6.0左右。

6.4.2 栽培技术

目前猴头菇代料栽培通常采用袋栽和瓶栽两种方法。

6.4.2.1 袋栽

塑料袋栽培猴头菇，具有生长周期短，菇朵大，产量高，操作简便，成本低、收益高等特点。袋栽猴头菇每朵鲜重130～150 g，最大朵达300 g，管理得当可采收2～3潮。袋栽法适用于大面积栽培。

1.培养料配制

培养料要选择无霉变、无害虫的新鲜材料。拌匀后的培养料含水量为65%左右。常用培养料配方为：

①杂木屑78%，麸皮20%，糖1%，石膏1%，水适量；

②木屑70%，麸皮25%，糖1%，石膏2%，过磷酸钙2%，水适量；

③木屑70%，豆秸粉17%，麸皮10%，大豆粉0.7%，糖0.8%，石膏0.8%，磷肥0.5%，磷酸二氢钾0.15%，硫酸镁0.05%，水适量；

④棉籽壳90%，麸皮8%，蔗糖2%，水适量；

⑤棉籽壳78%，麸皮20%，石膏1%，碳酸钙1%，水适量；

⑥甘蔗渣78%，麸皮20%，石膏2%，水适量；

⑦玉米芯27%，木屑28%，棉籽壳27%，麸皮16%，蔗糖1%，石膏1%，水适量；

⑧玉米芯 50%，棉籽壳 30%，麸皮 18%，蔗糖 1%，石膏粉 1%，水适量。

2. 装袋

袋栽多用聚丙烯塑料袋，规格不一，有 12 cm×33 cm，17 cm×33 cm，15 cm×55 cm，13 cm×27 cm 等。以 17 cm×33 cm 的料袋为例，每袋装干料 0.35～0.40 kg。将培养料分 3 次装到袋内，每次都要用手压一下，松紧适度，装完 3 次后，料高 12～14 cm，然后用 2 cm 粗木棍在料中心扎一个孔至袋底；也可用装袋机装料。用瓶口大小的塑料颈圈套上袋口，做成瓶口状，用橡皮筋扎住，在瓶口处塞上棉塞即可。也可用无棉塑料盖封口。

3. 灭菌

将料袋装入周转筐后搬入灭菌锅内灭菌。当温度达到 100℃后，保持 10 h，温度降到 70～80℃时出锅，搬入接种室。

4. 接种

在料温降至 25℃时即可接种。接种要在无菌条件下进行。塑料袋栽培可从袋口处接种，一瓶三级种可接种 30 个左右 17 cm×33 cm 的栽培袋。接种之前将菌种瓶表面用 0.2%高锰酸钾液消毒，然后将菌种表面老菌种去掉，将露出的新鲜菌种用接种钩弄成玉米粒大小的碎块。接种时，先将菌种尽量塞入料中心的孔内，再将菌种均匀地覆盖在培养料表面，塞上棉塞。

5. 发菌管理

将菌袋立放在发菌室培养架上发菌，培养室温度维持在 22～25℃，空气相对湿度保持在 65%左右，每天中午通风换气 2 h 左右，室内光线要暗，经过 2～3 天，菌丝开始萌发，颜色变白，5～6 天后菌丝量增加，开始向四周蔓延。7 天后，检查栽培袋，若有杂色出现，如黑色、绿色、橘红色等杂菌污染，应予淘汰。接种 10 天以后，菌丝生长逐渐加快，新陈代谢旺盛，培养料内温度增高，此时要加强通风降温。

6. 出菇管理

经过约 40 天的培养，菌丝长满袋即进入出菇阶段。不同菌株出现原基的时间不一，有的在菌丝长至袋的 1/2 后即可出现原基，而有的则要长满袋以后才能出现原基。

(1)菌袋的排放　进入出菇阶段后，将菌袋移入出菇室，立放于架床上。当培养料表面的菌丝体开始扭结，呈现白色凸起时，即进入了子实体发生阶段。猴头菌发生初期，去掉袋口棉塞，将颈圈下移至料面处，用橡皮筋固定住，让子实体从环中向外生长发育。

(2)温度调节　根据子实体生长温度 12～24℃，适宜温度 16～20℃的特点，温度尽量控制在 16～20℃范围内，即使是依靠自然气温出菇，在安排出菇季节时的最低气温不要低于 12℃，最高气温也不要超过 25℃。

(3)湿度调节　猴头菇生长主要利用培养料内的水分，而空气湿度只是提供一个生长环境，吸收利用的量很少，所以不能直接向菇体喷水，而只能向空中喷水，使空气相对湿度保持在 85%～95%。每天喷水数次，如果空气相对湿度超过 95%，易引起杂菌污染，可减少喷水次数和加强通风，如果湿度偏低，菇体会干缩，则应增加喷水次数或适当减少通风次数。

(4)通风换气　猴头菌子实体生长期间，出菇室必须保持空气新鲜，每天需通风换气几次，气温低时可在中午通风换气，气温高时可在早晚通风换气。如果通风不良，菇房内二氧化碳浓度高，如含量达到 0.5%～1%时，将会刺激菌柄分化和分枝，出现似珊瑚状的子实体。

(5)光线调节　猴头菌子实体生长期间，需要散射光。如果光线过弱，会形成畸形菇，但也不能使阳光直射子实体。

6.4.2.2 瓶栽

瓶栽猴头菇管理方便，成功率高，质量也比较好，瓶栽费工，成本高，且产量低。

1. 装料和灭菌

使用 750 mL 的菌种瓶，口径 3～5 cm；将前述拌好的料装入瓶内，边装边压实，装至瓶肩处，压平料面，用 1.5 cm 粗的木棍在料中心扎一个孔至瓶底，然后用两层牛皮纸盖住瓶口，用橡皮筋扎住。装瓶后置高压灭菌锅内或土蒸锅内灭菌。

2. 接种和发菌

料温降至 25℃时接种，将封盖瓶口的牛皮纸揭开，先把新鲜菌种（去掉老菌皮的菌种）接入瓶内的孔中，再在料面覆盖一层菌种，尽量摇散盖住料面，用前面揭开的牛皮纸封口，送入发菌室内培养。

3. 出菇管理

瓶栽出菇可以立放，也可以横放。瓶内培养料表面有原基时，不要急于去掉封口纸，只有瓶内菌丝全部长满，原基已有蚕豆大小或核桃大小时，才可除去封口纸。必要时除掉第一批幼小菇蕾，则下一批菇特别健壮和朵大。如果是竖起瓶子出菇，在去掉封口纸后，应盖上报纸，以免喷水时水滴落入瓶内；若是横卧瓶子出菇，则不用盖报纸，但垛顶应盖报纸，以免水珠落到菇体上。瓶栽比袋栽失水少，因此空气相对湿度控制在 85%～90%即可。

6.4.2.3 采收和加工

适时采收也是提高产量和质量的主要环节之一。如果采收过早，子实体未充分生长，产量低，效益差；采收过迟，菌刺过长，孢子大量散发，子实体变得疏松，发黄、苦味浓，品质和食用价值都下降。在菌刺长 0.5～1.0 cm 时，孢子弹射之前即可采收，菌刺长超过 1.0 cm，品质下降，苦味浓，是过熟的标志。

采收时，一手握住菌瓶（袋），一手抓住子实体基部轻轻拔下，也可用锋利的弯刀割下，但瓶内不能留过长的菌柄，以免影响下批子实体的生长。采菇后，如果瓶内失水过多，可以适当注入水分，一般 15～20 天可出下潮菇。

采收后须割掉过长的菇柄，然后分级，再放到竹帘或席子上，在阳光下晒 1～2 天，翻转至晒干。利用阳光晒干的猴头菌颜色好，食用时浸水能恢复原形。干制的菇体放入符合规定的塑料袋内，存放在干燥通风处，以防霉变腐烂和虫蝇咬食。

6.5 蛹 虫 草

蛹虫草（*Cordyceps militaris*）属子囊菌门核菌纲球壳目麦角菌科虫草属。别名为蛹草、北冬虫夏草、北虫草。

蛹虫草与冬虫夏草（*C. sinensis*）同归于虫草属，是一种珍贵药材，药效类似冬虫夏草，具有治疗肺结核、止血化痰、补精髓、抑制癌细胞、延缓衰老、提高免疫力等功能。它富含蛋白、氨基酸以及多种微量元素及维生素、虫草酸等有效成分。

蛹虫草主要分布于辽宁、吉林、黑龙江、河北、安徽、福建、广西、陕西、云南等地。欧洲和北美洲也有分布。

6.5.1 生物学特性

6.5.1.1 形态特征

子座单生或有时数个，从寄主头部发出，有时从节上发出，橙黄色，全长 2～5 cm，大多不分枝。头部棒形，长 1～2 cm，粗 0.3～0.5 cm。子囊壳外露，近圆锥形，(400～570) μm×(250～325) μm。子囊(150～300) μm×(4～5) μm。孢子直径 1 μm，断为长 2～3 μm 的小段。

6.5.1.2 生活条件

1. 营养条件

自然界蛹虫草在春夏季发生于阔叶林或混交林地上或树皮缝内的鳞翅目昆虫的蛹上。人工栽培时，蛹虫草可利用的碳源有葡萄糖、蔗糖、麦芽糖、淀粉、果胶等，其中尤以葡萄糖、蔗糖等小分子糖类的利用效果最好；可利用的氮源很多，有机氮如氨基酸、蛋白胨、豆饼粉、蚕蛹粉等，无机氮主要有氯化铵、硝酸钠、磷酸氢二铵等，有机氮的利用效果较好；矿质元素主要为磷、钾、钙、镁等元素。一般通过添加无机盐类来满足蛹虫草对矿质元素的需求。虫草菌丝不能合成必要的维生素，适当加入维生素 B_1 有利于菌丝的生长发育。

2. 环境条件

(1)温度　菌丝生长温度范围为 6～30℃，低于 6℃极少生长，高于 30℃停止生长，甚至死亡，最适生长温度为 18～22℃；子实体生长温度范围为 10～25℃，适宜温度为 20～23℃；原基分化时需较大温差刺激，一般应保持 5～10℃的温差。

(2)水分和湿度　水分是蛹虫草菌体细胞的重要组成部分。菌丝生长阶段，培养基含水量保持在 60%～65%，空气相对湿度保持在 60%～70%；子实体生长阶段，空气相对湿度保持在 80%～90%。要注意对培养基适时补充水或补充营养液。

(3)空气　蛹虫草需要少量空气。但在子实体发生期要适当通风，增加新鲜空气。否则，二氧化碳积累过多，子座不能正常分化，影响生长发育。

(4)光照　孢子萌发和菌丝生长阶段不需要光照，应保持黑暗环境。但转化到生殖生长阶段需要明亮的散射光，光照度为 100～240 lx。适合的光照强度下，菌丝色泽深，质量好，产量高。

(5)酸碱度　蛹虫草为偏酸性真菌，菌丝生长最适 pH 5.2～6.8。但在灭菌和培养过程中 pH 要下降。所以在配制培养基时，应调高 pH 1～1.5，加入 0.1%～0.2%的磷酸二氢钾或磷酸氢二钾有缓冲 pH 的作用。

6.5.2 栽培方法

目前，蛹虫草的培养方法大致分为两类，一类是用蚕蛹直接培育蛹虫草，另一类是用人工配制的培养基代替蚕蛹培育。

6.5.2.1 蚕蛹培育法

用蚕蛹培育蛹虫草，周期短，成功率高，成本低。从接种到子座成熟需 35～45 天，蛹虫草菌的感染率及子座长出率均达 95%以上，从蚕蛹中长出的蛹虫草子座外观同野生蛹虫草几乎无任何区别。

1. 前期准备

(1)菌株的筛选　蛹虫草菌经活蛹体多次复壮后筛选出对蚕蛹致病力强、易形成子座的菌株。

(2)孢子悬液制作　蛹虫草菌在含有蛋白质的培养基上，在22℃和室内自然光线下培养形成大量分生孢子，挑取分生孢子用无菌水制成孢子悬液。

(3)寄主选择　家蚕或蓖麻蚕上蔟后用烟熏消毒，1周后剖茧取蛹，剔除病蛹和不良蛹，选适当发育时期的健壮蛹作寄主，或直接取上蔟前的5龄后期幼虫作寄主。

2. 接种和管理

将孢子悬液接种于寄主上，并保护寄主直至僵硬，然后将僵硬的蛹，在模拟蛹虫草的生态条件下培养至子座成熟。

(1)接种　用针蘸取孢子悬液，刺入蛹体，每头刺一针。

(2)定殖培养　感染后的蛹体平摊于蚕匾或类似的筐内，在适当温度下保护到蛹体僵硬，剔除败血蛹。

(3)子座培育　在模拟蛹虫草的生态环境下培养僵硬的蚕蛹至子座成熟。其方法是采用多孔的材料(如煤渣、碎海绵等)覆盖在僵硬的蛹体上，在适当温湿度、室内自然光线条件下培养。

(4)子座的定向成长　为使子座长而硬，克服蛹体长出的子座多而细的缺点，将僵硬的蛹头朝上，插入有孔易保湿的材料(如蜂窝煤或预先打好孔的海绵)上进行培养。

3. 采收

蛹虫草成熟后，挖出清洗。整理好子座，采用冷冻干燥或在60℃的温度下烘干，然后包装，保存在阴凉干燥处。

6.5.2.2　人工培养基培育法

此法以500 mL罐头瓶为栽培容器，原料采用大米、玉米渣或高粱米等谷粒做主料，配入少量鸡蛋清或蚕蛹粉做辅料，材料易得，操作简便。

1. 装料、封口、灭菌

以大米培养基为例：每瓶加30 g大米和45 mL营养液(每100瓶用量为：100 g蚕蛹煮出液，500 g鸡蛋，0.3 g硫酸镁，0.6 g磷酸二氢钾，9片维生素B_1，加水配溶液至4 500 mL，调pH至7)，用12 cm×12 cm×0.04 cm聚丙烯塑料盖住瓶口，上面加两层报纸，然后用线绳封口。在1.2～1.3 kg/cm^2压力下灭菌1.5 h，冷却到25℃以下接种。

2. 接种培养

在无菌室内按常规无菌方法将菌种接入瓶内(固体菌种接种块约1 cm见方，液体菌种接种量5～10 mL)。避光，保持空气新鲜，温度20～24℃下培养，20天左右，白色绒毛状菌丝长满培养基。

3. 诱导子座形成

当瓶内菌丝由白色逐渐转为橘黄色，表面有小突起时，将培养瓶移入温度在18～22℃，有充足散射光的环境中培养。此时，去掉封口上的报纸，在塑料膜上扎数个小孔，提高培养环境相对湿度到85%左右。

4. 采收

当子实体长高至5～8 cm，末端不同程度膨大呈棒状，颜色较深时即成熟，便要采收。采收后每瓶加入清水或营养液5 mL，盖好薄膜，继续培养，约两周后可再发生子座，采收后的鲜品应及时烘干或阴干，闭光、密封保存。

思 考 题

1. 食用菌和药用菌有什么区别?
2. 试述灵芝的生物学特性和段木栽培方法。
3. 查阅资料,谈一谈茯苓在食品、药品等行业的应用状况。

第7章 其他食用菌的栽培技术简介

7.1 白灵菇

白灵菇(*Pleurotus nebrodensis*)又名翅鲍菇、白阿魏菇、阿魏蘑菇，以形似灵芝而得名。是20世纪90年代以来我国规模化栽培的一种珍稀食用菌。在我国，野生白灵菇仅分布于新疆伊犁、塔城、阿勒泰、托里和木垒等地区，因其腐生或兼性寄生在伞形科多年生药用植物阿魏或刺芹植物的根茎上，在新疆地区又被称为阿魏蘑、天山神菇。后经新疆科技人员驯化栽培成功，目前在我国北方广泛栽培，是我国具有自主知识产权和明确原产地的品种。白灵菇分类上属于担子菌门伞菌目侧耳科侧耳属，学名白灵侧耳，是侧耳属中最具烹饪价值的一种菇类。

白灵菇营养丰富、肉质细嫩、香味浓郁、味美可口，具有较高的食用价值，被誉为"草原上的牛肝菌"，颇受消费者的青睐。据报道，白灵菇子实体含蛋白质14.7%、脂肪4.31%、灰分4.8%、粗纤维15.4%、碳水化合物43.2%、多糖19%，人体所必需的氨基酸含量占氨基酸总量的35%。因此，白灵菇是一种高蛋白、低脂肪、富含维生素、氨基酸及矿质元素的优质食用菌。同时，白灵菇还具有较高的药用价值，现代药理学研究表明，白灵菇多糖可有效提高人体的免疫力，具有抗病毒、抗肿瘤、降低胆固醇含量、防止动脉硬化等功效。

白灵菇除鲜销以外，还可以加工成罐头、干品、速冻、盐渍等产品，或深加工为保健营养品、休闲食品、调味品及饮料添加剂，极具开发潜力，市场前景广阔。

7.1.1 生物学特性

7.1.1.1 形态特征

白灵菇子实体单生或丛生，(3～13) cm×(0.3～6) cm，菌盖贝壳状，后平展，中部下凹呈浅歪漏斗形，菌肉肥厚，边缘渐薄，内卷、白色。菌褶近延生，密、不等长、浅黄色。菌柄中生或偏心生，菌柄很短或近无柄，基部较细，白色。孢子长椭圆形至椭圆形，无色光滑，孢子印白色。

7.1.1.2 营养及环境条件

1.营养

白灵菇是一种腐生菌，有时也兼有寄生的性质，在自然界中主要发生于阿魏或刺芹植物的根茎上。人工栽培可利用的原料主要有棉籽壳、玉米芯、阔叶树的木屑、粉碎的棉柴、甘蔗渣等，辅料可用麦麸、米糠、玉米粉等。

2.温度

白灵菇是一种低温和变温结实性的食用菌。菌丝生长的最适温度为25～28℃，温度高于35℃、低于5℃菌丝停止生长。子实体分化温度为0～13℃，子实体生长发育的温度范围是5～18℃，最适温度为7～13℃。子实体形成对温差比较敏感，温差刺激可促进子实体形成。

3.湿度

菌丝体生长阶段适宜的基质含水量为60%～65%。子实体发育要求空气相对湿度在80%～95%。

4.光线

菌丝生长不需要光线，但子实体原基形成、分化和生长阶段需要一定的散射光。一般在300～600 lx光照条件下，子实体发育正常。

5.空气

菌丝体与子实体的生长发育需要新鲜的空气，尤其是子实体形成和发育阶段。在通风不良或氧气不足的菇房中，容易产生畸形菇和长柄菇，影响商品价值。

6.酸碱度

白灵菇菌丝可在pH为5～11时生长，最适pH为6.5～7.5。

7.1.2 栽培技术

7.1.2.1 栽培季节

我国目前栽培的白灵菇品种以低温型的居多。自然季节可利用塑料大棚、半地下菇棚、各类菇房等场地进行栽培。我国北方地区一般可在8—9月份制作栽培袋，11月份开始出菇，一直到翌年4月。南方沿海地区气候较温和，冷凉时间短，昼夜温差小，可在12月至翌年2月出菇。工厂化栽培依靠制冷设备，利用专用栽培设施，可实现周年生产。

7.1.2.2 培养基配制

白灵菇主要栽培配方：

①棉籽壳78%，麦麸15%，玉米粉5%，糖1%，碳酸钙1%。

②杂木屑40%，棉籽壳40%，麦麸10%，糖1%，玉米粉8%，石灰粉1%。

③棉籽壳62%，玉米芯25%，麦麸10%，石膏1%，石灰1%，过磷酸钙1%。

④木屑80%，麦麸15%，玉米粉3%，石灰1%，过磷酸钙1%。

上述配方任选一种，将原辅材料加水拌匀，含水量控制在60%～65%。塑料袋规格为15 cm×34 cm或17 cm×35 cm。装袋、灭菌、冷却按常规。

7.1.2.3 接种

灭菌后的菌袋冷却至25℃以下时即可接种。接种要选择空气清洁、湿度较小的天气，并且根据接种规模的大小选择接种箱或接种帐进行。使用前用紫外灯、气雾消毒盒或高锰酸钾加甲醛熏蒸消毒。接种时要在酒精灯火焰附近操作，一端或两端接种。

7.1.2.4 发菌

将接种后的菌袋移至预先打扫干净、彻底消毒的培养室。可进行层架或堆叠式培养，堆叠式培养层数不宜过多。气温高时可摆放4层，气温低时可摆放6层，垛与垛之间应留有60 cm左右的人行道。培养室温度控制在23～25℃，空气相对湿度控制在70%以下，保持通风，每隔

10～15天进行翻堆检查。气温较高时要注意控制培养室内温度,尽量不要超过33℃,防止烧菌。白灵菇的发菌期大约为40天即可长满菌袋。

7.1.2.5 后熟处理

白灵菇菌丝长满袋后不能立即出菇,此时菌袋松软,菌丝稀疏,必须在温度20～22℃、湿度70%～75%的环境下再培养30～40天,达到菌丝浓白,菌袋坚实,这个过程称为菌丝后熟。菌丝经后熟处理后才能正常出菇,若后熟期温度太低,则培养时间要延长。菌丝生理成熟后要进行搔菌,诱导出菇。方法是打开袋口将表面的菌膜和残存老化的菌种块清除,露出新料,18～20℃恒温培养3～5天后,菌丝恢复生长,再进行低温催蕾处理。

7.1.2.6 低温诱导催蕾

白灵菇属于变温型出菇的菌类,菌丝体生长达到生理成熟后,需要变温或低温处理才能够出菇。18～20℃恒温培养3～5天后,菌丝恢复生长,进行催蕾处理,目前常用的诱导菇蕾的方法是在0℃处理7天,或在0～13℃的出菇棚内保持昼夜温差10℃以上处理10～15天,菌袋料面会出现原基。不经过低温或变温处理的菌袋,一般不出菇或出菇甚少。

7.1.2.7 出菇管理

出菇管理的要点是疏蕾,同时控制温度、湿度、通风和光照条件。当原基形成并长到1～2 cm大时,可以进行开包处理,保持空气新鲜,同时要进行疏蕾,两端出菇的菌袋,每端选择1个菇形好的幼菇保留。疏蕾后,菇棚保持12～15℃,温度过高,影响菇质;温度过低,生长缓慢,畸形菇增多。保持空气相对湿度80%～90%,喷水时应向空中、墙壁或地面喷雾化水,尽量不要直接向子实体上喷水。喷水后要加大通风,为子实体生长发育提供充足的氧气。给予一定的散射光,光照强度一般控制在300～600 lx,这样长出的菇体肥厚,菌柄短,色洁白。一般从原基出现到子实体成熟,在适温条件下需要12～15天,白灵菇菌盖展开,边缘还保持内卷、孢子尚未弹射时,菇片七八分成熟即可采收。

7.1.2.8 采收及采后管理

工厂化生产的白灵菇一般只采一潮菇,生物转化率50%左右。采收后的菌袋注水或覆土,管理得当,可再长一潮菇。采收完白灵菇的菌渣养分还很充足,适当补充营养并进行堆制发酵后,可栽培鸡腿菇、金针菇、平菇、毛木耳等。

7.2 杏 鲍 菇

杏鲍菇(*Pleurotus eryngii*)又名刺芹侧耳,因其具有杏仁的香味和菌肉肥厚如鲍鱼的口感而得名。分类上属于担子菌门伞菌目侧耳科侧耳属。在我国,野生杏鲍菇主要分布在新疆、青海和四川等地区,从20世纪90年代初开始试验栽培,2000年前后开始生产性栽培。

杏鲍菇营养丰富,肉质肥厚,质地脆嫩,菌柄组织致密、结实、乳白,口感脆滑、爽口,有"平菇王"、"干贝菇"之称。经常食用杏鲍菇,可降低人体血液中的胆固醇含量,同时还具有降血脂、促进胃肠消化、增强机体免疫能力、防止心血管病等功效,极受人们喜爱。是集食用、药用、食疗于一体的珍稀食用菌新品种。

7.2.1 生物学特性

7.2.1.1 形态特征

杏鲍菇菌丝白色，初期纤细，逐渐浓密蔓延，有锁状联合。子实体单生或群生。孢子椭圆形至近纺锤形。菇盖宽 2～13 cm，幼时呈弓圆形，成熟时中央浅凹至漏斗状、圆形至扇形，表面有丝状光泽，平滑、干燥，幼时淡灰墨色，成熟后呈乳白色，中心周围常有近放射状墨褐色细纹。菌盖幼时内卷，成熟后逐渐平坦。菌褶向下延生，密集、略宽、乳白色，边缘及两侧平滑，有小菌褶，孢子印白色。菌柄(4～12) cm×(0.5～3) cm，偏生至侧生，呈球形棍棒状，上端较细，中实，横切面圆形，色乳白，肉质纤维状，菌肉具杏仁味，无菌环或菌幕。

7.2.1.2 营养及环境条件

1.营养

杏鲍菇是一种分解纤维素、木质素能力较强的食用菌，生长发育要求丰富的碳源和氮源。目前栽培效果较好的主料有棉籽壳、木屑、废棉、甘蔗渣、玉米芯等，辅料有麦麸、米糠、玉米粉等。其中主料以棉籽壳产量最高，朵形大，风味好。

2.温度

杏鲍菇属于中低温种类，菌丝生长的适宜温度是 25℃左右，原基形成的适宜温度是 12～15℃，子实体发生的温度范围在 8～20℃，最适温度为 12～17℃，温度超过 18℃，子实体产量和质量均下降。

3.湿度

菌丝生长阶段培养基质适宜含水量在 62%左右，空气相对湿度要求在 60%左右。子实体形成阶段空气相对湿度要求 90%～95%，子实体生长发育阶段的空气相对湿度要求 85%～90%。

4.光线

菌丝生长阶段不需要光线，子实体形成和发育阶段需要散射光，适宜的光照强度是 500～1 000 lx。

5.空气

杏鲍菇属好气性真菌，菌丝体生长和子实体发育都需要充足的氧气，因此，菇房要经常通风换气，保证氧气充足。

6.酸碱度

菌丝生长最适 pH 为 6.5～7.5，出菇阶段的适宜 pH 为 5.5～6.5。

7.2.2 栽培技术

7.2.2.1 栽培季节

目前国内杏鲍菇栽培分为季节性自然栽培和工厂化周年设施栽培。传统的季节性栽培受自然条件影响较大，我国幅员辽阔，气候多样，不同地区必须根据当地的气候条件和出菇温度合理安排栽培季节。南方地区在适宜的园艺设施条件下，可在 11 月初至翌年 4 月出菇。华北地区半地下菇棚和荫棚可在 10—11 月份和 3—5 月份出菇，温室和大棚可在 11—12 月份和翌年 3—4 月份出菇。工厂化栽培有专用设备，可周年生产。

7.2.2.2 培养料配制

常用配方：

①杂木屑 40%，棉籽壳 33%，麦麸 25%，蔗糖 1%，碳酸钙 1%。

②杂木屑 56%，棉籽壳 30%，麦麸 12%，蔗糖 1%，碳酸钙 1%。

③杂木屑 25%，棉籽壳 25%，麦麸 20%，豆秆粉或玉米芯 23%，玉米粉 5%，蔗糖 1%，碳酸钙 1%。

④棉籽壳 60%，杂木屑 25%，玉米粉 12 %，石灰粉 1%，蔗糖 1%，碳酸钙 1%。

⑤玉米芯 45%，杂木屑 20%，棉籽壳 15%，麦麸 17%，白糖 1%，石灰粉 1%，石膏 1%。

⑥甘蔗渣 45%，棉籽壳 18%，杂木屑 15%，米糠 10%，玉米粉 10%，白糖 1%，碳酸钙 1%。

培养料与水的比例为 1∶(1.2～1.3)，搅拌均匀装袋，选用(12×55) cm 或(15×55) cm 的聚丙烯塑料袋，装袋后马上灭菌，常压灭菌或高压灭菌均可。

7.2.2.3 接种发菌

灭菌后的菌袋移至预先消毒的冷却室或接种室中，温度下降至 28℃以下时接种，严格按照无菌操作规程进行，每袋栽培种可接 35～40 袋栽培袋。接种好的菌袋排放在消毒好的培养室，室内温度以 25℃左右为宜，避光干燥，注意通风换气。经过 30 天左右，菌丝即可长满菌袋，再保持 7 天左右待菌丝充分生理成熟，然后移入菇棚，进行出菇。

7.2.2.4 出菇管理

菌袋移入菇棚内，给予出菇需要的适宜温度、湿度、光照和通风。出菇室(棚)内温度保持 12～18℃，空气相对湿度保持 85%～90%，干燥时向空间及地面喷水。杏鲍菇几乎没有生理后熟期，一般 7～8 天可见原基形成，15 天左右出现菇蕾。当袋内菌丝纽结并出现原基时，把袋口解开。采用喷雾状水或地面加湿的方法保持出菇室的湿度，菇房要经常通风，保持空气新鲜。只要环境条件适宜，杏鲍菇栽培袋表面会出现大量的原基，为了提高商品菇的质量，需要进行人工疏蕾，控制菇蕾数量，一般每袋留下 1～3 个健壮菇蕾，留得过多，营养供应分散，商品菇的比例减少。当菇蕾发育至 5 cm 左右时，适当减少通风量，使二氧化碳浓度维持在 0.5% 左右，促进菇柄伸长。当菌柄伸长到 12 cm 左右时，加大通风，使二氧化碳浓度下降到 0.2% 左右，促使菇盖逐渐展开。

7.2.2.5 采收与加工

当菇盖张开，孢子尚未弹射时为采收适期。采收标准应根据收购或销售部门的要求而定。杏鲍菇主要以鲜品销售，同其他菇类相比，鲜菇保存时间较长。除鲜销外，杏鲍菇还可以切片进行干制，然后包装远销；也可整菇或切片制成罐头内销或外销。

7.3 毛　木　耳

7.3.1 生物学特性

毛木耳(*Auricularia polytricha*)又称粗木耳、黄背木耳、白背木耳，分类上属于担子菌门层菌纲木耳目木耳科木耳属。毛木耳质地脆滑，清新爽口，素有“树上海蜇皮”之美称。毛木耳营养成分与药用价值与黑木耳相似，常食可以益气强身、滋阴润肺、活血、补血、止痛等。毛木耳粗纤维含量较高，这些纤维素对人体内许多营养物质的消化、吸收和代谢有很好的促进作用。毛木耳子实体中含有丰富的多糖，具有较高的抗肿瘤活性。与黑木耳相比，毛木耳耳片大、厚、质地粗韧，硬脆耐嚼，且栽培中抗杂菌能力很强，易于栽培，近年发展很快。

7.3.1.1 形态特征

毛木耳子实体一般较大，胶质，脆嫩，浅圆盘形，耳形或不规则形，光面紫褐色，晒干后为黑色，毛面白色或黄褐色。耳片有明显基部，无柄，基部稍皱，耳片成熟后反卷，新鲜时软，干后收缩。鲜耳直径 8～43 cm，厚度 1.2～2.2 mm。原基杯状，黄褐色并附有白色绒毛。

7.3.1.2 营养及环境条件

1.营养

毛木耳是木腐型食用菌，分解纤维素、半纤维素、木质素的能力较强。抗逆性强，适应性广。生产上以杂木屑、棉籽壳、玉米芯、甘蔗渣、农作物秸秆等作为碳源，麦麸、米糠等作为氮源。适宜的碳氮比为 20∶1。

2.温度

毛木耳是一种中温型食用菌，不同生长发育阶段所需温度不同。菌丝体生长对温度适应范围较广，在 8～37℃都能生长，最适温度为 25～28℃，超过 37℃菌丝停止生长，低于 15℃菌丝生长缓慢，4℃停止生长。子实体生长温度为 13～30℃，适宜温度为 15～20℃，高于 26℃，生长快，耳片薄，品质差，低于 15℃，生长缓慢，10℃以下停止生长。

3.湿度

菌丝生长阶段要求培养基的含水量在 58%左右，若含水量高于 60%，菌丝生长缓慢，且易受杂菌感染；若低于 55%，第三、四潮耳因水分不足而减产。发菌期要求空气相对湿度在 70%左右；子实体生长发育阶段要求空气相对湿度在 85%～95%，低于 80%，生长缓慢或停止生长，背面绒毛不长，影响商品质量。

4.光线

菌丝体生长阶段不需要光线，子实体生长阶段需要适量的散射光。光照强弱影响子实体的色泽，若耳棚内光线较弱，耳片黑度不够，但毛面白度好；而光线较强时，则耳片黑度良好，但毛面呈红棕色，商品质量均不佳。适宜的光照强度为 40～100 lx。

5.空气

毛木耳属好气性真菌，菌丝和子实体生长均需要足够的氧气，要注意耳棚内的通风状况。通风不良，菌丝活力下降，呈灰白色；出耳阶段，若通风不良，耳片不易展开，形成“鸡爪耳”，失去商品价值。

6.酸碱度

菌丝生长阶段 pH 4～7 均能生长，其中以 pH 5～6.5 为宜。

7.3.2 栽培技术

7.3.2.1 栽培季节

毛木耳属于中温结实性菌类，一般在日平均温度 15～20℃条件下，培育出来的毛木耳质量好，产量也高。温度偏高，木耳生长快，但耳片偏薄，色红、毛稀；温度偏低，木耳生长缓慢。因此各地栽培者要根据当地气候条件，选择适宜的栽培季节，最好能以日平均温度 15～20℃的时节为出耳期来推算适宜的制种与栽培生产时间。

7.3.2.2 培养料配制

以下是生产常用配方，含水量控制在58%左右。

①木屑85%，麦麸12%，石膏1%，碳酸钙1%，石灰1%。

②木屑70%，棉籽壳17%，麦麸10%，石膏1%，碳酸钙1%，石灰1%。

③木屑65%，甘蔗渣21%，麦麸11%，石膏1%，碳酸钙1%，石灰1%。

④木屑39%，棉籽壳39%，麦麸20%，糖1%，石灰1%。

⑤棉籽壳39.9%，玉米芯30%，杂木屑18%，麦麸8%，石膏1%，石灰3%，磷酸二氢钾0.1%。

7.3.2.3 拌料、装袋、灭菌

培养基配方确定后，按比例称取各培养料，加水搅拌均匀，含水量达到58%左右，进行装袋，装袋要求松紧适度，装好后常压或高压灭菌，取出自然冷却后接种。

7.3.2.4 接种和发菌管理

接种前对接种箱和接种室进行清理消毒，接种时要严格按照无菌操作规程进行，具体接种方法同香菇。

接种后的菌袋按“井”字形排放，每层4袋，堆放于培养室或培养架上。菌丝培养期间，室内温度控制在23～28℃，空气相对湿度在70%以下。菌丝生长阶段如果室温较低，可在堆上覆盖塑料薄膜保温，也可用炭火加温，但要防止二氧化碳或一氧化碳浓度过高使木耳菌丝中毒。当接种穴四周长满菌丝后需进行翻堆，以便发菌均匀。若气温回升时，要注意观察堆温，适时翻堆，防止料袋内温度过高而“烧菌”。同时发菌管理期间，还要着重进行杂菌的检查处理工作。

7.3.2.5 出耳管理

当菌丝长满袋后可移入耳棚进行出耳管理。一般接种后35～40天菌丝可长满袋，开始由营养生长转入生殖生长，当棚内温度降至25℃以下时，即可开袋出耳。若气温偏高，可适当推迟开袋时间。毛木耳出耳可采用两种方法：一是吊袋出耳法，即把发好菌的栽培袋用塑料绳串起，吊在菇棚顶部，袋间距15～20 cm，每个栽培袋上用刀片划3～4个“V”字形口，口深应掌握以划破菌皮为宜，这样有利于原基的形成；二是两头出耳法，即将发好的栽培袋两端开口，露出料面，在耳棚内垛成一排，垛高不超过8～10层，垛间距1.0～1.5 m，毛木耳在袋的两端形成原基并出耳。

耳片生长期间，应注意做好保湿工作。保持相对湿度在80%～95%，每天向地面和空间喷水1或2次。一般菌袋割口后12～15天就有耳基出现，随着耳片的增大，再逐渐加大喷水量和通风量，并做到干湿交替管理，不要长期处于高湿条件下，否则会出现流耳。当耳片边缘出现卷曲发白时，表明湿度不足，就要及时喷水保湿，在晴天每天喷水2～3次，阴天和雨天不喷水。出耳期间，耳棚要有适宜的散射光，光线适宜，耳片色泽较黑，背面绒毛多而长；光线不足，耳片色泽偏红，背面绒毛少而短。一般现耳芽后10～30天即可采收，采收后再逐渐加湿，诱导下一潮耳芽形成。

7.3.2.6 采收

毛木耳成熟后要及时采收，若不及时采收，会出现烂耳。一般当耳片长到直径为10～14 cm，呈紫褐色，边缘稍卷翘，耳片腹面有一层薄的白粉时，为采耳适期，需及时采收。

7.4 滑 菇

滑菇(*Pholiota nameko*)又名光帽鳞伞、珍珠菇、滑子蘑、滑子菇等。滑菇表面附有一层黏液,食之润滑爽口,故得其名。滑菇分类上属于担子菌门伞菌目丝膜菌科鳞伞属。滑菇的人工栽培始于日本,我国的产区主要分布在辽宁、吉林、黑龙江、河北、山东和北京等省区。

滑菇味道鲜美,营养丰富,据分析,每 100 g 干品中含粗蛋白 35 g,纯蛋白 15.1 g,粗脂肪 4.0 g,可溶性无氮浸出物 39.0 g,粗纤维 10.3 g,灰分 13.7 g,水溶性物质 60.0 g。滑菇子实体含丰富的多糖,能提高机体的免疫力,抑制肿瘤。经常食用,能提高人体的健康水平。

7.4.1 生物学特性

7.4.1.1 形态特征

滑菇菌丝初期为白色,而后逐渐变为乳黄色,菌丝有锁状联合。滑菇子实体丛生,菌盖直径 3～8 cm,半球形至扁球形,表面黄褐色,有黏液,菌肉淡黄色至黄色,近表皮下带红褐色,菌褶较密。菌柄长 2～8 cm,圆柱形或向下渐粗,实心至空心,纤维质,菌环以上为白色至浅黄色,菌环以下与菌盖颜色相同。菌环膜质,生于菌柄上部,孢子印锈褐色,孢子椭圆形至卵圆形,大小为(5～6) μm×(2.5～3) μm。

7.4.1.2 营养及环境条件

1.营养

滑菇属于木腐型真菌,自然界中生于阔叶树的伐桩、倒木或腐木上。人工栽培时多以硬杂木屑为主料,麦麸、米糠、玉米粉等为辅料,营养生长阶段最适的 C/N 比为 20∶1,子实体分化发育阶段的 C/N 比为(35～40)∶1。

2.温度

滑菇属于低温型、变温结实性食用菌。菌丝生长的温度为 5～33℃,适宜温度为 20～25℃,超过 33℃菌丝停止生长,40℃以上菌丝死亡,低于 10℃菌丝生长缓慢。子实体生长温度为 5～20℃,适宜温度 10～18℃,高于 20℃子实体菌盖薄,易开伞,低于 5℃子实体基本不生长。由于滑菇品系不同,其子实体生长发育对温度的要求有差异。按照子实体分化温度的不同,可将滑菇菌种分为 3 种类型:

低温型,出菇温度 5～10℃;

中温型,出菇温度 7～12℃;

高温型,出菇温度 7～20℃。

3.湿度

滑菇菌丝生长阶段要求培养料的含水量在 60%～65%,空气相对湿度 60%～70%;子实体分化和生长发育阶段要求空气相对湿度在 80%～95%,空气相对湿度过低会影响产量,过高则会导致烂菇,且容易滋生霉菌。

4.光线

滑菇菌丝体生长阶段不需要光线。子实体分化发育阶段需要适量的散射光,出菇期 300～800 lx 的散射光可促进子实体的形成。

5. 空气

菌丝和子实体生长均需要大量的氧气，特别是在子实体生长阶段尤其要注意通风。如果通风换气不良，二氧化碳浓度就会升高，并导致出菇晚，产生菌柄长而粗、菌盖小的畸形菇，严重时会造成子实体停止生长。

6. 酸碱度

滑菇喜弱酸性的环境，适宜的 pH 为 5.0～6.0，生产中正常配制的培养料的酸碱度基本上能满足滑菇生长发育的要求，一般不需要再调整。

7.4.2 栽培技术

7.4.2.1 栽培季节

滑菇栽培季节的选择应根据各地的气候条件、栽培方法和所用品种不同而定。我国北方地区一般选择低温季节接种，高温季节发菌，低温季节出菇的栽培方式，即春季接种、秋季出菇的栽培模式。

7.4.2.2 培养料配制

常用的培养料配方：

①杂木屑 87%，米糠 10%，玉米粉 2%，石膏 1%。

②杂木屑 90%，麦麸 8%，玉米粉 2%。

③杂木屑 45%，豆秸 45%，麦麸 10%。

④玉米芯 80%，米糠 19%，石膏 1%。

⑤棉籽壳 95%，麦麸 4%，石膏 1%。

⑥杂木屑 80%，麦麸 15%，玉米粉 2.5%，黄豆粉 1.5%，石膏 1%。

⑦玉米芯 40%，豆秆粉 20%，棉籽壳 20%，麦麸 18%，石膏 1%，石灰 1%。

以上配方的含水量均为 60%～65%。

7.4.2.3 栽培方式

滑菇的代料栽培方式主要有箱栽、盘栽、袋栽和瓶栽，其中袋栽和盘栽较为普遍。

7.4.2.4 塑料袋栽培技术

栽培滑菇一般采用(17～22) cm×(40～55) cm 的聚乙烯或聚丙烯塑料袋，每袋装干料 0.6～1 kg，常压灭菌 6～8 h 或高压灭菌 1.5～2 h，菌袋温度降到 25℃以下时即可接种。接种方式仿香菇接种方法，进行打穴接种。接种后的菌筒摆放到干净的发菌室或发菌棚内。接种后 7 天内，菌袋温度维持在 22～25℃；菌丝长至 1 cm 后，菌袋温度维持在 18～22℃；温度超过 25℃时，及时倒垛降温，同时加大通风量。菌丝长满袋后，当气温稳定在 20℃以下时，菌筒就可以上架出菇。开袋 3 天后，每日喷水 2～3 次，提高湿度，使空气相对湿度达到 90%左右，以利现蕾。现蕾后，割去接种口周围筒膜，让所有菇蕾外露，加大喷水量，空气相对湿度控制在 85%以上，经 10 天左右即可采收。如果环境条件适宜，可以采收 3 潮菇，生物学效率可达到 100%。

7.4.2.5 盘栽技术

盘栽滑菇时培养料的灭菌方法不同于其他食用菌培养料的灭菌方法，常压灭菌锅中水烧开后，先在蒸帘上铺 10 cm 厚干料，干料上有热汽冒出时撒湿料，在整个装锅蒸料过程中，要严格按照“见汽撒料”的原则，哪里冒汽往哪里撒，少撒勤撒，严禁一次大量倒入锅内，造成“夹生料”。蒸料锅装满料后，用厚塑料膜封盖，100℃保持 8～10 h，停火 40 min 后，趁热出锅，出料温度不应低于 70℃。趁热将培养料装入用玉米秸、葵花秆、高粱秸或木板等材料制作的托盘里，托盘规格一般为 35 cm×60 cm。冷却后接种。

接种后的菌盘堆在室外发菌，温度升高后将菌盘进棚上架，促进菌丝转色并形成蜡质层。夏季要加强通风，保持菌盘温度不高于 26℃，当旬平均气温降到 20℃以下时，即可划割菌盘表面、喷结菇水，诱导原基分化。当明显看到小菌盖和菌柄时，就已进入幼蕾形成期，菌盖长到玉米粒大小时，开始向菌盘上喷细雾，一般每天要喷 3 次，室内空气相对湿度保持在 85%～90%，当菇体充分长大但尚未开伞时，应停止喷水，若喷水后就立即采收，则菌柄基部容易变黑。一般从原基分化到采收需要 15 天左右，采菇后要及时清理好菌盘表面，清除滑菇残根，并停止向菌盘喷水，盖上塑料薄膜，防止菌盘表面干燥，稍微提高培养温度，以利于菌丝积累更多的营养，出好下潮菇。

7.5 茶 树 菇

茶树菇(*Agrocybe aegerita*)又名茶薪菇、杨树菇、柳松菇、柳松茸、柱状田头菇等。分类上属担子菌门伞菌目粪绣伞科田头菇属。自然野生条件下分布于我国福建、江西、湖北、四川等地。20 世纪 80 年代人工驯化栽培成功。

茶树菇属于长柄丛生型子实体的菌类，营养丰富，味道鲜美，盖肥柄脆，气味香浓，尤其菌柄口感极佳，是一种高蛋白、低脂肪，集食用与保健于一身的绿色食品。据测定，每 100 g 干品中蛋白质含量 14.2 g，纤维素 14.4 g，总糖含量 9.93 g。茶树菇氨基酸含量丰富，尤其是人体不能合成的 8 种必需氨基酸含量特别高，且富含十多种微量元素，其含量明显高于双孢蘑菇、香菇、草菇、平菇等其他食用菌。长期食用可缓解高血压、高血脂，增强人体免疫力，且对肾虚、尿频、水肿、癌症、早衰及小儿低热、尿床等都有较理想的辅助治疗功能。

7.5.1 生物学特性

7.5.1.1 形态特征

子实体单生、双生或丛生，菌盖直径 2～10 cm，表面平滑，幼时半球形，后渐伸展至扁平，中央稍突起，初期为暗红褐色，后变为褐色或浅土黄褐色，有浅皱纹。菌肉白色。菌褶初白色，成熟后变咖啡色。菌柄圆柱形，长 3～8 cm，粗 0.3～1.5 cm，中实，纤维质，脆嫩，近白色，基部色稍深。成熟期菌盖变硬，菌柄附膜质黏状物，菌环残留在菌柄上、附于菌盖边缘或自动脱落。孢子印锈褐色。

7.5.1.2 营养及环境条件

1. 营养

茶树菇是木腐菌，自然条件下，可在杨树、茶树、柳树等树种的枯树枯桩上生长，其分解利用木质素的能力较弱，而分解利用蛋白质的能力很强。在生产中，用阔叶树木屑、棉籽壳、玉米芯等作主料，以麦麸、米糠、大豆饼粉、花生饼粉、茶籽饼粉为氮源，能很好地生长。

2. 温度

茶树菇属于中温结实性菇类，菌丝生长温度范围为 5～30℃，在低至－14℃高至 40℃温度下菌丝体不会死亡，适宜生长温度 25～27℃。原基分化温度 10～15℃，子实体形成和发育适宜温度为 13～26℃，不同菌株最适出菇温度不同，有的菌株 13～18℃，有的则 16～25℃。

3. 湿度

茶树菇对水分的适应能力较强，培养基含水量在 45%～80%均能生长，以含水量 65%最为适宜。菌丝体生长阶段，需要的空气相对湿度为 65%～70%，当进入子实体形成阶段时，则要求空气相对湿度达到 85%～90%，过高的空气相对湿度对子实体发育不利。

4. 光线

光照对菌丝体生长有抑制作用，但在完全黑暗条件下不形成子实体。原基分化和子实体发育期均需要一定的散射光，以 150～300 lx 为佳。子实体生长有明显的向光性。

5. 空气

栽培茶树菇需要保持良好的通风。原基分化和子实体发育期要间断通风，每天通风 1～2 次。出菇期间，二氧化碳浓度控制在 0.2%左右，有利于菌柄的伸长，可以提高茶树菇的产量。

6. 酸碱度

茶树菇适合中性偏酸的环境，最适 pH 为 5.5～6.5，菌丝在代谢过程中产生有机酸甚少，培养基 pH 变化不大。

7.5.2 栽培技术

7.5.2.1 栽培季节和场所

茶树菇属于中温型食用菌，根据自然季节，一般可进行春、秋两季栽培，生产上一般安排春季温度上升到 15℃以上，秋季温度降至 25℃以下出菇为宜，栽培者应根据当地的气候环境进行选择，尽量避开不利于菌丝体生长和子实体分化发育的两个温区。如华北地区，春季宜在 3 月中旬至 4 月上旬接种菌袋，5 月初至 6 月中旬出菇；秋季宜在 7 月上旬至 8 月中旬接种菌袋，8 月下旬至 10 月中旬出菇。在控制条件比较好的设施条件下，除冬季的 12 月至翌年 2 月份，几乎周年都可以栽培。

栽培食用菌的各类菇房、菇棚均可作为茶树菇的栽培场所，各地可根据当地气候和季节，结合其生长发育所需要的环境条件，选择不同类型的菇房。

7.5.2.2 培养料配制

茶树菇以木屑、蔗渣、棉籽壳、废棉等作为碳源培养料，同时辅以米糠、黄豆粉等为氮源。可选择的配方有以下几种(含水量均为 65%左右)：

①阔叶树木屑 73%，麦麸或米糠 25%，糖 1%，碳酸钙 1%。

②棉籽壳 70%，阔叶树木屑 10%，麦麸 15%，石膏 1%，糖 1%。

③棉籽壳 40%，麦麸 23.5%，玉米芯 20%，杂木屑 15%，碳酸钙 1.5%。

④棉籽壳 37.5%，锯木屑 30%，麦麸 18%，玉米粉 8%，茶籽饼粉 4%，红糖 0.6%，石膏粉 1.5%，磷酸二氢钾 0.4%。

7.5.2.3 菌袋制作

1. 装料、灭菌

袋栽主要采用 (14～17) cm × (34～38) cm 的聚丙烯塑料袋进行栽培。按照选定的配方，按比例称取各种原料，粉碎成米粒大小，木屑过筛，棉籽壳加水搅拌堆积，使其吸透水分再加辅料，充分拌匀。掌握好含水量，即用手捏能成团、指缝有水分渗出但不下滴为宜。拌好料后即可装袋，料高 20 cm，用无棉塑料盖封口，可采用常压或高压灭菌。茶树菇抗杂能力较弱，因此灭菌一定要彻底。

2. 接种培养

灭菌结束后，待料冷却至 30℃以下时，按无菌操作接种，每瓶菌种接 20～25 袋，然后置于阴凉、清洁、通风的培养室培养。培养 10～15 天开始第 1 次翻堆，挑出感染杂菌的菌袋，菌丝长到菌袋长度的 30%时，第 2 次翻堆，整个发菌期翻堆 3～4 次。接种后的栽培袋在 25℃左右培养 28～30 天，菌丝就可以长满全袋(瓶)。

7.5.2.4 出菇方式

茶树菇常用的出菇方式有 3 种，层架立式出菇、墙式出菇和菌袋覆土出菇。

1. 层架立式出菇

将菌袋口朝上立式排放在床架上，床架一般 3～4 层，层与层之间高度为 50 cm 左右为宜。床架宽度以便于管理为宜，床架间留 100 cm 的人行道。当温度达到 13～28℃就可以转入出菇管理阶段。此时应去掉扎口绳或颈圈并拉直袋口进入催蕾管理。

2. 墙式出菇

将菌袋横排卧式立体堆叠出菇，要求排放菌袋的地方要高于地面一砖以上，以免下部子实体沾泥。因温度高低不同，一般堆高不应超过 8 层。

3. 覆土出菇

将菌袋沿培养基表面剪平或脱去菌袋薄膜，然后将菌袋竖放于畦床上，覆盖 3～4 cm 的腐殖土，土面要整平。覆土材料最好使用泥炭土或透气性好的壤土，覆土材料要经过日光暴晒和杀菌处理。此种出菇方式的产量明显高于立式或墙式出菇方式，出菇整齐，菇柄短、黑。

7.5.2.5 出菇及管理

1. 催蕾管理

正常情况下，茶树菇接种后 50 天左右即可出菇，出菇前要进行催蕾管理。茶树菇属于不严格的变温结实性菇类，没有温差刺激也能正常出菇。但适当的温差刺激，更有利于菌丝从营养生长转为生殖生长，促进菇蕾的形成。因此，茶树菇排袋后打开袋口，适当地给予温差刺激，保持菇棚内空气相对湿度 90%～95%，光照强度控制在 500～1 000 lx，温度控制在 18～24℃，这样开袋后 10～15 天菇蕾就能大量发生。

2. 出菇管理

出菇后，适当降低空间湿度和减少通风，此时栽培空间相对湿度降到 85%～90%，并减少通风次数和时间，以防氧气过多导致菌柄短和肉薄。子实体长至 1～3 cm 高时，停止喷水 1～2 天，将空气相对湿度控制在 85%左右，每袋留小菇 18～20 个，待子实体长到八成熟时为采收期。一潮菇结束，清除袋内的小菇和死菇，向袋中加水，浸 6～8 h 后，倒掉多余的积水，增加湿度到 90%～95%，如此反复，可采收 3～4 潮菇。

7.5.2.6 采收加工

待茶树菇菌盖呈半球形，内菌幕尚未脱离菌盖时采收。采收后可鲜销，也可烘干后以干品销售。

7.6 灰 树 花

灰树花(*Grifola frondosa*)又名贝叶多孔菌、栗子蘑、莲花菌、叶状奇果菌、千佛菌、云蕈，日本叫舞菇、舞茸。分类上属担子菌门层菌纲非褶菌目多孔菌科灰树花属，是一种食药兼用型珍贵食用菌。野生灰树花常发生于秋季，栎、栲以及其他阔叶树的树干及树桩周围，尤以板栗树林中多见，故常称为栗子蘑。

灰树花形似珊瑚，肉质脆嫩、营养丰富、风味独特，具有重要的医疗保健作用。据日本药学会113次年会报告，灰树花具有抗艾滋病的功效，灰树花多糖对HIV病毒有抑制作用。在日本，灰树花已用于治疗胃癌、食道癌、乳腺癌、前列腺癌。据报道，小白鼠口服灰树花，肿瘤抑制率达86.3%。一般认为灰树花抑制肿瘤的作用是由于其所含的多糖激活了细胞免疫系统中的巨噬细胞和T细胞而产生的，这种抑癌多糖主要是*β-D-*葡聚糖，在灰树花中占8%左右。灰树花还能协助胰岛素维持正常的糖耐量，对糖尿病和肝硬化等疾病均有效果。此外，灰树花富含矿物质和多种维生素，可以预防贫血、防治白癜风、佝偻病、软骨病、脑血栓等。

7.6.1 生物学特性

7.6.1.1 形态特征

灰树花子实体较大、肉质，丛生多分枝；菌盖掌状或叶状，边缘波状，灰色至浅褐色；菌肉白色，孢子无色。野生灰树花多长在栗树的阴面，子实体从菌核顶端长出。菌核埋于地下，棕褐色至黑褐色，外表凹凸不平，外层5～8 mm，坚硬、木质化，中心为致密的灰白色菌丝体组织，菌丝树枝状，有横隔，无锁状联合。灰树花的菌核是适应不良环境的休眠体，在条件适宜时可直接产生子实体而不形成菌核。野生灰树花的子实体呈莲花形，十几至几十朵重叠丛生，高10～17 cm，宽12～25 cm（个别达40～60 cm)，菌盖扇形，肉质，边缘薄而稍内卷，表面有细毛，老后光滑有放射状条纹，管孔延生，孔面白色至淡黄色，管口多角形。菌柄呈菜花状分枝，菇体乳白至灰白，成熟后变为灰色至褐色，孢子无色，透明，表面光滑，卵圆形至椭圆形，(5～7.5) μm×(3～3.5) μm。

7.6.1.2 营养及环境条件

1. 营养

灰树花属木腐菌类，人工栽培主要以木屑、玉米芯和棉籽壳等作为主要碳源，辅料主要有麦麸、米糠、玉米粉和黄豆粉等，占培养料总量的20%～30%。辅料不足，影响产量，但辅料过高(超过30%)易出现畸形菇。

2. 温度

菌丝生长温度范围为5～35℃，适宜的温度范围是25～28℃，42℃以上菌丝开始死亡。子实体发育的温度范围为10～25℃，适宜温度范围是15～20℃，尤以16～18℃为佳。

3. 湿度

培养料的含水量应在60%～65%。菌丝体生长期间，空气相对湿度以60%～65%为宜；子实体生长发育期间，空气相对湿度以85%～95%为最适，空气相对湿度低于80%，子实体难以生长，高于95%，原基易腐烂。

4. 光照

菌丝生长不需光照，但菌丝体培养后期辅以 50 lx 光照有利于以后原基的发生和形成。子实体分化发育阶段光照强度以 200～500 lx 为宜。

5. 空气

灰树花为好气性菌类，菌丝生长和子实体分化发育阶段都需要氧气，尤其在子实体生长发育阶段需要大量的氧气。栽培环境要勤通风换气，若二氧化碳浓度高，子实体不能正常生长，易出现畸形菇。

6. 酸碱度

灰树花菌丝体喜欢在微酸性环境中生长。菌丝体在 pH 3.4～7.0 时均可生长，以 pH 4.4～4.9 最为适宜。子实体生长阶段以 pH 4.0 为适宜。

7.6.2 栽培技术

7.6.2.1 栽培季节与场所

灰树花属中温型食用菌，利用自然季节栽培可安排在春、秋季进行。长江以北地区一般于春季 1—3 月份接种菌袋，4—6 月份出菇；秋栽在 8—9 月份制菌袋，10—12 月份进行出菇。长江以南地区，春栽适当提前，秋栽适当推后。栽培场所应选择地势平坦、周围环境干净、背风向阳的地方。可采用菇房、菇棚、荫棚、阴畦等场所进行栽培。

灰树花工厂化周年栽培的出菇室有控温、通风等设施，一年可栽培 5～8 次。栽培时用的容器一般为聚丙烯塑料制成的袋或瓶，袋栽时 60～70 天一个周期；瓶栽时 45～55 天一个周期。

7.6.2.2 品种类型

目前生产上栽培的灰树花从色泽上分为两种。一种是灰色品种，菌盖颜色呈灰白色或灰褐色；另一种是白色品种，子实体形成至成熟色泽均为白色。二者生物学特性相差不大，但灰色品种为目前生长上普遍使用的品种。

7.6.2.3 培养料配制

常用生产配方如下，含水量控制在 60%～65%。在培养料中添加部分板栗树木屑，可改善灰树花的风味。

①栗木屑 42%，棉籽壳 40%，麸皮 16%，糖 1%，石膏 1%。

②木屑 34%，棉籽壳 34%，玉米粉 10%，麦麸 10%，糖 1%，石膏 1%，细土 10%。

③玉米芯 50%，阔叶树木屑 28%，麦麸 18%，黄豆粉 3%，石灰粉 1%。

④阔叶树木屑 80%，糖 1%，麦麸 16%，玉米芯 1%，硫酸钙 1%，石灰粉 1%。

⑤棉籽壳 73%，稻草 8%，麦麸 15%，玉米粉 3%，氧化钙 0.5%，草木灰 0.5%。

⑥木屑 67%，玉米粉 10%，麦麸 10.5%，白糖 1%，石膏 1%，过磷酸钙 0.5%，山地土 10%。

⑦硬杂木屑 65%，麦麸 20%，山地土（腐殖土）15%。

7.6.2.4 接种培养

无菌条件下常规接种。

7.6.2.5 菌丝培养

接种后的料袋，在清洁干燥事先消毒过的发菌室中避光培养。发菌温度保持在 22～

25℃,空气相对湿度控制在70%以下,定期通风,保证空气新鲜,发现杂菌污染要及时处理。发菌前期避光培养,当菌丝长透料并开始爬上培养基表面,要给予散射光照,以促使菌丝体扭结。发菌培养后期,栽培袋培养基表面逐渐隆起,变为灰白色至灰黑色,即为灰树花的原基,可移入出菇室进行出菇管理。

7.6.2.6 出菇管理

袋式栽培的将长出原基的栽培袋移入出菇房,去掉菌袋的棉塞、套环,袋口保持原状,直立排放于床架或畦床上。棒式栽培的菌棒移入出菇室后进行割口出菇,具体方法是在出现原基处每棒均匀割开1~3个"V"字形口,长约2 cm、深2~3 cm,平放于地面或层架上。然后进行温度、湿度和光照的调节。温度保持在18~22℃,低于15℃,要适当加温;高于23℃,应加强通风换气降温。尽快提高出菇室的空气相对湿度至85%~90%,同时加强通风换气,湿度过低将影响原基的形成。培养7天左右,在割口处即可长出白色的突起物,此时应相对增加光照强度,促使原基逐步转为灰色、黑色。随着子实体的生长,必须加强通风,以保持空气清新,同时逐步增加光照强度,在适宜的条件下,经过20~25天的出菇管理,子实体达八分成熟即可采收。

7.6.2.7 覆土出菇

选用山地土或深层土,打碎、晒干备用。用锋利的小刀将菌袋纵向切开,脱去塑料袋,平放于菇床上,排放要整齐,菌筒之间留2 cm左右的间隙。摆放好后即可覆土,每个空隙都要用土填满,覆土层厚度1~2 cm。覆土完毕应盖上塑料薄膜,保持土壤湿度,保持空气相对湿度70%左右。10~15天原基形成,这期间应以保温保湿为主,适当通风,增加散射光的照射时间。当土层表面原基大量形成时,将覆膜揭去,中午高温时喷雾状水,保持空气相对湿度在85%左右,同时应进行通风换气和增强散射光。晚上应在棚上加盖草苫保温,白天揭去草苫,在适宜的条件下10~15天,子实体即可成熟。

7.6.2.8 采收

当子实体达到八分成熟时就应采收,灰树花子实体呈灰色,珊瑚状,菇叶叠生、肉质脆嫩,易折断,要注意轻拿轻放。采收前1~2天停止或少量喷水,采收时先用一手伸入子实体下部,用手托着菇体,轻轻旋动一下向上拔起,用小刀细心去掉残物、清理干净,根据对产品的要求进行相应的加工处理。灰树花产品可鲜售,也可采取干制、盐渍、制罐等进行加工销售。采收后,清理料面,停水养菌数天,再适当补水,进行下一潮菇的管理,一般可采菇2~3潮。

7.7 真 姬 菇

真姬菇(*Hypsizigus marmoreus*)又名玉蕈、斑玉蕈,分类上属于担子菌门伞菌目白蘑科玉蕈属。真姬菇质地脆嫩,味道鲜美,具有海蟹味,因此又有"蟹味菇"、"海鲜菇"之称。目前,栽培品种有浅灰色和纯白色两个品系,白色品系又称为"白玉蘑",深受市场欢迎。

真姬菇含有丰富的蛋白质、氨基酸和维生素,是一种高蛋白、低脂肪、低热量的保健食品。据测定,每100 g鲜菇含蛋白质2.1 g,脂质0.3 g,糖类4.4 g,钾、钙、磷、铁等多种无机盐及维生素B_1、维生素B_2的含量丰富。经常食用具有提高人体免疫力、预防衰老、延年益寿的功效,深受消费者青睐。20世纪70年代,日本首先用人工方法栽培真姬菇获得成功,20世纪80年代引入我国。

7.7.1 生物学特性

7.7.1.1 形态特征

真姬菇菌丝白色，绵毛状。子实体多丛生，菌盖幼时呈半球形，边缘内卷，后渐平展，直径3～8 cm，灰褐色，表面有龟裂纹。菌柄长3～10 cm，直径0.4～0.6 cm，洁白，多中生少偏生，菌褶近白色。孢子近卵圆形至球形，无色透明，(4.0～5.0) μm×(3.5～4.0) μm，孢子印白色。

7.7.1.2 营养及环境条件

1. 营养

真姬菇是木腐菌，可利用多种栽培原料。栽培真姬菇的碳源主要有各种阔叶树木屑、棉籽壳、玉米芯和作物秸秆等。辅助材料主要有麦麸、米糠、大豆皮和高粱粉等。

2. 温度

真姬菇属低温型菌类，菌丝生长的温度范围为5～32℃，适宜温度为20～25℃，超过35℃或低于4℃时菌丝不再生长。原基分化的温度为13～15℃，子实体生长发育的温度为13～18℃。

3. 湿度

培养料的含水量为65%左右，菌丝体生长阶段要求的空气相对湿度为70%～75%，子实体分化发育阶段要求的空气相对湿度高达90%～95%。

4. 光照

真姬菇菌丝生长阶段不需光照，但催蕾阶段需50～100 lx的散射光，子实体生长发育阶段需要300～500 lx的光照，适宜的光照能改善子实体的色泽，提高商品质量。

5. 空气

真姬菇菌丝生长、原基分化和子实体生长发育都需要新鲜空气，培养料不能太粗或太细，含水量也要适宜，否则影响透气性和发菌速度。

6. 酸碱度

真姬菇菌丝生长要求的适宜pH为6.5～7.5。

7.7.2 栽培技术

7.7.2.1 栽培季节

真姬菇栽培可利用自然季节栽培或工厂化周年栽培。利用自然季节栽培真姬菇，要根据菌丝体和子实体生长的特点选择适宜的季节进行栽培。我国北方以2—4月份和10—11月份为最佳出菇季节，南方一般安排在1月至翌年3月出菇。工厂化生产能够周年出菇。

7.7.2.2 培养料配制

常规栽培真姬菇的培养料配方为：

①木屑80%，米糠或麦麸18%，糖1%，石膏1%。

②杂木屑55%，棉籽壳29%，米糠或麦麸10%，玉米粉5%，石膏1%。

③玉米芯40%，木屑30%，米糠30%。

工厂化栽培真姬菇常用的培养料配方为：

①木屑 65%，玉米芯 8%，米糠 17%，麦麸 5%，黄豆皮 5%。

②玉米芯 54%，米糠 8%，麦麸 13%，黄豆皮 17%，高粱粉 8%。

以上配方的含水量均为 65%。

7.7.2.3 装袋(瓶)、灭菌与接种

国内多采用 17 cm×33 cm 的聚丙烯塑料袋，料装到袋高的 2/3 处。工厂化生产主要用塑料瓶，由装瓶机自动装料。灭菌与接种按常规。

7.7.2.4 发菌

接种后的菌袋移入培养室，培养室应保持黑暗，温度控制在 20～25℃。接种后一周应排查栽培袋，观察菌丝生长情况，剔除污染袋。正常温度下，菌丝经 40～50 天即可长满全袋。

7.7.2.5 后熟

真姬菇菌丝长满菌袋后需要一定时间的后熟期，使菌丝充分分解基质并积累养分后才能正常形成子实体。菌丝后熟期间的温度控制在 20～22℃，空气相对湿度保持在 70%～75%，经常通风。菌丝后熟需要 45～50 天，当菌丝由稀疏转为浓白，形成菌皮并分泌浅黄色或褐黄色色素时，即达到生理成熟。

7.7.2.6 骚菌与出菇管理

菌丝达到生理成熟后移至菇房或菇棚进行搔菌和出菇管理。搔菌方法是打开菌袋或菌瓶，用细铁丝耙搔去料面的老菌种块和菌皮。搔菌后，在料面注入少许清水，2～3 h 后把水倒出，进行催蕾。催蕾期间，保持空气相对湿度 90%左右，菇房温度调节至 13～15℃，增加通风量，促其菇蕾形成。经过 10～15 天，可在料面形成针状灰褐色菇蕾。

出现菇蕾后，菇房温度保持在 15℃左右，同时向地面和空间喷雾，使空气相对湿度保持在 90%左右，加强通风，增加光照，使光照强度达到 500 lx。当菌盖长至 2～3 cm，呈半球形尚未开伞时即可采收。

7.7.2.7 采收

真姬菇采收时，一手按住培养料，一手捏住子实体基部，左右旋转轻轻摘下，及时用刀把菇柄基部割去，整理干净，保持菇体完整。工厂化栽培一般仅采收一潮菇，农业式栽培的头潮菇采收后，清除残留的菇根，促使菌丝恢复，约 15 天后可采收第二潮菇。

7.8 大球盖菇

大球盖菇(*Stropharia rugosoannulata*)又名皱环球盖菇、皱球盖菇、酒红色球盖菇、斐氏球盖菇，分类上属担子菌门层菌纲伞菌目球盖菇科球盖菇属，是我国 1992 年引进开发的大宗珍稀食用菌，也是联合国粮农组织向发展中国家推荐发展的菇种，是国际菇类交易市场上十大菇类品种之一。大球盖菇鲜菇色泽艳丽，肉质脆嫩滑爽，干品气味清香，味道鲜美柔和，含有相当高的蛋白质、碳水化合物、矿物质、维生素和氨基酸，营养丰富，颇受国内外消费者欢迎。

7.8.1 生物学特性

7.8.1.1 形态特征

子实体单生、丛生或群生，单个菇团可达数千克重。菌盖近半球形，直径 5～30 cm，初期

白色，后渐变成红褐色至葡萄酒红色或暗褐色，菌盖边缘内卷并附有菌幕残片，表面平滑，有纤维状鳞片，湿时稍有黏性。菌肉肥厚，色白，菌褶为污白色，后呈暗紫灰色，直生，排列密集，菌柄近圆柱形，靠近基部渐粗，中央实或中空，表面平滑，有丝状光泽，初近白色，后成褐黄色，菌环厚，膜质，菌环的上面有很深的沟纹，深裂成星状，裂片向上卷起，菌环易脱落，在老熟的菇体上常消失，孢子印紫黑色。孢子大小(10～16) μm×(9～11) μm。

7.8.1.2 营养及环境条件

1. 营养

大球盖菇属草腐菌，分解利用木质纤维能力较强，在稻草麦草等农作物秸秆丰富的地方极易推广。大球盖菇对营养要求不高，过高的氮素对其生长不利，栽培过程中所需碳素可从栽培料稻草等农作物秸秆中获取，氮源来自辅料麦麸或米糠中，辅料的含量不超过 10%，在用纯稻草栽培时，菇潮来势猛，朵形挺拔高大，周期短。此外，亦可利用多种农作物秸秆、农副产品下脚料、畜禽粪肥、锯木屑等作为栽培原料。

2. 温度

大球盖菇属于中温型菇类，菌丝生长温度范围为 5～35℃，适宜温度 23～27℃。在 10℃以下和 32℃以上生长速度缓慢，超过 36℃，菌丝停止生长甚至死亡。原基形成最适温度 12～25℃，子实体分化和生长最适温度 15～25℃，温度超过 30℃时，子实体原基难以形成。

3. 湿度

大球盖菇菌丝生长阶段要求含水量较多数食用菌高，培养料适宜含水量为 70%～75%。子实体生长发育阶段要求环境相对湿度在 85%以上，以 90%～95%最为适宜。

4. 光照

大球盖菇菌丝生长完全不需要光线，但是在子实体生长期间需要散射光，200～500 lx 的光照有利于促进原基分化和形成，同时可使子实体积累色素，增加产品色泽，提高产品质量。

5. 空气

大球盖菇菌丝生长阶段对空气中的二氧化碳不敏感，但在出菇期间一定要保持菇房通风良好，才能获得稳产高产，否则生长会受到抑制。

6. 酸碱度

大球盖菇的菌丝在 pH 4～11 的范围内均可生长，pH 5～8 为适宜的范围，培养料最适 pH 为 5.5～6.5。pH 在 5～8 时，菌丝不仅生长速度快，而且生长健壮，随着 pH 的升高或降低，菌丝生长速度减慢，而且细弱。

7.8.2 栽培技术

7.8.2.1 栽培季节及场所

栽培季节应根据大球盖菇的生物学特性、当地气候条件和栽培设施灵活掌握。一般可春栽或秋栽，春栽在气温回升到 8℃以上播种，秋栽在气温降到 30℃以下播种。

栽培场地在室内外均可，室外栽培应选择避风遮阳的场地，在树林、菜园地、果园内栽培最为理想。露天场地应搭建荫棚，遮光要求七阴三阳。要求土质肥沃、光照时间长，土壤以呈微酸性的腐殖土或肥沃沙壤土为好。菌床畦面宽 1.2 m，长不限。床面应挖松整碎，呈龟背形，四周及畦间开排水沟。场址选好后，先将地块翻耕晒白，使土壤熟化。铺料前畦床表面要杀灭虫害和病菌。

7.8.2.2 **培养料配制**

常用的培养料配方为：

①稻草或麦草77%，麦麸或米糠5%，玉米粉5%，石膏粉2%，过磷酸钙1%，石灰粉2%，火烧土灰8%，pH 6～6.5。

②大豆秸50%，玉米秸50 %。

③干稻草80%，干木屑20%。

④干稻草40%，谷壳40 %，杂木屑20 %。

⑤稻草(或干麦秸)98%，石膏2%。

原料要求新鲜、干燥、无霉烂变质，大豆秸和玉米秸在使用前应碾压，稻草和麦草应放入水池中浸泡，预湿。将备好的原料用1%石灰水反复充分预湿，然后建堆发酵5～6天，堆料时将辅料混匀后分层混入主料内，中间翻堆2次，使原料混合均匀，充分软化，含水量达到70%～75%。

7.8.2.3 **铺料播种**

将处理好的栽培料铺在床面上，第一层料厚6～8 cm，播种后再铺第二层料，厚10～12 cm，再播种后铺第三层料，厚4～5 cm。一般每平方米用菌种2～4瓶，播种完后料面用薄膜盖上保湿发菌。播种后2～3天菌丝萌发，3～4天开始吃料。

7.8.2.4 **覆土**

当菌丝长至料层2/3时(25～30天)开始覆土，覆土以腐殖土为好，其次为树林表层土或农田耕作层土。覆土厚度3～4 cm，覆土前将土曝晒或熏蒸消毒，覆土后用喷雾器轻喷调湿，每天2次，调至土层泥块用手捏不黏，搓之不碎为度。

覆土后保持棚内温度23～27℃，空气相对湿度80%～85%，早晚适当通风换气，结合通风喷少量的水。覆土后15天左右，菌丝蔓延出土与土层齐平时，加大通风量，降低棚温至14～20℃，刺激原基形成。正常情况下覆土后15～20天即可出菇。

7.8.2.5 **出菇管理**

从覆土到出菇需15～20天。这阶段气候较干燥，管理的重点是保湿和加强通风换气，使覆盖物和土层保持湿润状态。当原基逐渐发展成绿豆大小的菇蕾时，喷一次重水，同时向空间及人行道喷水，使空气相对湿度达90%～95%，并注意通风换气。待菇蕾逐渐长大顶出土层时，再喷一次重水，使土层含水量达到20%以上，注意不要使水流入料内，也不能直接喷到子实体上，应喷细雾，少量多次。

7.8.2.6 **采收**

大球盖菇菌盖外的一层菌膜刚破裂、菌盖内卷不开伞、菌盖呈钟形时为采收适期。采菇时用手指抓住菌柄轻轻转几下，再用另一只手压住基物向上拔起，除去带土的菌根即可上市，也可烘干，其干制方法与香菇相同。采完一潮菇后，应补足培养料的含水量再养菌出菇，经10～12天又开始出第二潮菇，管理方法同第一潮菇，可连续采3～4潮菇。

7.9 姬松茸

姬松茸(*Agaricus blazei*)又名巴西蘑菇、巴氏蘑菇、小松菇等，分类上属于担子菌门伞菌目蘑菇科蘑菇属。原产美国和巴西。我国的野生姬松茸主要分布于吉林、黑龙江、云南、广西、四川、西藏等地。

姬松茸具有浓郁的杏仁香味，美味可口，含有丰富的蛋白质和多糖，营养价值很高。据测定，每 100 g 姬松茸干品中粗蛋白含量 28～30 g、纤维素 6～8 g、粗脂肪 3～4 g、灰分 5～7 g。蛋白质组成中包括 18 种氨基酸，人体的 8 种必需氨基酸齐全，还含有多种维生素和麦角甾醇。其所含甘露聚糖对肿瘤、肝病、糖尿病、痔疾等有较高的疗效。

7.9.1 生物学特性

7.9.1.1 形态特征

菌盖直径 6～11 cm，半球形，中央平坦，表面被有淡灰褐色、褐色的纤维状鳞片，边缘有菌幕的碎片。菌肉厚，色白，切开后稍变橙黄色。菌褶离生，极密集，宽 8～10 mm，先白色，后肉色，最后变成黑褐色。菌柄(6～13) cm×(1～2) cm，上下等粗或基部膨大，表面近白色，菌环以下最初具粉状或棉屑状小鳞片，后脱落。菌环膜质，孢子阔椭圆形或卵形，(5.2～6.6) μm×(3.7～4.4) μm，没有芽孔。菌丝粗壮，没有锁状联合，色白，原基分化快而均匀整齐，子实体发育至采收标准时，菌盖呈馒头形。

7.9.1.2 营养及环境条件

1. 营养

可用多种材料栽培姬松茸，如稻草、豆秆、玉米秆、棉籽壳、木屑等，以及动物粪便(牛粪、马粪等)，辅料为麸皮、玉米粉、化肥等。

2. 温度

菌丝生长温度范围 10～40℃，最适温度 20～26℃。子实体生长温度范围 20～33℃，最适温度为 18～22℃。低于 15℃不出菇，高于 25℃子实体盖薄、柄小、朵轻、易开伞。

3. 湿度

菌丝体生长阶段培养基含水量以 60%～70%为佳，室内相对湿度 65%～75%；子实体生育期要求空气相对湿度为 80%～95%。

4. 光照

菌丝体生长不需光线，子实体生育阶段需要有散射光的诱导，以促使子实体形成。

5. 空气

姬松茸属好气性菌类，菌丝体和子实体的生长发育都需要新鲜的空气。

6. 酸碱度

pH 为 4.0～8.0 时菌丝可以生长，最适 pH 为 6.5～7.5。

7.9.2 栽培技术

姬松茸属草腐菌，其栽培方法与双孢蘑菇基本相似。

7.9.2.1 栽培季节和场所

姬松茸属中高温型菌类，菌丝生长和子实体发育适应温度范围较广，比双孢蘑菇需要的温度稍高，每年可安排在春、秋两季栽培。但各地的生产季节应根据当地的气候条件，菌株特性和生产设施，适当调整栽培时间，灵活掌握播种期，一般播种 50 天后，出菇前气温能在 20～26℃的季节为宜。

姬松茸栽培可以采用室内床式栽培或室外畦式栽培两种栽培方式，各地可根据现有条件选定。

1. 室外阳畦栽培

选择不积水、走道便利、地势平坦处建造阳畦，阳畦宽 1.0～1.5 m，长度不限。两边开排水沟，畦中间凸起，投料前场地要消毒。栽培前一天畦床内浇水，四周撒一层石灰粉用以消毒。

2. 室内或大棚栽培

房内设架，床架一般 5～7 层，每层间距约 50 cm，架高 2.8 m，宽 90～150 cm，长不限，塑料棚搭建与常规相同。进料前室内或棚内要消毒。

7.9.2.2 培养料配制

生产常用配方：

①干稻草 1 500 kg，干牛粪 500 kg，木屑 500 kg，尿素 4 kg，过磷酸钙、石膏粉和石灰粉各 25 kg，水适量。

②干芦苇 1 000 kg，干牛粪 400 kg，木屑 650 kg，麸皮或米糠 100 kg，复合肥 15 kg，石膏和石灰粉各 25 kg。

③稻草 640 kg，牛粪 310 kg，过磷酸钙 12 kg，复合肥 4 kg，石灰 12 kg，碳酸钙 12 kg，石膏 10 kg。

④稻草 420 kg，棉籽壳 420 kg，牛粪 70 kg，麸皮 65 kg，钙镁磷 10 kg，碳酸钙 10 kg，磷酸二氢钾 5 kg。

7.9.2.3 培养料堆制发酵

1. 预湿

选宽阔、平坦、交通便利、近水源处，将稻草等秸秆摊在地面，撒上石灰，反复洒水喷湿。牛粪预湿采用边淋水、边翻拌的方法调湿，1～2 天后建堆。

2. 建堆

将预湿后的原料堆成 1.7 m 高、1.5 m 宽的长堆。建堆时料中插一根毛竹或木棒，再一层稻草、一层粪料喷水堆积，顶层用粪料覆盖，抽出竹棒，再盖一层散草，阴雨天盖薄膜。4 天左右，堆温可达 65～70℃。

3. 翻堆

翻堆的目的是使培养料均匀发酵。通常情况下，由于高温型微生物大量繁殖，建堆后 5～6 天，堆温会升至 70～75℃，这时就应进行第一次翻堆。翻堆时外部边缘的料偏干应喷水，将外部料翻到中间，上部料放在下边，里边料翻到外边，一边翻一边按比例均匀地加入石膏粉、碳酸钙、过磷酸钙和尿素等。第一次翻堆后 5～6 天 进行第二次翻堆，3～4 天后进行第三次翻堆。一般情况下，第三次翻堆后的第 3 天即可进料。注意每次翻堆都要调节水分，进菇棚时培养料的含水量调整到 65%左右、pH 为 6.5～7.5。通过堆制发酵，使培养料腐熟并杀死部分病菌和害虫，减少杂菌污染。

4. 后发酵

培养料的发酵分前发酵与后发酵。后发酵是进一步杀虫杀菌，同时培养有益微生物，使原料进一步软化腐熟，将培养料中大分子化合物降解为低分子化合物，从而有利于菌丝吸收利用。

(1)加热后发酵　将前发酵好的培养料调节湿度和 pH 后搬到室内的床架上，室外阳畦则应放在畦床上。密闭通入蒸汽，将温度提高到58～62℃，维持4～6 h，进一步杀虫杀菌，然后通风降温至48～52℃，并维持4～6 h。

(2)自熟后发酵　将前发酵好的培养料搬进菇房或大棚中，按实际投料面积投足料，把料趁热放到床架上，上层床架和下层床架均不放料，若中间有3层床架，其放料量以下层最多，中间次之，上层相对较少。室外阳畦栽培应将两床料合并一床，堆成垄形，畦面插上竹片呈拱形，然后上覆塑料薄膜，保温保湿，夜晚盖上草帘，白天揭开。室内门窗密封，利用培养料的发酵自然升温。

发酵后的培养料变成棕褐色，腐熟均匀，无异味，料内长满放射状的嗜热性微生物菌丝，优质的培养料必须是熟而不烂，含水量适中，灰白色，手握料柔软松散，并有油腻感，无氨味及臭味。

7.9.2.4　播种与发菌

以室外畦栽为例，当发酵料的温度降至26℃时，即可播种。将发酵好的料均匀铺在已整好的高30 cm，宽100 cm的畦上，料厚约15 cm，播种量为每平方米1～2瓶麦粒种。以条播或穴播为宜。条播时每畦开3条小沟，将菌种撒在沟内，上盖一层培养料，最后在畦面盖一层稻草，再按育秧方式弓盖薄膜(两头开口通气)。播种后5～7天检查菌种萌发情况，10～15天检查菌丝吃料情况。待菌丝封严料面时，盖2～3 cm厚的干净、保水、透气性好的细土，再盖上稻草。整个发菌期间，温度控制在22～25℃，湿度控制在80%左右，刚播种后3～5天不通风，待菌丝生长旺盛时逐渐加大通风量。

7.9.2.5　覆土

当菌丝发满后即覆土，土质以沙壤土为好。先覆粗土，后覆细土，一次性覆完。土要预湿消毒，但不能过湿。

7.9.2.6　出菇管理与采收

出菇期间要注意通风换气，提高培养料湿度，覆土后保持土壤干、湿交替；出菇后适时喷水，温度高时多喷，温度低时少喷。在菌盖与菌柄分离前及时采收，如果菌盖开伞就会降低或失去商品价值，所以在菌盖含苞时采收最为适宜。采后清除菇脚并整理床面，停水3～5天后按上述方法再进行出菇管理。出菇时间可持续2个月左右，共采菇3～4潮，每平方米能采鲜菇10～15 kg。

思　考　题

1. 什么是菌丝后熟？生产上哪些菇类需要菌丝后熟？

2. 目前生产上白灵菇低温催蕾方式有几种？如何进行？

3. 简述白灵菇、杏鲍菇、毛木耳、滑菇、茶树菇、灰树花、真姬菇、姬松茸和大球盖菇的栽培技术要点。

第8章 病虫害防治

在食用菌制种和栽培过程中，经常受到杂菌和害虫的危害，随着食用菌周年生产和栽培规模的日益扩大，食用菌的病虫害也日趋严重。据不完全统计，病虫危害造成的减产可达20％～30％，严重时甚至绝收，已成为生产中非常突出的问题，严重影响了菇农的经济效益和种菇积极性。

食用菌病虫害的防治较之其他作物更为困难，主要是因为食用菌生长发育所需的环境条件本身有利于病虫害发生；而且杂菌和害虫往往发生在培养基质内，与食用菌的菌丝体混合生长在一起，防治措施不当，会两败俱伤；同时，食用菌是一种具有保健功能的食品，用药时一定要慎重，防止对人体或食用菌本身造成伤害。因此，了解食用菌病虫害发生规律，掌握病虫害综合防治技术，是实现食用菌产品安全的保障。

食用菌病虫害防治应坚持"以防为主，防重于治"的原则。常用防治方法根据机理不同可分为物理防治、农业防治、生物防治和化学防治四大类。在食用菌病虫害防治上，要建立以农业防治为基础，结合生物、物理、化学等多种防治方法，形成配套综合防治体系，提高防治效果，以确保食用菌生产的高产、优质和高效。

8.1 主要病害及其防治

食用菌在生长、发育或运输、贮藏过程中，遭受到病原生物的侵害（称病原病害）或受到不良环境因素的直接影响，引起子实体外部形态或内部构造、生理机能等发生异常的变化，严重时引起子实体或菌丝体死亡，其结果使食用菌产量降低，品质下降，甚至生产失败。

食用菌病害按照是否由病原生物引起的区分，分为两大类：侵染性病害（病原病害）和非侵染性病害（生理性病害）。

8.1.1 竞争（侵入）性杂菌及其防治

食用菌由于受到其他有害微生物寄生而引起的病害，叫作侵染性病害或病原病害，病原病害具有传染性，也就是说病害的发生是由少到多，由点到面，由轻发病到严重发病，具有明显扩张蔓延的特性，也叫作传染性病害，引起食用菌病害的生物称为病原物，其主要特点是污染培养基质，在基质上与食用菌菌丝竞争生长，争夺养分和生存空间，并抑制食用菌菌丝生长，导致菌丝培养失败和栽培减产，甚至绝收。因此，生产上防止杂菌污染极为重要。病原物（竞争性杂菌)主要有真菌、放线菌、细菌、病毒。

8.1.1.1 细菌

1. 症状

细菌污染后的培养料表现为水渍、湿斑、酸败、湿腐、黏液和腐烂等症状，闻之有酸臭味。高温季节发生较为严重，在PDA培养基上表现为湿斑，随之出现菌脓或菌斑，菌种块被细菌包围，菌丝停止生长；谷粒培养基被污染后，表现为水渍，随之出现黏液，并散发出腐烂臭味；熟料菌袋被细菌污染，培养基局部出现湿斑，菌丝生长慢，出菇延迟，产量降低；低温季节发酵料堆制过程中，由于堆温难以上升并且通气不良，致使培养料黏结、变黑，并散发出酸臭味。

2. 病原

细菌属原核生物界，单细胞，细胞核无核膜，主要有球形、杆形和螺旋形3种基本形状，繁殖方式为分裂或裂殖。引起污染的细菌种类很多，最常见的有以下5个属：枯草杆菌黏液变种(*Bacillus subitilis* var. *mucoides*)、蜡状芽孢杆菌黏液变种(*Bacillus cereus* var. *mucoides*)、假单胞杆菌(*Pseudomonas* spp.)、黄单胞杆菌(*Xanthomonas* spp.)和欧文氏杆菌(*Erwinia* spp.)等。细菌个体很小，需放大1 000倍左右才能看到；但大量细菌聚集在一起形成的菌落明显可见，菌落的形状、大小和颜色各异，有些菌落无色透明，仅在表面呈湿润的斑点或斑块，有些明显呈脓状，多为白色和微黄色。

3. 传播途径及发病条件

细菌广泛分布于自然界中，多喜高温、高湿、近中性的基质环境，气流、基质、水流、工具、操作、昆虫等都可以传播。由于细菌芽孢较耐高温，常因高压灭菌不彻底致使接种后细菌发生。发菌和出菇阶段，环境卫生条件差，通气不良和湿度过大均会引发细菌污染。

4. 防治方法

①培养料灭菌要彻底。

②菌种要纯，不能带有杂菌。

③低温季节发酵，可在温室或大棚内进行，料内添加2%的石灰，并且注意料堆要有通气孔，以防细菌繁殖。

④注意发菌室和出菇室保持清洁卫生，发菌室及出菇房使用前用气雾消毒剂或高锰酸钾和甲醛进行熏蒸，通风晾干后使用。

8.1.1.2 放线菌

1. 症状

放线菌是一类丝状的单细胞原核生物。可在食用菌制种及菌袋栽培过程中发生危害。在母种培养基上，放线菌菌落与细菌菌落有明显差异，放线菌菌落较大，菌丝稀疏，表面多为紧密的绒状，浅灰色或浅白色，生长快，坚实多皱，生长孢子后呈白色粉末状。放线菌很容易与食用菌的菌丝相混淆。其区别是污染部位有时会出现溶菌现象；有的会形成干燥发亮的膜状组织；有的还交织产生类似于子座样的结构，但都具有独特的农药臭味或土腥味。

2. 病原

常见的放线菌有白色链霉菌(*Streptomyces albus*)、腐土链霉菌(*S. humidus*)、粉味链霉菌

(*S. farinosus*)和诺卡氏菌(*Nocardia* sp.)等。

3. 传播途径及发病条件

放线菌广泛分布于土壤、稻草、粪肥中,尤其是中性、碱性或含有机质丰富的土壤最多,孢子主要靠空气传播。该菌的繁殖需有氧和高温条件,在温度45～58℃时生长茂盛,因此菌种及菌袋培养期间堆温高时极易发生病害。另外,放线菌中的某些种类在培养料发酵中起重要作用。

4. 防治方法

防治方法与细菌的相同。

8.1.1.3 酵母菌

1. 症状

可污染各级菌种和栽培袋,以母种培养基上最为常见,主要危害淀粉类培养基的一种杂菌,幼小菌落表现为潮湿、黏滑,高温季节制作母种时被酵母菌污染后,斜面上会出现乳白色具有褶皱状菌团。培养基被酵母菌侵染并大量繁殖后,会发酵变质,散发出酒酸气味,食用菌菌丝稀疏或停止生长。以气温较高、培养料含水量偏高时容易发生。

2. 病原

酵母菌是一类单细胞真菌,个体比细菌大,酵母菌菌落与细菌的相似,但比细菌菌落大而肥厚,多为圆形,黏稠,不透明,多数乳白色,少数粉红色。常见的酵母菌有红酵母(*Rhodotorula rubra*)、橙色红酵母(*Rhodotorula aurantica*)和黑酵母(又称出芽短梗霉)(*Aureobasidium pullulans*)和假丝酵母属(*Candida*)。

3. 传播途径及发病条件

广泛分布于土壤、水果、蔬菜、谷粒,甚至蘑菇子实体上。

4. 防治方法

①谷粒菌种在拌料前用5%的石灰水浸泡2天。

②培养基灭菌要彻底,无菌条件接种及适宜环境条件培养均可减少酵母菌污染机会。

8.1.1.4 丝状真菌

1. 常见种类及特征

(1)木霉

①症状。俗称绿霉,是普遍发生且危害最严重的竞争性杂菌。凡适合食用菌生长的培养基均符合木霉菌丝的营养需求。一旦培养基质内混入木霉孢子,孢子会迅速萌发形成菌丝,木霉菌丝初期纤细、灰白色絮状,较浓密,菌丝生长快速,随着生长,2天后从菌落中心开始渐至边缘出现明显的绿色或暗绿色粉状霉层,将料面覆盖,而边缘仍是浓密的白色菌丝,使食用菌菌丝失去营养而停止生长或逐渐消失死亡,菌袋报废。

②病原。常见的木霉有绿色木霉(*Trichoderma viride*)和康宁氏木霉(*T. koningii*)。

③传播途径及发病条件。木霉菌丝体和分生孢子广泛分布于自然界中,通过气流、水滴侵入寄主,老菇房和带菌工具是主要的初侵染源。木霉菌丝生长温度为4～42℃,25～30℃生长速度最快;孢子萌发温度为10～35℃,15～30℃萌发率高。培养基含水量达到65%和空气相对湿度70%以上时,孢子能快速萌发和生长。菌丝生长pH为3.5～5.8,在pH为4～5时生

长最快。

(2)曲霉

①症状。在熟料栽培的食用菌发菌过程中,容易发生曲霉污染,尤其在高温高湿的条件下,棉塞受潮后极易受到黄曲霉的污染。曲霉的孢子较耐高温,灭菌不彻底时,基质中的曲霉孢子不能完全灭活,十多天后,在瓶口或袋内出现白色斑点状绒毛菌丝,扩展较慢,菌丝较厚,很快转为黄色或深褐色的颗粒性粉末状分生孢子。曲霉会抑制食用菌菌丝生长,食用菌菌丝生长良好时,可将其覆盖,但对出菇影响不大。曲霉不仅污染菌种和培养料,而且影响人体健康。在碳水化合物含量过高、微酸性的培养料中以及高温高湿、通风不良的情况下容易发生。

②病原。危害食用菌的曲霉主要有黑曲霉(*Aspergillus niger*)、黄曲霉(*A. flavus*)和灰绿曲霉(*A. glaucus*),可危害双孢蘑菇等多种食用菌及其培养料。

③传播途径及发病条件。曲霉在自然界分布广泛,可在土壤、粮食和植物材料等一切有机物品上生存,分生孢子随空气气流飘浮扩散。黄曲霉生长适宜温度为25～30℃、空气相对湿度为80％左右;黑曲霉适宜温度为20～30℃、空气相对湿度85％以上;灰绿曲霉耐干性较强,温度20～35℃、空气相对湿度65％～80％对其生长较适宜。食用菌栽培中培养料含水量偏高、空气相对湿度过大,以及通风不良等环境有利于曲霉生长而污染危害食用菌。

(3)脉孢菌

①症状。又称红色面包霉或串珠霉,分布广泛,是高温季节食用菌栽培中危害严重的竞争性杂菌和病害。由于其生活周期短,扩散蔓延快,食用菌栽培中一旦被污染将造成重大损失。脉孢霉菌丝生长速度快,气生菌丝多,在母种培养基试管内2天长满菌丝,第三天便产生大量橘红色或白色的粉状分生孢子,故又称“红粉病”,第五天菌丝透过棉塞在试管口长出橘红色或白色的孢子团,孢子粉随着空气扩散到其他菌袋袋口和破袋处进行重复感染,特别是棉塞受潮或塑料袋有破洞时,橘红色的分生孢子呈团状长到棉塞或塑料袋外面,稍受震动,便散发到空气中,传播蔓延很快。脉孢菌属中高温型好气性真菌,高温高湿时容易发生。高温季节香菇、平菇、茶树菇、金针菇等菌袋上极易受链孢霉危害。

②病原。属子囊菌门,粪壳菌目,粪壳菌科,无性阶段为丛梗孢属。常见的脉孢菌有面包脉孢菌(好食脉孢菌)(*Neurospora sitophila*)和粗糙脉孢菌(*N. crassa*)。粗糙脉孢菌是食用菌栽培过程中最常见的脉孢菌。为害食用菌的主要是无性阶段,有性阶段在人工培养基质中少见。

③传播途径及发病条件。脉孢霉在自然界中分布广泛,在富含淀粉和糖分的有机质上菌丝快速生长,在高温下潮湿的玉米芯表面容易长出脉孢霉孢子。脉孢霉的菌丝在4～44℃条件下均可生长,以25～36℃生长最快,且在25～30℃下其孢子6 h内即可萌发菌丝。菌丝生长培养基最适含水量为60％～70％,脉孢霉可以生长的pH范围广泛,在pH 3～9时都能生长,但适宜pH为5.0～8.0。在6—9月份制种时,灭菌后接种时调换下来的湿棉塞若不及时晾干,易被脉孢霉污染,出现橙红色的蓬松霉层。

(4)青霉

①症状。青霉菌也称蓝绿霉,是食用菌制种和栽培过程中常见的污染性杂菌,在一定条件

下也能引起双孢蘑菇、平菇、凤尾菇、香菇、草菇和金针菇等食用菌子实体致病，是影响食用菌产量和品质的常见病菌。培养料面发生青霉时，初期菌丝呈白色，菌落近圆形至不定形，生长期菌落边缘常有1～2 mm呈白色，青霉菌丝扩展较慢，但能很快长出绿色的分生孢子，形成蓝绿色粉末状霉层，随着孢子的大量产生，菌落的颜色由白色逐渐变成绿色或蓝色。老菌落表面常交织形成一层膜状物，覆盖在培养料表面，分泌毒素致食用菌菌丝体坏死。制种过程如发生青霉污染可致菌种腐败报废；发菌期发生较重，可致局部料面不出菇；后期还可侵染子实体。在高温高湿下极易发生；通过气流、昆虫及水滴等传播。

②病原。危害食用菌的青霉属半知菌。病菌大批生长时菌落呈蓝绿色。常见种类有产黄青霉（*Penicillinm chrysogenum*）、圆弧青霉（*P. cyclopium*）、白青霉（*P. albidum*）和软毛青霉（*P. puberelum*）等。

③传播途径及发病条件。病菌分布广泛，多腐生或弱寄生，产生大量分生孢子，主要通过气流传入培养料，进行初次浸染，带菌的原辅料也是生料栽培的重要初浸染来源，浸染后产生的分生孢子借气流、昆虫、人工喷水和管理操作进行再浸染。高温28～30℃条件下最易发生，分生孢子1～2天即能萌发形成白色菌丝，并迅速产生分生孢子。多数青霉菌喜酸性环境，培养料及覆土呈酸性较易发病。食用菌生长衰弱利于发病，凡幼菇生长瘦弱或菇床上残留菇根没及时清除均有利于病菌浸染。

(5)毛霉

①症状。俗称长毛菌。毛霉是夏秋季侵染食用菌培养料的一种高温性杂菌。在PDA母种培养基上常因棉塞吸潮并粘上培养基使毛霉孢子侵入，两天后长出毛霉菌丝，再侵染培养基，很快在PDA培养基表面布满杂乱的菌丝和灰色的孢子囊。富含淀粉的发酵料遇高温，毛霉菌丝快速繁殖使培养料结块成团，经毛霉污染的培养料食用菌菌丝受到抑制。毛霉菌丝稀疏、粗壮，生长迅速，表面形成很厚的白色棉絮状菌丝团，随着生长，在菌丝表面形成许多圆形黑色小颗粒体，为分生孢子囊。

②病原。危害食用菌的毛霉种类很多，最常见的为总状毛霉（*Mucor racemosus*），俗称长毛菌、黑色面包霉。菌丝体发达，分枝，无隔膜，呈棉絮状。无性繁殖产生孢囊孢子，孢囊孢子椭圆形，淡黄色。有性繁殖产生接合孢子。毛霉菌可污染平菇、双孢蘑菇、香菇、草菇等多种食用菌。

③传播途径及发病条件。毛霉广泛存在于土壤、空气、粪便及堆肥上，孢子靠气流或水滴等传播；高温高湿下发生率高。温度20～40℃时，孢子和菌丝在富含速效性营养成分的培养基上萌发和生长。培养料麸皮达20%以上，水分偏多时极易引发毛霉生长。被毛霉污染过的培养料，虽经灭菌，其菌丝分泌的毒素仍能抑制食用菌菌丝的生长。棉籽壳在未充分晒干的情况下极易被毛霉菌污染成块。

(6)根霉

①症状。根霉以菌丝和孢子污染木腐菌的熟料培养基，在高温期生产菌袋时，常遇根霉危害。严重时根霉污染率达40%以上，根霉已经成为高温季节食用菌制袋生产的主要杂菌之一。在熟料培养袋中，根霉孢子一旦接触培养料，菌丝萌发迅速，随着料温的升高，根霉生长速度加快，短期内菌袋中会长满灰白色参差不齐的菌丝。形成孢子后在培养基表面

出现许多圆球状小颗粒，小颗粒初为灰白色或黄白色，再转为黑色，到后期出现黑色颗粒状霉层。接种带入根霉，根霉快速萌发侵占接种面，而后萌发的食用菌菌丝失去营养，不能生存，导致接种失败。因破袋侵入的根霉菌丝与食用菌菌丝接触时，在交界处形成明显的拮抗线。

②病原。根霉属接合菌门结合菌纲毛霉目毛霉科根霉属。危害食用菌最常见的根霉种类为黑根霉(*Rhizopus stolonifer*)。菌丝白色透明，无横隔，在基质表面能形成匍匐枝，每隔一定距离长出根状的菌丝，称为假根，假根发达，分枝多，褐色，两节间距离 1～3 mm，从基质中吸取营养物质和水分。孢囊梗从假根上生出，丛生不分枝，其顶部膨大为孢子囊。孢子囊初为黄白色，后变为黑色，内有许多孢囊孢子，当孢子成熟后孢囊壁破裂而释放出来，孢囊孢子球形或椭圆形。有性繁殖产生接合孢子，接合孢子壁厚、色深，有纹饰，球形。

③传播途径及发病条件。黑根霉适应性强，广泛分布于土壤、粪便、霉烂的谷物和面包等多种基质，空气中也可存在。菌丝分解吸收富含淀粉、糖分等速效性养分的基质。因此，在制种及熟料栽培时高温季节发菌期间易污染，而生料和发酵料则不宜受根霉危害。温度 25～35℃是根霉的繁殖活跃期，20℃以下菌丝生长速度下降；湿度 65%以上、通风不良的环境中极易发生，pH 4.0～7.0 范围内生长较快。根霉抗药性强，多菌灵、托布津等农药，不易控制根霉生长。

(7)总状炭角菌

①症状。因其子实体形似鸡爪又称鸡爪菌，病菌主要寄生于鸡腿菇菌丝上，是鸡腿菇生产上重要的竞争性杂菌。初期在菇床覆土层中长出细小的棒状小枝梗，长大后形成丛生状褐色子实体，子实体多丛生或簇生，分枝柱状或稍扁，上部呈鹿角状或鸡爪状，以淡土黄色或黄褐色为主，拨开土层可见到病菌基部长有粗壮的菌索直深入鸡腿菇菌丝层。长有鸡爪菌的菇床上，鸡腿菇菌丝逐步消退，不再出菇。连续种植鸡腿菇的老菇房里，在较高温度下发菌时，极易造成鸡爪菌先长，鸡腿菇菌丝营养被吸收，失去出菇能力，致使产量降低，甚至绝收。

②病原。总状炭角菌(*Xylaria pedunculata*)属子囊菌门核菌纲目炭角菌科炭角菌属。

③传播途径及发病条件。主要是菌种、栽培料、覆土材料带菌导致发病，其子囊孢子能在土壤内生存。一般二潮菇以后极易发生。鸡爪菌较喜高温高湿，在 20～35℃生长快速。基质内含水量 60%以上，菇房空气相对湿度 80%以上，炭角菌生长势旺，温度低于 20℃以下则很少发生，15℃以下很少形成子实体。目前未见其他食用菌上发生总状炭角菌的报道。

(8)鬼伞

①症状。鬼伞是夏季高温季节发生于粪草类培养基上的竞争性杂菌，在双孢蘑菇、鸡腿菇、草菇和大球盖菇菇床上常见，培养料发酵未完全或氨气较多，以及发酵期间受到暴雨淋湿后，料温下降，都极易造成鬼伞暴发。鬼伞菌丝稀疏，在鬼伞生长的菇床上见不到菌丝，只见到一簇簇鬼伞从料中钻出，很快便成熟开伞并流出墨汁状黑色液体。孢子靠雨水传播。鬼伞生长迅速，与食用菌争夺养分，严重影响出菇。

②病原。常见的鬼伞类有墨汁鬼伞(*Coprinus atramentarius*)、毛头鬼伞(*C. comatus*)、长根鬼伞(*C. macrorhizus*)和粪鬼伞(*C. sterguilinus*)等，其中以墨汁鬼伞危害最大。

③传播途径及发病条件。鬼伞在自然界分布广泛，一般生长于粪堆、肥土及植物残体上，在受潮霉变的稻草、麦秆、棉籽壳、废棉等原料中带有大量鬼伞类孢子，使用这些原料，未经堆制发酵或发酵不良，没有完全杀死鬼伞类孢子，栽培后就容易导致鬼伞大量发生，这是鬼伞的主要初侵染源。另外，旧草帘或未经消毒处理的草帘往往也藏匿着大量的鬼伞类孢子，使用后易发生鬼伞。其孢子和菌丝体常生存在秸秆、有机质、厩肥和植物残体上，对食用菌的危害主要是其孢子随空气气流、水流和培养料带菌而造成危害；老菇房消毒不彻底，也是侵染来源之一。生料栽培和培养料中加米糠、麦麸多，使氮素含量过高，或者基质偏酸性，培养料不新鲜和发酵不彻底，培养料基质中含氨量过高均有利于鬼伞的发生。鬼伞喜高温高湿的环境条件，在25～40℃生长迅速，20℃以下则发生较少，培养料 pH 在 4～10 鬼伞都能生长，其繁殖力极强。

(9)裂褶菌

①症状。裂褶菌是段木栽培香菇、木耳、毛木耳和银耳时的竞争性杂菌，其繁殖速度快，数量多，影响比较大，还可使木质部产生白色腐朽，树皮下段木腐朽的范围比子实体着生部位大得多。菌丝侵入的部位食用菌菌丝不能生长，两种菌丝的交界处有明显的拮抗线。

②病原。裂褶菌(*Schizophyllum commne*)属担子菌门层菌纲伞菌目白蘑科裂褶菌属。菌盖 1～3 cm，无柄，以菌盖的一侧或背面的一部分附于基物上，扇形或圆形，有时掌状开裂，表面密生粗毛，白色、灰色或灰褐色，每片沿边缘纵裂，近革质，干燥后收缩，吸水后恢复原形。

③传播途径及发病条件。菌丝生长温度范围较宽，10～42℃均可，但以 28～35℃最适；子实体分化和发育以 18～22℃最适，低于 18℃成熟期延长。段木受日光暴晒，温度升高，干燥，容易发生裂褶菌。

2.杂菌污染的主要原因

(1)基质配制不合理　如材料受潮发霉；培养料含水量过大；压得过实；装料太满；料袋及瓶口封口不严。

(2)培养基质灭菌不彻底　灭菌的时间或压力不够；灭菌时装量过多或摆放不合理，导致灭菌时空间蒸汽不流通；或高压灭菌时冷空气没有排净等。

(3)菌种带杂菌　表现为接种后，菌种块上或其周围污染杂菌。此类污染的杂菌种类比较一致，主要原因是菌种培养阶段没及时检查杂菌或菌种存放受潮等。

(4)接种操作中污染　此类污染常分散发生在菌种培养基表面，主要是由于接种场所消毒不彻底；或接种时无菌操作不严格。

(5)培养过程中污染　灭菌时棉塞等封口材料受潮，或培养室环境不卫生、高温高湿、通风不良等均可导致封口材料受潮而发生污染。

(6)出菇期污染　出菇室环境不卫生，或高温高湿、通风不良，尤其是采完一茬菇后，料面不清理，很容易发生杂菌污染。

(7)破口污染　灭菌操作或运输过程中挤压或剐蹭，使容器破裂或出现微孔；或由于鼠害等使菌袋破损而造成污染。

(8)覆土材料带杂菌　覆土材料选择不科学或没有严格消毒，造成覆土层污染。

3. 防止杂菌污染的措施

①清洁卫生，减少病源。选择地势高燥、通风良好、水源清洁、远离禽畜舍等污染源的场所作菌种场和栽培场地，保持制种及栽培场地环境清洁卫生。

②减少破袋是防治杂菌污染的有效环节。高压灭菌应选择聚丙烯袋，菌袋厚度为 0.04～0.05 mm 或以上，常压灭菌可以选择聚乙烯袋，菌袋厚度应在 0.06～0.065 mm 或以上；装袋之前检查菌袋有无破损，装袋时应防止袋底摩擦造成菌袋破损；菌袋在搬运过程中应轻拿轻放，并注意防止菌袋被利物刺破。

③科学调制培养基配方，防止营养过剩。配制培养基时，少加入甚至不加入糖分，防止培养基酸化；平衡碳氮比，防止氮素含量过高。

④培养基质灭菌要彻底。在整个灭菌过程中，要保证灭菌的压力和时间；装量不能太满，容器之间要有缝隙；高压灭菌时排放冷空气要完全。常压灭菌，温度升到 100℃后需保持 12～20 h，然后闷堆 8 h 左右再取出。如果采用高压灭菌，可在 126℃下维持 2～3 h。

⑤把好培养基和栽培袋的制作关。选择新鲜、干燥、无霉变的培养料，用前暴晒 2～3 天；含水量要适宜，料要拌匀；当天配料要当天分装灭菌。

⑥严格检查菌种质量，适当加大菌种量。选用无病虫害、生活力强、抗逆性强的优良菌种，在适宜的接种量范围内，适当加大接种量。

⑦接种场所消毒要彻底，接种时严格无菌操作。灭完菌的料瓶(袋)应直接进入洁净的冷却室或接种室；接种动作要迅速准确，防止杂菌污染。

⑧搞好培养室和出菇室的环境卫生，改善食用菌生长发育的环境条件。培养室和出菇室用前要严格消毒，培养过程中要加强通风换气，严防高温高湿。

⑨定期检查，发现污染及时处理。污染的菌种要立即销毁。对污染轻的栽培袋可进行除治，如用浓石灰水、75%的酒精或 0.1%的多菌灵等抑菌剂或杀菌剂擦洗或注射污染处，将防治后的栽培袋置低温处隔离培养，可有效控制杂菌蔓延。段木或畦栽发生污染时，可先挖去患病部位，然后进行药剂处理。如果栽培袋杂菌发生严重，可将其运至远处深埋或烧毁，切忌到处乱扔或未经处理就脱袋摊晒。

⑩生料栽培时，为了抑制杂菌，可加入 1%～2%的石灰来提高培养料的 pH；为了降低杂菌基数，培养料要充分发酵，并加入适量的克霉灵、多菌灵等杀菌剂拌料。

⑪畦栽时，覆土材料宜选用河泥砻糠土或大田的深层土，并要严格发酵或消毒。

8.1.2 致病菌导致的病害及其防治

8.1.2.1 真菌性病害及其防治

1. 蘑菇褐腐病

(1)症状　为蘑菇世界性病害，只感染子实体，褐腐病又称白腐病、湿腐病、湿泡病和有害疣孢霉病。不感染菌丝体。蘑菇不同发育阶段染上该病，其症状是不同的。发病症状可分为以下 4 种：①当病原孢子数量大时，蘑菇菌丝形成菌索时即可受到侵染，在菇床表面形成一堆白色绒状物，即褐腐病的菌丝和分生孢子，直径可达 15 cm 以上。绒状物由白色变为黄褐色，此时产生厚垣孢子，表面渗出褐色水珠，最后在细菌的作用下腐烂，并有臭味产生。②子实体分化期受到侵染，子实体未分化时被感染，则分化受阻，形成不规则的组织块，子实体表现为畸形，原基致病后形成马勃状的组织块，初期白色，后变为黄褐色，表面渗出水珠并腐烂。③子实体分化后被侵染，菇体表现为畸形，菌柄膨大，菌盖变小，初期颜色较健菇暗淡，无光泽，菇盖表面凹凸不平，以后病菇上长出一层白色绒毛状菌丝体和分生孢子，后变为褐色，产生褐色液体。④子实体后期被侵染，不表现为畸形，子实体表面出现白色绒毛状菌丝，后期变为褐色病斑。褐腐病不仅危害双孢蘑菇，还侵害草菇、平菇、灵芝等。

(2)病原　病原菌为有害疣孢霉(*Mycogone perniciosa*)。病原菌能产生两种无性孢子，即分生孢子和厚垣孢子。分生孢子梗短而直立，轮枝状分枝；分生孢子着生在梗端，无色，卵圆形。厚垣孢子细胞壁厚，球形，色深，大而有瘤突。

(3)传播途径及发病条件　有害疣孢霉是一种土壤真菌，厚垣孢子可在土壤中存活几年，首次侵染主要来源于此；菇棚内的再度侵染、病害蔓延，则主要是病菌孢子通过人体、害虫、工具或喷水等渠道传播。菇房内高温高湿、通风不良时病菌极易发生。菌丝和分生孢子在15～35℃下均能生长和萌发，以24～25℃最为适宜，致死温度为44℃，病菌在55℃处理4 h或62℃处理2 h即死亡。空气相对湿度90%以上有利于孢子的萌发。菌丝生长最适pH为6。蘑菇从病菌感染到症状出现需要12天以上，生长中的蘑菇菌丝尤能刺激疣孢霉孢子萌发。在第一潮菇生长时发病，其病原往往来源于覆土材料和旧菇床材料带菌引发。几潮菇后发病，主要是由于水和工具、昆虫等带菌传播引起发病。

(4)防治措施

①出菇房严格消毒杀菌。及时清理菇房废料，并进行彻底消毒后，有条件的可通蒸汽消毒，70～75℃维持4 h，而后通风干燥。菇床床架最好用钢材和塑料等无机材料制成，不易孢子生存。

②覆土要消毒。覆土材料在阳光下曝晒3～5天，使土粒中心发白。

③培养料要经后发酵处理或进行巴氏消毒，或喷洒500倍的多菌灵或托布津药液。

④栽培季节要选好，加强管理和合理调节菇房温、湿度。第一潮菇出菇期避开25℃以上的高温，调控播种期，控制第一潮菇的出菇期在气温17℃以下，以减轻病害的发生。菇房避免喷水过度，注意菇房的通风换气。

⑤栽培过程中发病，可适量减少或暂时停止喷水，加强通风，降温降湿，并在病区喷500倍多菌灵药液2～3次；若发病严重，应及时销毁病菇，并清理料面。在出菇间歇期或早春浇水时用药剂防治。

2. 褐斑病

(1)症状　又称干泡病、黑斑病、轮枝霉病。主要危害双孢蘑菇，致使双孢蘑菇各发育阶段发病。感病后的幼菇形成一团小的、干瘪的灰白色干硬球状物，因此又称之为干泡病。此病与湿泡病相比，其颜色偏深、体积较小、质地较干，无液滴、无臭味、不腐烂。发病时多在菌柄、菌盖、菌褶上形成褐色斑点，并凹陷，蘑菇往往失去坚韧性，呈畸形。褐斑病蔓延很快，对子实体具有很强的感染力，菇蕾受害后，形成质地较干的灰白色组织块，不能分化形成菌柄和菌盖。子实体感病后，病菌菌丝能侵入子实体髓部，使菌柄异常膨大并变褐，而菌盖发育迟缓，子实体呈畸形而僵化；菌盖上还产生许多不规则的针头大小的褐色斑点，以后斑点逐渐扩大并凹陷，凹陷部分呈灰色，充满轮枝霉的分生孢子，但菇体不腐烂、无臭味，最后干裂枯死。与白腐病不同之处是病菇腐烂较慢，且不流出褐色黏液，也没有恶臭。在早期，白腐病与褐斑病症状相似。

(2)病原　病原菌是真菌生轮枝霉(*Verticillium fungicola* Preuss)、菌褶轮枝霉(*V. lamellicola*)和蘑菇轮枝霉(*V. psalliotae*)，属于半知菌门丝孢目丛梗孢科轮枝霉属。

(3)传播途径及发病条件　轮枝霉主要存活于土壤及空气中，最适生长温度为22℃左右，低于12℃时生活能力很差。其分生孢子可黏附于土壤、工具、人体及虫类等。初侵染可能是土壤和空气中的病原孢子萌发所致，而后的迅速蔓延则是通过人体、工具、虫类或喷水时溅水所传播。当出菇室通风不良、空气相对湿度大时易发病。

(4)防治措施　参照褐腐病的防治。

3.指孢霉软腐病

(1)症状　又称蘑菇软腐病和树状轮指孢霉病，主要危害双孢蘑菇、平菇和鸡腿菇等覆土类食用菌。发病时，料面或覆土层表面长出一层白色绵毛状菌丝，在温湿度适宜时，生长速度加快，纤细绵软，常将菌床覆盖形成棉絮状菌被。菌床感病严重时，受害部位原基不能形成或受到抑制，并进一步侵害正在生长的子实体。子实体发病时，先从菌柄基部开始侵染，逐渐向上传染，并呈现淡褐色软腐症状，无臭味，稍触动即倒下；受害严重时，菌柄及菌褶处长满白色病原菌丝，或病菇连同其着生的菌床部位，均被病原菌丝呈蜘蛛网状包围覆盖，最终造成病菇呈淡褐色水渍软腐状；病原菌丝后期变成淡红色，发病中心部位有紫红色色素产生。平菇感病后，一般不发生畸形，也不散发臭味，但手触即倒。此病在菇房通常只是小范围发生，很少大面积流行。

(2)病原　病原菌为树枝状轮指孢霉(*Dactylium dendroides*)，属于半知菌门丝孢纲丛梗孢科。病原菌丝白色，气生菌丝生长旺盛致密，棉絮状。

(3)传播途径及发病条件　该病菌多生长在肥沃的土壤中，是一种弱寄生菌，尤其是在苗床及菜园地中较多，树枝状轮指孢霉可长期存活于有机质丰富的土壤中，通过覆土、水滴、虫类、人体及气流传播。其菌丝生长最适温度为25℃左右，最适pH在3～4，在空气相对湿度过大，覆土层或培养料过湿的条件下易发病。

(4)防治措施

①清理菇房，发现有病菇，集中处理，减少病菌的侵染，科学喷水，保持菇房适当温、湿度。

②对床面进行消毒，培养料内拌入适量多菌灵或在覆土表面撒少量多菌灵粉。

③培养料发酵后，将其pH调至7左右，耐碱品种可调至9左右；局部发病时，应清除病菌的菌膜及死菇，对患病部位撒石灰粉，并更换覆土。

④其余可参照褐腐病的防治。

4.金针菇基腐病(根腐病)

(1)症状　开始发病时，菌柄基部出现水渍状小斑，后逐渐扩大，病部颜色加深，最后变成黑褐色腐烂，子实体倒伏，往往整丛发病。幼菇丛发病虽不会倒伏，但不能继续生长，严重发生时，针状的幼菇成丛变黑腐烂。

(2)病原　病原菌为瓶梗青霉菌(*Paecilomyces* sp.)。

(3)传播途径及发病条件　该菌可生活在土壤及有机质中，以腐生生活为主，寄生性弱，但在中温高湿、特别是培养料表面长时间积水条件下，病菌从菌柄基部侵入，一旦发生，扩展蔓延速度较快。

(4)防治措施

①子实体生长阶段控制适宜的培养料含水量，料面不能积水。

②发现病菇，应及时清除，然后喷25%多菌灵或65%代森锌500倍液，有一定效果。

其余可参照褐腐病的防治。

8.1.2.2 细菌性病害及其防治

在食用菌栽培过程中，细菌可污染栽培料，使之变质、发臭、腐烂。细菌还可危害食用菌子实体，引起子实体腐烂、变臭、死亡，导致减产或绝收。

1. 菇体腐烂病

(1)症状　食用菌子实体长期受假单胞杆菌侵染后出现的腐烂现象。发病初期在菌盖或菌柄上出现淡黄色水渍状病斑，在高温高湿条件下，病斑迅速扩展，引起菌盖或菌柄呈淡黄色水浸状腐烂，并散发出难闻的恶臭气味。近年来在金针菇、鸡腿菇、双孢蘑菇、滑子菇、秀珍菇、平菇等多种食用菌菇体生长过程中，都出现了细菌性腐烂症状。

(2)病原　病原菌为荧光假单胞杆菌或假单胞杆菌(*Pseudomonas* sp.)。菌落乳白色、圆形，表面光滑、呈黏性，具有荧光反应。

(3)传播途径及发病条件　病原菌广泛存在于有机质、土壤或不清洁的水中，培养料也可带菌，主要通过喷水污染子实体，喷水时使用不洁净的水，病菌会大量繁殖，导致子实体发病，若菌袋口长期积水，原基会发生腐烂病。出菇场地高温高湿也是发病的主要条件。

(4)防治措施

①拌料及喷水时使用清洁水源。

②喷水后加强通风，降温降湿，控制发菌期培养料水分，出菇期适当降低空气湿度，浇水时避免菌袋及菌盖积水。

③培养料和覆土材料应按要求进行发酵或消毒。

④菇棚、床架、用具等要用2%的漂白粉或五氯酚钠等彻底消毒，尤其原发病害较重的菇棚；同时，菇房应安装纱门、纱窗防虫。

⑤发现病菇及时摘除，菇床停止浇水，并在料面撒一层石灰粉，或用600倍的漂白粉液，每两天喷一次。

2. 金针菇褐斑病

(1)症状　又称细菌性斑点病、黑斑病，是引发金针菇菌盖表面产生褐色斑点的病害。病菌只侵染子实体的表面组织，不危害菌肉。被感染后，菌盖表面出现小的圆形或椭圆形褐色(铁锈色)凹陷斑，在潮湿条件下，病斑表面有一薄层菌脓，发出臭味，当斑点干燥后，菌盖开裂，形成不对称的子实体。菌柄上偶尔也发生纵向凹陷斑块，但菌褶很少感染。病菇形态变化不大，也不会引起腐烂。白色菇种更易感病，严重时整丛菇体感病，失去商品价值。

(2)病原　病原菌为托兰斯假单胞杆菌(*Pseudomonas tolaasii*)和假单胞杆菌(*Pseudomonas* sp.)。

(3)传播途径及发病条件　此菌在自然界分布极广，培养料、覆土材料以及不洁的水中均有病菌潜伏，在15℃以上、空气相对湿度大于85%时，病菌非常活跃，通过人体、气流、虫类和工具等渠道可广泛传播。常在春菇后期，逢高温高湿、通风不良，特别是菌盖表面有水膜时极易发生。金针菇工厂化栽培中袋栽菇排袋多，通气差、二氧化碳含量过高的菇房中发生严重。

(4)防治措施

①加强菇房消毒处理。空菇房可通入70℃热蒸汽消毒2 h，并用高锰酸钾和福尔马林熏蒸消毒5 h以上。发病严重的菇房应充分晾干后空置一段时间再使用。

②工厂化栽培的出菇房，出菇期温度控制在8～10℃，定期通风换气，二氧化碳含量控制在7 000 mL/L，能有效减少病害发生。

其他参照菇体腐烂病的防治。

3. 平菇黄斑病

(1)症状　平菇黄斑病,又称黄菇病。该病由假单胞杆菌引起,假单胞杆菌在平菇子实体生长过程中无论低温、高温季节都可发生病害。子实体被感染初期,菌盖边缘表面会出现黄色的小斑点,以后出现暗褐色的凹陷病斑,病斑圆形、椭圆形或不规则形,颜色加深并毗连成不规则的大型斑块,病菇分泌黄色水滴并停止生长,致使整丛菇发病,病菇成水浸状,稍有黏状但不腐烂,病菇形态变化不大。菌柄上有时也发生纵向梭形的黑褐色凹陷斑块,而菌褶很少被感染。平菇和秀珍菇较易感染此病,感病后品质下降,严重的失去商品性。该病在北方地区呈逐年上升趋势。

(2)病原　病原为假单胞杆菌(*Peseudomonas agarici*)

(3)传播途径及发病条件　病原菌主要通过土壤、水源、虫害、空气和病菇传播,从幼菇期到成熟都有可能发病。在高温高湿、通气不良时黄斑病容易流行和发生。生料栽培比熟料栽培子实体易发病且病情严重。菇棚温度高于20℃,空气相对湿度80%以上时容易发病。

(4)防治措施　参照菇体腐烂病的防治。

4. 蘑菇干腐病

(1)症状　干腐病又叫干僵病,是由假单孢杆菌引起的。发病时子实体正常分化,但长出2天后生长停止,菇体颜色暗淡失去光泽,菇盖皱缩,菇柄伸长,病状严重时菇盖歪斜,菇体干枯,逐渐萎缩死亡。病菇菌盖与菌柄接触处有明显的暗褐色病斑,将菌柄纵向撕开也可发现一条暗褐色的变色组织,菇盖硬而脆,发病菇床上菌丝蔓延于土面,菌丝粗糙成索状,病菌随带病菌丝蔓延而致病。

(2)病原　病原为假单胞杆菌(*Peseudomonas* sp.),菌落圆形白色。

(3)传播途径及发病条件　病原顺着蘑菇菌丝传播,菌丝蔓延速度很快,可达每天0.6 m,一旦发生很快感染整个菌床。此病多发生在秋菇上,湿度大发生较严重。

(4)防治措施　主要是隔离,可防止病区和其他培养料之间菌丝体相连接,是很有效的限制此病传播的方法。其他参照菇体腐烂病的防治。

8.1.2.3　病毒性病害及其防治

真菌病毒(mycovirus)广泛存在于食用菌细胞中,具有很强的侵染性,携带致病性的病毒浓度低时,菇体不出现病状,当病毒达到一定浓度时,菇体和菌丝出现一系列病变。目前,受病毒危害并表现出症状的有双孢蘑菇、香菇、平菇等食用菌。

1. 双孢蘑菇病毒病

(1)症状　双孢蘑菇病毒病又名褐色病、菇脚渗水病、顶菇病等。双孢蘑菇感染病毒后症状是随侵染时间、病毒种类、蘑菇品种和环境条件不同而有变化。症状主要包括菌丝体生长缓慢,子实体在覆土内层形成针状菇,已长出的子实体表现矮化,早熟易开伞,无菇盖和菇柄的区分或菇盖发育不良,平而小;菇柄有时长得粗而短呈鼓棒状或圆筒状,上有褐色条斑深入组织;有时则细而长。淡褐色病菇往往出现在头潮菇中,而在后几潮菇中很少发生。

(2)病原　目前已从病菇中分离出多种病毒,主要有MV1,直径25 nm,球状;MV3,19.5 nm,杆状;MV4,直径35 nm,球状;MV5,直径50 nm,球状;MV6,17.35 nm,棒状。

(3)传播途径及发病条件　病毒通过带毒的孢子或菌丝体之间的连接传播,危害严重。气流、昆虫、工具等都能传播带病毒的孢子。菇床上第一潮菇发病主要是菌种带病毒引发而来,双孢蘑菇病毒可以通过健康菌丝和带病毒菌丝的融合及担孢子传播。蘑菇细胞内可有一种或几种病毒粒子共存。

(4)防治措施

①选用耐(抗)病毒的优良品种。

②保持出菇室卫生,安装纱门、纱窗,防止害虫传播病毒;及时清除废料,并彻底消毒;出菇室、床架、器具等用前可进行巴氏消毒。

③培养料进行后发酵处理或巴氏消毒。

④发现病毒的菇棚,必须在子实体散发孢子前及时采收,防止病毒通过孢子传播。

⑤及时治病防虫,减少病毒的传播途径。

2. 香菇病毒病

香菇菌丝被感染后,出现"退菌"现象,形成无菌丝的空白斑块;子实体生长阶段形成畸形菇,开伞早,菌盖薄。

(1)症状　香菇病毒颗粒普遍存在于子实体中。在未发病的情况下,带病毒的菌丝在生长速度或在子实体的产量上均无差异。但发病后菌丝在 PDA 上表现为菌落发黄,菌丝只在接种块向上伸长,难以在培养基上吃料,发菌速度慢且菌丝稀疏。在栽培袋上则产生退菌斑,即菌丝尚未发到底时,上面的菌丝已开始消退,产生一块块的秃斑,开袋后,菌棒表现为气生菌丝少,难以转色。出菇期症状则表现为菌柄肥大,菌盖球形。或是菇体细小而薄,提早开伞。由菌种带毒的,发病早,产量降低甚至绝收。

(2)病原　香菇病毒颗粒有球形、杆状和丝状三类。

(3)传播途径及发病条件　香菇病毒由香菇菌丝体和孢子传播。使用带病毒菌种是引起病毒病的主要原因。

(4)防治措施　参照双孢蘑菇病毒病的防治方法。

3. 平菇病毒病

(1)症状　平菇病毒球状,感染后,菌丝生长速度减慢,菌丝稀疏、发黄或吐黄水;出菇阶段表现为菌盖畸形、僵硬和菌盖较小,表面出现明显的水浸状条斑,转潮时间推迟,且第二、三潮菇同样畸形。带病菇体分离的菌种,表现出同样的症状。

(2)病原　病原为 24 nm 的球形病毒。

(3)传播途径及发病条件　菇场卫生条件差,菌种带毒均会引发平菇病毒病的发生。平菇的球型病毒可以通过担孢子和菌丝的相互融合而传播。

(4)防治措施　参照双孢蘑菇病毒病防治方法。

8.1.2.4　黏菌及其防治

1. 症状

黏菌是引起夏季高温型食用菌畸形或腐烂的一种病害,主要危害香菇、毛木耳、双孢蘑菇、平菇、茶树菇、滑子菇等食用菌,覆土栽培的种类比袋栽的发生更为严重。发病初期会在覆土层表面出现黏糊稀疏的网状菌丝,其菌丝会变形运动,扩展迅速,1～2 天内蔓延成片;菌丝爬向菇体,将菇体包裹住,病情较轻的菇体畸形,严重的致菇体软腐死亡,并在菇体上产生褐色子囊。黏菌在黑木耳和滑子菇栽培中发生较重,当耳片或子实体原基生长到一定程度时发生较多,初期在子实体表面长出灰白色的黏菌菌落,扩展迅速。黏菌营养体生长过程中可以分泌出多种胞外酶,使子实体组织水解胶化而引起流耳或腐烂。胶化后的耳胶流到哪里,哪里的子实体也随之水解胶化，使栽培袋表面黏糊着一层胶状物。当晴天气候干燥时，失水后呈半透明的硬壳，颜色也由黄褐色变成黑褐色。凡是发生流耳或黏糊有耳胶的地方，不再长出子实体。香菇生产中发生的黏菌主要危害香菇菌筒，特别是反季节栽培的香菇受害较重。黏菌主要生长在菌袋表面，经常是当天未见症状，第二天就会发现菌袋的表面出现一大片深褐色的孢囊果子实体，有的子实体还会出现在菇架、地面以及覆盖的薄膜上。如环境阴湿，其发展较快，逐渐连片，甚至会覆盖整个菌袋表面。利用棉籽壳生料栽培的平菇菇床上常常出现黑色的发网状黏菌，导致培养料腐烂和不出菇等症状，平菇子实体受害后，会出现病斑、畸形、发僵、腐烂等症状，产量和质量受到极大影响。

黏菌菌落有白色、黄白色和灰黑色等颜色，其形状有网络状、发网状等。菌丝消失后则出现黄褐色或深褐色的包囊果子实体。

2. 病原

病原菌为黏菌，属真菌界黏菌门黏菌纲绒泡菌目绒泡菌科。黏菌的营养体是一团多核的没有细胞壁的原生质团，繁殖体形成有细胞壁的孢子。危害食用菌的黏菌类群主要有发网菌属（*Stemonitis*）、绒泡菌属（*Physarum*）、煤绒菌属（*Fuligo*）和彩囊钙丝菌（*Badhamia utricularis*）。

3. 传播途径及发病条件

黏菌适宜生长在有机质丰富、环境潮湿且比较阴暗的地方，如腐木、枯草、落叶、青苔及土壤上。高温高湿的环境黏菌繁殖速度快，在温度 15～35℃、菇房空气相对湿度 80%以上或覆土表面有积水的情况下，黏菌生长迅速并很快形成孢子。孢子随水、空气和昆虫等传播进行再次侵染危害。在老菇房和出菇期较长的食用菌品种上较易发生。

4. 防治措施

①床栽食用菌的培养料要通过高温堆制和二次发酵。

②控制湿度，防止菌袋表面长期处于水渍状态，可有效控制黏菌生长。

③用药剂拌料。可用干料重量的 0.1%～0.2%的施耳康拌料王拌料，对菇床黏菌的防效显著；

④覆土材料用甲醛进行熏蒸消毒，以杀死培养料和覆土中的黏菌。

⑤装袋前对菇房周围环境进行消毒处理。尤其是老菇棚要彻底清除废料并晒棚。

⑥控制适宜的含水量，防止菌袋表面长期处于水湿状态，并保持适当的通风透光条件，可有效控制黏菌生长。

⑦发病初期，停止向菇床喷水，撒石灰让其干燥后，挖除病区，喷洒 200 倍的锈枯灵或 500 倍液高锰酸钾溶液，经 3～5 天再次用药防治，连续用药 3 次以上才能有效控制该菌的蔓延和危害。

8.1.2.5 非侵染性（生理性）病害及其防治

生理性病害又称非侵染性病害。在食用菌生长发育过程中，由于不良的环境条件，如培养料的营养比例、含水量、pH、空气湿度、光线、二氧化碳等出现极端性不合理的情况，致使食用菌产生生理障碍，出现多种变态、菌丝生长不好、子实体畸形或萎缩等。物理、化学因素的刺激，使食用菌正常的生长发育受阻，产生各种异常现象，导致减产和产品品质下降。生理性病害由于不存在致病菌，所以这类病害不会传染。

1. 子实体畸形

在双孢蘑菇、平菇、香菇、灵芝等栽培过程中，常常出现子实体形状不规则，如柄长盖小，子实体歪斜，或原基分化不好，形成菜花状、珊瑚状或鹿角状的畸形子实体。

(1)主要原因　菇体在生长过程中受到不良环境的影响后较易长成畸形菇。如平菇在二氧化碳含量过高的状况下，长出团状的菜花形的"块菌"，但改善通气条件后，又可从团状的原基中分化出完整的菇盖和菇柄恢复正常生长。金针菇在坑道内栽培，在坑道缺氧、二氧化碳浓度较高的情况下，只长成尖头状的纤细绒毛。杏鲍菇在较高的二氧化碳浓度下，不易分化菇盖或菇盖上出现瘤状突起物，影响了菇的商品性。香菇原基在菌袋内生长，受到薄膜挤压而畸形，覆土栽培的品种，若覆土的颗粒太大、太硬，会导致菇体出现畸形。猴头菇、真姬菇在缺氧的情况下均易出现畸形菇。

(2)防治方法　针对上述原因，创造子实体形成和生长最适宜的环境条件。

2. 地雷菇

(1)主要原因　覆土栽培的种类，如双孢蘑菇、鸡腿菇、姬松茸等，出菇初期，由于子实体着生部位低(在料内、料表或覆土下部)，往往破土而出，菇根长，菇形不圆整，栽培者称这种子实体为"地雷菇"或"顶泥菇"，这种菇质量差，出菇稀，并且在出土过程中常常损伤周围的幼小菇蕾，影响正常菇的产量和质量。产生地雷菇的原因是培养料过湿，料内混有泥土，且调水后菇房通风过多，温度偏低，覆土表面较干燥，地雷菇从基质中拱出的时候其周边的菌丝断裂，菇蕾生长受到影响。

(2)防治方法

①菇床进料和覆土时，培养料不能过湿，料内不能混进泥土，防止菌丝在料内泥土中扭结出菇。

②合理调控水分，适当降低通风量，保持一定的空气相对湿度，以避免覆土表层太干燥，促使菌丝向土面生长，防止引起料内出菇。

③料内出现地雷菇时，及时拔除，压平料面，盖上土层。

3. 空根白心

(1)主要原因　蘑菇菌柄组织不充实，内部出现白色疏松的髓部，菇体干燥后或煮熟后髓部收缩或脱落成中空状。严重影响食用菌的产量和品质。如双孢蘑菇、姬松茸和大球盖菇均易出现空根白心现象。菇房空气湿度过低，土面喷水少，土层过干，生长的子实体得不到充足的水分，菌盖表面水分蒸发量大，菌柄由于缺水便产生白色疏松的髓部，形成空根白心现象。

(2)防治方法

①出菇高峰期应加强水分管理，提高空气相对湿度，土面应及时喷水，不使土层过干。喷水时应轻而细，避免重喷。

②温度过高时，在夜间或早晚要通风降温。

4. 温度不适症

(1)主要原因　有些品种在出菇期间遇到较大的温差刺激，造成生理失调，致使菇体畸形或死亡的现象，称之为温度不适症。季节性栽培的品种在季节转换时，容易遭遇温差的影响。如草菇在20℃以下，易萎缩软化和死亡，灵芝在15℃以下菇体容易长成棒状或脑状，杏鲍菇在温差较大或温度偏高时易出现畸形或腐烂，鸡腿菇在春季温差大时，极易出现成批死菇现象，云芝在8℃以下原基增厚、不易开片，真姬菇在25℃以上只长原基、不能分化出菇体，中低温平菇在高温下长出厚实的菌皮或长成“鸡爪式”菌盖，双孢蘑菇子实体生长时突遇 10℃以上温差，致使菌柄与菌盖生长不均衡，菌膜分离开裂，露出菌褶，即“硬开伞”现象。

(2)防治方法

①选择适宜的品种，特别是温型要与出菇季节相吻合。

②改善设施条件，增强温度的可控性。

③遇到温度不适宜的季节，尽量安排越冬或越夏，温度适宜时再开袋出菇。

5. 药害症

(1)主要原因　食用菌的菌丝体和子实体对大多数的药剂敏感，容易导致畸形或死亡。如使用硫黄熏蒸、甲基托布津、百菌清、敌敌畏、马拉硫磷等农药，均对菌丝生长具有抑制作用，并且可导致原基死亡，子实体畸形。多菌灵在灵芝、猴头、毛木耳栽培时拌料或喷雾，易引起菌丝受抑制和子实体僵硬。酸性杀菌剂(pH 5 以下)喷施在菌盖上，易使菌盖出现黄化、斑点或僵化死亡。

(2)防治方法

①选择安全的专用型农药对症下药，严格按照使用说明操作。

②一旦出现药害，及时摘除受害菇体，使其重新分化和生长。

6. 肥害症

(1)主要原因　栽培配方中的碳、氮比例失调，尤其是氮素含量偏高时，菌丝生长旺盛，香菇、平菇等食用菌培养料中麸皮含量过多时，形成过厚的菌皮，阻碍长出子实体。双孢蘑菇堆料时若氮肥偏多，则氨气味重，菌种不能萌发和吃料，甚至菌丝死亡。

(2)防治方法

①配方要合理，尽量减少尿素、硫胺等化肥的用量，多使用麸皮、饼肥或豆粉等天然有机物。

②发现氮肥偏多且抑制菌丝生长时，及时将培养料重新配制使用。

7. 死菇

死菇指在无病虫害情况下，子实体变黄、萎缩、停止生长，最后死亡的现象。

(1)主要原因　出菇过密，营养或水分不足；出菇室持续高温高湿，通风不良，氧气不足；覆土层缺水，幼菇无法生长；采菇或其他管理时操作不慎，造成机械损伤；或者农药使用不当，产生药害等均可引起子实体死亡。

(2)防治方法　根据上述原因，采取相应措施，如改善环境条件，正确使用农药等。

8. 着色病

幼菇菌盖局部或全部变为黄色、焦黄色或淡蓝色，使子实体生长受到抑制，随即表现出畸形，如菌盖皱缩上翘等，严重影响商品质量。

(1)主要原因　一是低温季节使用煤炉升温时，棚内一氧化碳浓度较高，子实体中毒而变色，菌盖变蓝后不易恢复；二是质量不好的塑料棚膜中会有某些不明结构和成分的化学物质，被冷凝水析出后滴落在子实体上，往往以菌盖变为焦黄色居多；三是覆土材料中的某些药残成分、喷雾器中的药物残留、外界某些有害气体的侵入等，均可导致该病发生。如平菇子实体生长过程中，受到一些敏感的农药刺激后，菌盖变成黄色或呈现黄色斑点；当平菇吸收了煤炉加温中产生的一氧化碳气体，菇盖上会出现蓝色条纹或蓝色斑点；双孢蘑菇子实体生长过程中被覆土中水滴溅上后会产生铁锈色斑；猴头菇在较强的光线照射下，菇体呈现粉红色；杏鲍菇菇盖在水分偏多的情况下会出现水渍状条纹。

(2)防治方法

①不宜用煤炉在出菇房内加温。

②在出菇期不能施用农药。

③在阴雨天时菇房不宜浇水。

④应用管道送热蒸汽的形式增温。

⑤猴头菇在出菇期应避免强光照射,防止菇体变色。

8.2 主要虫害及其防治

侵害食用菌的害虫种类繁多,目前初步统计有15个目的昆虫危害食用菌的菌丝体和子实体。多数害虫初期以腐熟的有机质为食源,如跳虫、螨虫、瘿蚊、线虫和蚤蝇等昆虫都喜食腐熟潮湿的有机质,一般发酵、熟化后的有机质会散发出特有的气味,吸引昆虫在料里产卵和繁殖,这些害虫成为食用菌栽培期的终身害虫。害虫侵害后的培养基会变质、杂菌滋生,菌丝萎缩或腐烂,子实体受害后会出现斑点、缺刻、干枯、萎缩、死亡等现象。此外,在食用菌生产以及食用菌干品贮藏过程中都会发生虫害,严重影响产量和子实体品质,有效防治各种害虫是保证食用菌栽培高产、优质的重要环节。危害食用菌的害虫主要有昆虫、线虫、螨类及软体动物等,应针对害虫发生原因,采取相应的防治措施。

8.2.1 昆虫类害虫及其防治

危害食用菌的昆虫主要是双翅目、鳞翅目、鞘翅目、等翅目、弹尾目和缨翅目中的一些害虫,其中以双翅目害虫种类多,数量大,寄主广泛,危害最为严重,双翅目害虫主要分布于菌蚊科、眼蕈蚊科、瘿蚊科、粪蚊科、蛾蚋科和蚤蝇科。下面介绍几种生产上危害严重的昆虫。

8.2.1.1 多菌蚊(*Lycoriella* sp.)

又名菇蚊、菌蛆等,危害平菇、凤尾菇、双孢蘑菇、草菇、木耳、银耳、香菇、猴头菇等多种食用菌。

1. 形态特征

幼虫蛆状,细长,体白色,具有明显的黑色头囊,头囊封闭,不可伸缩,上颚相对。成熟幼虫体长4~6 mm,幼虫期一般11~14天,经4~5次蜕皮后化蛹;蛹初为白色,后渐成黑褐色,长2~2.5 mm;成虫为黑褐色小蚊,体长1.8~3.3 mm(图8-1);卵为圆形或椭圆形,光滑,白色半透明。

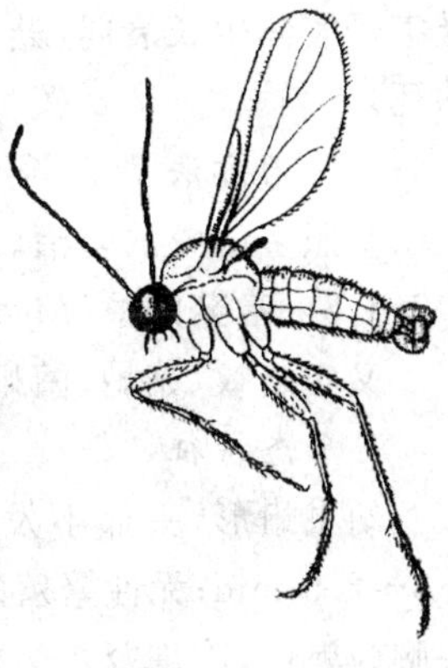

图8-1 多菌蚊

2. 生活习性

成虫有趋光性,活动性强,寿命一般为3~5天;在13~20℃室温下能正常生活和繁殖,完成一代需21~22天,菇房内一年可发生多代。每只雌成虫产卵250粒左右,卵产在培养料的表面、缝隙或子实体上,经3~5天即可孵化为幼虫。

3. 危害特点

以幼虫取食培养料、菌丝体和子实体，造成菌丝萎缩，影响发菌，使菇蕾、幼菇枯萎死亡。幼虫在10℃以上开始取食活动，蛀食子实体的菌柄和菌盖，形成许多蛀孔。成虫不直接危害子实体。

4. 防治方法

(1)搞好出菇室内外环境卫生　安装纱门、纱窗，防止成虫飞入；及时清除废料，并作肥料或饲料化处理，以减少下季虫源；出菇室使用前要彻底熏蒸消毒，每100 m^3 空间可用40%甲醛1 kg，敌敌畏1.5 kg，密闭熏蒸1～2天，或用硫黄(5 g/m^3)多点烟熏，密闭48 h，通风换气1～2天后使用。

(2)培养料处理　培养料要堆积发酵，二次发酵后效果更好，以彻底杀死虫卵和幼虫。

(3)人工捕捉　初发时，可人工捕捉，集中杀灭。

(4)灯光诱杀　利用多菌蚊成虫的趋光性和趋味性，在菇房安装黑光灯或白炽灯，灯下置一盆加入了几滴敌敌畏或松节油的废菇液，诱集成虫并杀死。

(5)药剂防治　不同时期应采用不同的药剂进行防治。出菇前有菌蛆大量发生，可用喷有800倍敌敌畏药液的报纸覆盖培养料进行熏蒸，24 h后揭除；出菇后有菌蛆危害时，用药一定要小心，可喷0.1%的鱼藤精或150～200倍的除虫菊等低毒农药，此外还应加强通风，调节棚内温湿度来恶化害虫生存环境，达到防治目的；在采完一茬菇后，可用0.6%的敌敌畏、0.1%的鱼藤精或2.5%溴氰菊酯或20%杀灭菊酯乳剂2 000～3 000倍液喷洒菇房杀虫。

8.2.1.2　中华新蕈蚊(*Neoempheria sinica*)

主要危害双孢蘑菇、平菇等。

1. 形态特征

幼虫蛆状，黄白色，头部黄色，老熟后体长10～16 mm；成虫黄褐色，头部褐色，体长5～6 mm。

2. 生活习性

成虫寿命3～6天，每一雌虫可产卵50～350粒；卵期2～4天，幼虫期5～7天；在22～31℃室温下，完成一代需12～21天。

3. 危害特点

以幼虫危害，主要蛀食子实体的菌柄和菌盖，被害处留下明显蛀孔，并有虫粪排泄在孔外。受害子实体生长衰弱，菇色黄白，严重的菌柄被蛀空，菌盖下塌，不能食用。菇蕾被害后萎缩枯死。

4. 防治方法

参照多菌蚊的防治。

8.2.1.3　嗜菇瘿蚊(*Mycophila fungicola*)

又叫菇蚊、菇蚋、菌蛆等。危害多种食用菌，双孢蘑菇、平菇、银耳受害最重。

1. 形态特征

幼虫蛆形，头部不发达；有性繁殖的幼虫，初为白色，老熟后为米黄色或橘红色，体长2.3～2.5 mm；无性繁殖的幼虫，老熟后与有性繁殖的类似。成虫极微小，体长1.1 mm左右，头胸为黑色，腹部及足为橘红色，头小，复眼大(图8-2)。

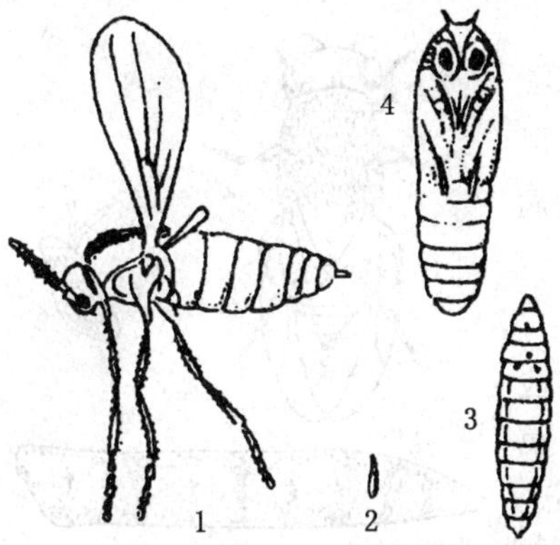

图 8-2 嗜菇瘿蚊

1.雌成虫 2.卵 3.幼虫 4.蛹

2.生活习性

幼虫可由卵孵化，也可由母虫胎生，一条母虫可产20余条幼虫，在25℃恒温下3～4天可繁殖一代，菇床上多为无性繁殖。条件适宜时，这种胎生繁殖可连续进行，在短期内使虫口数量猛增，造成严重危害。成虫趋光性较强，寿命短，一般仅1～2天。

3.危害特点

主要是幼虫在培养料和覆土层中蛀食菌丝，使菌丝衰退，菌蕾枯死；也常大量聚集在菌盖和菌柄交界处及菌褶中取食，留下许多伤痕与条纹斑，并排出粪便，污染子实体，严重影响菇类品质。

4.防治方法

参照多菌蚊防治。另外，双孢蘑菇培养料采用后发酵处理，在45～50℃可杀死瘿蚊的全部幼虫。其幼虫繁殖力极强，要“治早、治了”，一旦发现，要及时扑灭；可用菊乐合酯1 000～1 500倍液喷浇菌床；也可停止喷水，使幼虫停止生殖和缺水死亡。

8.2.1.4 蚤蝇(*Megaselia* sp.)

又名菇蝇、粪蝇、菇蛆，主要危害双孢蘑菇、凤尾菇、平菇、银耳、木耳等。

1.形态特征

幼虫为白色半透明小蛆，头尖，黑色，尾钝，在培养料深处化蛹；蛹初为白色，后变棕褐色；成虫小，黑色或黑褐色，弓背形，触角短，头小，复眼大，腿很发达(图8-3)。

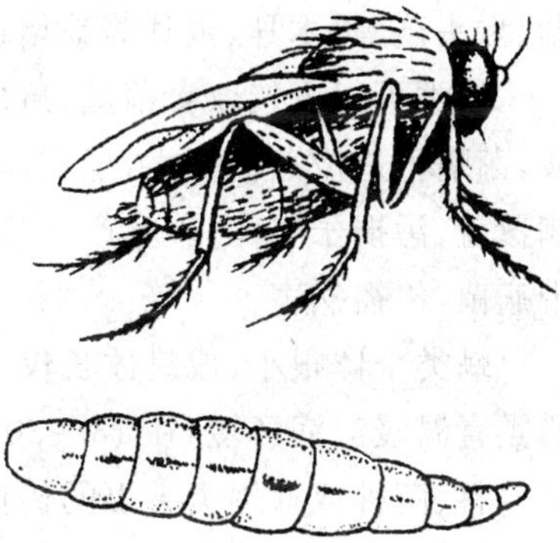

图 8-3 蚤蝇的成虫和幼虫

2.生活习性

成虫白天活动，行动迅速，不易捕捉。24℃时，完成生活史需14天，13～16℃下，需40～45天。

3.危害特点

幼虫的危害同多菌蚊。成虫不直接危害，但会携带大量的病原孢子和线虫、螨类，是病害的传播媒介。

4.防治方法

参照多菌蚊的防治。

8.2.1.5 黑腹果蝇(*Drosophila melanogaster*)

主要危害代料栽培的木耳及银耳等，导致烂耳，严重影响产量和品质。

1.形态特征

幼虫蛆状，成熟后体长4.5～5.0 mm，白色至乳白色。成虫黄褐色，腹部末端有黑色环纹5～7节，体长在5.0 mm以下，复眼大，触角芒状(图8-4)。

2.生活习性

成虫喜在烂果或发酵物上产卵繁殖，繁殖率高，每年可发生多代。成虫在10～30℃范围内均能正常产卵与繁殖，在20～25℃适宜温度下，每代只需12～15天。

3.危害特点

以幼虫取食菌丝体、子实体和培养料,常使菌块发生水渍状腐烂;耳片被蛀食后,常导致大量细菌感染而继发细菌性腐烂,严重影响产量与品质。成虫还能携带杂菌和线虫,传播病虫害。

4.防治方法

参照多菌蚊的防治。此外,在诱杀成虫时,可取些烂果或酒糟放在盘中,倒入少量600倍50%敌敌畏药液或800倍玛杀威药液,分放在四处诱杀;也可用酒∶糖∶醋∶水=1∶2∶3∶4,加几滴敌敌畏进行诱杀。同时,可用800倍50%敌敌畏药液或800倍玛杀威药液,每隔5天喷洒一次栽培袋和耳房墙壁,可兼杀成虫与幼虫。

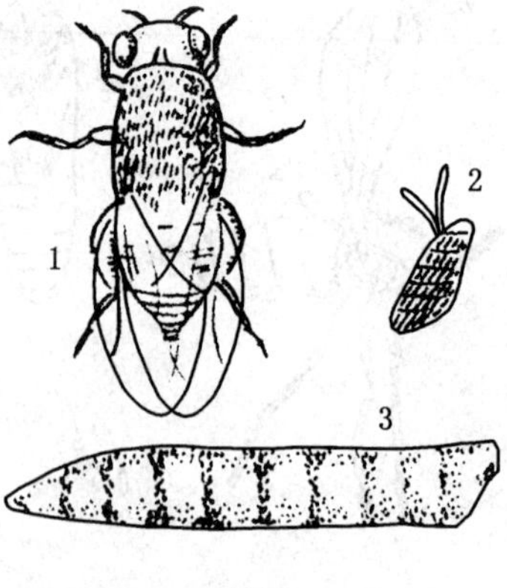

图8-4 黑腹果蝇

1.成虫 2.卵 3.幼虫

8.2.2 食用菌害螨及其防治

螨类属于节肢动物门、蛛形纲、蜱螨目,是食用菌害虫的主要类群,统称菌螨,又叫菌虱、菌蜘蛛。螨类繁殖力极强,一旦侵入,危害极大。菌种制作以及双孢蘑菇、草菇、香菇、平菇、金针菇、猴头菇、黑木耳、银耳等栽培过程中都会发生菌螨危害。

螨类可以直接取食菌丝,造成接种后不发菌,或发菌后出现"退菌"现象;在子实体生长阶段,菌螨可造成菇蕾死亡,子实体萎缩或成为畸形菇、破残菇,严重时,子实体上上下下全被菌螨覆盖,污损子实体,影响产品品质和加工质量。它们还危害仓贮的干制菇、耳。菌螨还会携带病菌,传播病害。

螨类个体很小,成螨体长仅0.3～0.8 mm,分散时难发现,需在放大镜或显微镜下观察。螨类喜温暖湿润环境,在18～30℃、湿度大的栽培场所最容易引起螨类危害。螨类主要通过培养料、菌种或蚊蝇类害虫的传播进入菇房。

危害食用菌的螨类很多,其中以蒲螨类和粉螨类的危害最为普遍和严重(图8-5)。

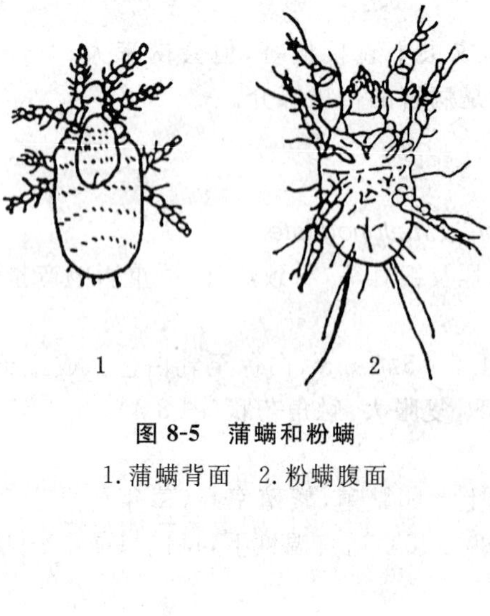

图8-5 蒲螨和粉螨

1.蒲螨背面 2.粉螨腹面

8.2.2.1 蒲螨的形态特征与危害特点

蒲螨体形微小，扁平、长圆至椭圆形，淡黄色或深褐色，刚毛较短。蒲螨行动较慢，喜群体生活，多在料面或子实体上集中成团，类似“土粉”散落状。

蒲螨是整个食用菌螨类中最为重要的类群，严重影响产量和品质，一旦侵入，几天内能毁灭瓶、袋或菌床上的全部菌丝，造成绝收。

8.2.2.2 粉螨的形态特征与危害特点

粉螨体形较大，肉眼可见，体柔软，乳白色，卵圆形，体表覆盖长刚毛，爬行较快，不成团，常群集在菌床表面，数量多时呈粉状，故称粉螨。

菌种制作时，粉螨可以通过棉塞侵入到菌种中，使菌种成品率下降。粉螨侵害菇床或栽培袋时，取食菌丝体和子实体，均造成严重减产和品质下降；粉螨是重要的仓库害螨，食用菌干品受害后，易霉变而不能食用。粉螨还能使人全身奇痒，产生过敏反应。

8.2.2.3 螨类防治措施

(1)培养室及出菇室周围的环境要卫生　要远离培养料仓库、饲料间和鸡棚等，防止菌螨通过外部环境侵入。

(2)培养料处理　发酵时，堆温要升高到 58～60℃至少维持 5～6 h，提倡进行后发酵处理，可较彻底地杀灭螨类；当料温升高，菌螨受热爬到料面时，用 50%敌敌畏 800～1 000 倍液或 20%三氯杀螨醇 800～1 000 倍液喷杀。

(3)出菇室消毒　出菇室应经常保持洁净，使用前每 100 m^3 空间用 1 kg 敌敌畏和 1 kg 福尔马林进行密闭熏蒸，杀虫灭菌，杜绝虫源。

(4)菌种检查　要严格检查菌种，避免菌种带螨。可用放大镜检查瓶口周围，发现菌螨的菌种切不可使用，需用高温杀灭后废弃；其余尚未发现菌螨的菌种，需在播前一二天将棉塞蘸一下 50%敌敌畏药液，并立即塞好，以熏蒸杀死菌螨。

(5)发菌期药剂防治　发菌期间，如发现菌丝有萎缩现象，需用放大镜仔细检查，发现菌螨后要及时喷药杀灭，喷药宜在室温较高、菌螨多集中在料面时进行。可用 0.5%的敌敌畏全面喷洒料面、床架、墙壁及地面，密闭熏蒸 18 h；如仍有菌螨，需在菇床及其周围再喷一次敌敌畏，但每次用药量不宜过大，一般不超过 450 g/m^2，至多喷 2～3 次，以免引起药害。双孢蘑菇菇床上一旦发生菌螨，需在覆土前彻底杀灭。

(6)诱杀法防治　菌螨危害较轻时，可利用糖醋液或肉骨头诱杀。螨类对肉香特别敏感，可在菇床上分散放置一些新鲜肉骨头，待菌螨聚集到骨头上后，将骨头投入开水中杀死菌螨，骨头捞起后继续使用。双孢蘑菇覆土层有菌螨危害时，可用糖醋药液诱杀，即醋 3 份、糖 2 份、白酒 0.5 份、敌敌畏 0.5 份、水 4 份配制而成，调和均匀后，将纱布在药液内浸透，盖在覆土层上，待菌螨聚集到纱布上后，放进沸水中杀死；纱布拧干后再继续使用，逐渐将菌螨全部杀灭。

(7)出菇期防治　子实体生长期不可喷药，危害较轻时，可用诱杀法防治，或在一潮菇全部采收后处理；如菌螨危害严重，可停止出菇管理，用敌敌畏密闭熏蒸菇房。

8.2.3 食用菌线虫及其防治

危害食用菌的线虫属于无脊椎的线形动物门侧尾线口纲，垫刃目和小杆目线虫。如杆形线虫是危害食用菌的主要线虫；滑刃线虫以刺吸菌丝体造成菌丝衰败；垫刃线虫在培养料中较少，但在覆土层中较为普遍，危害性较轻。

8.2.3.1　危害特点

线虫主要通过吸食菌丝体，为其他病虫害入侵创造条件，诱发多种病虫害交叉感染。主要危害双孢蘑菇、凤尾菇、草菇、银耳、木耳、灰树花、平菇、香菇、茶树菇、鸡腿菇和大球盖菇等食用菌，严重影响其产量。线虫在双孢蘑菇的菌丝体和子实体阶段均可危害，线虫吸食菌丝体后，菌丝会变得稀疏，培养料下沉，使菌丝萎缩死亡而出现“退菌”现象；出菇早期受线虫危害，菇床上表现为局部小菇不断萎缩死亡并腐烂，严重时形成无菇区；较大的子实体受害后长势衰弱，颜色发黄或变褐并发黏，严重时死亡，散发出腥臭味，这是由于子实体并发了细菌性病害。香菇在脱袋后的转色期受害，菌筒松散而报废；草菇菇蕾受小杆类线虫危害后变为黄褐色，枯死，子实体被害后开始变黄，后转为褐色，最后整个腐烂，腥臭。木耳被线虫危害后，会造成烂耳和流耳。银耳受害后会出现鼻涕状腐烂。线虫数量大，发生密度高，每克培养料的线虫密度可达 200 条以上，其排泄物是多种细菌的良好培养基，使得被线虫危害的基质具有腥臭味。由于虫体微小肉眼无法观察到，常被误认为是杂菌污染或烧菌所致。线虫还是病毒病及螨类的传播介体。

8.2.3.2　主要种类

1. *蘑菇菌丝线虫（Ditylenchus myceliophagus），又名噬菌丝茎线虫*

(1)形态特征　隶属于垫刃目垫刃科茎线虫属。线虫是一种体形细长（雌虫长 0.6～1 mm；雄虫长 0.58～0.99 mm），两端稍尖的线状小蠕虫，肉眼看不到。虫体多为乳白色，成熟时体壁可呈棕色或褐色。虫体大小和生殖腺长度受营养和温度的影响（图 8-6）。

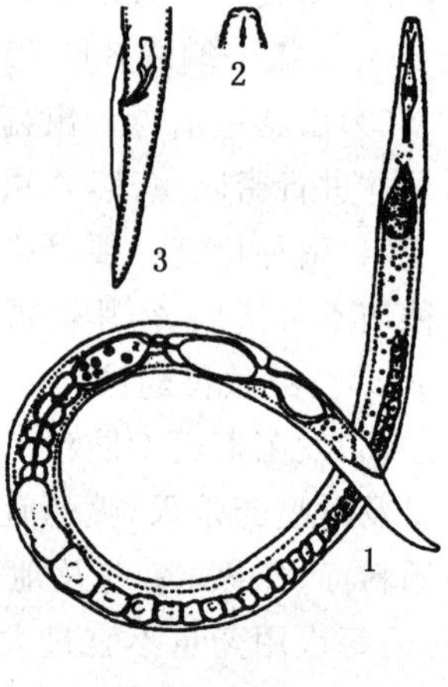

图 8-6　嗜菌丝茎线虫

1. 雌虫　2. 头端　3. 雄虫尾端

(2)发生规律　蘑菇菌丝线虫最适繁殖温度为 18℃，26℃繁殖几乎停止。完成生活史，13℃需要 40 天，18℃ 26 天，23℃ 11 天，低于 13℃繁殖很慢，50℃时干燥状态下虫体进入休眠期。线虫可在菇床床板的缝隙、菇房覆土以及外界土壤中存活，含水量大的腐殖质料中常有线虫分布。线虫能在水膜表面蠕动，有时大量线虫群集在覆土或菌体上，互相缠绕成一个闪烁的、扭曲的螺旋体。在菇床上线虫的危害程度在 10%左右时，症状不明显而不引起注意；当危害程度达 30%以上时，防治困难，产量损失严重。塘水、旧菇房、工具和昆虫是线虫的携带者。而浇水采菇、害虫的活动是造成线虫传播的主要途径。

2. *蘑菇滑刃线虫（Aphelenchoides composticola），又名堆肥滑刃线虫*

(1)形态特征　隶属垫刃目滑刃科滑刃属。头部比虫体窄一些。雌虫体长 0.45～0.62 mm，雄虫体长 0.41～0.58 mm，交接刺长 21 μm（图 8-7）。

(2)发生规律　从卵到成虫的生活史，18℃需 10 天，28℃需 8 天，在 25℃中繁殖比在 15℃、20℃和 30℃中更迅速。普遍存在于堆肥和土壤中，散布在菇床、培养料、蘑菇菌丝及子实体上，性比不等，雌虫偏多，在水中有聚集现象。

线虫分布广泛，土壤、培养料、污水中都有线虫存在；未经严格消毒的老菇房、床架都可能有线虫存活。线虫可以通过人体、工具、昆虫或喷水等进行传播。

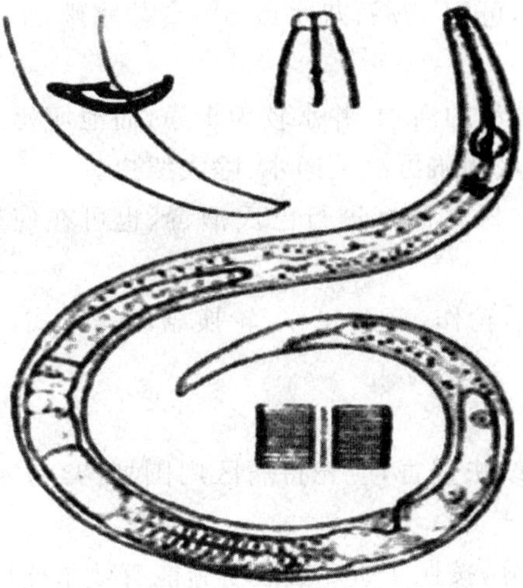

图 8-7　蘑菇堆肥线虫

3. 小杆线虫(*Rhabditis* spp.)

(1)形态特征　隶属于小杆目小杆科。无口针,雌成虫体长 484～900 μm,最宽处 24 μm。雌虫多,雄虫少,雄虫比雌虫小一半。

(2)发生规律　在食物充足的情况下,每条雌虫一次可产 12 枚虫卵,在银耳生长的温度范围(18～23℃)内,10 天可繁殖一代,月平均气温 15.4℃时,一代约 20 天,在 20℃时约 10 天,6—8 月份,气温超过 30～34℃时,大量死亡(图 8-8)。

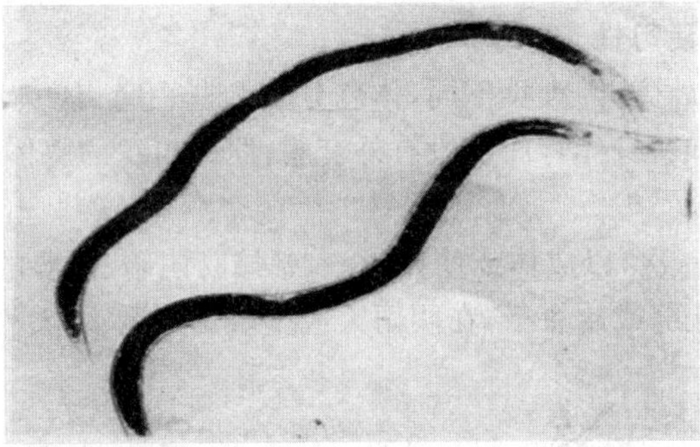

图 8-8　小杆线虫

8.2.3.3　**防治方法**

(1)搞好出菇室卫生,控制好环境条件　消灭各种媒介害虫,防止线虫传播;出菇期间要加强通风,防止菇房闷热、潮湿。

(2)适当降低培养料内的水分和栽培场所的空气湿度　恶化线虫的生活环境,减少线虫的繁殖量,是减少线虫为害的有效方法。

(3)强化培养料和覆土材料的处理　尽量采用二次发酵,利用高温进一步杀死料和土中的线虫。用于平菇等栽培的生料,可用 2%石灰水浸泡 24 h 杀灭线虫;拌料时,喷洒 500 倍的敌敌畏,堆闷 8～12 h 后散去药味再接种,或用甲基溴熏蒸,用量为 600 mg/m³,25℃下 3 h 可杀死休眠期线虫。段木栽培时，可用1%石灰水或5%食盐水喷洒耳木，每隔10天喷一次；或在地面上撒施石灰。

(4)使用清洁水浇菇　流动的河水、井水较为干净，而池塘死水含有大量的虫卵，常导致线虫泛滥为害。如水中加入适量明矾可沉淀净水，除去线虫。

(5)覆土材料处理　覆土材料最好进行巴氏消毒，也可在使用前一周用敌敌畏或甲基溴熏蒸。

(6)采用轮作制　如菇稻轮作、菇菜轮作、轮换菇场等方式，都可减少线虫的发生和为害程度。

(7)药剂防治

①如果发现菇床局部受线虫侵害，应先将病区周围划沟，与未发病部分隔离，然后病区停水，使其干燥。

②菇净中含有杀线虫成分，按照1 000倍液喷施能有效杀死培养料及菇体上的线虫。

③用磷化铝熏蒸菇房和培养料，剂量为6 g/m^3，菇房密闭两天后打开通气。

④播种后，密切观测培养料，一旦发现线虫，用0.001%～0.005%的碘液滴在病斑上，防止其扩大。

8.2.4　软体动物及其防治

危害食用菌的软体动物主要是蛞蝓，又叫水蜒蚰，俗称鼻涕虫，属软体动物门的蛞蝓科。常见的有野蛞蝓(*Agriolimax agrestis*)、双线嗜黏液蛞蝓(*Philomycus bilineatus*)及黄蛞蝓(*Limax flavus*)3种。各种食用菌均会受害，以平菇、草菇、双孢蘑菇、香菇、木耳及银耳受害较重。

8.2.4.1　形态特征及生活习性

蛞蝓的身体柔软，无外壳；因种类不同，体色分别为灰白色、淡黄色或黄褐色等；有两对触角，眼生在第二对触角顶端；身体背面前段有外套膜，肌肉组织的腺体能分泌黏液，爬过处留下白色发亮的痕迹(图8-9)。

蛞蝓每年产卵繁殖一次，以成体或幼体越冬；蛞蝓喜阴暗、潮湿的环境，不耐干燥，白天多躲藏在枯枝落叶、草丛、土缝或砖块下，在阴雨天或夜晚出来觅食，食性很杂，危害多种食用菌。

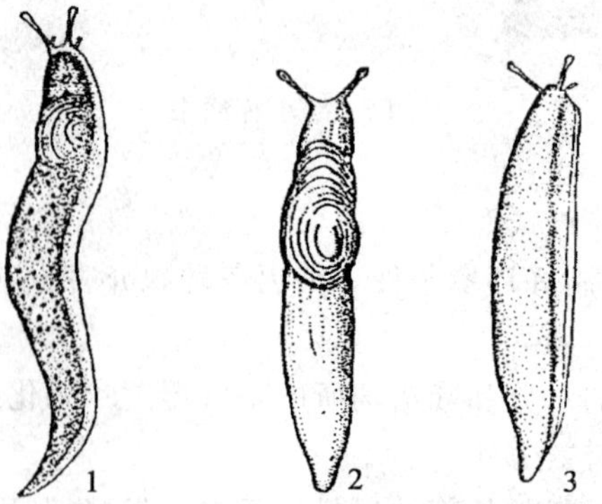

图8-9　蛞蝓

1.黄蛞蝓　2.野蛞蝓　3.双线嗜黏液蛞蝓

8.2.4.2 危害特点

蛞蝓直接取食幼菇、耳芽及成熟的子实体，使被害幼菇或耳芽不能发育成子实体，或在子实体上造成许多缺刻或凹陷斑块，并在爬过处留下粪便和白色黏液带痕，使菇、耳失去商品价值，造成减产和质量下降。在高湿的栽培场所危害尤为严重。

8.2.4.3 防治方法

(1)搞好菇房内外环境卫生　清除蛞蝓白天躲藏的栖息地；菇房地面或周围撒一层石灰。

(2)菇床保护　在菇床周围撒一圈 0.5～1.0 cm 厚的石灰粉，以阻止蛞蝓爬入。

(3)人工捕捉　晚上 9—10 时是蛞蝓集中活动的时间，可人工捕捉；也可用 50%的食盐水或 5%的碱水滴杀。

(4)毒饵诱杀　可用多聚乙醛 300 g，砂糖 300 g，敌百虫 50 g，豆饼粉 400 g，加适量的水拌成颗粒状毒饵，施放在蛞蝓潜伏及活动的场所进行诱杀。

思　考　题

1.常见竞争性杂菌的种类及其危害特征分别是什么？

2.竞争性杂菌的污染原因及防治措施是什么？

3.常见的子实体病害有哪几类？各举两例。

4.食用菌栽培过程中的主要虫害有哪些种类？分别描述其形态特征。

5.双翅目害虫的危害特点及其防治措施是什么？

第9章

食用菌产品的保鲜及加工

随着食用菌栽培方式不断完善，栽培种类日益增加，栽培规模逐渐扩大，食用菌产量也逐渐提高。食用菌栽培生物学效率高，采收时期相对集中，短时间能产生大量的食用菌子实体，由于市场容量的限制，容易出现短时产品积压情况。食用菌产品周年需求，需要对食用菌鲜品进行储藏，保证其商品性状和风味的有效维持。食用菌产量的提高和鲜品供应的周年化，尚未能充分满足社会对食用菌产品需求的多样性，开发各种食用菌加工产品，以多种食用菌产品形式来满足不同消费者的消费需求，也是目前社会生活的需要，更是延长食用菌产业链条，实现食用菌产业良性发展的重要保障途径。

食用菌储藏保鲜，就是以食用菌的生理生化变化规律为基础，采用物理、化学和生物学等技术手段，保障食用菌商品性状品质得以维持。食用菌储藏保鲜往往根据食用菌不同种类，需要维持的食用菌商品性状的特征，采取单一或综合的技术手段进行。

食用菌加工是以食用菌子实体或菌丝为原料，经过一定的工艺处理，生产出食用菌产品的过程。食用菌加工按照加工产品的特点分为食用菌初级加工和深加工两种类型。食用菌初级加工指以不完全破坏食用菌细胞的完整性，以食用菌的全部组成成分进入加工产品的加工形式。食用菌深加工指以破坏细胞完整性，提取部分或某一类（种）组成成分，进而加工成产品的加工形式，加工工艺较为复杂，产品的增值幅度相对较大。

食用菌的储藏保鲜与加工，作为产业链条的最后一个环节，对于保证食用菌产品更好地进入市场，完善食用菌产业的整体性，越来越受到重视，也是未来食用菌产业备受重视的关键内容之一。

9.1 食用菌产品的贮藏保鲜

食用菌消费多以鲜品为主，以其特有的风味、口感为大众所钟爱。食用菌作为食品进入餐桌，除营养要求外，色香味的各种食用特性也是消费者关注的重要内容。食用菌为异养的生物，采收后由于缺少了基质的营养供应，同化作用停止，呼吸作用仍在继续。由于食用菌含水量一般在85%以上，子实体呈多孔性结构，空气通透性较强，采后的子实体仍然活跃进行着各种生理生化活动，容易造成子实体的变色、软化、酸败、开伞等多种不良变化。

食用菌子实体采收后，仍然处于生命活动状态，内在的抵御外界不良环境和微生物的能力，可以在一定阶段保证子实体品质。但采收过程中不可避免对子实体产生机械伤害，子实体的完整受到破坏，组织液外渗，组织结构与外界直接接触，在酶促反应中，子实体内容物与外渗液易与空气中氧气发生化学反应产生氧化褐变等现象。组织外渗液有丰富的营养，容易滋生细菌、真菌等微生物，导致子实体腐败和酸臭。

食用菌储藏过程中，是否能够较好维持原来商品的品质，取决于食用菌自身和外界环境的相互适应程度。这些因素与食用菌生理有密切的关系，主要包括温度、湿度、空气等。

食用菌采收后，其内部的生命活动仍然在继续，受到外界温度变化影响较大，特别是酶学作用与环境温度关系密切。这就需要降低子实体内部酶催化的温度，使酶在较低的温度下减缓甚至停止催化。但温度的降低需综合考虑，不能过于降低储藏环境温度。过低储藏温度（低于细胞内容物的冰点），会在食用菌细胞内形成冰晶，冰晶的切割作用会破坏细胞的完整性，导致细胞内容物外渗，细胞膨压在环境恢复正常温度时下降，导致食用菌产生塌缩，严重影响商品质量。

维持食用菌保鲜环境中一定水平的空气相对湿度，是保证食用菌水分的补充，避免食用菌在低温状态下水分丢失，导致子实体干扁的重要措施。因此，在食用菌保鲜过程中，要避免环境中空气相对湿度过低，这是维持食用菌正常生理活动，加强食用菌对外界环境微生物活动抗性的重要条件之一。但同时也要避免储藏环境湿度过高，否则容易在较低温度下，促使食用菌周围形成水膜，形成外渗液的营养环境，使低温微生物滋生并影响食用菌保鲜质量。

食用菌呼吸强度的增加，会过多消耗食用菌的干物质，降低产品重量。过强的呼吸会产生大量的 CO_2，在局部环境中与水反应，容易形成酸性环境，直接导致食用菌的味道改变，同时滋生适应酸性环境的微生物，影响食用菌的产品质量。呼吸过程中产生的热量，随呼吸强度的增加使食用菌局部温度增加，也反过来促使呼吸强度的再次提升。降低储藏环境中 O_2 分压，可以降低食用菌的呼吸强度。O_2 分压的降低，需要保证维持食用菌的基本生理状态，不至于使食用菌完全停止生理活动，这样可以抵御外界环境对储藏效果的不良影响。此外，调整储藏环境中 O_2 分压，也可以采用惰性气体如补充 N_2，对 O_2 和 CO_2 起到一个共同调节的作用，避免单纯调节 O_2 或 CO_2 产生的浓度控制难题出现。

食用菌的储藏保鲜基础是适宜保鲜的食用菌品种，只有适宜的食用菌品种才能保障保鲜的效果。食用菌采收过程中，子实体的完整是储藏保鲜得以顺利进行的关键之一，采收中应尽量避免对食用菌的过分机械损伤。此外，储藏保鲜过程中，也需要对包装材料有较高的要求，满足储藏保鲜中各项措施的有效实施。

9.1.1 冷藏技术

食用菌冷藏是常用的保鲜技术，一般需要预冷和冷藏两个主要环节。食用菌采收后，生理活动仍保持较高的水平，代谢旺盛。预冷可以快速降低食用菌的代谢速度，利于后续工序的进行。在保证食用菌不冻结的前提下，一般预冷温度稍高于冷藏温度 1～2℃，以保证食用菌不冻结。

冷藏保鲜配套的设施包括预冷库和冷藏库两个主要设施。食用菌采收后首先在预冷库完成快速冷却，同时在预冷库完成食用菌的分拣、整形、分级和包装等（图 9-1）。食用菌的冷藏温度一般为 0～6℃，相对湿度为 85%～90%。

双孢蘑菇冷藏最适合温度范围为 0～3℃，空气相对湿度为 90%～95%，贮藏期因采收的双孢蘑菇质量不同，可保鲜 7～14 天。

香菇冷藏最适合温度范围为 0～4℃，空气相对湿度在 80%～83%。保鲜期因采收香菇质量的差异，可保鲜 15～20 天(图 9-2)。

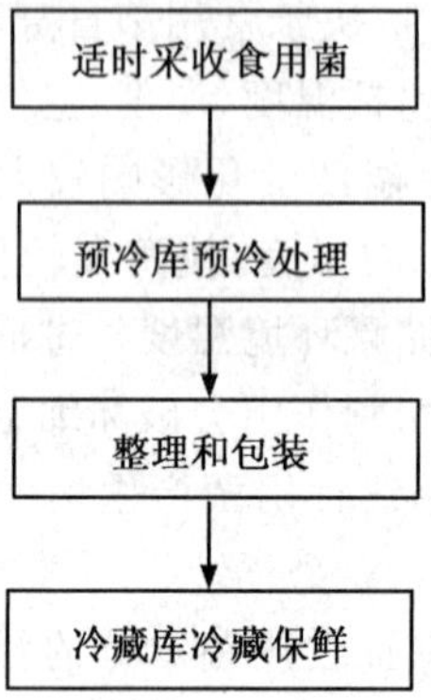

图 9-1　食用菌冷藏保鲜处理基础工艺路线

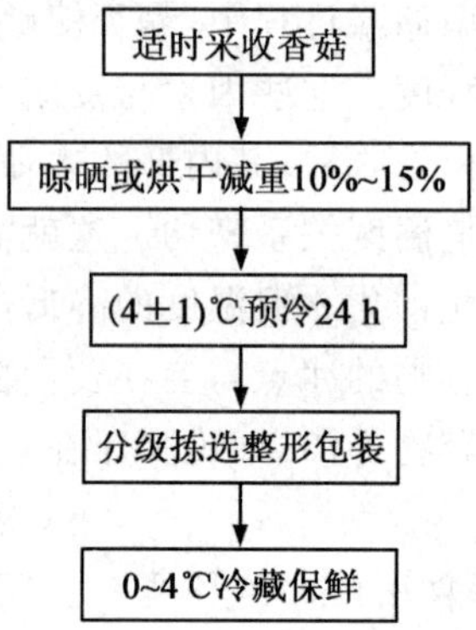

图 9-2　香菇低温保鲜处理基础工艺路线

9.1.2　低温气调贮藏技术

呼吸强度的变化与贮藏环境的 O_2/CO_2 成正比，调节贮藏环境中 O_2/CO_2 可有效实现食用菌的保鲜，即气调储藏(图 9-3)。为了保持储藏环境中的气压，一般用 N_2 等惰性气体调节储藏环境的气压。气调贮藏可降低食用菌的呼吸强度，放缓食用菌商品性状质量变低的速度。结合低温条件，气调贮藏显著减弱食用菌的呼吸强度，呈现出一种复合型的抑制作用，保鲜效果更好。

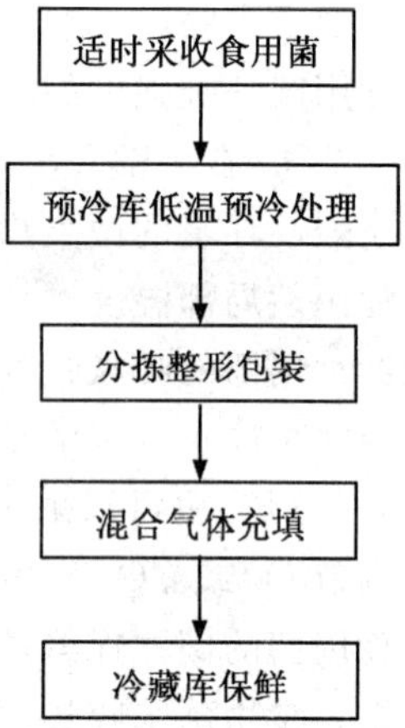

图 9-3　低温气调保鲜基础工艺路线

双孢蘑菇在贮藏温度 3℃、空气相对湿度 95%条件下，O_2 体积分数为 5%，以 N_2 作为平衡气体，可有效保持商品性状 9～11 天，失重减少、褐变程度降低、软化速度减缓。

9.1.3　化学品保鲜

低温贮藏或气调低温贮藏均需要专门的大型设备，投资大，能耗也较高。利用化学品保鲜食用菌，可方便操作，成本相对较低。目前食用菌贮藏加工中应用较多的有柠檬酸、焦亚硫酸钠、维生素 C 及比久等。超量超范围的长期食用焦亚硫酸钠，可能会对肝脏和肾脏的功能产生危害。比久在一定条件下可以水解成有致癌、致畸作用的偏二甲基肼。因此，化学品用于食用菌保鲜必须要充分考虑到食用安全。

上述药物的使用浓度通常都很低，有的为 0.1%，有的只有百万分之几。各种食用菌所适合的药物及其使用浓度，必须符合国家相关规定或标准，同时要根据产品的销路，选用销售市场允许采用的方法。

9.2 食用菌初级加工

食用菌初级加工技术比较简单,可以小规模生产,也可工厂化大规模生产。食用菌初级加工覆盖了高渗浸渍、干制、罐藏和食用菌食品加工等多个方面。

9.2.1 高渗浸渍

一般生物细胞处于等渗溶液环境中(按照 NaCl 来计算,即 0.9%的 NaCl 溶液),细胞内外水分处于相对平衡的状态。当细胞处于高渗溶液中,细胞内的水分会通过细胞膜转移到高渗溶液中,造成细胞内供给细胞正常生理活动的水分不足,形成“生理干燥”,细胞不能正常进行生理活动。食用菌高渗浸渍加工时,鲜菇首先需经过预煮,促进细胞膜内外物质交流,尤其是促进细胞内水分向细胞外高渗溶液转移(图 9-4)。细胞内水分的大量转移丢失,将会尽可能快地抑制菇体内细胞生理活性物质的化学变化,有效地保持食用菌的营养与风味。高渗溶液在同样的作用机理下,可造成高渗溶液中其他微生物的生理干燥,抑制或破坏这些微生物的正常生理活动,使食用菌不致受到微生物的破坏而造成商品价值的降低。常见的高渗溶液加工包括盐渍和糖渍等。

盐渍加工食用菌是最常见的加工方式之一,按照不同食用菌的生物学性质和商品性质不同,加工工艺略有差异。下面以双孢蘑菇盐渍加工为例介绍盐渍加工技术工艺(图 9-5)。

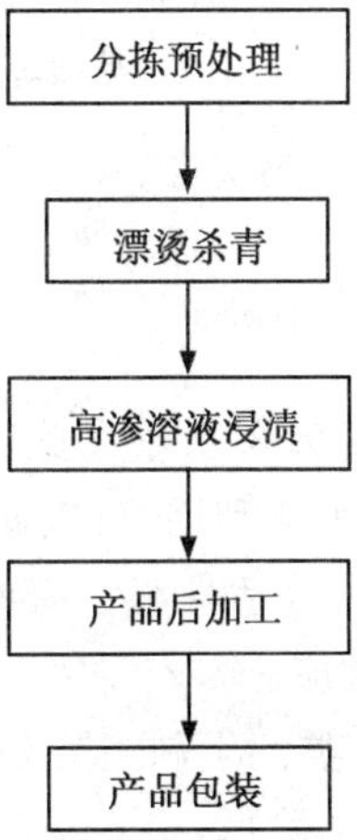

图 9-4 高渗溶液浸渍加工基础工艺路线

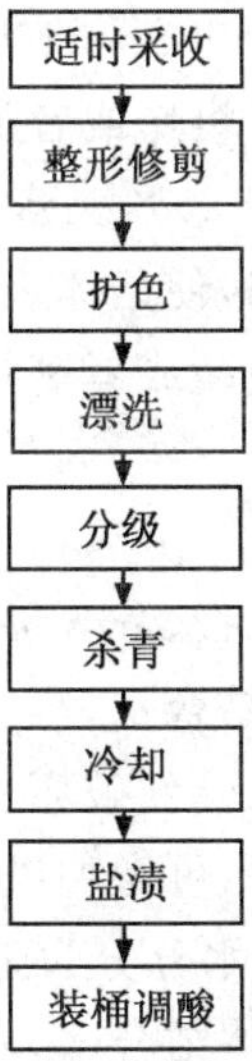

图 9-5 双孢蘑菇盐渍基础技术路线

选择采收符合商品质量要求的菇体。鲜菇及时削平菇柄。菇体用 0.5%的氯化钠溶液浸泡,用以抑制酶对菇体内酪氨酸和含酪氨酸蛋白质的褐变反应,保护菇体的颜色不致发生剧烈的褐变。于流动清水中漂洗菇体,以除去菇体表面的泥屑和杂物。按照商品质量等级要求,对双孢蘑菇进行分级拣选。杀青可选用水蒸气杀青或沸水杀青,以水蒸气杀青效果较好,减少烂菇率。杀青的标准是菇体熟而不烂,菇体紧缩,菌肉内外色泽一致,撕开菇柄无白心。杀青后的菇体立即放入流动的冷水中冷却，或用4～5只水缸连续轮流冷却，同时去除杂质。菇体要冷却到室温，表面和内部要全部达到室温，避免菇体内部温度偏高进行盐渍时造成菇体内部温度上升导致腐烂变色。盐渍可采用两次盐渍法和多次加盐盐渍法。进行两次盐渍时，菇体冷却沥去清水后放入15%～16%盐水中浸渍3～4天。再将菇体从15%～16%盐水中捞出沥干，放入23%～25%盐水内。控制盐水浓度不低于20%。盐渍1周后，当盐水浓度稳定在20%左右即可装桶。采用多次加盐盐渍时，首先将冷却后的菇体浸入9%～11%盐水中4～6天。当菇体色泽转到浅黄色或黄色时，及时提高盐浓度，每天提高4～5个百分度，直到盐浓度稳定在24%左右时，停止加盐。捞出盐渍好的菇体沥去盐水，装入塑料桶内。桶内注满新配制的24%盐水，用0.4%～0.5%柠檬酸溶液调节pH至3～3.5，并加盖封存。

食用菌糖渍主要是用作食用菌蜜饯生产。与盐渍相比，糖类物质因其还原性基团的存在而具有抗氧化作用，利于食用菌色泽、风味的保持。

食用菌蜜饯加工时，先对菇体进行分级筛选，清洗并沥干清水后，按照商品要求切成小块。菇体用水蒸气或沸水杀青，杀青标准是熟而不烂。杀青后的菇体浸入10%盐水中盐渍2～3天，同时加入0.25%～1%的石灰进行硬化处理。经过曝晒、回软和复晒后，菇体浸入沸腾的40%糖溶液中煮2～3 min，冷却8～24 h。冷却后的菇体再次浸入浓度提高10%的沸腾糖溶液中2～3 min，再次冷却8～24 h。如此反复3～4次。糖渍后的菇体沥干糖液，进行烘烤或者晾晒，干燥后的菇体糖含量在72%左右，水分含量低于20%。菇体干燥后，浸入饱和糖溶液浸湿，立即捞出，再次烘烤，使菇体表面形成透明的糖膜。将菇体蜜饯进行整理，用真空包装或者密封包装避免吸水回潮(图9-6)。

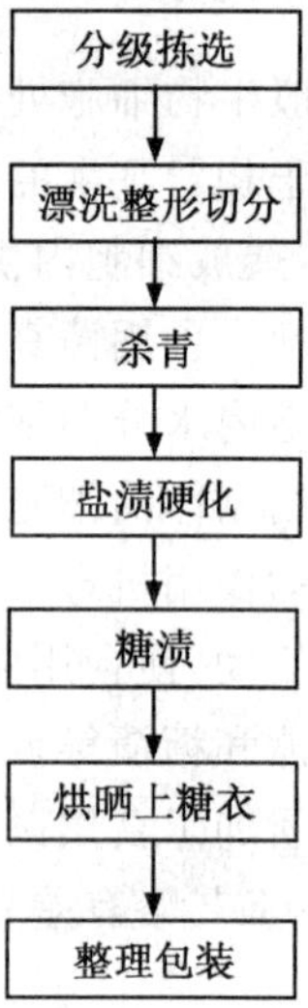

图9-6　食用菌蜜饯加工基础工艺路线

9.2.2　干制

食用菌干燥后水分含量减少到13%以下，称为干制。食用菌含水量在此程度时，菇体内的水分大部分是结合水，难以被菇体内的酶或者外界环境的微生物利用，可以使菇体较好地维持原有风味，不致受到破坏。干制可利用自然或人工条件进行，普适性强。有些食用菌(如香菇)经过干制加工，可增加风味。干制产品有利于食用菌周年供应。

食用菌中的水分分为游离水、胶体结合水和化学结合水几类。干制主要是去除菇体内的游离水和部分胶体结合水，需要的温度相对较低。化学结合水去除后，会直接影响到菇体内化学物质的性质，而且其去除难度更高，主要是需要化学方法或者更高温度的处理。在食用菌干制过程中，水分的扩散需要有内外双向平衡，才能保证干制的顺利进行。初始阶段过高的温度会导致菇体外表面形成致密的结构，阻碍深部水分的向外扩散，加之内部热量的急剧增加，导致菇体内部细胞的完整性被破坏，引致内容物外泄，影响菇体商品质量。因此，干制过程中的温度控制成为关键所在。

自然干燥一般是利用太阳光能对菇体干燥，辅助自然风以提高干燥速度。有时可结合烘干加快干燥速度。这类干制方法简便，投入较少，对小量或者易干燥的食用菌种类采用较多。

机械干燥是目前规模化干制常采用的方法，其基础工艺路线如图9-7所示。机械干燥常用的干燥设备，如烘箱、烘笼、烘房等，热源采用炭火热风、电热以及红外线等。目前大量使用直线升温式烘房、刨火烘房及热风脱水烘干机、蒸气脱水烘干机、红外线脱水烘干机。

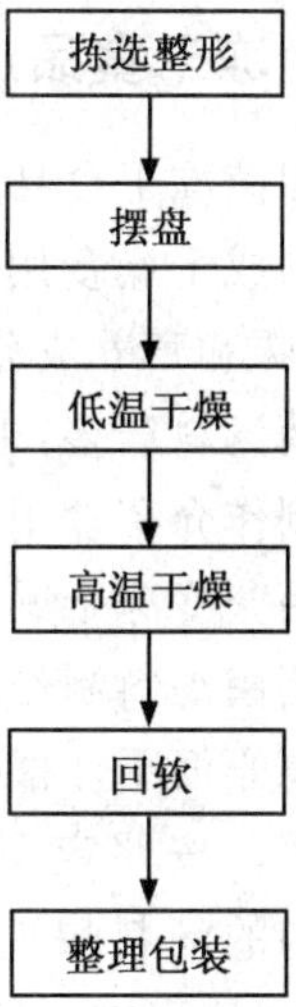

图9-7 机械干制食用菌基础工艺路线

以香菇为例，采收香菇以五至八分开伞为宜。鲜香菇经过切根等处理后，按照大小、厚薄分别单层摆放装筛，在干燥室干燥。起始干燥温度为40～45℃，强送风，吸、排气口全开，升温时每次低于5℃。中期干燥温度50～55℃，吸、排气口半开，中等强度送风。后期干燥温度为60～65℃，吸、排气口全闭(全循环)，送风减至最弱。当菌柄干燥时终止干燥。干燥结束后，需要再经过一段时间，使菇体水分均匀分散，菇体整体弹性回升，避免局部过干。回软后的香菇，即可采用真空或密封包装。

除了常压干燥外，目前真空冷冻干燥技术逐渐开始在食用菌加工中得以运用。真空冷冻干燥是将菇体在低温条件下冻结，真空环境中升华脱水，菇体能保持原有的形、色、味和营养成分，而且复水性能好，食用方便。菇体在干燥过程中，氧气接近于最低限度，其对菇体内物质氧化作用很弱，低温也抑制了菇体内酶作用的强度，对于保持菇体自然风味更具有明显的优势。

真空冷冻干燥需要设备一般包括超低温冷冻装置、真空干燥机、真空泵、调温加热系统等。真空冷冻干燥需要的设备投入较多，技术难度比较高，能耗相对较大，目前应用于菇体干燥尚不广泛。

9.2.3 罐藏

罐藏食用菌加工，是基于密封的罐藏容器隔绝了空气和各种微生物，同时加工过程对食用菌进行了杀菌处理，对菇体保藏有很好的效果。一般来说，罐藏菇体可保藏2年。

食用菌罐藏加工主要工艺流程为：

原料验收→护色装运→漂洗→预煮(漂烫)→冷却→修整、分级→装罐、注汁→排气密封→杀菌→冷却→质量检验→包装、贮存。

罐藏加工的关键包括排气、密封和杀菌等主要环节。罐头密封前或密封时将罐内真空度降至$(4.0\sim6.7)\times10^4$ Pa，可以防止杀菌时罐头的变形、爆裂及玻璃罐跳盖，防止残存的好气性细菌在罐内生长，防止因氧气的存在而导致维生素损失以及食品色、香、味劣变及罐壁的腐蚀。一般在注入汤汁后，应迅速加热排气或抽气密封。为保证真空度，必须对罐藏容器严格密封，这也是保障储存效果的关键之一。在保证罐头安全贮藏的前提下，应尽可能地降低杀菌温度和缩短杀菌时间。对于罐内汤汁易于对流传热的产品，宜采用高温瞬时杀菌。杀菌终了要立即冷却，以防余热继续影响产品的营养。一般冷却以淋水滚动冷却为好，冷却水应保持清洁。玻璃罐冷却时应分不同温度阶段降温，每阶段相差20℃，以防破损。

9.2.4 冻干食品加工

食用菌冻干食品加工，是将食用菌和其他混合配料一起在低温条件下冻结，再经过真空升华脱水制成干燥食用菌产品。冻干的食用菌加工产品能保持原有的色、味和营养成分，复水性能好，食用方便。食用菌冻干食品以食用菌汤料居多，也有少量用于食用菌茶的制作。以下以食用菌汤料制作介绍食用冻干食品加工工艺(图 9-8)。

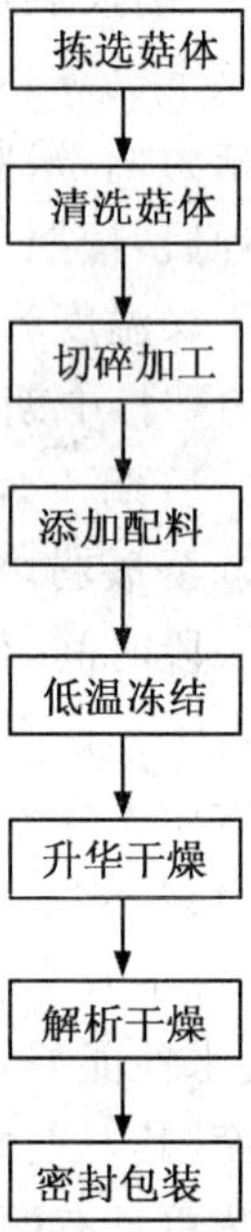

图 9-8 食用菌汤料冻干加工技术路线

食用菌冷冻干燥汤料是目前食用菌加工比较新型的加工技术。食用菌汤料制作，首先选择洁净、无病变的菇体，清水中充分洗净后离心沥干。根据不同的食用菌种类，选择适宜的切刀进行切割粉碎。按照定型的配方，将粉碎的菇体快速与调料混合均匀。混匀的汤料快速进入冷冻车间进行冻结，按照设计能力不同，冻结温度可在－65～－30℃。冻结后的汤料直接进入冻干仓铺盘，启动真空泵使冻干仓压力达到 30～60 Pa，进行真空冷冻干燥。初始升华干燥冻干仓温度为－25～－20℃，直至水分升华速度接近最低，维持 3～4 h。当升华干燥水分鲜有析出时，对冻干仓加热板进行加热，由－25℃逐渐升高到 45℃，仓内压力降低至 10 Pa 左右，促使汤料中的水分进一步挥发。当料温与仓内温度接近一致时，即可停止干燥。按照采用原料不同，时间长短有所调整。冻干后的汤料待仓内温度降至室温时，立即取出，进行真空包装，严格密封。

真空冷冻干燥加工的食用菌汤料，复水率较高，复水时间短，最大限度保持了食用菌原有的风味和营养，可以满足冲开即食的要求。依照不同风味食用菌汤料的制作要求，冷冻干燥工艺可适当进行调整和完善。

9.2.5 即食小食品加工

即食食用菌小食品的特点就是不再需特殊处理，开包即食。用食用菌加工的即食小食品种类繁多，包括食用菌酱类制品、菌菘、食用菌脆片、食用菌糖果、食用菌干等，加工方式因而多种多样。即食食用菌小食品的加工，关键在不破坏食用菌的特有风味的基础上，结合各地消费者的消费习惯进行食用菌即食小食品风味的调配，生产出满足消费者需求的产品。

(1)食用菌酱加工　拣选适宜于食用菌酱加工的食用菌材料，清洗沥干。按照食用菌酱商品标准要求，将食用菌切成适宜大小食材。切好的食用菌再经过炒制，与原料酱混合。经过灌装、巴氏杀菌、密封后，再经过质量检查即可上市(图 9-9)。

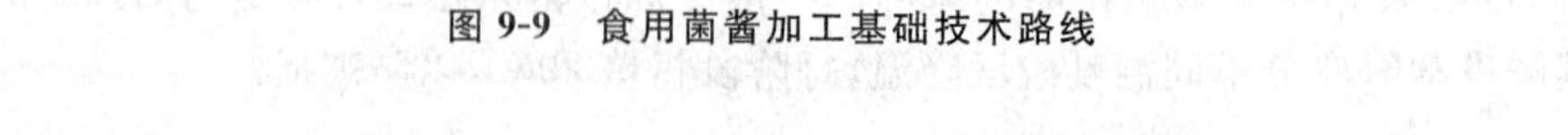

图 9-9 食用菌酱加工基础技术路线

(2)食用菌菌菘加工　拣选无病变、杂质的食用菌菇体，切段清洗。干菇体需要在切段清洗后，用清水充分浸泡。将处理好的食用菌放入容器中加适量水煮沸后，按不同食用菌种类用文火处理一段时间。再用木槌或机械捣烂搓碎，捞出后沥干(沥出汁要保存备用)，用搅碎机绞成丝状。以温热食用油加入调料调制配料，具体配方按各地消费习惯调整。将丝状食用菌食材在容器内加入前处理沥出汁，文火烧煮，并不断地拌炒、揉搓至呈半干纤维状，取出后摊放冷却，然后加配料液搅拌。将配好料的半成品焙炒，并不断翻动，均匀搅拌，使纤维组织全部分离、松散，控制成品含水量16%左右。冷却后，密封包装(图9-10)。

图 9-10 食用菌菌菘加工基础技术路线

(3)食用菌脆片加工 拣选适宜的食用菌菇体，清水冲洗后沥干，切成5～6 mm厚的菇片。菇片采用接近100℃的蒸汽杀青，时间按照材料适当调整，一般为2～3 min，以菇片透明为准。杀青后的菇片再投入事前调好的浸渍液中浸渍3～4 h，浸渍液按加工产品的风味调整(甜、咸、辣等)。浸渍好的菇片清水捞出后快速冲洗表面，沥干。沥干的菇片在－25～－20℃条件下快速冷冻，直至菇片冻透。将菇片装入容器，在真空釜中浸入80～100℃的食用油内脱水，真空釜真空度为0.07～0.095 MPa。脱水后的菇片在真空釜中离心脱油。脱油的菇片放入调味容器中进行后期调味。冷却后的菇片进行分拣，密封包装(图9-11)。

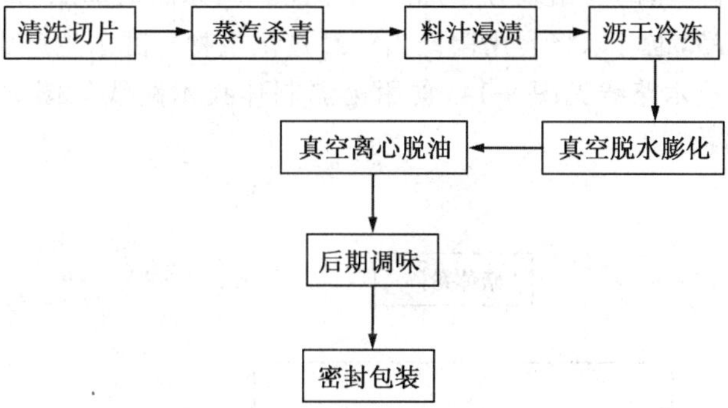

图 9-11 食用菌脆片加工基础技术路线

(4)食用菌糖果加工 食用菌糖果加工可采用菇体粉碎材料或提取材料进行。食用菌糖果按照添加调料不同，可加工成硬糖、软糖等多种形式(图9-12)。食用菌菇体处理需在粉碎后，将菇体过筛，以80～100目为基准，可保证菇体粉碎细度，也增加糖果的口感。提取材料加工食用菌果糖，可按照加工方式和加工风味的不同，选择适宜的提取成分，配制特定的食用菌糖果，满足不同消费群体的需要。

9.2.6 食用菌饮料加工

食用菌饮料种类较多，加工工艺也多种多样。可采用菇体超微粉碎材料、菇体提取物、菇体提取液酵母发酵液等，生产固体悬浮饮料、混配饮料、发酵饮料等。

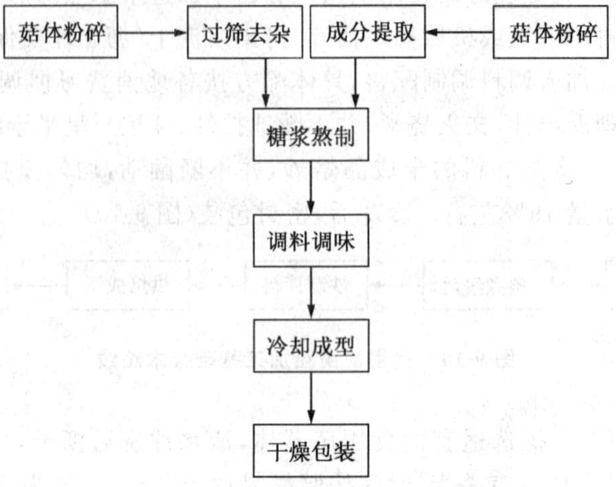

图 9-12 食用菌糖果加工基础技术路线

9.2.7 食用菌调味品加工

食用菌调味品主要是以食用菌加热浸出汁为原料,可以和其他食用菌加工中杀青过程结合,即利用杀青水中食用菌的浸出成分来加工调味品。调味品的加工可以是食用菌浸出汁直接混合配料制成调味品,也可以将食用菌浸出汁经过微生物发酵来生产(图 9-13)。

食用菌酱油制作技术路线见图 9-14,食用菌醋制作技术路线见图 9-15,食用菌调味粉制作技术路线见图 9-16。

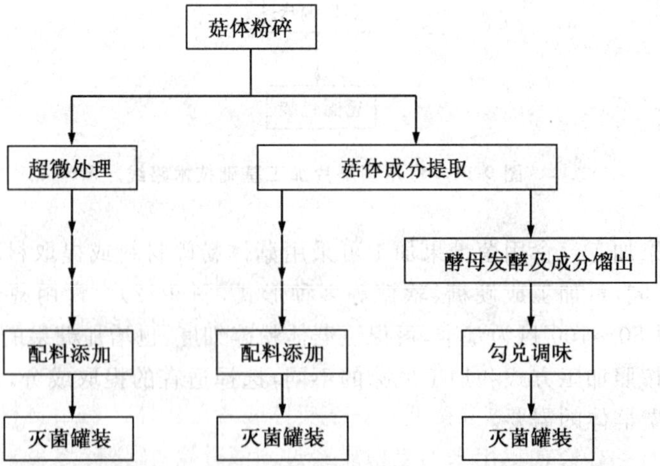

图 9-13 食用菌饮料加工基础技术路线

图 9-14 食用菌酱油加工基础技术路线

图 9-15 食用菌醋加工基础技术路线

图 9-16 食用菌调味粉加工基础技术路线

9.3 食用菌深加工

食用菌深加工是提取食用菌中具有较高营养、药用或其他特殊价值的特定物质成分，进而生产出具有更高附加值产品的生产过程。食用菌中重要物质分子质量差异很大，从几百到11万 u，化学性质和生物学功能也多种多样，因此提取过程中所采用的技术手段也有着明显的变化。大分子物质主要包括蛋白质、核酸、脂类和多糖等，分子质量在 10 ku 以上。小分子物质包括的种类繁多，包括三萜类化合物、核苷酸类、氨基酸类、寡糖或者单糖、甾醇类、糖苷类、脂类等。

9.3.1 食用菌蛋白质的提取

随着研究的逐渐深入，食用菌中越来越多的蛋白质被发现，生物学功能多样。凝集素具有免疫调节活性，也可临床检测肿瘤表面抗原标志物，在医学上有着广泛的应用前景。漆酶、木聚糖酶、蛋白酶、纤维素酶、植酸酶、核酸酶等在环境保护、工农业生产、卫生健康等领域，有着巨大的应用价值和潜在意义。

食用菌蛋白质分离纯化，主要是基于蛋白质的荷电性、分子质量、稳定性等生理生化性质和生物学功能来进行。食用菌水溶性蛋白质分离纯化的基础路线如图 9-17 所示。本书主要以水溶性蛋白质分离纯化来介绍基础工艺路线。

食用菌蛋白质纯化所选取的材料可以是子实体或者菌丝体。初始材料在缓冲体系中经过粉碎，在低温下进行抽提。抽提出来的蛋白质经过固液分离，固液分离可采用离心或者过滤方法。经过固液分离，水溶性蛋白质会保留在液相中，非水溶性蛋白质会保留在固相沉淀部分。

保留在液相中的蛋白质浓度一般较低，需要浓缩。利用硫酸铵、硫酸钠盐析蛋白质是常用的蛋白质浓缩手段，利用蛋白质在不同饱和度的盐溶液中析出，可以起到浓缩的目的，也可以达到部分纯化的目的。将蛋白质溶液装入透析袋，置于聚乙二醇或者蔗糖等固相中，聚乙二醇或蔗糖对水分的强烈吸收，可以将蛋白质浓度提高。超滤是利用半透膜，将水分在一定压力条

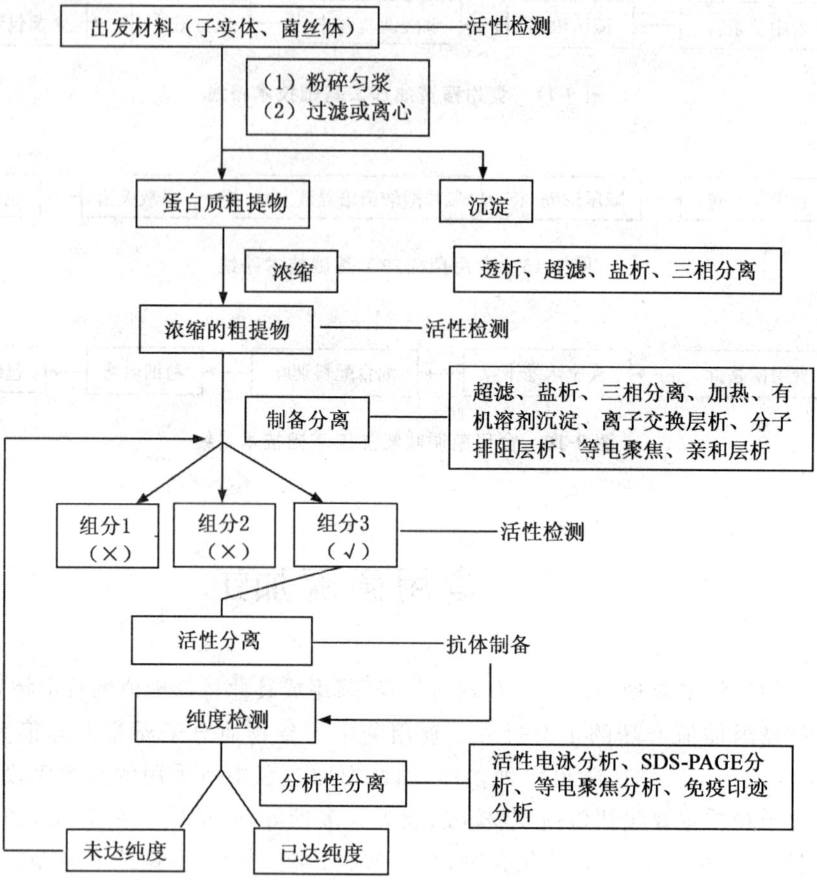

图 9-17　食用菌活性蛋白质分离纯化基础工艺路线

件下，利用分子质量大小差异，从蛋白质溶液中分离出来，实现浓缩。三相分离是利用蛋白质在不同的 pH、聚乙二醇和盐浓度下，分布量不同，而将蛋白质分离并浓缩出来。

经过浓缩的蛋白质，充分利用蛋白质的物理化学性质和生物学性质，采用层析、超滤、盐析、三相分离、加热、有机溶剂沉淀等方法进行分离。层析法是蛋白质分离非常有效的手段，离子交换层析、疏水层析、亲和层析和分子排阻层析综合运用，可以把大量杂蛋白质去除，从而实现蛋白质的纯化。各种纯化手段的结合，需要从效率、成本和可操作性等多方面考虑，选择适宜的方式进行组合。

蛋白质是否已经达到纯度要求，可以采用多种手段进行检测。活性电泳可以利用蛋白质的生物学性质，SDS-PAGE 可按照蛋白质的亚基分子质量，等电聚焦电泳可利用蛋白质的等电点，免疫印迹可以用蛋白质与抗体结合的性质，这些检测手段从不同的方面对蛋白质进行检测，综合评价才能最终确定蛋白质的纯度和生物学特点。

纯化后的蛋白质一般需要在低温下进行保存。用食用菌蛋白质做成的加工产品也需要经过各项测试，一般终产品也需要在低温条件下进行保存，才能保证蛋白质不会发生变性，发挥其生物学功能，维持其商品价值。

9.3.2 食用菌多糖分离提取

食用菌多糖是目前食用菌深加工的重点内容之一。食用菌多糖可增强机体的免疫能力，促进机体对肿瘤的抗性，提高对病毒感染的抵抗能力，也表现出对于病原细菌的抵抗能力。此外，多糖还可广泛应用在食用菌加工的许多方面，如作为碳源可以作为加工食用菌发酵饮料的培养基质，用于食用菌糖果、调味品生产的基础材料等。

食用菌多糖组分一般分为水溶性多糖和碱溶性多糖两大类。食用菌多糖的分离纯化基础工艺路线如图 9-18 所示。因其溶解性不同，分离提纯方法也有所不同。食用菌多糖可用食用菌子实体提取，也可采取食用菌菌丝体提取，但含量及多糖的组分有所差异。

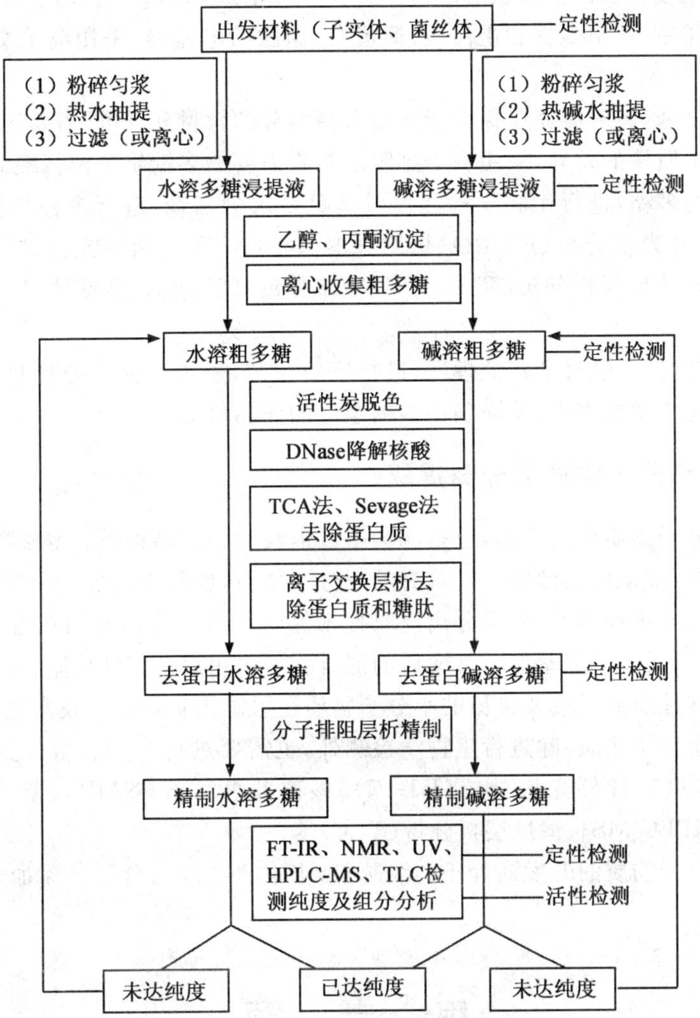

图 9-18　食用菌多糖分离纯化基础工艺路线

子实体或菌丝体粉碎，应该在 100 目左右为宜，过粗不利于多糖浸出，过细则由于表面积过大导致物理吸附多糖量大，难以提高多糖得率。多糖随温度提高，在水中的溶解度也增加。

一般提取多糖时，多采用热浴促进多糖的浸出。水溶性多糖可采取热水抽提即可，而碱溶性多糖因其在碱溶液中溶解度高，一般采用 NaOH 或 $Ba(OH)_2$ 溶液提取。经热浴浸提后，采用离心或者过滤方法进行固液分离，多糖即保留在液相。

液相中的多糖可以用有机溶剂进行沉淀，常用的有机溶剂为乙醇和丙酮。乙醇和丙酮可按照提取多糖的性质，选择适宜的量沉淀多糖。沉淀后的多糖一般采用离心方法收集。

多糖的进一步纯化首先要去除色素，可采用活性炭、硅藻土，利用其表面吸附能力，将色素去除。活性炭或硅藻土需进行细度测试，选择适宜的细度来去除色素，降低多糖在活性炭或硅藻土上的吸附量，提高多糖的得率。

多糖提取中，会有大量的核酸一起浸出，必须要将核酸去除。去除核酸采取 DNase 和 RNase 降解核酸成核苷酸。去除核酸后，再采用 TCA 法或 Sevega 法，用于蛋白质去除。去除蛋白质后的多糖样品，利用多糖和蛋白质、糖蛋白、糖肽荷电差异，采用离子交换层析方法，精制多糖。

经过精制的多糖，尚未能完全保障所需要多糖组分的含量和纯度，需要进一步精制。利用不同多糖组分分子质量的差异，采用分子排阻层析将需要的多糖组分做精细的分离。

精制分离后的多糖，进行生物学检测。对满足要求的多糖，进行多糖特异的化学性质分析，包括傅里叶红外光谱分析（FT-IR）、核磁共振分析（NMR）、紫外光扫描（UV）、液-质联谱分析（HPLC-MS）、薄层层析分析（TLC）等，确定多糖的特征结构、多糖的组成成分、多糖的糖单元连接方式等。

纯化后的多糖，需要经过消毒处理后，进行密封包装，避免多糖组分吸潮，微生物滋生，导致多糖组分的生物学功能丧失，从而确保多糖组分的商品价值。

9.3.3 食用菌小分子物质的分离提取

食用菌中小分子物质种类繁多，也是深加工价值最大的产品种类。氨基酸、核苷酸、多肽、内酯类和三萜类等，都是食用菌中常常具有的小分子物质，也是深度加工的重点。

虽然食用菌小分子种类繁多，但分离提取技术路线相近。按照它们在溶剂中的溶解性不同，采用有机溶剂或无机溶剂萃取。萃取后的混合物可采用离子交换树脂、大孔吸附树脂等进行分离。具有特殊性质或者重要价值的小分子物质还可采用临界萃取技术进行分离。

分离纯化的小分子物质，除进行生物学检测外，也需要进行结构和组成分析，分析手段和多糖类似，包括傅里叶红外光谱分析（FT-IR）、核磁共振分析（NMR）、紫外光扫描（UV）、液-质联谱分析（HPLC-MS）、薄层层析分析（TLC）等。

食用菌中小分子物质的开发尚处于初级阶段，未来将会成为食用菌深加工的重要和重点内容。

思　考　题

1. 食用菌产品的贮藏保鲜常用哪几种技术？
2. 食用菌初级加工包括哪几种技术？简述各项技术的要点。
3. 什么是食用菌的深加工？

第10章 食用菌育种技术

遗传(genetics)与变异(variation)是生物的基本属性。遗传是指生物将自身的遗传物质传递给后代,使子代具有与亲代相似的基本特性。因此,遗传的实质是生物传递遗传物质的行为和功能。遗传是生物生存和繁衍的基质,具有相对稳定性,这种相对稳定性使生物的基本性状得以保持而代代相传。而生物体在外界环境和内部因素的影响下,遗传物质的结构和数量会不断发生改变从而引起个体性状的不同,称为遗传的变异性。变异是生物进化的动力,造就了生物大千世界。遗传的稳定性是相对的,而遗传的变异性是绝对的,两者是对立统一的一对矛盾,有遗传的稳定性,才能使生物的优良性状保持下来,有遗传的变异性,才能为培育新品种提供机会和条件。

10.1 选择育种

自然界的各种自然条件对生物体具有"优胜劣汰、适者生存"的选择作用,称之为自然选择(natural selection)。随着对自然选择作用认识的不断深化,人们逐渐有意识地通过人工选择来培育优良品种。而人工选择(artificial selection)则是有意识地利用人为手段控制生物的生殖,有选择地保留符合人类需要的个体,而不断淘汰不符合人类需要的个体,逐步形成符合人类需要的新品种。

选择育种(selective breeding)是以食用菌的自然变异为基础,有意识地控制和积累有益的突变,经过不断的选优淘劣,培育出新的优良品种的育种方法。选择育种方法简单,应用普遍,是传统的常规方法,也是各种育种方法的基础。

10.1.1 品种资源的收集与采集

根据选择育种的目标,广泛收集国内外生产中应用的品种和有关单位保存的品种,并采集野生的品种。不同菌株的采集地点应具有明显的地理条件差异,因为有些野生木腐菌不仅在同一树桩上的子实体,甚至几十米、几百米甚至更远范围林地内的子实体,有可能是同一个子实体孢子传播的后代。因此,在采集野生标本时,两个样品采集点之间的距离应尽量远一些。同时,采集地点选择时还要充分考虑采集点的不同地形、地势、坡度、坡向等。

10.1.2 生理性状测定

为了提高工作效率,缩短育种时间,对于已收集或采集分离到的纯菌种要进行生理性状的测定。

（1）菌株间拮抗试验（antagonism tests） 在平板培养基上对获得的菌株进行拮抗性测定，将来源相同的无拮抗性的菌株淘汰，保留那些有拮抗性的菌株。

（2）同工酶谱（isoenzyme zymography）和酶活性测定 对于有拮抗性的菌株，进行同工酶测定，根据酶谱的情况确定菌株间亲缘关系的远近。食用菌最常用的同工酶是酯酶同工酶，其他同工酶还包括过氧化物酶、多酚氧化酶、漆酶、过氧化氢酶、超氧化物歧化酶（SOD）等。根据实际需要，还可以测定一些靶标酶的活性，包括纤维素酶、半纤维素酶、木质素酶、蛋白酶等。

（3）菌丝生长速度的测定 将待测菌株定量接种在待测的平板培养基上，在需要的温度下培养，定时测量菌落直径，计算菌丝的生长速度。

10.1.3 菌株出菇性能比较试验

经生理生化试验后选出的菌株，还需要进一步比较其出菇性能的优劣。根据实际情况采用适当的栽培方法，如瓶栽、袋栽或段木栽培。试验按生物统计的原理进行设计，各菌株的产量要单收单计，同时对每个菌株的菇形、色泽、温型、始菇期、菇潮情况（次数和间隔时间）、干鲜比等，都要作详细观察和记录。

在日常的栽培生产中，要注意观察食用菌在产量、质量、色泽、生长速度、保存期、抗病虫能力等性状方面的变异，并通过菌种分离和栽培试验检验这些变异的遗传稳定性。

10.1.4 扩大栽培试验

经过出菇试验筛选出的优良菌株，需要进一步扩大栽培面积，比较其出菇情况。每个品种一地一次的代料栽培面积不少于 50 m^2。扩大栽培试验最好采取多点重复试验并进行统计分析。

10.1.5 示范推广试验

菌种在大规模推广生产之前，必须进行区域性示范推广试验。选择有代表性的试验点（不同地域、不同气候条件等）进行较大面积的栽培试验，以进一步考察和确定菌株的优良性状。

10.2 杂交育种

杂交育种（crossbreeding）是遗传物质在细胞水平上的重组过程，着眼于双亲性状的优势互补或借助于一亲本的优点去克服另一亲本的缺点，其目的性及方向性都比较明确。由于食用菌能产生有性孢子，原则上都可以像高等植物那样通过有性杂交进行育种，而获得综合双亲优良性状的新品种。杂交育种至今仍然是食用菌尤其是异宗结合的食用菌新品种选育中使用最广泛、收效最显著的育种手段。我国地域辽阔、资源丰富，种质资源具有广泛的遗传多样性，为我们选育具有不同特色、适应不同需要的优良杂交新品种，提供了极为有利的条件。

10.2.1 杂交育种的基本原则

食用菌通过有性杂交发生基因的重新组合，在杂交一代中可能出现在生长势、生活力、繁殖力、抗逆性及产量和品质上明显超过双亲的个体，这就是杂种优势(heterosis)。杂交育种所涉及的性状主要包括提高生物转化率、改善菇体品质、增强环境适应性等，这些性状大多属于数量性状，要以具体的数字来衡量和表明其优势表现的程度。

1.亲本选择

正确选择亲本是杂交育种成功的关键。选择亲本的一般原则包括：

(1)双亲本都应具有突出的优点　所选择的两个亲本都应具有突出的优点，而且两者的优缺点还能互相弥补。食用菌的性状分为质量性状和数量性状，控制两类性状的基因也不同，前者是单基因控制，而后者为多基因控制。如果想获得或提高质量性状，只要亲本之一具备所需的优良品质即可；而要获得或提高数量性状，则双亲必须都具有同一优点。例如以培育高产的菌株为目标时，所选择的两个亲本都应具备高产性状。

(2)亲本之间应具有较大的遗传差异　相互间遗传基础差异大的亲本，杂交后代的分离范围更广，更有利于选出性状超越双亲和适应性更强的新品种。不同生态型、不同地理来源和不同亲缘关系的品种，往往表现出更大的表现型差异，而被作为重要的亲本选择指标。但有时不同生态型、不同地域品种间的表现型差异与内在的遗传差异并不完全吻合。近年的研究表明，同工酶差异分析和数量性状进行遗传距离测定，能够更准确地判断菌株间的遗传差异，相关技术已在双孢蘑菇和香菇杂菌育种中广泛运用。

(3)亲本之间应具有较好的配合力　配合力是指某一亲本与其他品种杂交时适宜的配合能力。优良性状多是选择亲本的重要依据，但不是所有具有多优良性状的品种都可以作为优良的亲本。有些品种虽然具有很多优良性状，但当与其他品种杂交时，优良性状在后代却表现不出来，说明这一品种与其他亲本搭配不好。所以，选择亲本时，除注意亲本的优良性状和种性差异外，还要注意选配合力好的亲本。

2.杂交方式

食用菌的杂交育种方式主要有两种，包括单核菌丝与单核菌丝交配(单×单)和单核菌丝与双核菌丝交配(单×双)。

(1)单×单交配　将两个可亲和的单核菌丝接种在同一平板培养基上，两者相隔一定距离，在适温下培养。两菌丝接触后发生细胞质融合，来源于两个亲本的异核共处于一个细胞的细胞质中，它们各自发生一次核分裂形成两个子核，然后各有一个子核交互迁移配对，菌丝产生横膈膜将两两配对的异核互相隔开后，就形成了新的含两个异核的双核菌丝。

(2)单×双交配　在单核菌丝与双核菌丝交配中，作为亲本之一的双核菌丝体的两个核中，只要其中任何一个可与作为另一亲本的单核菌丝亲和，交配即可成功。经过组织分离即可获得双核菌丝体，这样就可省去待子实体形成后再进行单孢分离获得亲本的步骤。由于单×双交配所得杂合异核体与双核亲本菌丝处于同一平板上，两者在形态上无从区别，因此在操作时更需要谨慎小心。

3.杂交子的选择

异宗结合的食用菌，由于自交不孕或不能形成正常的子实体，亲本的性别本身即可作为标记。一般来说，只要杂交的两个亲本确实是单孢分离物，那么杂交后凡出现双核菌丝的组合，并能正常结实的，就证明两亲本是能杂交的。具有锁状联合的种还可在显微镜下看到锁状联合确定杂交成功。

同宗结合的食用菌，由于其自交可孕，所以不能靠是否产生双核菌丝以及能否正常结实等方法来判别杂种的真实性，这就增加了选择杂交子的难度。一般而言，次极同宗结合的双孢蘑菇，每个担子上着生2个担孢子，每个担孢子含有2个细胞核。实际上双孢蘑菇中着生2个担孢子的担子占81.5%，着生3个和4个担孢子的担子分别占12.8%和1.2%。对于着生在一个担子上的4个担孢子而言，它们是自交不孕的，而且是单因子异宗结合的，这就为双孢蘑菇的杂交育种提供了可能。只要分离到一定数量的单核担孢子，双孢蘑菇杂交育种的方法就与其他异宗结合的食用菌一样了。其余同宗结合的食用菌可采用其他的育种方法进行菌种的选育，若一定要进行杂交育种，则必须对亲本加以特殊的标记，常用的遗传标记为营养缺陷型和抗药性。

希望杂交种在主要性状上都有优良的表现，往往很难通过一次杂交就能实现，需要进行进一步的回交试验。回交(backcross)是指将 F_1 及以后各代与某一亲本继续进行杂交，并不断在回交后代中进行选择，是一种在首次杂交的基础上继续改良品种性状的常用而有效的方法。

10.2.2 杂交育种的方法

杂交育种的一般程序为：

选择亲本→单孢分离→杂交配对→转管繁殖→初筛→复筛→试验→示范、推广。

1. 单孢分离

单孢分离(single spore isolation)是指分离单个孢子获得纯培养物的方法。从野生或生产菌株中选出杂交亲本后，每一亲本都要分离出一定数量的单孢子菌株。准确无误地分离单孢，是食用菌杂交育种取得成功的基本前提之一。单孢分离的方法主要有玻片稀释分离法、平板稀释分离法和显微操作器分离法。

(1)玻片稀释分离法　将孢子悬液加适量的无菌水，逐步稀释到每一小滴悬液中大致只有一个孢子。用移液器将孢子悬液滴在灭菌的载玻片上，每一滴的体积为5～10 μL。在显微镜下仔细检查，将确实只有一个孢子的小滴孢子悬浮液移植到适当的培养基上培养。

(2)平板稀释分离法　用接种针挑取1～2环孢子，移入装有数十粒玻璃珠和10 mL无菌水的三角瓶中，充分摇匀后取1 mL孢子液至装有9 mL无菌水的试管中，即得 10^{-2} 孢子稀释液，如此重复稀释至 10^{-4} 孢子稀释液。用移液器从 10^{-4}、10^{-3}、10^{-2} 稀释液中各取50～100 μL孢子液，分别移至适当的平板培养基上涂匀，25℃或适温下培养，定时用解剖镜检查平板上的菌落，将单孢子长成的小菌落转移至斜面培养基上培养。

(3)显微操作器分离法　显微操作器是用机械手进行各种显微操作的专门设备。用该仪器分离单孢子，操作方便，分离快而准确。

2. 单×单杂交

在培养皿的平板培养基上接入两个杂交亲本的单核菌丝各一块，二者的距离为2.5～3 cm，适温下培养，当两单孢菌丝接触后，镜检接触处的菌丝体，如出现双核菌丝，即可挑取少量双核菌丝体移植到斜面培养基上培养。

3. 单×双杂交

以香菇为例，在适宜的平板培养基上，接种一小块单核菌丝体，25℃培养10天后，在距离单核菌落边缘约1 cm处接种一小块双核菌丝体，继续培养，当单、双核菌落刚交接时，挑取未接双核菌丝体一侧的单核菌落边缘上的菌丝镜检，如发现菌丝已双核化，即可挑取少量菌丝移入试管斜面中继续培养。

4. 优良菌株的筛选和验证

得到一定数量的杂交组合的菌株后，要选择适当的栽培方式进行菌株的比较试验。经初筛、复筛、中试等步骤，选得具有产量高、质量好、适应性强等优良性状的菌株后，再逐步示范推广。对于筛选到的杂交子，还要通过拮抗试验、同工酶谱分析以及限制性酶切片段长度多态性(RFLP)等技术的检测来最后验证。

10.3 诱变育种

诱变育种(mutation breeding)是利用物理或化学因子处理细胞群体，促使其中少数细胞的遗传物质的分子结构发生改变，从而引起其遗传性变异，然后从群体中筛选出少数具优良性状的菌株。

10.3.1 基因突变

突变(mutation)是指遗传物质突然发生了稳定的可遗传的变化。突变包括染色体畸变和基因突变两大类。染色体畸变(chromosomal aberrations)是指染色体较大范围结构的变化，如缺失、重复、倒位、易位等。而基因突变(gene mutation)是指染色体上基因本身的变化。基因突变是重要的遗传学现象，它是生物进化的原动力。具有某种突变型的细胞或个体被称为突变体，通过对突变型的研究，人们才认识了基因的功能和本质。

1. 基因突变的类型

基因突变可从突变发生的方式、突变引起的表型改变以及遗传物质的改变等方面进行分类。

按突变体表型特征的不同，将突变分为4个类型：

(1)形态突变型(morphological mutant)　指引起细胞形态或菌落形态改变的突变型。

(2)生化突变型(biochemical mutant)　指生化特性发生改变而没有形态变化的突变型。最常见的是营养缺陷型，由于代谢过程的缺陷，其生长必须在培养基中加入某些物质。另外，对抗生素增加耐性的抗性突变等都属于生化突变型。

(3)致死突变型(lethal mutant)　指由于基因突变而造成个体死亡或生活力下降的突变型。

(4)条件致死突变型(bonditions lethal mutant)　指在某些条件下能成活，而在另外的条件下是致死的突变型，如温度敏感突变型。

按突变所引起的遗传信息的改变可将突变分为3类：

(1)错义突变(missense mutation)　指突变造成一个不同氨基酸的置换。

(2)同义突变(synonymous mutation)　碱基突变后编码的氨基酸与野生型的氨基酸相同。

(3)无义突变(nonsense mutation)　当碱基突变后形成终止密码子，使蛋白质合成提前终止。

根据遗传物质的结构改变，可分为碱基置换、移码、DNA片段插入和缺失。

根据突变发生的方式，可分为自发突变和诱发突变。

以上的分类只是为了讨论上的方便而划分的，实际上它们之间是密切相关的，如营养缺陷型也是一种条件致死突变。

2. 遗传育种上常用的几种突变株

(1)营养缺陷突变株(auxotrophic mutant) 指一类在某些特殊的营养物质(如氨基酸、维生素、碱基等)的合成能力上产生缺陷的突变株。营养缺陷突变株由于突变引起的代谢障碍，只有在基本培养基(minimal medium)中加入相应的营养成分后才能生长。例如，腺嘌呤突变株是必须在培养基中添加腺嘌呤才能生长的突变株，用 Ade^- 表示。而在不添加腺嘌呤的培养基中也能生长的，称为野生型菌株，用 Ade^+ 表示。由于野生型菌株在基本培养基和完全培养基上均可生长，而营养缺陷突变株只能在完全培养基上生长，因此两者很容易区别开来。

(2)温度敏感突变株(temperature-sensitive mutant) 指可在某一温度下生长而在另一温度下不生长的突变株。通常这类突变株是由于某一蛋白质的氨基酸发生改变，这种改变了的蛋白质只在许可的温度下才能维持其空间结构，并具有正常的生物活性；当达到限制温度时，该蛋白质就会变性并失去功能。

(3)抗性突变株(resistant mutant) 指对某种药物具有一定抵抗能力的突变株。通过诱变剂处理孢子可以提高产生抗性突变的几率。

10.3.2 诱变育种的基本过程

1. 出发菌株的选择

选择适宜的原始菌株即出发菌株，有助于提高诱变育种的效果。实践证明，选用已应用于生产实践而发生自然突变的菌株，选用具有生长速度快、营养要求低、适应性强、出菇早等有利性状的菌株，选用对诱变因素较为敏感的菌株等，往往能够收到较好的效果。

2. 诱变剂的选择

诱变剂分为物理诱变剂和化学诱变剂两大类。物理诱变剂包括紫外线(UV)、X 射线、γ 射线、快中子、α 射线、β 射线、超声波和激光等。紫外线具有无须特殊设备、成本低廉、对人体的损害作用易于防止等优点，诱变效果也较好。因此，尽管新的物理诱变因子不断出现，紫外线仍是最常用的物理诱变因子之一。

化学诱变剂的种类更多，大多数常用化学诱变剂可归为两大类，烷化剂(alkylating agents)和碱基类似物(base analogs)。目前常用的烷化剂有甲基磺酸乙酯(EMS)、亚硝基胍(NTG)、乙基磺酸乙酯(EES)和芥子气等。常用的碱基类似物有 5-溴尿嘧啶(BU)和 2-氨基嘌呤(2-AP)。前者是胸腺嘧啶(T)的类似物，后者是腺嘌呤(A)的类似物。

对不同微生物来说，最合适的诱变剂和诱变条件往往不同，而同一诱变剂对于不同食用菌的处理效应也不一样。一般而言，若对一个菌株进行多次诱变处理，使用多种诱变剂比每次都使用同一种诱变剂的效果要好。

3. 制备菌悬液

在诱变育种中，所处理的对象必须呈单细胞、均匀的悬液状态。这样做可以使其均匀地接触诱变剂，使诱变效应能够在各个个体间均衡发生。被诱变处理的细胞最好是单核的，因为如果细胞内含有两个以上的核，由于基因突变的随机性和独立性，当其中一个细胞核内的基因发生突变后，在其后代中就会出现不纯的菌落。因此，在诱变食用菌时，一般都不处理其双核菌丝，而是处理其单核孢子。处理时最好使细胞处于悬浮状态，并用灭菌的玻璃珠将成团的细胞打散。

诱变处理时，食用菌孢子悬液的浓度应控制在10^6个/mL左右。悬液中的细胞数可用平皿稀释计数法、光吸收法或血球计数板来测定它们每毫升所含的孢子数。由于活菌数和总菌数有一定的差异，所以测定活菌数较准确。开始做时可将不同浓度的菌液用平皿稀释计数法测其菌数，并同时测定光吸收值，在两者呈直线关系的范围内，以后每次只要测定光吸收值就可以从标准曲线上查出活菌数。

孢子悬液可用生理盐水或缓冲液配制。一般物理因子处理时用生理盐水配制即可，如用化学诱变剂处理，若诱变剂很容易分解而使pH改变时（例如用硫酸二乙酯处理），或者当诱变剂随着pH的改变会产生不同的效应时（例如用亚硝酸处理），或者在处理时间特别长的情况的下（例如用甲基磺酸乙酯处理），则必须用缓冲液配制。

4.诱变处理

诱变剂的选择和使用剂量直接决定着诱变育种的效果。一个适宜的剂量，应是在产生高诱变率的基础上，既能扩大变异的幅度又能促使变异向正突变（即提高产量或质量的变异）范围移动。而适宜剂量的确定，往往要经过多次的试验。一般来说，诱变率随剂量的增高而增高，但诱变剂的剂量并非越高越好。达到一定的诱变剂量后，再提高剂量，由于杀菌率过高，反而会影响诱变效果。近年来，根据对紫外线、X射线和乙烯亚胺等诱变效应的研究，发现正向突变较多地出现在使用偏低的剂量时，而负突变则较多地出现在使用偏高的剂量时。因此，目前一般采用较低的剂量来进行诱变。例如，过去在进行紫外线诱变时，常采用杀菌率高达99.9%～99.99%的剂量，而近年倾向于采用杀菌率为70%～75%甚至更低（30%～70%）的剂量。

各种诱变剂有不同的剂量表示方式。如紫外线的剂量一般用尔格表示、X射线的强度则用伦琴表示。化学诱变剂的剂量则与作用浓度、时间及温度有关。在育种工作中，常用杀菌率来作为各种诱变剂的相对剂量。

(1)物理诱变　物理诱变大多需要昂贵的专门设备和专门的操作人员，将准备好的样品交给操作人员并提出需要的照射剂量即可。

实验室中普遍使用的是无须特殊设备的紫外线。在暗室的诱变箱（可用接种箱代替）中安装15 W紫外线灯管，诱变前先打开紫外灯预热20 min，使光波稳定。将5 mL孢子悬液移入直径6 cm的培养皿或10～12 mL孢子悬液移入直径9 cm的培养皿中，打开培养皿盖并放在距离紫外线灯管30 cm处照射。培养皿最好放在磁力搅拌器上，并对孢子悬液进行搅拌，以求照射均匀，照射时间一般为0.5～5 min。处理后的孢子悬液可以直接稀释后涂平板，也可以加入培养基进行增殖培养后再涂平板，增殖培养时必须用黑纸包住三角瓶，整个诱变操作过程须在红光下进行，培养时也要避光培养。

(2)化学诱变　化学诱变剂种类很多，处理后必须及时终止反应，可以用大量稀释的方法终止诱变剂的作用，也可用解毒剂来终止，如用甘氨酸解除氮芥的作用，用硫代硫酸钠终止硫酸二乙酯的作用，也可以用提高pH的方法终止酸性诱变剂如亚硝酸的作用。现仅以应用较多的甲基磺酸乙酯(EMS)为例，简要介绍其使用方法。

处理食用菌孢子时，EMS的浓度一般用0.1～0.4 mol/L，下面以0.15 mol/L为例：

①将食用菌孢子悬浮在0.1 mol/L，pH 7.0的磷酸盐缓冲液中，孢子浓度为10^6个/mL。

②9 mL孢子悬浮液中加入浓度为1.5 mol/L的甲基磺酸乙酯溶液1 mL，摇匀后静置保

温 3～6 h,也可适当延长或缩短作用时间。

③离心、洗涤,稀释涂平皿或加入培养基培养过夜后再涂平板。

5. 挑选突变株

诱变后的孢子经培养长出菌落后应及时挑选菌落。同宗结合的菌株选择发育健全的单个菌落,移入试管斜面内。异宗结合的食用菌应选择两个可亲和的单核菌落配对。待斜面长好后,分别接到 3～5 瓶原种中,最后进行栽培实验,反复比较各菌落的生产性能,如形成子实体的迟早、多寡、形状及对环境因子的适应性等,择优汰劣。

要从成百上千的变异菌株中筛选出极少数性能优良的菌株,犹如大海捞针,工作相当繁杂。如果能找到某些与产量密切相关的形态或生理特征,筛选就会容易得多。通常需要选择 100～1 000 个菌株,并且要设置重复,以确保栽培实验的可靠性。在产量、质量、形状、颜色、孢子数量等多种性状方面发现突变菌株后,必须经过多次栽培,确证其突变性状能稳定遗传,才可逐步示范推广。

10.4 生物技术在食用菌良种选育中的应用

20 世纪 80 年代中后期,食用菌的原生质体融合曾出现前所未有的热潮,研究主要集中于亚洲,尤其是中国、日本和韩国。20 世纪 90 年代以来,由大范围、大规模地开展食用菌的原生质体融合育种,转为探讨原生质体融合的机制、作为食用菌育种手段的可行性及拓展原生质体技术的应用范围等一系列基本问题。分子生物学技术的发展,对食用菌学理论研究及菌株的遗传育种都已经并将继续产生不可估量的影响。每一项新的分子生物学技术的诞生,都促进了食用菌学相关研究领域的进展。

10.4.1 原生质体融合技术

1. 原生质体融合技术的发展

原生质体融合(protoplast fusion)是经物理或化学的助融处理,将两个异源的原生质体融合在一起,从而使两个基因型不同的核处于同一细胞的过程。原生质体(protoplast)一词最初是由 Hanstein 用来表示植物细胞壁内的原生质,1952 年 Salton 用它来表示动物、植物及微生物细胞去除细胞壁以后的一种细胞结构。1957 年 Eddy 等首次用蜗牛酶配合其他条件分别从酵母菌和丝状真菌中释放出原生质体。1958 年 Brenner 等提出了细菌原生质体的 3 条标准,即没有细胞壁;失去细胞刚性,呈球形;对渗透压敏感脆弱。日本的岗西等对链霉菌原生质体的形成和再生条件进行了系统的研究,其结果至今仍为很多实验室所引用。

1974 年 Kaohe Hichayluk 发现聚乙二醇(PEG)在 Ca^{2+} 存在下能促进植物原生质体的融合,PEG 的促融作用在微生物中也得到证实,从而使原生质体融合技术在微生物学领域形成了一个系统的实验体系。20 世纪 80 年代初,Zimmermann 等创立了电场诱导细胞融合技术,一般认为电融合频率高,生物毒性小及易于跟踪观察,更突出的是电融合可以控制参与融合的细胞数,避免多体融合。但电融合的不足之处是不能使大小相差较大的细胞发生融合,因为所加的直流脉冲强度太大时,小的细胞可发生可逆击穿而大的细胞则发生不可逆击穿或被击碎;有时即使是细胞大小相同,由于质膜构成的不同也使融合变得困难;融合时所用的电击液必须由低电导率的介质配成，电导率太高细胞则不能成串，更谈不上融合。

2.原生质体融合育种的特点

原生质体融合是先将两个亲株的细胞壁通过酶解作用加以剥除，使其在高渗环境中释放出只有原生质膜包被着的球状原生质体，然后将两个亲株的原生质体在高渗条件下混合，由聚乙二醇(PEG)或电融合仪助融，两个原生质体融合后，在再生培养基上使其再生出细胞壁，最后从再生细胞中筛选出需要的融合子(fusant)。原生质体融合育种具有以下几方面的特点：

(1)重组频率较高　原生质体没有细胞壁的障碍，而且在融合时又加入了融合促进剂——PEG或用电融合仪助融，因此原生质体间的重组频率高于其他杂交方法。

(2)受结合型的限制较小　原生质体进行融合与细胞表面结构无关，两亲株中任何一株都可起受体与供体的作用，因此有利于不同种属间的杂交。

(3)遗传物质传递更为完整　原生质体融合是二亲株的细胞质和细胞核进行类似合二为一的过程，既有质配也有核配，比其他形式对遗传物质的传递更为完整。

(4)重组体种类多　由于原生质体融合后，两个亲本的整套基因组之间发生相互接触，有机会发生多次交换，所以可以产生各种各样的基因组合而得到多种类型的重组体。

(5)有助于外源基因的转化　由于原生质体已经失去了细胞壁，因此它较完整的细胞更易进行遗传转化。

3.原生质体的分离

原生质体分离的主要步骤包括菌丝培养、酶解、洗涤并纯化原生质体等。菌丝体的生理性状、酶和酶解条件以及渗透压稳定剂等都影响原生质体的制备。

一般情况下，处于线性生长期前期的菌丝体最适宜制备原生质体。液体培养的菌丝体适宜制备原生质体，产量和稳定性都较为理想。固体培养时容易产生气生菌丝，而气生菌丝一般不适宜制备原生质体。食用菌细胞壁主要是由纤维素、几丁质及其他多聚糖构成，原生质体融合时需要利用裂解酶首先进行细胞壁裂解。目前。用于原生质体制备的商业化酶主要有纤维素酶、β-葡聚糖酶、几丁质酶等。不同食用菌细胞壁成分也有差异，需要选择适宜的裂解酶。裂解时所用的酶往往是不纯的，根据食用菌来源的不同，选择几种酶的复合物(如纤维素酶、几丁质酶等)，以提高裂解的效率。

裂解酶的种类、浓度及组合方式都影响原生质体的产量。如果使用的酶是粗制品，一般浓度需要达到15～20 mg/mL；如果使用较纯的酶，可以根据酶的纯度相应降低酶的使用浓度。在一定浓度范围内，随着裂解酶剂量的增加，原生质体化加速；而超过一定范围时，原生质体产生的速率不再显著提高。其他酶解条件如温度、时间、pH等也是影响原生质体形成的重要因素。大多数食用菌适宜的酶解温度为28～30℃，最佳pH为4.5～6.5。酶解时间因材料的不同存在较大差异。液体培养的菌丝裂解时间一般2～6 h，也有科学家认为裂解时间应控制在1～1.5 h为宜。

食用菌细胞原生质体化之后很脆弱，必须使用渗透压稳定剂，以避免由于胞外渗透压低导致原生质体吸水胀破。常用的渗透压稳定剂有无机盐、糖类及糖醇等，最常用的浓度约0.4～1.2 mol/L。不同食用菌的最佳渗透压稳定剂相差也很大，而渗透压稳定剂的成分对裂解酶的活性影响也很大，如一些2价和3价金属离子都明显抑制几丁质酶的活性。

4.原生质体的融合

原生质体融合，可分自发融合和诱导融合两类。由于自发融合的几率较低，因此一般采用诱导融合的方法。诱导融合方法有很多种，最常用的是 PEG 诱导融合法和电融合法。

(1)PEG 诱导融合　PEG 诱导融合目前仍是进行原生质体融合的主要方法。食用菌原生质体融合的一般步骤包括：将纯化的原生质体以 0.6～0.7 mol/L 甘露醇制成浓度为 10^6 个/mL 悬浮液，将两亲本的原生质体按 1∶1 混合，取 1 mL 混合液与 1 mL 50% PEG(相对分子质量 4 000～6 000)混匀。在 28～30℃下静置 30 min，加 2 mL pH 9～10 甘氨酸缓冲液(含 100 mmol/L $CaCl_2$)稀释，充分混合后在 28～30℃下静置 20 min，1 000 r/min 离心 5 min，小心弃去上清液，沉淀物用再生培养基洗涤 2 次，最后用再生培养基调成 10^4～10^5 个/mL 的浓度进行培养。

(2)电融合　电融合的基本原理是在短时间高频交流电作用下，在活细胞的内部，诱导去极化，引起细胞聚集，并排列成串珠状，相互紧密接触，然后给予短暂的高压脉冲，引起细胞膜的穿透，然后细胞膜发生结合导致细胞的融合。电融合的具体操作步骤和参数因融合材料及融合仪的型号而有差异，需要反复试验才能确定。

5. 原生质体的再生

食用菌的原生质体再生(protoplast regeneration)是指原生质体重新长出细胞壁，再经细胞分裂回复到菌丝状态的过程。理论上讲，含有一个细胞核的原生质体，就具有恢复成一个完整细胞的潜能。但是，在原生质体制备过程中，常常产生大量无核的失去再生能力的亚原生质体。原生质体本身的生理状况及再生培养条件等一系列内外因素，都会导致并非每一个原生质体都能完成再生过程。

6. 融合子的鉴定

食用菌原生质体的异源融合子(heterologous fusions)是处于质配阶段的异核体，是由两个或多个突破了性障碍的原生质体融合而成的，它可能结实，也可能不结实。鉴定融合子时最好采用几种方法互相验证。

(1)菌落形态　食用菌原生质体的异源融合子在菌丝粗细、生长速度、菌落形态以及色素分泌等方面均可能与亲本菌株不同，将融合子与亲本菌株在相同条件下培养，然后仔细观察比较。

(2)拮抗反应　将融合子和亲本菌株接种在同一平板上，由于各菌株在生长过程中分泌的代谢产物可能会抑制对方的生长，所以培养一定时间后，如果融合子与亲本菌株的菌落形成对峙状态，形成对峙带线，即拮抗反应。形成拮抗反应的原因是由于遗传物质组成的差异造成的，食用菌不同品系之间的拮抗反应有多种形式。

(3)出菇试验　异宗结合的食用菌的同源单核体是不育的，即使结实也是不正常的子实体。融合子能否结实，即使结实其子实体的形态、大小、颜色、产量、结实时间等特征都可能与出发菌株(正常结实的双核菌株)不同。

(4)四分体分析　若融合子能够结实并产生担孢子，对孢子进行遗传学分析是一种非常可靠的方法，但这种分析必须在亲本带有标记基因的前提下进行，如两个亲本分别是带有不同营养缺陷型的菌株或不同抗药性的菌株。融合子形成的子实体能产生 4 种类型的担孢子，其中两种为亲本型，另外两种为重组型。在重组型中，一种是由基因互补产生的野生型，另一种则是具有双亲标记的双重营养缺陷型或双重抗药性菌株。

(5)DNA 技术鉴定　现代分子生物学的迅速发展及分子生物技术在各个学科的广泛应用，为原生质体融合子分子水平的鉴定提供了科学依据。如 RFLP，即限制性酶切片段长度多态性，能直接反映 DNA 结构的差异；随机扩增多态 DNA(RAPD)技术可应用一系列引物对整个基因组 DNA 进行多态性检测。

7. 食用菌原生质体融合技术的发展和应用

作为一种育种手段，食用菌的原生质体融合技术还存在不少问题，如融合子很不稳定，种间及更远源的融合子难以形成子实体，即使形成子实体也难以产生所期望的优良性状等。对食用菌原生质体融合技术的基础问题进行深入研究，如融合机制、融合后的核行为、提高融合子的遗传稳定性等，将有利于这一育种手段的发展和提高。同时，开拓原生质体技术在不同研究领域的应用范围，使其在食用菌的科学研究中发挥更大的作用，如细胞壁的合成、酶的分泌、双核体的单核化、转化及作为诱变育种的材料等。

10.4.2 分子生物学技术

原核生物，特别是以大肠杆菌为材料的分子生物学技术已经建立了完整的体系，真菌基因工程以较为简单的酵母菌发展较快，丝状真菌比较复杂，但由于其在实践和理论上的重要性，近年来也在迅速发展。食用菌的分子生物学研究主要集中在裂褶菌(*Schizphylhls commne*)和灰盖鬼伞(*Coprinus cinereus*)中，而双孢蘑菇、香菇、平菇等食用菌的基因克隆与遗传转化研究历史较短。食用菌产生子实体涉及很多基因，如交配基因、结实基因等，对其结构与功能我们还知之甚少。

将不同食用菌的 DNA 进行酶切、电泳分离，用标记的 DNA 探针杂交和放射性自显影后形成的带纹分布是有区别的。这些具有个体、群体和物种特异性的带纹称为 DNA 指纹(DNA fingerprinting)。DNA 指纹技术广泛应用于基因作图、物种鉴定与系统发育学等诸多研究领域，如对目标基因进行染色体定位、结构与功能分析，对遗传工程菌株进行分子鉴定等。食用菌的 DNA 指纹研究已有较完整的技术体系。

1. 基因工程

基因工程(genetic engineering)是在分子水平上的遗传工程，它是人为地从某一供体生物中提取所需要的基因，在离体条件下用适当的限制性核酸内切酶切割，将它与载体 DNA 分子连接起来一并导入受体生物细胞中进行复制和表达，从而选育出新物种。基因工程是在分子生物学理论指导下自行设计基因蓝图的育种新技术，是一种比常规育种优越得多的定向育种新技术。基因工程主要包括目的基因的标记与分离，目的基因与载体连接构建新的重组 DNA，然后通过原生质体融合、转化、转导或 DNA 分子杂交技术等转移到受体细胞中进行正常复制与表达，从而产生遗传物质和性状的转移和重新组合，获得人们所期望的新品种。

(1)目的基因的分离　基因工程的第一步是取得有生产意义的目的基因，如食用菌的木质素分解酶基因及纤维素分解酶基因。取得这些目的基因一般有 3 条途径，一是从供体细胞 DNA 中直接分离，二是通过反转录酶由 mRNA 合成，三是由化学方法合成特定功能的基因。

(2)目的基因的外源重组(exogenous recombinant)　有了目的基因后，还必须有运送目的基因的载体，以便把目的基因运送到受体细胞中增殖和表达。这一过程需要 2 种酶的参与，一种是限制性内切酶(restriction endonuclease)，用于水解 DNA 的磷酸二酯键；另一种是连接酶(ligase)，用于修复双链 DNA 上的缺口或裂口，将切口连接起来，重新形成一个完整的重组 DNA 分子。

(3)载体(vector)　载体即运载基因的工具。体外重组的 DNA 分子通过基因载体进入受体细胞，才能进行复制和表达。载体可以通过细菌质粒、噬菌体、病毒或线粒体 DNA 传递。

(4)转化(transformation)　指同源或异源的游离 DNA 分子(质粒和染色体 DNA)被自然或人工感受态细胞摄取，并得到表达的水平方向的基因转移过程。一些食用菌育种工作者利用基因枪或者原生质体融合等技术，把目的基因片段不植入载体而直接转入受体细胞中进行外源基因的表达。

(5)复制表达　基因工程的最后关键在于目的基因(重组 DNA 或外源 DNA)在受体细胞中的复制和扩增，表达出新的遗传性质。

(6)重组菌株的筛选　重组基因所表达出的新性状是否符合要求，需要进行大量的筛选工作，从大量的个体中筛选具有目的性状的重组菌株，才能进一步加以扩繁和利用。

2. DNA 指纹技术

分子生物学方法能直接从 DNA 序列水平上反映其遗传关系，较形态学和生理生化指标更客观准确，并且操作简便，特异性高。目前在真菌菌株鉴别中最常用的方法主要有：限制性酶切片段长度多态性(restriction fragment length polymorphism，RFLP)、随机扩增多态性(random amplified polymorphic DNA，RAPD)、微卫星技术(simple sequence repeats，SSR)、核糖体脱氧核糖核酸(rDNA)序列分析、扩增片段长度多态性(amplified fragment length polymorphism，AFLP)和单核苷酸多态性(single nucleotide polymorphism，SNP)等，这些技术通称为 DNA 指纹技术或分子标记技术。

(1)随机扩增多态性(RAPD)　RAPD 是以 PCR 为基础的一种分子标记技术。在 PCR 反应中，不同基因组内与引物相匹配的碱基序列的空间位置和数目都可能不同，所以扩增产物的大小和数量也不同，这些差异可以通过凝胶电泳显示出来。1990 年 Williams 等首次证明用任意顺序的 10 个碱基的寡核苷酸片段作为单引物，以未知序列的基因组 DNA(人、大豆、玉米、粗糙脉孢菌、大肠杆菌)为模板，发现通过 PCR 扩增的 DNA 片段符合孟德尔遗传规律，每个随机扩增的多态性片段可以作为分子图谱的一个位点，用来构建一系列种的遗传图谱作基因连锁分析。并将这种技术称为随机扩增的 DNA 多态性分析。

RAPD 与普通 PCR 有 3 点不同：首先，引物的碱基数目不同，普通 PCR 的引物 20 个碱基左右，而 RAPD 使用的引物仅 10 个碱基；其次，引物数目不同，一般 PCR 使用双引物，而 RAPD 反应是单引物；最后，反应的退火温度不同，普通 PCR 的退火温度一般是引物(T_m＋5)℃，通常是 55℃左右，而 RAPD 的退火温度一般为 35～37℃。这 3 个特点导致 RAPD 的严谨度较低，造成 RAPD 的重复性和稳定性差。

RAPD 技术可以用来研究种间或属间遗传关系。阎培生(2000)利用 RAPD 技术对木耳属不同种和种内不同菌株进行了分子鉴定，结果表明供试的 26 个引物中有 2 个引物扩增图谱具有种的特异性，可用于种的快速鉴定。但是其可靠性有待于进一步论证，因为 RAPD 用任意引物在基因组上随机扩增，相同分子质量的条带可能不同源。同时用一个菌株代表一个种或用一个种代表一个属都可能造成结果的极大偏差。

相对来说，RAPD 更多的用于种内水平遗传多样性检测。主要是居群遗传结构研究和品种鉴定。1995 年 RAPD 技术首次应用到香菇遗传研究中，表明 RAPD 可以用于鉴别香菇菌株间的差别。此后 RAPD 技术被广泛地应用于野生香菇的遗传多样性，栽培香菇的品种鉴别和遗传育种的研究。

(2)限制性酶切片段长度多态性(RFLP)　较之 RAPD，RFLP 更加稳定可靠，但操作较复杂，1980 年由 Botstein 创建。RFLP 的基本原理是，用限制性内切酶消化基因组 DNA，不同个体的基因组产生长度不同的 DNA 片段，通过 Southern 杂交显示特异性的电泳谱型。RFLP 分析主要受限制性内切酶的种类、数量和探针的序列 3 个因素的影响。

DNA 结构的变异和碱基突变均可引起 RFLP 的不同。DNA 结构的变异导致限制性内切酶位点之间的距离发生变化，从而导致消化片段的长度产生差异。碱基的突变可能使某一限制性内切酶位点消失，或获得一个新的限制性内切酶位点，同样导致消化片段的长度差异。针对这些消化片段差异丰富的序列设计探针，通过 Southern 杂交可以检测消化片段的长度多态性。

对于大分子染色体，标准的操作程序比较麻烦，需要的 DNA 量很大，并且需要标记性探针进行检测。随着 PCR 技术的发展，PCR-RFLP 随之出现，利用 PCR 技术特异性的扩增基因组中的一段，用限制性内切酶消化后，直接电泳检测，较传统的 RFLP 方便得多，无须标记性探针，并且需要的 DNA 量也少，成为目前广泛使用的 RFLP 技术。但是该技术也有其缺点，即 PCR 扩增的片段有限，导致 PCR-RFLP 获得的多态性和信息量也有限。

1991 年 Rajiv 首先将 RFLP 技术应用到香菇的遗传多态性分析，揭示了 RFLP 在香菇遗传育种和商业品种鉴别中的重要价值。1994 年 Fukuda 研究了来自不同地理区域的 51 个香菇野生菌株的线粒体 DNA(mtDNA)的限制性片段多态性，结果表明菌株间的系统发育关系与地理区域有关。

(3)扩增片段长度多态性(AFLP)　AFLP 标记技术是在 RFLP 标记和 PCR 技术基础上建立起来的，多态性水平高，稳定可靠，但成本较高。其基本原理是：先用限制性内切酶消化基因组 DNA，然后将双链接头连接到 DNA 片段的末端，以接头序列和相邻的限制性位点序列作为引物结合位点进行 PCR 扩增。它具有 RFLP 的可靠性和 PCR 技术高效性的双重优点。

Terashima(2002)和 Kazuhisa(2004)利用 AFLP 技术分别以菌丝体和烘干的子实体为材料进行香菇菌株鉴定，都取得了满意的结果。这些报道也都证明 AFLP 多态性水平高，且稳定可靠等诸多优点，但 AFLP 的操作程序复杂，虽然目前市场上推出了许多标准化操作的试剂盒，极大地提高了操作效率，但 AFLP 成本高的问题仍然困扰着 AFLP 技术在遗传育种和品种鉴定中的广泛使用。

(4)微卫星(SSR)　重复 DNA 序列是真核生物基因组的一种组成成分，主要包括分散重复和串联重复。虽然某些基因，如组蛋白和核糖体 DNA 的转录单位在基因组中也是重复存在，但大多数串联重复 DNA 是非编码的，没有明确的功能，变异较快，根据组成串联重复的基本元素的长度、拷贝数以及它们在基因组上的定位，可将其分为卫星 DNA、小卫星 DNA、微卫星 DNA 等。

微卫星 DNA(microsatellite)是短的、串联的简单重复序列(simple sequence repeat, SSR)，也称为 STR(simple tandem repeat)。它的组成基元是 1～6 个核苷酸，例如$(CA)_n$、$(GAG)_n$、$(GACA)_n$等，这些序列广泛存在于真核生物的基因组，串联重复的数目可变且呈高度的多态性。

(5)单核苷酸多态性(SNP)　基因组 DNA 序列的变异是物种遗传多样性的基础。较普遍的 DNA 序列变异是单个碱基的差异，包括单个碱基的缺失和插入，但更多的是单个碱基的置换，即单核苷酸多态性(SNP)，这是等位基因间序列差异最为普遍的类型。这种具有单核苷酸差异引起的遗传多态性特征的 DNA 区域，可以作为一种 DNA 标记，即单核苷酸多态性标记。SNP 是最近兴起的第三代分子标记技术。

虽然每个位点只有两种多态性，但 SNP 在基因组中的含量丰富，作为第三代分子标记技术，SNP 具有比 RFLP 和 SSR 更多的优点，但是 SNP 需要已知的基因组 DNA 序列信息作为前提，目前对 SNP 的检测技术主要是测序、单链构象多态性(single strand conformation polymorphism，SSCP)，基因芯片(gene chip)等。

(6)核糖体 DNA　核糖体作为蛋白质的合成机器，是所有细胞最基本的细胞器，核糖体 RNA(rRNA)是核糖体的基本组成部分。rRNA 作为细胞中最古老的分子之一，具有功能和进化上的同源性，是研究生命起源和早期生物进化以及分子系统学的“活化石”。编码 rRNA 的基因称为核糖体 DNA(rDNA)在进化上相当保守，近年来成为研究高级分类单元分子系统学的焦点。

真菌核糖体 DNA 是由转录单位和非转录的间隔区组成的重复单位，在基因组中是串联排列的。如图 10-1 所示，一个真菌核糖体 DNA 重复单位包括：18S、5.8S、26S、5S 四个基因，以及两个内部转录间隔区(internal transcribed spacer，ITS)和两个转录单位间隔区(intergenic spacer，IGS)共八部分。

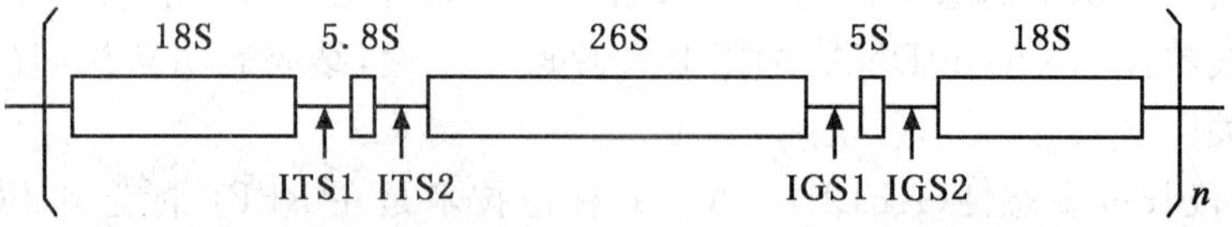

图 10-1　真菌 rDNA 的组成，方框表示编码区

核糖体 DNA 最保守的区域是 18S rDNA、26S rDNA 和 5.8S rDNA，这些区域是目间或更高级的分类阶元间系统发育的标记。尤其是 18S rDNA 最保守，即使在原核及真核生物之间也能找到较高水平的相似。1987 年，Woese 根据 16S rRNA 序列分析结果，将生物分为细菌、古菌和真核生物 3 个域。

内部转录间隔区(ITS)的进化较快，常用于属内种间系统发育研究。ITS 还常用于病原真菌诊断鉴定。2003 年 Godfrey 对双孢蘑菇黑腐病致病菌寡雄腐霉(*Pythium oligandrum*)的(ITS)序列分析，发现 *P. oligandrum* 同腐霉属内其他非致病菌的 ITS 序列有显著差异，根据它们之间的序列差异，设计特异性引物，通过 PCR 诊断检测 *P. oligandrum*。Chen(2000)、Gupta(2000)和 Sugita(2003)均利用 ITS 成功诊断鉴定了不同的病原真菌。

一般情况下转录单位间隔区(IGS)不如 ITS 保守，是 rDNA 中变异最快的区域。研究报告指出，种内 ITS 序列差异性均小于 1%，所以 ITS 不适于种内的菌株鉴别。2000 年 Xu 通过分析隐球菌的 3 个致病菌株的 ITS 序列，发现它们仅有 3 个核苷酸的差异，这么小的差异在鉴别的实际应用时具有一定的困难。而 IGS1 和 IGS2 在这 3 个菌种间存在较大的序列差异，利用 IGS1 和 IGS2 能很容易的鉴别这 3 个菌株。因此 ITS 适用于诊断鉴定不同种的真菌，而 IGS 可以诊断鉴定种内不同菌株。

IGS 含有高度重复序列，其菌株间的重复次数可能有差异，造成长度多态性。通过测序、PCR 或 IGS-RFLP 可以检测菌株间的差异。对香菇 IGS 进行序列分析发现，IGS1 和 IGS2 中分别有一个亚重复序列 SR1 和 SR2，不同菌株亚重复单位的重复次数不同，造成 PCR 特异性扩增的产物长度多态性。

思　考　题

1. 简述食用菌杂交育种的基本程序。
2. 基因突变的概念是什么？
3. 随机扩增多态性(RAPD)技术常用于食用菌菌株鉴别的基本原理是什么？

附录Ⅰ 食用菌学实验指导

实验一　食用菌母种的制作

母种即一级种，母种多用试管作为容器，因此又称试管种，是指经组织分离、孢子分离或基内菌丝分离而得到的菌丝体。母种培养基常用于菌种的分离、纯化、扩大、转管和菌种保藏。母种的制作过程可分培养基的制作、灭菌和接种培养等3个主要阶段。

一、实验目的

通过实验，使同学们掌握培养基的制作、灭菌、母种移接等操作技术和方法。

二、实验材料

灭菌锅、接种箱或接种室、电热恒温培养箱、玻璃漏斗、漏斗架、止水夹、铝锅、电炉、1 000 mL量杯、纱布、棉花、18 mm×180 mm试管、细线绳、防潮纸或牛皮纸、刀、马铃薯、葡萄糖或蔗糖、琼脂、2 cm厚长形木条、pH试纸、1 mol/L NaOH溶液、1 mol/L HCl溶液、酒精灯、75%酒精消毒瓶、75%酒精消毒棉球瓶、接种针、火柴、记号笔。

三、实验内容与方法

(一)培养基的制作

为了获得优良和生长旺盛的母种，母种培养基的成分应选用营养丰富，容易被菌丝吸收利用的原料来进行配制。由于不同菌类对营养物质的需求不同，所以不同母种培养基的成分和比例也各有差异。

1.常用配方

(1)马铃薯葡萄糖琼脂培养基(PDA培养基)　马铃薯(去皮)200 g，葡萄糖20 g，琼脂18～20 g，水1 000 mL，pH自然。

(2)马铃薯综合培养基　马铃薯(去皮)200 g，葡萄糖20 g，KH_2PO_4 3 g，$MgSO_4$ 1.5 g，维生素B_1 10 mg，琼脂18～20 g，水1 000 mL，pH自然。

上述两种培养基适用于培养绝大多数食用菌的母种。

2.配制方法

①先将马铃薯洗净，去皮，挖掉芽眼，称取200 g，切成1 cm见方的小块或薄片。

②将切好的马铃薯块放入铝锅内或大烧杯中，加水 1 000 mL，放在电炉上煮沸后维持 15～20 min，至马铃薯熟而不烂。

③用 4 层湿纱布（纱布需浸水后拧干）过滤，由于马铃薯在煮沸过程中，有部分水被蒸发掉，所以过滤后的马铃薯汁，应加水补足水分至 1 000 mL。

④将称好的琼脂加入马铃薯汁中，在电炉上用文火煮，直至琼脂完全融化为止（边煮边搅拌）。最后加入葡萄糖等可溶性物质，搅匀。

⑤调节 pH，培养基中的酸碱度（即 pH）是影响菌丝生长的重要因素，因此培养基配好后应根据菌种对 pH 的要求进行调节。马铃薯葡萄糖琼脂培养基配好后 pH 一般为中性，所以不必调节。如培养基低于所要求的 pH 时，应向培养基中滴加 1 mol/L 的 NaOH 溶液；若培养基高于所要求的 pH，应滴加1 mol/L 的 HCl 溶液进行调节。边滴入，边搅拌，边用精密 pH 试纸或 pH 计测定，直至合适为止。应该注意的是灭菌前培养基的 pH 不宜调至 6.0 以下，否则灭菌后培养基不凝固。有些菇类的培养基要求在 pH 6.0 以下时，要待灭菌后在无菌条件下滴加盐酸或乳酸等进行调节。

⑥加水至 1 000 mL。

⑦分装试管，培养基配好后应趁热用漏斗分装试管，装入试管高度的 1/5～1/4，分装时应注意不得使培养基沾在试管的口壁上，以防杂菌污染。

⑧塞棉塞，培养基分装完以后应立即塞上大小合适的棉塞或透气的胶塞，棉塞或胶塞应塞入试管内 2/3，外留 1/3。

⑨扎把，将塞好棉塞的试管 7 或 9 支扎成一把，在棉塞外面包一层防潮纸或牛皮纸，再用线绳扎紧，防止灭菌时棉塞被冷凝水浸湿。

(二)灭菌

培养基分装后应立即灭菌。根据培养基的成分选择灭菌的压强和时间，一般马铃薯葡萄糖琼脂培养基采用 1.05～1.1 kg/cm^2 的压强，灭菌 20～30 min。

母种培养基的灭菌常用手提式灭菌锅，其使用方法如下：

①先在外锅加入适量的水，然后将灭菌物品直立放入内锅，试管口向上且不要贴锅边，避免冷凝水浸入试管。灭菌物品不要装得太满，留出一定空间，便于蒸汽流通，否则易造成灭菌不彻底。

②盖上锅盖，盖锅盖时应将锅盖上的排气管插入锅内壁的管孔内，然后对角线方向拧紧锅盖上的螺丝，并将放气阀直立打开，安全阀横向关闭。

③将灭菌锅放在电炉上加热，当锅内蒸汽大量排出时再继续排气 3～5 min，关闭放气阀。

④当压力表指针达到 1.05 kg/cm^2 时（灭菌所需压强）开始计时，继续维持该压强 20～30 min。灭菌结束待压力表指针自然回到“0”位时打开放气阀，排出锅内剩余蒸汽后，打开锅盖。注意切忌在压力表未到“0”位时就放气，以免试管内的培养基向上冲浸湿棉塞，造成以后菌种的污染。

⑤摆斜面，试管取出后一定要趁热摆斜面，将试管斜放在一根厚 2 cm 左右的木条上，使试管内的培养基成一斜面。斜面的长度一般为试管长度的 3/5。用于保藏菌种的试管斜面应适当短些，以减少蒸发面积。气温较低时，在摆好的斜面上面覆盖一条厚毛巾，以免在试管壁上产生大量水珠，影响接种和培养。当培养基冷凝后，即可收起备用。

(三)接种和培养

将斜面培养基放进接种室、接种箱或超净工作台内,用紫外灯(或化学药品如甲醛等)消毒0.5 h以上,关闭紫外灯后才能进入接种室内接种。接种是一项技术性很强的工作,需要在洁净的环境中以无菌操作方法进行接种,才能减少污染。无菌操作是接种过程中最基本的操作方法,要求操作熟练,动作迅速。正确的接种方法是:

①左手平托两支试管,手指按住试管底部,外侧一支是供接种用的菌种试管,内侧一支是待接母种的试管。

②右手拿接种针或接种铲,用拇指、食指和中指握住其柄部,将接种针或接种铲插入75%的酒精消毒瓶中消毒,在酒精灯火焰上灼烧接种针或接种铲的顶端,逐渐将杆部也在火焰上慢慢通过,这样反复三次即可将接种针或接种铲彻底灭菌,切记最后一次灼烧后不能再浸入酒精瓶中,应在火焰旁自然冷却。

③将左手平托的两支试管管口靠近火焰,用右手的小指和手掌将外侧的菌种管上的棉塞拔出,再用中指和无名指拔出内侧试管口上的棉塞夹在手中(不得放在桌子上或台面上),将两支试管口迅速移到酒精灯火焰旁边。

④将烧过并冷却的接种针或接种铲伸入母种试管中,在菌丝斜面上勾取火柴头大小的一块菌丝块,迅速放到待接试管斜面的中部,将试管口在火焰上烧一下,然后立即塞上棉塞。

⑤接种完毕,再将接种针或接种铲在火焰上灼烧灭菌。以免使接种的菌丝扩散,造成污染。

⑥菌种接完后,贴好标签或用记号笔在试管壁上注明菌种名称及接种日期等。

⑦将同类菌种扎好,送到该菌所要求的最适温度下(恒温箱或恒温室内)培养,一般培养2天,检查有无杂菌生长,7~10天母种菌丝即可长满斜面。

(四)母种质量检查

通过培养,在试管斜面上长出洁白、粗壮的菌丝体,说明接种成功。若在试管斜面上出现有光泽、黏液状培养物或呈黄、绿、灰、黑等毛状物时,即是污染,不能使用。优良菌种的感官应具备"纯、正、壮、润、香"的特点。"纯"指菌种的纯度高,无感染杂菌,无斑块,无抑制线,无"退菌、断菌"现象;"正"指菌丝生长无异常,具有亲本正宗的特点;"壮"指菌丝发育粗壮,长势旺盛,有力;"润"指菌种含水量适中,无干缩、松散现象;"香"指具有品种特有的香味,无异味。而菌种生产性能(产量高低、品质优劣、抗逆性强弱)的考核,通常只有根据栽培试验的结果才能得出结论。

四、作业

1. 如何获得优质的母种?
2. 如何提高母种移接的成功率?

实验二　食用菌的组织分离和孢子分离

组织分离,是指取菇体或耳片一小部分组织进行分离培养菌种的方法。菇体组织是菌丝的扭结物,具有很强的再生能力,将它移接在母种培养基上,经过适温培养,即可得到能保持原来菌株性状的母种。因此,用组织分离方法得到的菌丝体,如经过生产实践证明性状优良,即可作为母种使用。

孢子分离,是利用食用菌成熟的有性孢子萌发形成菌丝体来获得纯菌种的方法。孢子分离方法有多孢分离与单孢分离两种方法。一般来说多孢分离所获得的菌丝体能够形成子实体。单孢分离可以显现出单个孢子萌发的个体所具有的性状,为选育优良菌株,改善品种提供机遇,是遗传育种的手段之一。

一、实验目的

让同学们掌握组织分离和多孢分离的方法和技术。

二、实验材料

接种室(箱)或超净工作台、恒温箱、母种试管斜面培养基、75%酒精消毒棉球瓶、酒精灯、无菌培养皿、镊子、解剖刀(或剃须刀片)、接种针、待分离的香菇、木耳和平菇子实体、9 cm 培养皿、16 cm 培养皿、9 cm 白色或黑色纸片、孢子收集罩、9 cm灭菌培养皿、90 mL 无菌水三角瓶、9 mL 无菌水试管、350 mL 三角瓶、瓶装马铃薯葡萄糖培养基、1 mL 无菌吸管或移液器、玻璃刮铲、无菌棉球或无菌滤纸片、2%琼脂、剪刀、接种环(或针)、铁丝支架、"S"形铁丝钩、纱布、火柴、记号笔。

三、实验内容与方法

(一)伞菌的组织分离

①选择品质优良,朵形正常、肉厚、无病虫的香菇或平菇的新鲜子实体供组织分离。分离时以幼菇(6~7 分成熟)为好,它的组织再生能力强。

②分离时应在接种室或超净工作台内进行。先用酒精棉球将手擦拭消毒,再用镊子夹取酒精棉球将菇正、反面消毒。

③用手将菌柄撕开,但手千万不得碰撕裂面,以避免杂菌污染。

④将解剖刀或剃须刀片经酒精灯火焰灭菌后,从菌柄和菌盖交界部位切取大豆或绿豆粒大小的组织块。以无菌操作方法,将切取的组织块用接种针移至母种试管斜面培养基的中部。此外,用接种钩直接勾取一小块组织移至母种试管斜面培养基,分离效果也很好。

⑤塞好棉塞,注明菇种、编号和分离日期。

⑥放到温度适宜的温箱中培养,1~2 天后,检查有无污染,发现污染及时挑出。一般 7~12 天,菌丝即可长满斜面。如需纯化,再挑取尖端菌丝移接到母种试管斜面培养基进行培养。

组织分离后的试管斜面,经过 7~12 天培养后,若在斜面上或组织块周围没有任何杂菌生长,只有从组织块上长出的洁白、粗壮纯净的菌丝体,说明组织分离成功。经过再次移接和出菇试验,性状表现优良,即可做母种使用。相反,若有其他杂菌生长,说明组织分离时消毒不彻底或无菌操作不严格,使得组织分离失败。

(二)多孢分离法

1. 整菇插种法

①选择个体健壮、朵形正常、外表清洁、无病虫害、5~6 分成熟即将要破膜的香菇。

②用灭菌的解剖刀从香菇菌盖下 1.0~1.5 cm 处切去下部菌柄。

③用酒精棉球对子实体表面进行充分的擦拭消毒。

④在接种箱或接种室内，以无菌操作方法将灭菌钟罩打开一个侧缝，将香菇的菌褶朝下，插在铁丝支架上(事先将铁丝支架放入装有一张白色或黑色纸片的培养皿中，再将这一培养皿放在另一大培养皿中，上面放一钟罩或烧杯，外面包一层牛皮纸干热灭菌)，20～25℃下放置12～20 h，在培养皿的纸片上即能见到有一层白色的孢子印(孢子印颜色因种而异)。

⑤用接种针挑取少量的孢子，插到无菌水试管内做成孢子悬液，用 1 mL 无菌吸管或移液器吸取少量孢子悬液，滴在试管斜面上，在 25℃温箱中培养 1～2 周，观察菌丝生长情况。

⑥选取生长旺盛、粗壮的菌丝进行转管培养。

2. 贴附法

①将接种针在酒精灯上灼烧，然后将接种针迅速插入斜面培养基的中间位置，使产生的水蒸气冷凝到试管壁上，再用接种针勾取香菇一小片刚破膜的成熟菌褶，贴附于与斜面相对应的试管内壁上，并使试管斜面朝上，平放在培养箱内，12～24 h 后，在试管斜面上就落下了许多孢子。

②在无菌条件下，用接种针将贴附在试管壁上的菌褶取出。

③将试管放入 25℃温箱中培养 1～2 周，观察菌丝生长情况，选菌丝纯洁、粗壮、生长旺盛的试管进行保存并做出菇试验。该法操作简单易行，分离效果好。

3. 悬钩法

①在 350 mL 容积的三角瓶内，装入 50 mL 马铃薯葡萄糖琼脂培养基，瓶口处垂挂一根"S"形的铁丝钩，塞上棉塞进行高压蒸汽灭菌，冷却后将三角瓶放入 30℃温箱中培养 2～3 天，使培养基表面的冷凝水蒸发，备用。

②将银耳或木耳的新鲜子实体在无菌水中冲洗 3 次。

③在无菌室内用灭菌滤纸将耳片上的水吸干，如耳片太大，可用灭菌刀片切去一部分，然后将耳片钩悬在"S"形钩子上，子实层面朝下放入三角瓶内，使耳片离培养基表面 2～3 cm，勿使耳片碰到三角瓶壁，并将三角瓶移到有散射光的地方，在 18～25℃下放置 12～20 h，即有很多孢子散落在培养基表面上。

④取出耳片，将三角瓶置于 28～30℃的温箱中培养，待孢子萌发后，将萌发的孢子带着培养基块移入新的试管斜面培养基内，继续进行培养，待长出纯净、洁白的菌丝后即视为分离成功。

伞菌、非褶菌类进行孢子分离时，也可采用此法。在接种室或超净工作台内，用灭菌解剖刀切取带有菌肉及菌褶(或菌管)的组织块，采用上述方法进行悬挂，注意使菌褶或菌管朝下，以便孢子充分弹射到培养基表面上。

四、作业

1. 组织分离和孢子分离方法获得菌种的理论依据是什么？

2. 用组织分离和孢子分离的方法获得的母种，为什么要进行出菇试验后才能应用于生产？

实验三　原种的制作

原种即二级种，就是把培养好的优良母种菌丝体，移接到谷粒、木屑、粪草或棉籽壳等原料制成的培养基上，使其进一步扩大繁殖，这样的菌种叫原种。原种可以直接用于栽培，但主要用它繁殖三级种（栽培种）。

不同菇类，原种培养基的成分不同。一般草腐菌（双孢蘑菇、草菇等）可用粪草原料配成；木腐菌（香菇、平菇等）可用木屑或棉籽壳加麦麸或米糠为主要原料来配制；谷粒种适用于大多数食用菌。随着食用菌生产的发展，用作原种培养基的配方越来越多，原料也越来越广。

一、实验目的

通过麦粒原种和棉籽壳原种的制作，使同学们掌握食用菌原种的制作方法和接种技术。

二、实验材料

灭菌锅、接种室或接种箱、培养室、麦粒、麦麸、棉籽壳、铝锅、石膏、碳酸钙、蔗糖、天平、水桶、盆、防潮纸（或牛皮纸）、线绳、聚丙烯塑料袋、原种瓶、锥形木棒、接种铲、75％酒精消毒瓶、75％酒精消毒棉球瓶、镊子、酒精灯、大口漏斗、火柴、电炉、母种。

三、实验内容与方法

（一）麦粒种的制作方法

①配方：麦粒 98％，石膏粉 1％，碳酸钙 1％。

②按制种需要量称取麦粒、石膏粉和碳酸钙。

③将称好的麦粒倒入盆内，用清水洗几次，去掉杂质，再用清水浸泡 12～16 h。

④将泡好的麦粒放在锅内，加水浸过麦粒，放在电炉上煮。边煮边搅拌，边检查，当煮到种子内刚好无白心停止加热，切不可将种皮煮破。

⑤将煮好的麦粒捞出控干水，使麦粒含水量达 55％～60％。

⑥将控干的麦粒放在盆内，然后将称好的石膏粉和碳酸钙倒入盆中搅拌均匀。

⑦将拌匀的培养料装入菌种瓶或菌种袋中，装料要均匀，装至瓶肩处或菌种袋的 2/3 处。

⑧装好瓶后，用棉塞或聚丙烯塑料薄膜封口，再包一层防潮纸（或牛皮纸），用线绳将瓶口扎好，准备灭菌。

⑨灭菌方法同母种的灭菌方法，灭菌压强一般为 1.4～1.5 kg/cm^2，灭菌时间为 1.5～2.0 h。

⑩接种，接种间消毒与母种相同。接种时一人手拿母种试管，在酒精灯火焰旁用接种钩（铲）将试管内斜面上菌丝体切成块，另一人将原种瓶瓶口倾斜在酒精灯火焰旁，将瓶盖打开一个小缝，这时拿母种试管的人迅速将切好的一块母种移接到原种瓶内，然后立即把原种瓶口盖严，扎好。一般一管母种接 4 或 5 瓶（袋）原种。

⑪把接种好的原种瓶送到所需温度的培养箱或培养室内培养。

⑫接种后应经常检查有无杂菌污染。发现污染瓶，立即挑出并灭菌淘汰。

⑬生长好的原种菌丝洁白、粗壮、纯净，可用来扩大繁殖栽培种。

(二)棉籽壳原种的制作方法

(1)配方　棉籽壳78%，麦麸或米糠20%，石膏1%，蔗糖1%。

(2)拌料　先根据要做原种的数量，算出各种原料的用量。然后称量、混合，加水拌料。混合时，先将棉籽壳和麦麸混合在一起，石膏和糖混溶在拌料用的水中。拌料时，边加水边搅拌，边测试含水量。

(3)含水量的测定　拌好料后，用手抓一把培养料，攥紧，手指缝中有水印但以水不下滴为适，此时含水量60%～62%。

(4)装瓶　将拌好的培养料装入原种瓶或塑料袋中，边装边压实(但不得过紧)，装到瓶肩处为宜。

(5)打孔　装好培养料以后，用锥形木棒从瓶或塑料袋中央向下打一个洞，洞深距底部2～3 cm。这样可使下部培养料通气良好，有利于接种后菌丝迅速向培养料中蔓延。

(6)擦瓶　将瓶口和瓶外黏附的培养料擦掉，以免接种后污染杂菌。

(7)封口　用棉塞或聚丙烯塑料薄膜封口，再包一层防潮纸(或牛皮纸)，用线绳将瓶口扎好，准备灭菌。

(8)灭菌　灭菌方法同麦粒原种，压强为1.4～1.5 kg/cm^2，灭菌1.5～2.0 h。

(三)原种质量检查

无论麦粒原种还是棉籽壳原种，接种后在25℃左右培养20～40天，菌种即可长满瓶。品质优良的原种，菌丝洁白、纯净、有食用菌特有的香味。若出现黄、绿、黑等颜色的毛状物或菌瓶内有酸、臭味道，即是污染了杂菌，不能使用，应将其灭菌后在远离培养场地处深埋。

四、作业

1.食用菌原种培养基主要有哪些？

2.制作原种过程中应注意哪些问题？

实验四　栽培种的制作

栽培种是由原种移接扩大繁殖而成的，它的制作方法基本上与原种相同。菇类不同，制备栽培种所用培养基的成分也有差异，常用的培养料有木屑、棉籽壳、粪草和菇木等，栽培种既可用瓶装，也可以用聚丙烯塑料袋装。袋装具有装量多、便于携带和容易取用等优点，但使用塑料袋时要仔细检查，有时塑料袋有砂眼或封口不严，容易污染。

一、实验目的

通过实验，使同学们掌握栽培种的制作方法和接种技术。

二、实验材料

接种室(箱)、培养室、高压灭菌锅、棉籽壳(或木屑)、麦麸(或米糠)、石膏、水桶、盘秤、搪瓷量杯、锥形木棒、聚丙烯塑料袋或菌种瓶、颈圈、棉花、防潮纸(或牛皮纸)、细线绳、接种勺(或大镊子、接种铲)、小镊子、酒精灯、75%消毒酒精瓶、75%消毒酒精棉球瓶、火柴、记号笔。

三、实验内容与方法

(一)培养基的制作

(1)配方　棉籽壳78%,麦麸或米糠20%,石膏1%,糖1%[料∶水=1∶(1.2~1.3)]。

(2)拌料　根据制种需要按各种营养成分的配比称量各种原料。然后将棉籽壳和麦麸先混合一起。石膏和蔗糖混溶在拌料用的水中,搅拌均匀后,泼洒到棉籽壳上再搅拌均匀。

(3)测培养料水分　培养料拌好后,用手抓一把培养料握在手中,攥紧,手指缝中有水印但无水滴滴下,这时的含水量合适,为60%~62%,若含水量不足,可再加少量的水,充分搅拌均匀,再检测,直至含水量合适为止。

(4)装袋　将拌好的培养料装入聚丙烯塑料袋中,边装边压实,一直装到塑料袋容积的3/5左右。

(5)打孔　装好培养料后,从袋中央用锥形木棒打一孔,孔深距袋底部2~3 cm。

(6)封袋口　将塑料颈圈或无棉盖体的环套在塑料袋口上,然后将袋口外翻,塞上棉塞或盖上无棉盖体的盖子。棉塞的外面还要包一层防潮纸(或牛皮纸),用线绳扎好。擦净塑料袋外面所黏附的培养料。

(二)灭菌

由于栽培种数量大,小型灭菌锅不合适,应使用大型立式或卧式高压蒸汽灭菌锅。此类灭菌锅容量较大,一次可以灭菌几十至几百袋。灭菌时应按灭菌锅的使用说明进行操作。栽培种由于装量较多且较实,一般要求1.4~1.5 kg/cm^2 灭菌1.5~2.0 h。

(三)接种和培养

(1)接种　接种间消毒与母种相同,菌种袋放入接种室或接种箱内,打开紫外灯消毒30 min。栽培种的接种方法与原种接种相似。两人合作接种时,一人以无菌操作方法用接种铲或大镊子取一小块原种菌丝,另一人在酒精灯火焰旁打开栽培种袋口(袋口应倾斜在火焰旁,切勿直立),迅速将原种接到袋中,塞上棉塞或盖上无棉盖体的盖子即可。

(2)培养　接种完毕,将栽培袋搬到培养室培养,培养室的温度应比这种食用菌菌丝的最适生长温度低2~3℃。

(四)栽培种质量检查

栽培种在培养过程中,应经常检查,污染袋要及时检出处理掉,不得与好的菌种袋放在一起。经30~40天的培养,菌丝长满菌袋后即可使用。若菌袋内长出原基,说明菌种已老化,若有黄、绿、黑等杂色斑点或连成片时,说明菌种已污染,不可使用。

四、作业

1. 制作栽培种的技术关键是什么?
2. 综述母种、原种、栽培种在生产上的作用。

实验五　平菇的栽培

平菇是侧耳属食用菌的俗称，栽培量最大的种是糙皮侧耳。平菇栽培方法简单，适应性广，抗杂菌能力强，并具有耐低温、出菇快、产量高等特点。平菇栽培原料来源广泛，锯木屑、棉籽壳、秸秆等农副产品的下脚料都可作为栽培材料。

平菇在全国各地栽培非常广泛，栽培方式多种多样，但基本方法相似，常见的栽培方式有室内床栽、袋栽、菌砖栽培、田间塑料大棚栽培、阳畦栽培等。有些菇农常利用通风良好的地窖、人防地道作为出菇场所，还有些菇农将平菇与蔬菜、水稻套作，无论哪种栽培方式，它们在栽培料的配比、拌料、播种、发菌条件以及在出菇管理等方面都是基本相同的。

在平菇的生料栽培中，常加入少量多菌灵抑制杂菌。多菌灵是一种广谱抗真菌药剂，但在一定浓度范围内对平菇菌丝的生长没有抑制作用。培养料中多菌灵不能多加，以防农药残留超标。有些单位采用发酵料常压灭菌(95～100℃，3～5 h)后袋栽平菇，不添加多菌灵，效果也很好。

一、实验目的

通过平菇棉籽壳袋栽的实验，使同学们掌握平菇的栽培方法和技术。

二、实验材料

新鲜无霉变的棉籽壳、石膏、25%含量的多菌灵、宽 25～30 cm 的聚乙烯薄膜塑料筒、高锰酸钾、来苏儿或新洁尔灭、生石灰、水桶、塑料绳、剪刀、铁锹、栽培种、75%消毒酒精、脱脂棉球、火柴、培养室。

三、实验内容与方法

(1)配料　棉籽壳 99%，石膏 1%，多菌灵 0.1%～0.2%，培养料混合拌匀后的含水量为 60%～62%。

(2)拌料　拌料时，先称好棉籽壳，倒在已消毒好的水泥地面或桌面上，再把称好的石膏及多菌灵用水溶解，搅拌均匀，然后倒入棉籽壳中，边拌料边加水，直到均匀为止。

(3)测含水量　测定方法与实验四测栽培种培养料水分相同。

(4)装袋接种　采用宽 25～30 cm，长 40～50 cm 的聚乙烯塑料薄膜袋。一端用透气塞封口，先装入一层已掰成蚕豆粒大小的栽培种，再装入一层厚约 5 cm 的栽培料(边装边压实)，再加一薄层栽培种，如此重复，直到快装满塑料袋时，最后在袋口放一层菌种，加入一透气塞后将袋口扎紧，也可仅在塑料袋的两端和中间部位放菌种，袋口直接扎紧后打孔通气。栽培种的用量一般为培养料的 15%～20%。

(5)培养　将接完种的菌袋运到培养室中平放在培养架上培养。需要码放时，不要堆得太高。培养室要求室内卫生、清洁、通风良好。在较低的室温(15℃左右)条件下培养，能显著降低污染率。袋筒培养一段时间，应进行翻袋。目的在于让菌袋各部发菌一致，并在翻袋的同时挑出污染袋。经 30～40 天菌丝可长满全袋。

(6)出菇管理　当袋筒内菌丝长好后应立即搬到出菇室进行出菇。出菇室要求清洁卫生、通风透光、保温保湿性能好。出菇室的地面以水泥地面或砖面为好。

①原基形成期：光线和变温刺激有助于原基分化，此时菇房应有散射光照射，菇房温度以10～15℃为宜。菌袋在这样的条件下再继续培养3～7 d，菌丝开始扭结形成原基(菌袋两端出现米粒状的扭结物)。此时应将袋筒两端透气塞拔掉，使袋筒通风换气，向室内空间喷雾状水，保持室内相对湿度80%～85%。

②菇蕾形成期：原基得到空气和水分后生长很快，形成黄豆粒大小的菇蕾，这时应将袋筒两端多余的袋边卷起，使菇蕾和两端的栽培料露出袋筒。菇蕾形成之后，除需要光照外，菇房温度还应稳定，这样有利于菇蕾的生长发育，一般保持在15～16℃。菇房内的空气相对湿度应为80%～85%，要给予适当的通风，否则菇蕾会因缺氧而不能正常生长发育，通风应在喷水之后进行，以免菇蕾因通风而失水干缩，甚至死亡。

③子实体生长期：菇蕾在适宜的条件下，迅速形成长大。此时对氧气和水分的需求量很大，因此应加大菇房的通风，提高菇房内的相对湿度。一般采用增加通风次数、延长通风时间的方法来增加菇房内的O_2，排除CO_2。子实体生长时期菇房相对湿度要求在85%～90%，达不到时应在菇房喷雾状水。喷水次数应根据当时的天气情况和菇房湿度的大小而定。喷水的原则是勤喷少喷，每天喷水2或3次，每次喷水后通风30 min左右，并增加光照。总之，子实体生长时期的管理关键是要协调好通风、湿度及温度之间的关系。

(7)采收　子实体成熟后要及时采收，采收标准应根据商品的需求而定，如盐渍平菇，菌盖长至3～5 cm时即采收，而鲜售时可适当大些。第一潮菇采收后，要将残留的菌柄、碎菇、死菇清理干净，停止喷水2～3天，让菌袋中的菌丝积累养分，然后再喷水促使第二潮原基形成，整个生产周期可收获三潮菇。

四、作业

1. 平菇的栽培方法有哪几种形式？试分析各种栽培方法的优缺点。

2. 简要说明袋栽平菇每一工艺流程的要点。

实验六　香菇的栽培

香菇(*Lentinula edodes*)又名香蕈、香菌，属担子菌门层菌纲伞菌目白蘑科香菇属。香菇所含的香菇多糖具有显著的抗肿瘤活性。

香菇起源于我国，在我国的栽培量仅次于平菇而居第二位。目前国内外香菇的栽培方法可分为两大类，即段木栽培和木屑代料栽培。段木栽培香菇因消耗大量木材而不利于环保，但段木栽培的香菇，品质好，商品价值高。木屑代料栽培法生产周期短，产量高。代料栽培在我国香菇生产中所占比例很大，也是今后香菇生产的主要发展方向。

一、实验目的

通过实验，使同学们掌握香菇代料栽培的工艺流程和栽培方法。

二、实验材料

香菇栽培种、木屑、麦麸或米糠、蔗糖、石膏、尿素或硫酸铵、过磷酸钙、玉米粉或黄豆粉、15 cm×50 cm的聚丙烯塑料袋筒、水盆、水桶、磅秤、高锰酸钾、高压灭菌锅或常压灭菌锅、75%酒精消毒棉球、75%酒精消毒瓶、酒精灯、镊子、打孔器、胶布、接种工具、铁锹等拌料工具。

三、实验内容与方法

香菇代料栽培法工艺流程为：

配料→拌料→装袋→灭菌→接种→培养→检查生长情况→揭胶布→移入出菇室或荫棚内→脱袋排场→转色→催蕾→出菇管理→采收。

1.原料的选择

栽培香菇最好使用不含芳香族化合物的山毛榉科、桦树科等阔叶树的木屑，其他杂木屑也可使用，但以硬质木树种加工的木屑更有利于提高香菇质量。混有松、柏、杉、樟等木屑时一定要经曝晒或蒸煮，使芳香性物质挥发掉再用，以免抑制菌丝生长。麦麸是主要的氮源，无论木屑还是麦麸都要新鲜、无霉变。木屑要过筛，去掉碎木块等杂质，以免刺破塑料袋。

2.培养料配方

①杂木屑78%，麦麸20%，糖1%，石膏1%，含水量60%。

②杂木屑60%，棉籽壳20%，麦麸18%，石膏1%，糖1%，含水量60%。

③杂木屑78%，麦麸16.6%，糖1.5%，石膏粉2%，尿素或硫酸铵0.4%，过磷酸钙0.5%，玉米粉或黄豆粉1%，含水量60%。

培养料的配方可因地、因材料而异，但各种物质的用量一定要注意C/N的要求。

3.拌料

将木屑、麦麸及玉米粉等按需要量称好，其他糖、石膏等辅料称取后溶于水中，然后倒入木屑干料中搅拌均匀。培养料的含水量以手攥料能成团，但指缝中无水溢出，为含水量适中，若指缝中有水溢出，则说明水分偏高。水分含量偏高时培养料通气性不良，菌丝生长缓慢，含水量偏低同样阻碍菌丝的生长。

4.装袋

培养料配好后，装入塑料袋中，边装边压实，直至袋筒上方留有6 cm空间，清理筒口，擦掉袋筒表面黏附的培养料，随后用线绳在紧贴培养料处扎紧，再将袋口反折后用线绳扎上数圈，称双层扎封。

5.灭菌

料筒装完之后立即进行灭菌，生产量小可使用高压灭菌，生产量大时可采用常压灭菌。

常压灭菌时必须注意：

①锅内清洗干净，换上清水，将料袋移入常压灭菌灶内，料袋在灶内呈“井”字形排放，或将料袋先装入周转筐再整筐装入灶内，使灶内蒸汽流畅，筒袋受热均匀，避免出现灭菌死角。

②火力要“攻头、保尾、控中间”，即料筒入灶后用旺火猛攻，尽可能在3 h之内使灶内的温度达到97～100℃；然后改大火为文火，100℃保持9～10 h；最后用旺火猛烧。灭菌后自然降温，待温度降至60℃以下方能出锅。将筒袋摆放在清洁、干燥、通风处进行冷却。筒袋冷却的场所事先要做好清理和消毒工作。

6. 接种

当料温降至25℃时进行接种，接种是香菇栽培的重要环节之一。接种应在无菌室内进行，在生产实际中，为减少接种后的搬运，降低污染率，多改在培养室内接种，就近上架培养。

①用剪刀将栽培香菇专用胶布剪成3.5 cm×3.5 cm的小块，使用前放在无菌箱内熏蒸灭菌。

②用镊子夹取75%的酒精棉球将筒袋接种的部位擦拭消毒。

③用接种打孔器在筒袋的正面打3个孔，孔径1.5 cm，孔深2 cm。

④将香菇栽培种横置在支架上，瓶口靠近酒精灯火焰，轻轻打开瓶盖，挖取一小块菌种，立即对准料筒上接种孔，将菌种推入，填满接种孔。菌种块应略高出料袋2～3 mm，左手用灭菌羽毛将接种孔周围培养料扫净。

⑤用剪好的胶布贴封接种孔，再将筒袋翻转180°，按前边方法在筒袋上消毒、打孔、接种，孔位与对面错开。如果采用套袋（双层袋）接种和发菌，可不用胶布贴封接种穴。

7. 堆垛养菌

将接种后的菌筒搬入培养室进行养菌。培养室应预先消毒，并要求通风、黑暗、清洁、地面平整，最好为水泥地或砖地，先在地面薄薄地撒一层石灰粉，室温控制在22～24℃，按每层4袋，层间纵横交错，成"井"字形，菌筒上的接种孔穴应向两侧，利于通气。堆高80～100 cm，当堆温达到28℃时，应拆高堆为矮堆。每天定时通风1或2次，以调节空气，排除CO_2，还可降温。室内相对湿度维持在70%以下，减少杂菌污染。

8. 揭胶布

接种7天以后，应拆堆检查，此时接种孔内菌丝应呈放射状蔓延，直径可达6～8 cm，发现污染袋及时挑出。这时可将胶布揭开一个角，增加供氧量，以满足菌丝继续生长时对氧气的要求。揭角后，接种孔内氧气增加，菌丝生长旺盛，堆温急速上升，因此应将每层4个菌筒改为每层3个菌筒，拉大筒间的距离。当气温较高时还应将堆间的距离拉宽。加强室内通风，切勿让室温超过30℃，否则将发生"烧菌"现象。

9. 脱袋

接种后，在正常情况下，经过40～50天菌丝即可长满菌筒。52～60天，菌筒内瘤状隆起占培养料表面2/3，接种孔附近出现棕色斑，预示菌筒内菌丝已达到生理成熟。此时若利用自然条件出菇，气温如果未稳定在22℃时，不要急于外移，这时可用刀片在菌筒上画2或3处"V"字形，以增加菌筒内的氧气。同时增加室内光照，使菌筒边成熟边转色。当平均气温下降至22℃以下时，即可搬入出菇棚内脱袋。脱袋时左手提菌棒，右手拿刀片，在袋的两端划割一圈，袋的纵向划一刀（尽量不要伤及菌丝），顺手把薄膜脱离。脱袋后的菌棒排放到菇床的排架横木上，与畦面呈60°～70°夹角，菌棒间距约10 cm，每排可放8或9个菌棒。菌棒脱袋排架后，畦上拱棚随即用0.1%高锰酸钾消毒过的塑料薄膜覆盖，薄膜四周用泥土压住，以防止菌棒脱水。菌筒脱袋后出菇面积增大，但菌棒易脱水干燥，所以有些栽培者不脱袋直接让其出菇。

10. 转色

菌棒在薄膜内2～4天，不宜翻动薄膜，保持膜罩内恒温恒湿。当膜罩内超过25℃时应短时间掀膜降温，膜内有大量水珠出现属正常现象。4～7天后，菌棒表面出现浓密、白色绒毛状菌丝。当菌丝长2 mm时，就要增加掀膜次数，降温降湿，促使菌丝倒伏，形成菌膜，同时分泌色素，菌膜由白色转为粉红色，逐渐变为棕褐色，最后形成树皮状的褐色菌膜。

11. 催蕾

香菇属低温、变温结实性食用菌。菌棒转色后要使它能顺利出现原基，就必须给予一定的昼夜温差刺激。昼夜温差大，有利于诱发子实体原基的形成。一般白天温度在 20℃左右时采取盖膜保温，夜间掀膜通风降温。连续 2～3 天后即会有菇蕾产生。

12. 出菇管理

原基能否形成并顺利发育成子实体的关键取决于昼夜温差大小、菌棒含水量多少、空气相对湿度大小及菌棒表皮的干湿差等条件。子实体形态是否正常关键在于温度和通风供氧量，菇体色泽深浅主要取决于空气相对湿度大小和光线强弱。必须根据气候的变化情况进行人为的调节控制，创造一个适宜香菇生长发育的环境条件，才能取得香菇栽培的优质和高产。

具体管理措施：

(1)保持菇棚内空气相对湿度　菌棒转色出现花斑皱裂后，应逐渐增加菇棚的遮阴度，并维持膜罩内 90%的相对湿度。随着菇蕾的分化，进入子实体发育阶段。最理想的空气相对湿度为 80%～85%，这对提高香菇品质、增加菌盖厚度有促进作用。

(2)增加通风　香菇子实体生长阶段，氧气需要量较大，如果氧气不充足，香菇子实体原基分化不良，菌盖小、菌柄粗而长，成为畸形菇，导致产量低、质量差、效益低。因此，在香菇出菇阶段的管理中，要根据不同的气候环境，千方百计地做好控温控湿和通风供氧工作。通常可根据天气情况采用控制掀膜次数和每次掀膜的时间来实现通风。如阴天湿度大时，可增加通风量。晴天或外界湿度小，应先浇水后通风。

(3)光线　香菇子实体生长需要一定的散射光线，光照强度在 300～500 lx 时，菌盖能正常着色。

13. 采收

适时采收是香菇栽培中的重要一环，过迟或过早采收都会影响其产量和质量。采收时期还应根据销售鲜菇或干菇的不同来决定，一般干菇销售及鲜菇内销时，以子实体 7～8 分成熟，即菌膜已经破裂、菌盖尚有少许内卷时采收为宜，这时采收的香菇质量好、价值高。鲜菇出口时，以菌盖 5～6 分开伞、子实体5～6 分成熟，即菌膜微破裂或刚刚破裂时采收为宜。

采收前数小时不能喷水，以减少菇体内的含水量。采摘时，用拇指和食指捏住菇柄的基部左右转动即可采下。采摘时注意菇柄不能残留在菌棒上，以免腐烂污染杂菌；不要碰伤、碰掉菌盖造成次菇；不要触摸菌褶，以防菌褶褐变、倒伏；不要碰伤周围小菇蕾，总之，采菇时应小心。采下的香菇轻轻放入筐内，不要堆压过多。采后应立即进行烘烤或保鲜加工。

14. 采收后的管理

出菇后菌棒含水量减少，因此采收后应喷水保湿并增加通风的次数，促使菌丝恢复，积累养分以供第二潮菇的需要。经 1 周左右的恢复，采摘菇痕处开始发白，这时应加大湿度，白天盖紧薄膜，晚间掀开，人为拉大温差，诱导第二批菇的形成。菇蕾形成后的喷水次数与喷水量根据天气情况而定，直至第二潮菇采收。

第二潮菇采收后，若菌棒失水太多，可采用刺棒补水的方法。即将菌棒用 8 号铁丝刺数个洞，然后将菌棒放入浸水池中，在池上面盖木板，压上石块，以防菌棒飘浮，一般浸 4～6 h 即可，然后放掉水，使菌棒表面的水蒸发后，重复前面的管理办法。

秋菇采收 2～4 潮后，气温低于 12℃以下时，每天通风 1 或 2 次，保持菌棒湿润，可顺利越冬。待到春季气温回升到12℃以上时，再进行补水、催蕾等出菇管理。

花菇的形成需要更大的昼夜温差、较低的空气相对湿度和较强的光照。

四、作业

1. 简述代料栽培香菇的工艺流程。

2. 你认为代料栽培香菇的技术关键有哪些？

实验七 金针菇的栽培

金针菇(*Flammulina velutipes*)又名毛柄金钱菇、冬菇、朴菇、金钱菌、朴蕈等，属担子菌门层菌纲伞菌目白蘑科金钱菌属。金针菇分布于世界各国，其中以中国和日本产量最多。

金针菇鲜美脆滑，国内外均有悠久的食用传统。金针菇能利肝，益肠胃，经常食用可预防和治疗肝炎及胃肠道溃疡，降低胆固醇。金针菇含有丰富的氨基酸，其中必需氨基酸占氨基酸总量的44.5%，高于一般菇类。此外，金针菇富含赖氨酸和精氨酸，能促进儿童智力发育，故又有"增智菇"之称。

金针菇传统的栽培方法是用段木栽培，现在已很少采用。国内目前最常见的栽培方式为室内袋栽，国外(主要是日本)及国内少数厂家则以工厂化瓶栽为主要栽培方式，瓶栽所采用的是专用栽培瓶。我国采用塑料袋栽培，袋口直径大，菇蕾可以大量发生，且透气性好。此外，塑料袋的上端拉直后，既能遮光，又可保湿，起到瓶栽时套袋的作用，可简化工艺，方便操作，降低成本。

一、实验目的

通过金针菇的袋栽实验，使同学们掌握金针菇栽培的基本方法和栽培技术。

二、实验材料

锯末屑或棉籽壳、麦麸、石膏、蔗糖、聚丙烯塑料袋、颈圈或无棉盖体、防潮纸、细线绳、磅秤、量杯、水桶、金针菇栽培种、大镊子或接种勺、75%酒精棉球、75%酒精消毒瓶、酒精灯、记号笔、火柴。

三、实验内容与方法

金针菇袋栽工艺流程为：

配料→装袋→灭菌→接种→培养→搔菌→出菇→驯养→生长→采收。

1. 原料的选择

金针菇的代料栽培取材广泛，柳、榆、栎等阔叶树种的木屑、棉籽壳、甘蔗渣等加些辅料均可用于栽培金针菇。

2. 培养料配方

①棉籽壳78%，麦麸20%，糖1%，石膏粉1%。

②棉籽壳39%，木屑39%，麦麸20%，糖1%，石膏粉1%。

③木屑 75%,麦麸 20%,玉米粉 2.9%,糖 1%,石膏 1%,硫酸铵 0.1%。

3. 拌料

按配方称量所需要的棉籽壳和麦麸,在光滑水泥地面上撒一层棉籽壳,再撒一层麦麸,重复上述操作,直至混完。将所需的蔗糖、石膏溶于水中,充分搅拌均匀。然后泼洒在棉籽壳和麦麸堆上,边加水边搅拌,直至均匀。培养料拌好后,闷 30 min,使料吸水均匀,含水量 60%～62%,含水量测定方法同栽培香菇。

4. 装袋

将拌好的料装入 17 cm×33 cm 聚丙烯折角塑料袋中,装料时,先在袋中放入少量培养料并压实,使袋底成方形,便于竖放在床架上。装料时要求松紧适宜,袋面要平整,若皱褶太多,栽培时会从袋壁空隙长出无效子实体,消耗养分。塑料袋的装料高度为袋高的 1/2 左右,袋口用塑料套环或无棉盖体封口,最后将塑料袋表面擦净。

5. 灭菌

装好栽培袋后,放入高压灭菌锅内灭菌,压力为 1.4 kg/cm^2 保持1.5～2.0 h,或放入常压灭菌锅内灭菌 8～10 h。

6. 接种

栽培袋冷却到 25℃左右,即可搬进接种箱或接种室内进行接种,先挖去菌种表面的老化菌丝,将菌种捣散后再接种。接种量以布满培养料表面为宜,这样可使发菌均匀,料面菌龄一致,出菇整齐。接种方法与接原种相同。

7. 培养

接种后的栽培袋,搬进 22～23℃的培养室内,摆放在架上进行培养,栽培袋不能堆放过高,一般 3～4 层即可,培养室要求通风、清洁、黑暗。培养 2～3 天后,在接种块周围长出白色菌丝,10 天左右即可长满料袋的表面。一般每隔 10 天左右翻堆一次,使发菌一致。经过 30 天左右的培养,菌丝即可长满菌袋。

8. 管理

(1)搔菌　菌丝长满菌袋后,拔掉透气塞,翻卷袋口,用特制的小铲取出老接种块,并把表面压平。随后将菌袋送到出菇室,直立在床架(或地面)上,并在袋口上盖一层无纺布或纱布。也可采用堆袋覆膜的方法进行出菇,堆袋覆膜可提高场地利用率。具体方法是将袋口翻卷至料面,把两个菌袋底部相对平放在一起,高度以 5～6 层为宜,长度不限。在出菇场地及四周喷足水,然后用塑料薄膜覆盖菌袋。此法保温保湿良好,后期又可积累 CO_2,有利于菌柄生长。搔菌后不要同时大幅度降温,因为搔菌会造成大量伤口,低温不利于其伤口愈合。搔菌后保持室温 18～20℃,以利菌丝愈合,3～5 天后,即可见到料面萌发出一层白绒绒的菌丝。这时再降温至 10～12℃,空气相对湿度保持 80%～85%,给予散射光照,进行光诱导。每天要定时通风换气,每天的通风次数与时间,依当时的气温和天气情况而定。室内空气相对湿度低于 80%应喷水,喷水时雾滴要细,喷头喷向空间和无纺布或纱布上,将无纺布或纱布喷湿,不能将水直接喷在料面上,以免发生死菇、烂菇现象。经过 10～14 天的培养,料面就可出现菇蕾。

(2)驯养　当出现菇蕾后,就可将菌袋移到 3～5℃的驯养室,室内要求通风,可在菇房安装空调,从不同角度进行吹风,风速可控制在 3～5 m/s,空气相对湿度为 75%～80%。驯养 5～7 天后,即有菌盖与菇柄的分化。

(3)出菇管理　当菌柄长到长 3～5 cm 时,将翻卷的袋口拉直,同时要进行降温降湿,具体措施是停止向地面洒水，室温控制在4℃左右，掀去塑料薄膜等覆盖物，通风换气，保持1～3天，使料面水分散失，不再长出原基，已发育的子实体也因基部失水而不再分枝。这样菌柄就会长得圆而结实。此后，进入菌柄伸长阶段，要培养柄长、色白、盖小的优质金针菇，必须控制好温度、湿度、光照、CO_2浓度等因素之间的关系。子实体生长时应控制菇房温度在5～8℃，空气相对湿度85％～90％，完全黑暗或极弱光，CO_2浓度控制在0.11％～0.15％时可促使菌柄伸长。

(4)采收　菌盖开始展开，即菌盖边缘开始离开菌柄，开伞度在3分左右，菌柄伸长显著减慢为采收适期，此时菌盖直径1～2 cm，菌柄长13～15 cm。用于鲜销的金针菇，可延迟到菌盖6分开时采收，但不可太迟。采收时，用一只手按住培养料，另一只手轻轻握住菇丛基部拔下，随即用小刀切除黏有培养料的根部。为了保证采收质量，一般采收前两天降低相对湿度至80％～85％，使菇体表面干燥。采收的鲜菇切忌喷水和浸水，以免影响商品质量。采收后用长镊子将培养基表面的菌膜和枯萎的小菇清除掉，盖上无纺布或纱布等覆盖物进行养菌，经过15～20天，便可采收第二潮菇。

在自然温度条件下栽培金针菇，没有明显的降温和驯养阶段，只要在出菇阶段室温不高于15℃，也能获得品质较好的金针菇。

四、作业

金针菇栽培的特点是什么？

实验八　黑木耳的栽培

黑木耳(*Auricularia auricula*)又名木耳、光木耳、云耳等，属担子菌门层菌纲木耳目木耳科木耳属。木耳以质软滑嫩，清脆可口著名。木耳多糖具有降低血糖、抗血栓形成、改善心肌缺氧以及抗辐射作用，其腺苷及其衍生物是一种强效血小板聚集抑制剂。黑木耳传统栽培方法是段木栽培，目前主要采用代料栽培。

一、实验目的

通过黑木耳的代料栽培实验，使同学们掌握黑木耳的袋栽方法和管理技术。

二、实验材料

木屑或棉籽壳、麦麸、蔗糖、石膏、碳酸钙、聚丙烯塑料袋、黑木耳栽培种、圆锥形木棒、颈圈或无棉盖体、防潮纸、棉塞、线绳、铁锹、水桶、磅秤、接种铲、75％酒精消毒瓶、75％酒精消毒棉球、酒精灯、镊子等。

三、实验内容与方法

代料栽培黑木耳的工艺流程为：

配料→拌料→装袋→灭菌→接种→培养→耳芽诱导→出耳管理→采收。

1.培养料的配制

用于代料栽培黑木耳的原料有木屑、棉籽壳、甘蔗渣等。无论使用哪种培养料,都应选用新鲜、无霉变的材料。黑木耳栽培的配方很多,常用的配方有:

①木屑(或棉籽壳)78%,麦麸 20%,蔗糖 1%,石膏粉 1%。

②玉米芯 59%,木屑 30%,麦麸 10%,石膏 1%。

③棉子壳 79%,麦麸 18%,大豆粉 0.5%,蔗糖 1%,石膏粉 1%,过磷酸钙 0.5%。

2.拌料

拌料方法与平菇栽培料的制作方法一致,培养料含水量 60%。

3.装袋

选用 17 cm×33 cm 的聚丙烯折角塑料袋,装料时边装边压实,装至料筒 2/3 即可。把料面压平,再用圆锥形木棒从中央打一个距袋底 2～3 cm 的洞,增加透气性。用无棉盖体封口,如用棉塞封口需包上防潮纸,把料袋表面的培养料擦净。

4.灭菌

装袋后应及时灭菌,将装好料的塑料袋摆放在筐里再放到常压灭菌锅或高压灭菌锅里灭菌。常压灭菌 100℃维持 9～12 h,高压灭菌采用压强为1.4～1.5 kg/cm^2,保持 1.5～2.0 h,待其自然降温后出锅接种。

5.接种与培养

适宜的菌种是获得高产稳产的关键,选用适龄、纯净、菌丝生长旺盛的栽培种,接种时可适当增加接种量,在接种室或超净工作台内按无菌操作进行接种,接种方法同原种制作。

接种完毕,将料袋送至培养室的培养架上培养。料袋间应留有一定距离,以防袋内料温升高出现"烧菌" 现象。培养室前期室温 26～28℃,后期降至 22～23℃。养菌前期,菌丝未长满料面时不宜翻动,以防污染,发菌中期要每隔 5～7 天翻堆一次,争取发菌均匀,同时挑出污染菌袋。发菌期要避光,并应适当通风换气。一般木屑料菌袋需 40～45 天菌丝即可长满袋,其他原料需要 38～46 天。菌丝长满料袋后,应增加光照,促使菌丝生理成熟。

6.出耳管理

黑木耳是好氧、喜湿的菌类,因此出耳场地必须满足这些要求,才能获得高产。

(1)出耳场地的要求　以室内栽培为例,出耳室要设多个对流窗,以保证室内通风良好,窗户应安装尼龙纱窗,门也要安纱门,防止菇蝇、菇蚊等飞入,出耳室内或附近有水源,室内应安装照明灯。

为了充分利用室内空间,在室内可设栽培架。栽培架可用竹竿、塑料管或金属角铁搭制。最好不用木架,因其易长霉菌。栽培架的规格一般长 3 m,宽 0.8 m,高 2.1 m,全架 4 层,底层离地 60 cm,上边每层间隔 50 cm,室内过道宽 60 cm,靠墙两侧各留 50 cm。每层架上相隔 20～25 cm 横架短竹竿,以便吊袋使用。这样 25 m^2 的出耳室,分层进行架式吊袋栽培,可吊栽黑木耳 3 000 袋。

(2)催耳与上架　栽培架准备好以后,将培养好的菌袋取出,拔掉棉塞(或透气塞)及颈圈,扎紧袋口,用消毒过的刀片在袋的表面划"V"形口,刀口长为 1.5 cm,共划 3 行,每行 3 或 4 个口,孔口交替排列,每袋划 10～12 个口。这种划口不仅保湿性能好,水分不易散失,而且喷水时可避免过多水分渗入料内,同时也不会因喷水而使划口部位积水及导致污染,此外,出耳时,由于耳片将划口薄膜向上撑起,可防止耳片基部积水过多造成烂耳。菌袋开口以后放在潮湿的地面上，加大通风，增加光照，使室温降至15～20℃，以刺激原基分化。此时湿度不能过低，否则开口处形成硬菌膜，影响出耳。当开口处露出粒状耳基，即可上架出耳。吊菌袋的绳子有长有短，相互错开悬挂，保证袋间通风良好，并防止子实体相互影响生长。耳基形成后，保持室温23～24℃。室温不能低于20℃，也不能超过27℃，空气相对湿度应保持90%，不能向幼耳上直接喷水。

(3)成耳的管理　幼耳形成后一周左右，逐渐展开成绣球状，这时逐渐增加通风量，否则易成"团耳"。每日喷雾状水3或4次。室内相对湿度维持在85%～90%，温度控制在18～20℃为宜。外界温度高，应加大通风量并向四周墙壁喷水降温，以防高温引起"流耳"。每次喷完水后，立即加大通风，直至耳片上不见反光水膜为止。随着耳片展开，光照强度应增强，除有散射光外，还需要一定强度的直射光，保持1 250 lx的光照。一般从幼耳产生到成熟需7～20天。

7.适时采收

当耳片颜色变浅且舒展变软，耳根由粗变细，基部收缩，腹面略见白色孢子时，为采收的最适期。采耳时本着采大留小的原则，用拇指和食指捏住耳片中部，稍用力向上扭动将耳片采下。采完耳片后要清理残留的耳根，以免引起溃烂进而导致病菌侵染。

袋栽木耳一般可产3茬，每茬采收后停水2天，促使菌丝恢复。以后仅需保持出耳室空气相对湿度为80%～85%即可。约一周，第二茬幼耳形成，管理方法同头茬耳。

四、作业

1.木耳栽培技术与哪些菇类栽培相似？又有哪些不同？

2.木耳栽培过程中最关键的技术是什么？

实验九　双孢蘑菇的栽培

双孢蘑菇(*Agaricus bisporus*)又名白蘑菇、洋蘑菇、蘑菇等，属担子菌门层菌纲伞菌目蘑菇科蘑菇属。双孢蘑菇最早是在法国开始进行人工栽培的，我国双孢蘑菇的生产起步较晚，但发展迅猛，目前我国是双孢蘑菇生产和出口第一大国。与其他发达国家相比，我国双孢蘑菇的栽培技术还较落后，机械化生产水平不高，单产较低，这些问题有待进一步解决。

一、实验目的

通过实验，使同学们掌握我国目前普遍采用的床架式双孢蘑菇栽培方法的基本流程和操作技术。

二、实验材料

双孢蘑菇栽培种、稻草、干牛粪(或马粪、鸡粪)、石膏、过磷酸钙、尿素、饼肥、铡刀、皮管、铁锹、粪钗、水桶、长柄温度计、塑料布、栽培箱、粗和细土粒或草炭土、温湿度计、喷雾器。

三、实验内容与方法

(一)菇房的设置

菇房应建在地势较高,排水方便,周围环境清洁而开阔,远离饲养场,有充足的水电资源,交通便利的地方。菇房结构要合理,应坐北朝南,菇房内应通风良好,保温、保湿性好。

房间床架因地制宜排列,应与菇房方位成垂直,一般设5~6层,床架宽、窄适中,否则操作不便或利用率不高。床架顶层与屋顶应留一定距离,最下层离地面33 cm以上,每层床架的高度约为66 cm。菇房内应有通风设备,前后墙留上、中、下对流窗,窗的大小、数目可因地制宜。屋顶中间设置数个排气管,管径20~30 cm,管高60~100 cm,管口加盖防雨帽。菇房门上挂帘,以防冷风和水分蒸发。

(二)栽培料的制备

栽培料的配方很多,各地用料种类及数量不完全一样。好的培养料营养完全,物理性状好且有适当的碳氮比。培养料发酵前适宜的C/N为33∶1,二次发酵后C/N为17∶1。本实验培养料的配比是用干燥、无霉变的稻草2 000 kg,牛粪1 500 kg,硫酸铵29.7 kg,饼肥45 kg,尿素4.6 kg,石膏35~50 kg,过磷酸钙20~25 kg。配方以110 m^2的出菇面积计算用量。

(三)前发酵

前发酵的主要目的和作用是软化秸秆并使之分解为利于双孢蘑菇吸收利用的营养物质。

1. 建堆日期

根据当地的气候条件和栽培季节选择建堆日期。一般可用当地历年秋季平均气温稳定在25~26℃的大致日期,减去前、后两次发酵所需要的时间,即等于建堆的日期。

2. 建堆场地的选择

选择离菇房较近,水源方便,排水良好,避风的水泥地面上建堆最为理想。

3. 建堆方法

各地建堆方法大致相同。

(1)稻草的处理　将稻草用铡刀铡成长15~20 cm小段。然后堆积草堆,用清水或0.5%石灰水浇透,再堆放2天,使温度升高,促进秸秆软化。

(2)粪肥的预湿　建堆前先将干牛粪预湿,遇有大块牛粪应先打碎,然后将牛粪用水(或粪水)喷浇,使其充分湿透。

(3)建堆　建堆的目的是通过料堆中各种微生物的生命活动,使培养料中各种难分解的物质得到分解,有利于蘑菇菌丝的吸收利用;另外,利用微生物生命活动中所产生的生物热,提高堆温,杀死料堆中有害的杂菌、害虫及虫卵,减少蘑菇病虫害的发生。建堆的方法是:首先在堆制场地撒一层石灰粉,以杀死场内害虫。在地面铺一层宽2.3 m,厚15~20 cm的稻草,然后在上面撒一层厚5~6 cm的牛粪(或其他牲畜粪)。此后是一层稻草,一层粪肥,逐层循环堆积,至堆高1.5 m。建堆时加入所有的饼肥、硫酸铵及一半的尿素。

一般堆料从第三层开始加水,以后每铺一层粪草,喷洒一次水,要求喷洒均匀,用量合适,下层少喷,上层稍多些,直到料堆建好后,堆中有少量水外渗为止。

建堆的最后是用粪肥封顶,堆的四周要垂直,在堆的不同部位插温度计,堆顶呈龟背形,便于排水。料堆的松紧度要适中,不可过松或过实。用草帘将料堆顶盖好,以防日晒雨淋,遇大雨时,用塑料薄膜将料堆盖好,防止雨水渗入料堆,影响发酵质量,雨后揭膜,以利于料堆通气。

(4)翻堆　建堆后料温会逐渐上升到65～70℃，最高可达75℃以上，每当温度达到60℃并保持10～12 h就应翻堆，堆制过程中共翻堆三次。第一次翻堆在建堆后5天左右，第二次在建堆后9天左右，第三次在建堆后12天左右。翻堆可使料堆各部分温度、湿度趋于一致，发酵均匀。翻堆方法可采用直翻，即从料堆的一头开始，将料逐步向前翻转，也可采用横翻，即将整个料堆横向翻动。翻堆时要将表层及四周的料，翻入新堆的中间，原来料堆里面及下层的料翻到表面和上面。使上下、内外各处的料充分调换位置，使料堆各部分发酵均匀一致。

第一次翻堆时，分层加入全部过磷酸钙、石膏粉及另一半的尿素。并适当调整料内的湿度，至料中有少量水分外溢。堆宽缩小为2 m，高度不变，翻堆后仍用草帘等物覆盖。

第二次翻堆，方法与第一次相同，翻料时料中的湿度若比较小，需要加水补充。堆宽应缩小到1.8 m，高度不变，仍需盖顶保温。

第三次翻堆，方法同前两次，料内湿度为70%左右，用手紧攥料时有少量水滴流出为宜。水分不足时，喷水调整。料的pH为7.5～8.0。这次翻堆后的宽度加大到2.3 m左右，使料中温度容易升高。

第三次翻堆后，再发酵2天左右，前发酵结束。这时培养料呈咖啡色，含水量65%～68%，含氮量为1.5%～1.8%。

(四)后发酵

后发酵包括巴氏消毒和控温发酵两个阶段。具体措施是通过向菇房加温的方法，使菇房内温度尽快上升至62℃，料温达60℃左右，维持5～6 h。随后通风，降温至48～52℃，维持4～6天，最后停止加温，通入新鲜空气，使菇房的温度和料温降至25℃左右。后发酵的作用主要有二：其一是在高温条件下，高温微生物将前发酵未完全分解的基质进一步分解；其二是高温可进一步杀死培养料中的害虫、虫卵及引起污染的微生物。后发酵的技术措施为：

1.调节含水量

根据后发酵加热方式和菇房结构特点调节堆料的含水量。一般为68%～72%，土墙菇房，直接加温的，其培养料含水量稍调高些；水泥结构菇房，湿热加温的，培养料含水量可偏低些。

2.菇房消毒

前发酵料进房前，必须将菇房打扫干净，墙和床架用石灰浆刷白三次，也可用药剂熏蒸。

3.进料

选择晴天，关闭菇房内所有通风窗口，尽快将培养料搬入菇房，以防料温下降。培养料应先集中放在中间三层床架上并呈垄式堆放(因上层、下层床架的温度不均)。

4.加热

菇房加热是后发酵的关键，其方式有多种，可用煤炉加热，有条件时可用通蒸汽的方法加热。为使室内温度均匀，房内可加风扇，加速热空气循环。

后发酵结束时，将上层背风窗口打开，过一段时间后，再打开中、下层窗口，最后全部打开门窗及排气管。料温下降后，结合水分调整，将培养料均匀翻动，分床。后发酵结束后的培养料应呈棕褐色或咖啡色，有大量白色嗜热放线菌，秸秆柔软，易拉断，富有弹性，并有特殊香味，无粪臭、无氨味，无腐败和霉味，培养料含水量为63%～65%，pH 6.8～7.2，含氮量为1.9%～2.2%。

(五)播种

播种前应先检查菌种质量。并将接种用的工具及工作人员的手用75%酒精消毒。目前多用麦粒种,使用麦粒种播种量为450 g/m^2,适当加大接种量可以缩短菌丝长透培养料所需的时间,并可减少污染。但播种量不宜太大,播种量太大,料面老菌种多,易形成大量粗菌索,对子实体发生不利,又增加成本。播种方法可以采用层播、混播或穴播。最好是采用混播,将75%的菌种均匀撒在培养料上,随后用手将菌种和培养料拌匀,使麦粒均匀分散在培养料中,再将其余25%菌种均匀地撒在培养料表面上,覆盖一薄层培养料,整平、稍压实即可。

(六)播种后的管理

播种后,料温应控制在24℃左右,若料温上升,应适当通风,当菇房湿度低时,可用喷雾器向墙壁和过道喷水,使床上料面的空气相对湿度保持在70%~80%。

(七)覆土与管理

覆土可以促进子实体的形成,改变培养料中O_2与CO_2的比例和菌丝体的生态环境,使菌丝体迅速转入生殖生长阶段。覆土还可以保持基质中的水分,有利于子实体的生长。

1.土质要求

理想的覆土要有团粒结构,孔隙多,保水力强,含有适量腐殖质,这种土壤湿时不黏,干时不散。最好的覆土材料是草炭土,无草炭土时可用沙壤土等材料代替,为了解决保湿与通风的矛盾,沙壤土的颗粒有粗、细两种土粒。

2.土粒消毒

一般先将土过筛,粗土粒如蚕豆大小,直径为2~3 cm,细土粒如黄豆,直径为0.5~1.0 cm。栽培100 m^2需土粒4.5~5.0 m^3,其中粗土粒约占2/3,细土粒约占1/3。覆土前应将土粒消毒。使用时再将土粒浸入2%~4%石灰水中,待有气泡产生即可迅速捞出静置,让土壤表面水分吸入土粒内。

3.覆土时间

一般播种后12~15天开始覆土,若使用粪草种穴播,两穴菌丝生长连在一起时即可覆土,使用麦粒种混播时,菌丝蔓延至菌床厚度的2/3时覆土。

4.覆土方法

先在料面上覆盖一层粗土,一周后待菌丝爬上粗土层的2/3时,再覆细土粒。粗、细土粒层的总厚度为3.0~3.5 cm。覆细土粒的时机很重要,如覆盖过早,原基常在细土粒下形成,若覆盖过迟,菌丝又可向上生长形成"菌被"。

5.覆土后的管理

覆土初期仍属发菌阶段,床温应控制在22℃左右,使菌丝尽快爬上覆土层。喷水应掌握少而勤的原则,维持土粒适宜的含水量,保证床面小区相对湿度适宜是菌丝顺利爬土的关键。

(八)出菇阶段的管理

1.现蕾与喷水管理

覆土后应经常检查菇床,待菌丝爬到粗土粒的2/3时,应降低菇房内相对湿度,加强通风,促使菌丝在粗细土粒层之间生长,逐渐形成菌索。此时降温至15~16℃,在菇床上即可出现米粒大小的菇蕾,及时喷"出菇水",持续喷水2~3天。喷水时以粗土上半部吃到水为止,切不可让水流到料里去。当小菇蕾长到黄豆粒大小时应喷"出菇重水",用水量约1.8 kg/m^2,2天内调足。

喷水管理是一项很重要的工作，它关系到产量的高低和质量的优劣。每天喷水次数和每次喷水量应根据菇床上菌丝生长状态、气候条件、菇房保湿通风情况及菌株的特性来决定。当菇床上发生大量子实体时，就需要较多的水分供应，应在适宜的时期喷重水。只要调水时间正确，用水量恰当，则双孢蘑菇的子实体成批生长，出菇的潮次明显，有产菇的高峰期。若经验不足，喷水过多，反而会造成减产。另一种方法是采用轻喷勤喷的方法，逐步地增加菇床上的含水量，即每天的喷水量不多，但天天喷，以满足子实体发育的需要。采用这种调水法，床面经常有菇收，但没有明显的成批生产的高峰期。菇床菌丝生长差，或种菇人员喷水经验不足的，采用此法比较安全。

2. 通风换气

出菇期间应注意通风换气。通风换气的时间与次数，同样应根据菇房的结构、保温保湿性能的优劣、子实体发育阶段等因素来决定。外界气温回升时，应适当通风。子实体增多、增大时应增加通风，风速 15 m/min 左右。

3. 光线

双孢蘑菇子实体生长时需要黑暗条件，因此菇房应避光。

4. 温度

双孢蘑菇是恒温结实性菌类，出菇温度应控制在 15～16℃，这时子实体发育最快，质量最佳，产量最高。

(九)采收

从现蕾到采收，一般为 4～6 天，依床温而定。当菌盖直径长到 2.5～4 cm 时即可采收，菇体过大影响质量，还会影响下一潮菇的形成。采菇时用拇指、食指和中指轻轻捏住菌盖旋转拔起，放入已垫好塑料膜的篮或筐内，切勿碰伤菇体。当大、小菇体丛生在一起时，可用刀将大菇切下，留下小菇。采菇时若留下孔穴，应该用预先留下的土粒把穴补平。采收后，切去菇脚待售。

(十)后期管理

秋菇结束后，应剔除老菌丝，整理床面，补平菇穴。越冬期菇房应以保温、保湿为主，适当通风换气。保持菇床覆土表面不发白，粗土粒略为湿润。第二年春天气温回升时，菌丝即可恢复生长。这时逐渐加大喷水量，采取轻喷、勤喷的方法，使粗土层逐渐湿润。待有大量菇蕾形成之后，选择晴天喷“出菇水”及“出菇重水”。由于我国南北方天气湿度差别较大，应根据菇房湿度的情况决定喷水的多少与喷水次数。每潮菇生长 8～10 天，间歇 5～8 天，可出下一潮菇。

四、作业

1. 双孢蘑菇栽培工艺与平菇栽培工艺有何不同？
2. 双孢蘑菇栽培成功的关键技术是什么？

实验十　鸡腿菇的栽培

鸡腿菇(*Coprinus comatus*)又名毛头鬼伞、刺蘑菇等，属于担子菌门层菌纲伞菌目鬼伞科鬼伞属。该菌宜在未开伞前采食，子实体质地脆而滑，鲜而不腻，口感极佳，烘干后香味更为浓烈。我国于20世纪80年代开始驯化栽培，90年代进入商品化栽培阶段。目前，鸡腿菇的栽培方法主要有发酵堆肥栽培法、生料覆土栽培法和熟料覆土栽培法三种。各地可根据当地条件，因地制宜选用相应的栽培方法。

一、实验目的

通过鸡腿菇的发酵料栽培，使同学们掌握鸡腿菇的栽培方法和技术。

二、实验材料

鸡腿菇栽培种、稻草、干牛粪（或马粪、鸡粪）、石膏、过磷酸钙、硫酸铵、碳酸铵、尿素、饼肥、铡刀、皮管、铁锹、粪钗、水桶、长柄温度计、塑料布、草炭土或沙壤土、温湿度计、喷雾器。

三、实验内容与方法

（一）菇房的设置

菇房应建在地势较高，排水方便，周围环境清洁而开阔，远离饲养场，有充足的水电资源，交通便利的地方。菇房结构要合理，应坐北朝南，菇房内应通风良好，保温、保湿性好。菇房面积不宜过大，每间房100 m^2 左右。

房间床架因地制宜排列，应与菇房方位垂直，一般设5～6层，床架宽、窄适中，否则操作不便或利用率不高。床架顶层与屋顶应留一定距离，最下层离地面33 cm以上，层架间距离66 cm。菇房内应有通风设备。菇房前后墙留上、中、下对流窗，窗的大小、数目可因地制宜。屋顶中间设置数个排气管，管径20～30 cm，管高60～100 cm，管口加盖防雨帽。菇房门上挂帘，以防冷风或水分蒸发。

（二）栽培料配方

①稻草（或麦秸）70%，干牛粪20%，石膏3%，石灰3%，过磷酸钙3%，硫酸铵1%。

②玉米芯96%，尿素1%，石灰3%。

③稻草（或麦秸）57.5%，干牛粪28%，干鸡粪8.5%，豆饼粉1%，硫酸铵1%，过磷酸钙1%，石膏1.5%，石灰1.5%。

④金针菇或白灵菇废培养料（菌糠）73%，牛、马粪20%，尿素1%，过磷酸钙2%，石灰4%。

⑤棉籽壳97%，蔗糖1%，碳酸钙2%。

（三）发酵

与双孢蘑菇堆肥方法相似。

（1）稻草的处理　用整稻草或将稻草铡成长15～20 cm的小段，然后堆积草堆，用清水或0.5%石灰水浇透，再堆放2天，使温度升高，促进秸秆软化。

（2）粪便的预湿　建堆前先将粪肥预湿，遇有大块粪肥应先打碎，然后用水喷浇，使其充分湿透。

（3）建堆　首先在堆制场地撒一层石灰粉，以杀死场内害虫。在地面铺一层宽2.3 m，厚15～20 cm的稻草，然后在上面撒一层5～6 cm厚的牛粪（或其他粪肥）。此后一层稻草，一层粪肥，逐层循环堆至高1.5 m。

一般堆料从第三层开始加水，以后每铺一层粪草，喷洒一次水，要求喷洒均匀，用量合适，下层少喷，上层稍多些，直到料堆建好后，堆中有少量水外渗为止。

建堆的最后是用粪肥封顶，堆的四周要垂直，在堆的不同部位插温度计，堆顶呈龟背形，便于排水。料堆的松紧度要适中，不可过松或过实。用草帘将料堆顶盖好，以防日晒雨淋，遇大雨时，用塑料薄膜将料堆盖好，防止雨水渗入料堆，影响发酵质量，雨后揭膜，以利于料堆内通气。

(4)翻堆　建堆后料温会逐渐上升到65～70℃，最高可达75℃以上。当温度达到60℃并保持10～12 h就应翻堆，翻堆可使堆料各部分温度、湿度趋于一致，发酵均匀。

第一次翻堆在建堆后5天左右，分层加入过磷酸钙和硫酸铵，并补足水分。4～5天后第二次翻堆，分层加入石膏粉和石灰，再堆制2～3天，调含水量为65%～70%，pH为7～8即可进菇房。

也可采用二次发酵法，培养料经前发酵后运入菇房进行后发酵，料温升至60℃，保持4～6 h，然后在50～52℃维持3天，排除氨味。

(四)播种

将培养料均匀摊放到菇床上，压实整平，料厚约15 cm，料温降至25℃时播种。目前多用麦粒种，麦粒种的播种量为450 g/m^2，适当加大接种量可以缩短菌丝长透培养料所需的时间，并可减少污染。采用混播法，将75%的菌种均匀撒在培养料上，随后用手将菌种和培养料拌匀，使麦粒种均匀分散在培养料中，再将其余25%菌种均匀地撒在培养料表面上，覆盖一薄层培养料，整平、稍压实即可。当菇房湿度达到80%或更高时，可不用盖薄膜，空气湿度较低时播种后则需覆盖薄膜。

(五)播种后的管理

播种后，控制料温在25℃左右，料温上升，应适当通风，当菇房湿度低时，可用喷雾器向墙壁和过道喷水，使床上料面小区空气相对湿度达70%～80%。当菌丝定植后，遇到连续高温时应加强通风、降湿，促进菌丝生长，当菌丝发透料床后，应喷水保湿。

(六)覆土

当菌丝蔓延至菌床厚度的2/3时覆土。采用草炭土或沙壤土，用3%石灰水调整含水量至16%左右，要求土粒无白心，覆土厚3～4 cm。

(七)覆土后的管理

覆土后料温应控制在25℃左右，使菌丝尽快爬上覆土层。喷水应掌握少而勤的原则，维持土粒适宜的含水量，保证小区相对湿度适宜是菌丝顺利爬土的关键。

(八)出菇管理

覆土后约20天，土面出现白色子实体原基。在子实体分化和生长期，控制室温14～18℃，不要超过20℃。在适宜的温度范围内，温度升高子实体生长速度加快，在低温下生长的子实体不易开伞；超过20℃时，菌柄易伸长，开伞快，品质差。每天喷雾状水保持空气相对湿度85%～90%，给予500～1 000 lx的光照。此外，要经常通风换气，保持空气新鲜。若CO_2浓度过高，刺激菌柄生长，抑制菌盖发育，易形成畸形菇。

(九)采收

鸡腿菇子实体成熟速度快，必须在菇蕾期，即菌环尚未松动，钟形菌盖上出现反卷毛状鳞片时采收。菌环松动或脱落后采收的子实体在加工过程中会氧化褐变，菌盖变黑甚至发生自溶，流出黑褐色的液体而完全失去商品价值。采菇后要及时整理床面，补土补水，进行出菇管理，准备出第二潮菇。

此外，还可以采用熟料覆土栽培，其栽培工艺与平菇的熟料栽培相似。管理方法与发酵料栽培相同。熟料栽培单产水平和生物学效率比生料栽培稳定，栽培者可根据具体情况决定采用哪种栽培方法。

四、作业

鸡腿菇生料栽培的技术关键是什么？

实验十一　草菇的栽培

草菇(*Volvariella volvacea*)又名兰花菇、麻菇、苞脚菇等，属于担子菌门层菌纲伞菌目光柄菇科小苞脚菇属。草菇菌肉脆嫩，味道鲜美，富含多种维生素和矿质元素，尤以维生素C含量高而著名。

草菇栽培起源于我国南方，所以又被称为“中国蘑菇”。草菇是一种高温条件下生长的菇类，气温稳定在28℃以上时才适于它的生长发育。南方从立夏至霜降，北方从芒种到立秋均可进行露地栽培。在低温季节可以在室内进行控温栽培。

一、实验目的

通过草菇的栽培实验，使同学们掌握草菇栽培的方法和主要技术。

二、实验材料

棉籽壳、稻草、水泥池、麦麸或米糠、草木灰、石膏、尿素、草菇栽培种、大镊子、塑料薄膜、铁锹、75%酒精消毒缸、75%酒精消毒棉球、酒精灯、火柴、阴棚、喷壶。

三、实验内容与方法

(一)栽培场地的选择

草菇既可在室内栽培，也可在室外栽培，草菇的室外栽培应在“三分阳七分阴”的树荫底下或是在人工搭建的遮阴棚里。室外栽培场地的周围要开沟，以利于排水。栽培地面要高出地面10 cm，若地面有杂草，应进行锄草整地，晒1～2天，再把中央压实，两旁稍松，做成的床宽1～1.2 m，长3～4 m，床间距离0.5 m，床做好后撒些生石灰以消灭害虫。

(二)栽培方法

1. 稻草处理

挑选干净、无霉变、金黄色的稻草，小规模生产可将稻草做成250～500 g重的草把，采用草把堆料法栽培。大规模生产一般把稻草用轧草机切成10 cm以下的小段，采用碎料法栽培，也可直接用乱稻草，采用乱草堆料法栽培。

2. 预湿

将破碎的稻草用1%～3%的石灰水预湿，并不断喷水使其吸水软化。

3.栽培料配方

稻草(干重)80%,麦麸或米糠15%,石灰4%,尿素0.5%,过磷酸钙0.5%。

4.堆料发酵

将预湿的稻草与辅料分层铺料建堆,堆型可仿照双孢蘑菇堆料法,使堆料疏松透气,进行发酵,堆温迅速上升至60~65℃,保持半天后翻堆(也可以在翻堆时加入辅料以减少损耗),堆温再次上升到60~65℃保持一天,然后散堆送往栽培场使用,全过程3~5天。发酵好的堆料应柔软、无氨味、无臭味,pH8~9,含水量70%~75%。

5.巴氏消毒

将发酵好的培养料趁热搬入菇房平铺于菇床上,按每平方米10 kg料铺平,厚约20 cm,注意中间稍厚,周边稍薄,以免积水。温度较低时可厚些,若水分不够70%,要适当喷水补足,并把覆盖的材料和用具一起放入菇房,关闭门窗,然后通入蒸汽进行巴氏消毒。当菇房内温度上升到60℃时,保持6~8 h后,停止加热,让菇房自然降温。

6.接种

当菇房内温度下降至38℃时,打开门窗,进入菇房接种。可采用穴播,穴距10 cm,深2~3 cm,菌种放满穴并稍露料面;或采用混播法进行接种。接种后要稍加压实,让菌种与培养料紧贴在一起,促进发菌。若菇房保温保湿性能差,则需覆盖塑料薄膜。

7.出菇管理

草菇与其他菇类相比具有菌丝生长迅速,生长周期短的特点,在出菇管理上要求技术高,应注意以下几个环节:

(1)温度　接种后,室内气温以28~30℃为宜,堆料的温度很快升高,草菇菌种也迅速生长繁殖。当料温超过40℃时,菌丝生长受到抑制,温度再高时,菌丝死亡,此时应注意堆温的变化,可采取向地面洒水和短时间通风来降温,当气温较低时,料温升得慢,此时应采取加盖草帘等保温措施。出菇期菇房温度应保持在27~30℃,在正常生长条件下,接种后7~10天可以出现原基,12~15天子实体可以采收。

(2)湿度　草菇生长期间空气相对湿度要求较高,菌丝生长期间水分由培养料中获得,一般空气相对湿度在70%左右。但因草菇是在高温季节时栽培,水分蒸发量很大,所以接种3~4天后,应在地面和菇房内喷水保湿,相对湿度要求在80%左右,出菇时要求相对湿度为90%~95%,当水分不足时应喷雾状水,但水分也不能过多,否则影响菌丝的呼吸作用。当料堆上出现菇蕾时可将薄膜支高些,以免水珠滴落到原基上,影响其生长。

(3)通风换气　草菇生长要求充分的新鲜空气。接种两天后,每天掀开料堆上的薄膜1或2次进行通风换气,每次10 min左右,在出现原基后还要延长通风时间,出菇阶段更应注意通风换气,否则CO_2过多,对草菇的生长有抑制作用或出现畸形菇。

8.采收

原基形成3~4天后发育成卵圆形或椭圆形的菇蕾,应在外菌幕未破时采收。采菇时用一只手按住周围培养料,另一只手握住菇蕾左右旋转,轻轻拧下。第一潮菇采收结束,通风一天,并清理床面,全面补水,再喷一次pH 8~9的石灰水,经适当通风后,重新盖上薄膜养菌管理,准备出第二潮菇。

此外,充分吸水软化的稻草也可直接建堆栽培草菇。栽培料配方为:稻草(干重)97.3%,麦麸或米糠2%,石膏0.5%,尿素0.2%。将吸水软化的稻草建堆,堆宽45~55 cm,高30~

40 cm，长度不限，麦麸、石膏和尿素混合后分层撒在距边缘 6～8 cm 的草堆内，接种时将栽培种塞入草堆边缘。其他管理方法与堆料发酵后栽培草菇的方法相同，但这种栽培方法的产量较低。

四、作业

1. 草菇栽培的特点是什么？
2. 草菇栽培中的技术关键是什么？

实验十二　杏鲍菇的栽培

杏鲍菇(*Pleurotus eryngii*)又名刺芹侧耳，属担子菌门层菌纲伞菌目侧耳科侧耳属。杏鲍菇菌肉肥厚，质地脆嫩，营养丰富，具杏仁香味，可提高人体免疫力，具有防癌抗癌的功效，深受国内外消费者的欢迎，是一种市场前景看好的珍稀美味食用菌。我国从 20 世纪 90 年代开始引种栽培，目前普遍采用的栽培方法是袋栽，日本则以瓶栽为主。

一、实验目的

通过杏鲍菇袋栽实验，使同学们掌握杏鲍菇的栽培方法和技术。

二、实验材料

棉籽壳、玉米芯、麦麸、石膏、蔗糖、17 cm×40 cm×0.05 cm 的聚丙烯塑料袋、无棉塑料盖、防潮纸、细线绳、圆锥形木棒、磅秤、水桶、杏鲍菇栽培种、大镊子或接种勺、75%酒精棉球、75%酒精消毒瓶、酒精灯、记号笔、火柴。

三、实验内容与方法

杏鲍菇袋栽工艺流程为：

配料→装袋→灭菌→接种→培养→出菇→采收。

1. 培养料配方

①棉籽壳 80%，麦麸 18%，蔗糖 1%，石膏 1%。

②棉籽壳 40%，玉米芯 40%，麦麸 18%，蔗糖 1%，石膏 1%。

③玉米芯 80%，麦麸 18%，蔗糖 1%，石膏 1%。

2. 拌料

按配方称量所需要的棉籽壳和麦麸，在光滑水泥地面上撒一层棉籽壳，再撒一层麦麸，重复上述操作，直至混完。将所需的蔗糖、石膏溶于水中，充分搅拌均匀。然后泼洒在棉籽壳和麦麸堆上，边加水边搅拌，直至均匀。培养料拌好后，闷 30 min，使料吸水均匀，含水量 60%～62%。含水量是影响子实体发生的关键，含水量过多，菌丝生长时间长，易感染杂菌；含水量过少，菌丝生长稀疏，出菇少。

3. 装袋

将拌好的料装入 17 cm×40 cm×0.05 cm 聚丙烯塑料袋中，边装边压实，袋口用无棉塑料盖封口，最后将塑料袋表面擦净。

4. 灭菌

杏鲍菇用熟料栽培，培养料需灭菌，高压灭菌压强为 1.4 kg/cm^2，保持 2 h，或常压灭菌 100℃维持 10～12 h。

5. 接种

栽培袋冷却到 25℃左右，即可搬进接种箱或接种室内进行接种，先挖去菌种表面的原基及老化菌丝，将菌种捣散后再接种。接种量以布满培养料表面为好，接种方法与接栽培种相同。

6. 培养

接种后的栽培袋，搬进 25℃左右的培养室内，摆放在架上进行培养，栽培袋不能堆放过高，一般 3～4 层即可，培养室要求通风、清洁、黑暗、空气相对湿度保持 60%。一般每隔 10 天左右翻堆一次，使发菌一致。经过 30～40 天的培养，菌丝即可长满菌袋，随后去掉无棉塑料盖，将塑料袋口翻卷至接近培养料的表面。

7. 管理

将菌袋移入菇房，创造适宜的出菇条件。菇房温度保持在 13～15℃，空气相对湿度控制在 85%～90%，子实体发育阶段要加大通风量。通风好、空气新鲜的菇房中，菌盖生长正常，朵形大、产量高。当气温高于 18℃时喷水降温，同时加大通风量，以避免高温高湿出现烂菇和污染现象。此外，子实体形成和发育阶段要给予一定的散射光，适宜的光照强度为 500～1 500 lx，光线过强，菌盖变黑；光线过暗，菌盖变白，菌柄变长。在上述适宜条件下 10 天左右即可出头潮菇。

8. 采收

菌盖平展，孢子尚未弹射时为采收适期。采收标准根据市场需要而定，出口菇要求菌盖直径在 4～6 cm，菌柄长 10 cm 左右；采完第一潮菇后，培养 14 天左右可采收第二潮菇。

四、作业

栽培杏鲍菇的技术要点有哪些？

实验十三　白灵侧耳的栽培

白灵侧耳（*Pleurotus nebrodensis*）又名白灵菇、白阿魏蘑，属于担子菌门层菌纲伞菌目侧耳科侧耳属。白灵菇子实体洁白、清靓，菌肉肥厚，质地细腻，脆嫩可口，味如鲍鱼，是一种高蛋白、低脂肪、富含食物纤维、维生素及多种有益健康的矿质元素的食用菌，具有消积、杀虫、镇咳、消炎和抗肿瘤等功效。白灵菇的商品价值颇高，市场前景广阔。我国于 20 世纪 80 年代驯化栽培成功，但因生长周期长，生物学效率低，一直未能大面积推广栽培，随着栽培工艺的改进，生物学效率有了大幅度的提高，20 世纪 90 年代开始大面积推广栽培。目前，白灵菇的栽培方法主要是袋栽法。

一、实验目的

通过白灵菇袋栽实验，使同学们掌握白灵菇的栽培方法和技术。

二、实验材料

棉籽壳、麦麸、石膏、蔗糖、17 cm×33 cm×0.05 cm 的聚丙烯塑料袋、无棉塑料盖、防潮纸、细线绳、圆锥形木棒、磅秤、水桶、白灵菇栽培种、大镊子或接种勺、75%酒精棉球、75%酒精消毒瓶、酒精灯、记号笔、火柴。

三、实验内容与方法

白灵菇袋栽工艺流程为：

配料→装袋→灭菌→接种→培养→后熟→低温处理→出菇→采收。

1. 培养料配方

①棉籽壳 80%，麦麸 18%，蔗糖 1%，石膏 1%。

②棉籽壳 70%，玉米芯 7%，锯木屑 10%，麦麸 5%，玉米粉 5%，石膏 1%，石灰 2%。

2. 拌料

拌料方法与栽培香菇时相同。

3. 装袋

将拌好的料装入 17 cm×33 cm×0.05 cm 的聚丙烯塑料袋中，装料时要求松紧适宜，装满袋后用圆锥形木棒打孔，用无棉塑料盖封口，最后将塑料袋表面擦净。

4. 灭菌

采用熟料栽培白灵菇，培养料高压灭菌的压强为 1.4 kg/cm^2，保持 1.5～2.0 h，或常压灭菌即 100℃维持 10～12 h。

5. 接种

栽培袋冷却到 25℃左右，即可搬进接种箱或接种室内进行接种，先挖去菌种表面老化的菌丝体，将菌种捣散后再接种。接种量以布满培养料表面为好。接种方法与接原种相同。

6. 培养

接种后的栽培袋，搬进 23～25℃的培养室内，摆放在架上进行培养，栽培袋不能堆放过高，一般 3～4 层即可，培养室要求通风、清洁、黑暗。一般每隔 10 天左右翻堆一次，使发菌一致。经过约 40 天的培养，菌丝即可长满菌袋。长满菌丝的菌袋必须经过后熟处理，即将菌袋在 20～22℃继续培养 30～35 天完成菌袋后熟。不经后熟处理的菌袋，基本不能出菇。

7. 低温处理

将菌袋放到 0～5℃下进行低温处理，低温处理时间的长短对白灵菇的产量、子实体单朵重及菌盖形态均有明显的影响。研究表明，低温处理 7 天较为适宜。低温处理的作用在于促进子实体的生长发育，提高生物学效率。

8. 出菇管理

经过低温处理的菌袋，应及时移入菇房，去掉无棉塑料盖，将塑料袋口翻卷至接近培养料的表面。菇房温度保持在 13～15℃，空气相对湿度控制在 85%～90%，子实体发育阶段要加大通风量，通气不畅，氧气供应不足，菌柄过分膨大，抑制菌盖分化，易产生畸形子实体。此外，子实体形成和发育阶段要给予一定的散射光，适宜的光照强度为 200～500 lx。

9. 采收

当菌盖完全展开时就应采收。过早采收，产量低，过迟采收，品质下降。

10.采后管理

采完第一潮菇后，通过补水或覆土的方法，增加菌袋内的含水量。覆土方法为：将菌袋脱袋，埋入湿土中，注意浇足底水。此外，也可采用墙式覆土方法，将菌袋脱袋后，一层泥土，一层菌袋，摆放4～5层，最上面用泥土封顶，再用塑料薄膜覆盖保湿。经补水或覆土后，过一个月左右，菌袋开始出菇，出菇管理方法与第一潮菇相同。

四、作业

白灵菇栽培的特点是什么？

实验十四 灵芝的栽培

灵芝（*Ganoderma lucidum*）又名红芝、赤芝、灵芝草，古称"瑞草"、"神仙草"，属担子菌门层菌纲非褶菌目灵芝科灵芝属。灵芝是我国医药宝库中的一颗璀璨明珠，据《神农本草经》记载，灵芝"性平，味苦"具补肺益肾，养胃健脾，安神定志，扶正固本等作用。近年来，各地的临床试验表明，灵芝对老年慢性气管炎、肝炎、肾炎、鼻炎、胃及十二指肠溃疡、糖尿病、神经衰弱、高血压、白血球减少症、高胆固醇及冠心病都有不同程度的疗效，长期服用可增强体质，提高抗病力。灵芝中的药用成分有多糖、多肽、三萜类、腺苷、灵芝碱等。

目前灵芝的栽培方法主要有段木栽培和代料栽培两种。段木栽培又分为短段木熟料栽培和长段木生料栽培两种；代料栽培分为瓶栽和袋栽两种，现在多数用袋栽。

一、实验目的

通过灵芝的袋栽实验，使同学们初步掌握灵芝的代料栽培方法。

二、实验材料

锯末屑或棉籽壳、麦麸、石膏、蔗糖、过磷酸钙、聚丙烯塑料袋、无棉盖体、防潮纸、小线绳、圆锥形木棒、磅秤、量杯、水桶、灵芝栽培种、大镊子或接种勺、75%酒精棉球、75%酒精消毒瓶、酒精灯、记号笔、火柴。

三、实验内容与方法

灵芝袋栽工艺流程为：

配料→装袋→灭菌→接种→养菌→出菇管理→采收。

1.原料的选择

灵芝的代料栽培取材广泛，柳、榆、栎等阔叶树种的木屑、棉籽壳等加些辅料均可用来栽培灵芝。

2.培养料配方

①棉籽壳78%，麦麸或米糠20%，蔗糖1%，石膏粉1%。

②木屑76%，麦麸或米糠20%，玉米粉3%，石膏粉1%。

③棉籽壳98%，尿素0.5%，过磷酸钙0.1%，石膏粉1.4%。

3. 拌料

按配方称量所需要的棉籽壳和麦麸，在光滑水泥地面上撒一层棉籽壳，再撒一层麦麸，重复上述操作，直至混完。再将所需的糖、石膏粉溶于水中，充分搅拌均匀。然后泼洒在棉籽壳和麦麸堆上，边倒水边搅拌，直至均匀。培养料拌好后，闷 30 min，使料吸水均匀，含水量 60% 左右，pH 5.5～6.5。

4. 装袋

将拌好的料装入 17 cm×33 cm 聚丙烯塑料袋中(采用常压灭菌时也可用聚乙烯塑料袋)，装料时，先在袋中放入少量培养料，用手指将袋底部的培养料压实，使袋底成方形，便于竖放在床架上，装料时要求松紧适宜，袋面要平整。每袋装 3/4 容积的料，用锥形木棒从袋口向底部打孔，用无棉盖体封口，最后擦净表面。

5. 灭菌

将栽培袋放入高压灭菌锅内灭菌，1.4 kg/cm^2 保持 1.5～2.0 h，或常压灭菌 100℃保持 8～10 h。

6. 接种

栽培袋冷却到 30℃左右，即可搬进接种室进行接种。先挖去菌种表面的老化菌丝，将菌种捣散后再接种。料袋的长度小于 20 cm，只需在袋的一端接种；若料袋的长度大于 20 cm，则需在袋的两端分别接种。接种量以布满培养料表面为好，可使发菌均匀，料面菌龄一致，出芝整齐。接种方法与接栽培种相同。

7. 培养

接种后的栽培袋搬进培养室内，摆放在架上进行培养，一般可叠放4～5 层，培养室温度应控制在 25～27℃，并要求通风、清洁、黑暗，空气相对湿度保持 60%～65%。7～10 天菌丝长满培养料的表面，一般每隔 4～5 天翻堆一次，使发菌一致，每次翻堆后，及时挑出污染袋。

8. 出芝管理

菌丝长满袋后，将栽培袋移入出芝室。菌袋着地横卧，一般放3～4 层，菌袋放好后，将棉塞拔掉，但不去颈圈，袋口直径约 2 cm。灵芝属于高温恒温结实型食用菌，因此，出芝室温度要求控制在 25～28℃，最好将室温稳定在 27℃，室内空气相对湿度要保持在 85%～90%，每天喷雾 1 或 2 次，室内空气要清新。菌盖形成后相对湿度要提高到 90%～95%，每天向菌盖喷雾化水 2 或 3 次，喷水时要打开门窗，喷水结束后 1～2 h，待子实体表面水迹干后方可关闭门窗。喷水可使菌盖长大长厚，随着菌盖长大，盖面颜色变为红褐色，菌盖边缘白色生长点消失，这时应停止喷水。出芝期间，每天开窗通风 2 或 3 次，增加通气量，降低 CO_2 浓度，子实体形成期对 CO_2 十分敏感，空气中 CO_2 浓度超过 0.1%时，菌盖生长受抑制，只长菌柄，形成鹿角芝。此外，子实体生长和孢子形成时需要一定的散射光，光照强度为 1 000～2 000 lx。光照不足，菌盖薄，颜色浅，影响产量和质量。灵芝子实体具有很强的趋光性，因此要求光照均匀。

9. 采收

当菌盖边缘的白色生长点消失，色泽和中间的色泽相同，菌盖不再增厚时为采收适期。采收时握住菌柄转动将其摘下，然后用小刀挖去残留的菌柄。停止喷水 2～3 天，进行再生芝的管理，整个周期可采收两批。再生芝要比第一批芝菌盖小且薄。

四、作业

灵芝栽培过程中应注意哪些问题？

实验十五　蛹虫草的栽培

蛹虫草(*Cordyceps militaris*)又名北冬虫夏草、北虫草,属于子囊菌门核菌纲麦角菌目麦角菌科虫草属。蛹虫草作为滋补品有着悠久的历史,其主要活性成分是虫草素(cordycepin),具有一定的抗肿瘤、抗病毒作用。此外,虫草多糖、超氧化物歧化酶(SOD)等具有提高机体免疫力,延缓细胞衰老、抗缺氧、抗心率失常等功能。

一、实验目的

通过蛹虫草的瓶栽实验,使同学们掌握蛹虫草的基本栽培方法和摇床液体菌种的制作技术。

二、实验材料

大米、蛋白胨、酵母粉、KH_2PO_4、$MgSO_4$、维生素 B_1、葡萄糖、蚕蛹粉、蛋清、500 mL 三角瓶、罐头瓶、塑料膜、防潮纸或牛皮纸、线绳、棉塞、天平、烧杯、玻璃棒、电炉、高压灭菌锅、接种铲、酒精灯、75%酒精消毒瓶、75%酒精消毒棉球、镊子等。

三、实验内容与方法

(一)液体菌种的制作

1.液体培养基配方

①玉米粉 20 g,葡萄糖 20 g,蛋白胨 10 g,酵母粉 5 g,KH_2PO_4 1 g,$MgSO_4$ 0.5 g,pH 6.5,加水定容至 1 000 mL。

②马铃薯 200 g(煮汁),玉米粉 30 g,葡萄糖 20 g,蛋白胨 3 g,KH_2PO_4 1.5 g,$MgSO_4$ 0.5 g,pH 6.5,加水定容至 1 000 mL。

③葡萄糖 10 g,蛋白胨 10 g,蚕蛹粉 10 g,奶粉 12 g,KH_2PO_4 1 g,KH_2PO_4 1.5 g,pH 6.5,加水定容至 1 000 mL。

2.培养基的制作

(1)称量　准确称取上述原料加入烧杯中,加水混合,溶解慢的原料可加热使其快速溶解。

(2)调 pH　加水至总体积约为 900 mL,然后调整 pH 至 6.5。

(3)定容　加水定容至 1 000 mL。

(4)分装　每个 500 mL 三角瓶装入 100～150 mL 培养基,用透气塑料膜或8～12 层纱布扎封瓶口,再盖上一层防潮纸或牛皮纸,用线绳扎紧。

(5)高压灭菌　1.05 kg/cm^2 维持 20～30 min。

3.接种

每支母种接种 5 或 6 瓶,放到恒温摇床上振荡培养,摇床转速为140～150 r/min,温度为22～25℃,振荡培养 4～5 天备用。培养好的液体菌种,有大量菌丝球,培养液变清澈,有浓郁虫草香味。

(二)蛹虫草米饭培养基栽培法

1. 培养基配方

①大米 68.5%,蚕蛹粉 25%,蔗糖 4.8%,蛋白胨 1.5%,维生素 B_1 0.01%,KH_2PO_4 0.15%,$MgSO_4$ 0.05%。

②大米 67%,玉米粉 30%,葡萄糖 0.8%,蚕蛹粉 1%,蛋白胨 1%,KH_2PO_4 0.1%,$MgSO_4$ 0.05%,柠檬酸铵 0.05%,维生素 B_1 0.01%。

2. 装瓶

将大米在清水中浸泡 3～4 h,加入辅料,调含水量 65%左右,pH 6.5。每 500 mL 罐头瓶装干料约 50 g,料面压平,瓶口包扎聚丙烯薄膜,再包一层防潮纸灭菌。在 1.2 kg/cm^2 压力下灭菌 45 min 或于 100℃下维持 8 h。灭菌后培养基要求米粒间有空隙,不能呈糊状。

3. 接种

培养基冷却至 30℃以下时,在无菌条件下接种。每瓶接种液体菌种 10 mL,也可用固体菌种接种。

4. 菌丝培养

接种后,将栽培瓶置清洁避光的培养室内培养,保持空气相对湿度 65%左右。发菌初期,为减少杂菌污染,室内温度宜保持在 15～18℃,待料面布满蛹虫草菌丝后,将室温调节到 20～25℃,经 12～14 天,菌丝可长满瓶。

5. 子座培养

菌丝体成熟后,由白色逐渐转变成橘黄色。此时,室内应增加光照,每天光照时间 10 h 以上,以促进菌丝体转色和刺激原基分化。当培养基表面或四周有橘黄色色素出现,聚集有黄色水珠,并有大小不一的橘黄色圆丘状隆起时,为子座即将形成的前兆。此时室内温度应保持在 19～23℃,并提高相对湿度至 85%～90%为宜。蛹虫草有明显的趋光性,因此在子实体形成之后,应根据情况适当调整培养瓶与光源的相对方向,或调整室内光源方向,使受光均匀,以保证子实体的正常生长,并可提高产量和质量。子实体生长期间要适当通风,补充新鲜空气,整个培养期不揭去封口薄膜,可在薄膜上用牙签穿刺小孔,以利瓶内气体交换。

6. 采收

当子实体长至高 5～8 cm,头部出现皱裂状花纹,表面可见黄色粉状物时应及时采收。采收时,用消毒镊子将子实体从培养基上摘下。采收后在瓶内加入适量水或营养液,10～20 天后可长出第二批子座。

四、作业

1. 食用菌栽培中使用液体菌种有哪些优缺点?

2. 如何提高瓶栽蛹虫草的产量和质量?

附录Ⅱ

常用培养基配方

1.母种培养基

(1)马铃薯葡萄糖培养基(g)

马铃薯(去皮)	200	葡萄糖	20
琼脂	18～20	水	1 000 mL
pH	自然		

适于培养多种真菌。

(2)马铃薯综合培养基(g)

马铃薯(去皮)	200	葡萄糖	20
KH_2PO_4	3.0	$MgSO_4$	1.5
维生素 B_1	30 mg	琼脂	18～20
水	1 000 mL	pH	自然

适于培养猴头菇和灵芝。

(3)马铃薯-麦芽糖-酵母膏培养基(g)

麦芽糖	10	葡萄糖	10
酵母膏	4	琼脂	18～20
水	1 000 mL	pH	自然

适于培养多种真菌。

(4)木生菌标准培养基(g)

葡萄糖	20	酵母膏	2.0
蛋白胨	10	KH_2PO_4	1.0
$MgSO_4$	0.5	琼脂	18～20
水	1 000 mL	pH	6.5～7.0

适于培养各种木生型菌类。

(5)完全培养基(g)

葡萄糖	20	蛋白胨	2.0
KH_2PO_4	0.46	K_2HPO_4	1.0
$MgSO_4$	0.5	琼脂	18～20
水	1 000 mL	pH	6.5～7.0

适于保藏各类菌种和培养银耳芽孢。

(6)玉米粉琼脂培养基(g)

玉米粉	30	琼脂	18～20
水	1 000 mL	pH	自然

因为没有过多可溶性糖，特别适于保藏菌种。

(7)玉米粉综合培养基(g)

玉米粉	20～30	蛋白胨	1.0
葡萄糖	20	K_2HPO_4	1.0
$MgSO_4$	0.5	琼脂	18～20
水	1 000 mL	pH	6.5～7.0

特别适于培养双孢蘑菇菌种。

(8)酵母粉蔗糖琼脂培养基(g)

酵母粉	5.0	蔗糖	20
琼脂	18～20	水	1 000 mL
pH	6.5～7.0		

对香菇孢子萌发有促进作用。

(9)波兰双孢蘑菇培养基(g)

葡萄糖	2.5	果糖	2.5
蛋白胨	1.0	KH_2PO_4	0.3
$MgSO_4$	0.2	琼脂	18～20
水	1 000 mL	pH	6.5～7.0

双孢蘑菇选育菌种用。

(10)草菇培养基(g)

稻草(切碎)	200	马铃薯(去皮)	200
葡萄糖	20	琼脂	18～20
水	1 000 mL	pH	自然

切碎稻草，浸泡，加水煮 20～30 min，用其浸汁煮马铃薯(方法与马铃薯葡萄糖培养基相同)。适于培养草菇菌种。

(11)蜜环菌培养基(g)

杂木屑	100	麦麸	50
蔗糖	20	KH_2PO_4	1.0
琼脂	18～20	水	1 000 mL

(12)茯苓培养基(g)

葡萄糖	30	蛋白胨	15
$MgSO_4$	0.5	KH_2PO_4	1.0
琼脂	18～20	水	1 000 mL

(13)马勃菌培养基(g)

麦芽糖	20	硝酸钙	1.0
$MgSO_4$	1.0	KH_2PO_4	1.0
琼脂	18～20	水	1 000 mL

(14)竹荪培养基(g)

鲜竹根	100	鲜蕨根	100
葡萄糖	10	KH_2PO_4	0.6
维生素 B_1	0.01	琼脂	18～20
水	1 000 mL		

(15)松茸分离培养基(g)

葡萄糖	20	干酵母	5
琼脂	18～20	水	1 000 mL
pH	5.0		

(16)菌根菌培养基(g)

可溶性淀粉	2	麦芽糖	2
葡萄糖	2	硝酸钙	0.5
$MgSO_4$	0.5	KH_2PO_4	0.25
琼脂	18～20	水	1 000 mL

(17)羊肚菌培养基(g)

葡萄糖	30	$NaNO_3$	1.5
$MgSO_4$	0.5	KH_2PO_4	1.0
$FeSO_4$	0.01	琼脂	18～20
水	1 000 mL		

(18)大豆芽汁综合培养基(g)

大豆芽	250	葡萄糖	30
蛋白胨	5	酵母膏	1
琼脂	18～20	水	1 000 mL

适于培养各种食用菌,尤其适于猴头菇。

(19)小麦琼脂培养基(g)

小麦粒	125	琼脂	20

将小麦粒在 4 000 mL 水中煮 2 h,放置一整天,过滤,取滤液,加水至1 000 mL。适宜双孢蘑菇菌丝的生长。

(20)菇木煎汁培养基(g)

菇木(或木屑)	200	米糠(或麦麸)	100
麦芽糖(或蔗糖)	20	硫酸铵	1
琼脂	18～20	水	1 000 mL

适宜香菇菌丝的生长。

(21)堆肥浸汁葡萄糖培养基(g)

堆肥(干)	100	葡萄糖	20
琼脂	18～20	水	1 000 mL

适宜双孢蘑菇菌丝的生长。

2. 原种培养基

(1) 麦粒原种(g)

麦粒	20 kg	碳酸钙	60
石膏	240		

适于培养各种食用菌。

(2)木屑原种(kg)

阔叶树木屑	78	麦麸或米糠	20
白糖	1	过磷酸钙或石膏	1
水	130～140		

适于培养木腐型食用菌。

(3)棉籽皮原种(kg)

棉籽皮	78	麦麸或米糠	20
白糖	1	过磷酸钙或石膏	1
水	130～140		

适于培养木腐型食用菌。

3. 栽培种培养基

食用菌栽培种培养基的配方和制作方法与原种培养基相同,但栽培种是由原种转接而成的,而原种是由母种转接而成的。

附录Ⅲ 培养料中碳氮比例（C/N）的计算方法

各种食用菌在生长发育过程中不仅需要外界供给它足够的碳源和氮源，而且还要求碳源和氮源之间要有一恰当的比例，例如草菇和双孢蘑菇菌丝体生长所需的 C/N 分别为 20∶1 和 17∶1。现以双孢蘑菇为例，说明培养料中碳氮比例的计算方法。

假设用 1 000 kg 稻草、1 000 kg 大麦秸秆、750 kg 黄牛粪、750 kg 水牛粪进行堆料，经测定得知，稻草含碳量为 45.58%，含氮量为 0.63%；大麦秸秆含碳量为 47.08%，含氮量为 0.64%；黄牛粪含碳量为 39.78%，含氮量为 1.78%；水牛粪含碳量为 38.60%，含氮量为 1.27%。

堆肥材料中的总含碳量为 1 514.5 kg，总含氮量为 35.6 kg。按照双孢蘑菇堆肥材料的 C/N 应该是 33∶1 计算，1 514.5 kg 的碳量所需要的氮量为 45.9 kg。如果用硫酸铵或尿素（含氮量分别以 21% 和 46% 计算）来补充所缺少的 10.3 kg 氮量，它们各自的用量分别为 49.0 kg 和 22.4 kg。如果用花生饼或大豆饼补充所缺少的氮量，还应考虑饼肥本身的含碳量。

在实际应用中，由于各地所采用的原料不同，碳、氮的含量也有所差异。因此，应根据主要原料的用量，按上述的计算方法，求出所需添加的辅助氮源的用量（附表 1），再补充适量的石膏和过磷酸钙，即可进行堆料。

附表 1　食用菌各种培养料的碳氮比

培养料	C 含量/%	N 含量/%	C/N
木屑	49.18	0.10	491.80
栎落叶	49.00	2.00	24.50
稻草	45.39	0.63	72.04
大麦草	47.09	0.64	73.58
小麦秸	47.03	0.48	98.00
玉米秆	43.30	1.67	26.00
谷壳	41.64	0.64	65.06
马粪	11.60	0.55	21.09
猪粪	25.00	0.56	44.64
黄牛粪	38.60	1.78	21.70
水牛粪	39.78	1.27	31.32
奶牛粪	31.79	1.33	24.00
羊粪	16.24	0.65	24.98
兔粪	13.70	2.10	6.52
鸡粪	4.10	1.30	3.15
纺织屑	59.00	2.32	25.43
沼气肥	22.00	0.70	31.43
花生饼	49.04	6.32	7.76
大豆饼	47.46	7.00	6.78

附录Ⅳ 培养料的含水量

附表 2　每 100 kg 干料中加入的水量和相应的含水量

每 100 kg 干料中加入的水/kg	料水比（料∶水）	含水量/%	每 100 kg 干料中加入的水/kg	料水比（料∶水）	含水量/%
75	1∶0.75	50.3	130	1∶1.30	62.2
80	1∶0.80	51.7	135	1∶1.35	63.0
85	1∶0.85	53.0	140	1∶1.40	63.8
90	1∶0.90	54.2	145	1∶1.45	64.5
95	1∶0.95	55.4	150	1∶1.50	65.2
100	1∶1.00	56.5	155	1∶1.55	65.9
105	1∶1.05	57.6	160	1∶1.60	66.5
110	1∶1.10	58.6	165	1∶1.65	67.2
115	1∶1.15	59.5	170	1∶1.70	67.8
120	1∶1.20	60.5	175	1∶1.75	68.4
125	1∶1.25	61.3	180	1∶1.80	68.9

注：(1)风干培养料所含的结合水以 13%计算；

(2)含水量的计算公式：

含水量=(加水重量+培养料含结合水)/(培养料干重+加水重量)×100%

(引自：黄年来. 中国食用菌百科，1993)

附表 3　要求达到的含水量和每 100 kg 干料中应加入的水量

要求达到的含水量/%	每 100 kg 干料应加入的水/kg	料水比（料∶水）	要求达到的含水量/%	每 100 kg 干料应加入的水/kg	料水比（料∶水）
50.0	74.0	1∶0.74	54.0	89.1	1∶0.89
50.5	75.8	1∶0.76	54.5	91.2	1∶0.91
51.0	77.6	1∶0.78	55.0	93.3	1∶0.93
51.5	79.4	1∶0.79	55.5	95.5	1∶0.96
52.0	81.3	1∶0.81	56.0	97.7	1∶0.98
52.5	83.2	1∶0.83	56.5	100.0	1∶1.00
53.0	85.1	1∶0.85	57.0	102.3	1∶1.02
53.5	87.1	1∶0.87	57.5	104.7	1∶1.05

续附表 3

要求达到的含水量/%	每 100 kg 干料应加入的水/kg	料水比（料：水）	要求达到的含水量/%	每 100 kg 干料应加入的水/kg	料水比（料：水）
58.0	107.1	1：1.07	62.0	128.9	1：1.29
58.5	109.6	1：1.10	62.5	132.0	1：1.32
59.0	112.2	1：1.12	63.0	135.1	1：1.35
59.5	114.8	1：1.15	63.5	138.4	1：1.38
60.0	117.5	1：1.18	64.0	141.7	1：1.42
60.5	120.3	1：1.20	64.5	145.1	1：1.45
61.0	123.1	1：1.23	65.0	148.6	1：1.49
61.5	126.0	1：1.26	65.5	152.2	1：1.52

注：(1)风干培养料所含的结合水以 13%计算；

(2)每 100 kg 干料应加入的水计算公式：

每 100 kg 干料应加入的水＝(含水量－培养料结合水)/(1－含水量)× 100%

(引自：黄年来. 中国食用菌百科，1993)

附录Ⅴ 食用菌产品的分级和卫生指标

这里的分级标准仅供参考，食用菌产品要根据收购部门的要求进行采收和加工。

一、干香菇

香菇干制品一般分为3类，分别是花菇、厚菇和薄菇，每类又分为3级。中华人民共和国农业行业标准香菇等级规格（NY/T 1061—2006）中将香菇分为特级、一级和二级，各等级应符合下面相应表格中的规定（附表4～6）。

附表4　干花菇等级

项目	特级	一级	二级
菌褶颜色	米黄至淡黄色		淡黄色至暗黄
形状	扁半球形稍平展或伞形，菇形规整		扁半球形稍平展或伞形
菌盖厚度/cm	>1.0	>0.5	>0.3
菌盖表面花纹	花纹明显，龟裂深	花纹较明显，龟裂较深	花纹较少，皲裂浅
开伞度/分	<6	<7	<8
虫蛀菇、残缺菇、碎菇体	无	<1.0%	1.0%～3.0%

附表5　干厚菇等级

项目	特级	一级	二级
菌盖颜色	菌盖淡褐色至褐色，或黑褐色		
形状	扁半球形稍平展或伞形，菇形规整		扁半球形稍平展或伞形
菌褶颜色	菌褶淡黄色	菌褶黄色	菌褶暗黄色
菌盖厚度/cm	>0.8	>0.5	>0.3
开伞度/分	<6	<7	<8
虫蛀菇、残缺菇、碎菇体	无	<2.0%	2.0%～5.0%

附表 6　干薄菇等级

项目	特级	一级	二级
菌盖颜色	菌盖淡褐色至褐色		
形状	扁半球形平展，菇形规整		扁半球形平展
菌褶颜色	菌褶淡黄色	菌褶黄色	菌褶暗黄色
菌盖厚度/cm	＞0.4	＞0.3	＞0.2
开伞度/分	＜7	＜8	＜9
残缺菇、碎菇体	＜1.5％	1.5％～3.0％	3.0％～5.0％

二、双孢蘑菇

(一)鲜双孢蘑菇

一级　菌盖直径 1.8～4.0 cm，菌柄直径 1.5 cm，菌柄长 2.0～3.0 cm，色泽洁白明亮，菇形圆整，肉质肥厚，有菇香，菌膜紧包，柄基切削平整，无泥土、薄皮，无杂质、霉烂，无虫蛀病斑和机械损伤；菌盖破碎率 10％以下。

二级　在一级菇的基础上，允许略有畸形菇，菌盖直径 2～6 cm，菌柄直径 1.5 cm。

三级　菌盖直径小于 15 cm，柄长 5～8 cm，其余同一级菇。

等外　菌盖直径大于 15 cm，柄长大于 10 cm，其余同一级菇。

(二)双孢蘑菇罐头原料收购的质量分级标准

一级　色泽洁白，肉质肥厚粗壮，菇形圆整，未开伞；菌盖直径 2.0～4.5 cm，菌柄长不超过 1.0 cm，切削平整，无空心、白心菇，无污泥、虫蛀、锈斑、机械损伤，无异味，有菇香。

二级　色泽洁白，菌盖直径 2.0～4.5 cm，菌柄长不超过 1.0 cm，允许有薄皮菇、稍有畸形和轻度白心、空心，无污泥、虫蛀、锈斑、机械损伤，无异味。

三级　色泽洁白，菌盖直径 2.0～4.5 cm，菌柄长不超过 1.5 cm，切削平整，包括白心、空心、畸形、伤斑菇及未开伞的薄皮菇；无污泥、虫蛀，无异味。

等外　略有开伞但菌褶不发黑，无污泥，无异味，无死菇。

三、干黑木耳

一级　色泽纯黑，有光泽，朵大肉厚，体轻质细，无碎屑杂质，无小耳，无僵块，无霉烂。

二级　色泽黑，朵形完整，无僵块，无霉烂，耳根棒皮及灰屑不超过 1％。

三级　色泽黑而稍带灰白，朵形不一，有部分碎耳、无泥杂虫蛀。

四级　不合以上规格、不成朵或碎耳占多数、无杂质、无霉变。

四、鲜草菇

(一)鲜冻草菇

一级　高 6～8 cm，宽 4.5～5 cm(菇粒周长 8～11 cm)，内实。

二级　高 5～6 cm，宽 4～4.5 cm(菇粒周长 6～8 cm)，内实。

三级　高 5～6 cm，宽 4～4.5 cm，内松(包被未破，里面与周围脱离)。

(二)制罐原料

一级　菇色呈灰色、褐色或灰褐色，横径 2～4 cm(每个应小于 25 g)，新鲜幼嫩，菇体完整，无霉烂、无异味，无破裂，无机械损伤，无病虫，无死菇，无表面发黄、发黏、萎缩积压变质现象；不开伞，不伸腰，允许轻微畸形，菇脚切面平整，不带泥沙杂质。一级菇主要用来做整粒的草菇罐头。

二级　菇体新鲜完整，横径 2～4.5 cm；无霉烂，无破裂，无病虫，不开伞，允许小伸腰、畸形和表面轻度变色，无泥沙杂质。二级菇一般用于做草菇片罐头。

五、鲜金针菇

一级　菇形完整，菌盖呈白色，菌盖直径小于 1 cm，盖内卷呈半球形。菌柄长 13～16 cm，白色或 2/3 白色、1/3 为淡黄色，基部修剪干净不粘连。无畸形菇、无病虫害、无斑点、无霉烂变质及杂质。具有鲜金针菇应有的自然滋味和气味。

二级　菇形完整，菌盖呈白色或淡黄色，菌盖直径小于 1.5 cm，盖内卷呈半球形。菌柄长 10～18 cm，白色或 1/3 白色、2/3 为淡黄色或金黄色，基部修剪干净。无畸形菇、无病虫害、无霉烂变质及杂质。具有鲜金针菇应有的自然滋味和气味。

三级　菇形较完整，菇体呈白色、金黄色或淡咖啡色，菌盖直径小于 2.5 cm，菌柄长 6～20 cm，无明显纤维质感，基部修剪干净。无畸形菇、无病虫害、无霉烂变质及杂质。具有鲜金针菇应有的自然滋味和气味。

六、鲜滑菇

一级　菌盖直径小于 16 mm，柄长 30 mm 以下，未开伞，自然色泽，菇体鲜嫩，坚挺完整，不老化，根切净；无杂质、无虫蛀、无机械损伤。

二级　菌盖直径 17～22 mm，柄长 40 mm 以下，开伞及半开伞率在 20%以内，其余同一级菇。

三级　菌盖直径 28～40 mm，柄长 50 mm 以下，开伞及半开伞率在 40%以内，其余同一级菇。

七、平菇

(一)鲜平菇

一级　菌盖直径 5 cm 左右，自然色泽，破碎率小于 5%，无霉烂，无杂质。

二级　菌盖直径 5～10 cm，自然色泽，破碎率小于 5%，无霉烂，无杂质。

三级　菌盖直径大于 10 cm，自然色泽，破碎率小于 5%，无霉烂，无杂质。

(二)平菇罐头原料收购的质量分级标准

一级　菌盖直径 4.0～6.5 cm，柄长不超过 2 cm，菇形完整，菌盖肥厚，卷边，自然色泽，菇柄切削整齐，菇体新鲜、清洁、无变色，无异味，无虫蛀，无病斑，无机械损伤，无杂质。

二级　菌盖直径 6.6～8.0 cm，其余同一级菇。

三级　菌盖直径 8.1～10.0 cm，其余同一级菇。

八、食用菌卫生标准

根据中华人民共和国农业行业标准 NY 5095—2002、NY 5097—2002 和 NY 5098—2002 的规定，无公害香菇、无公害双孢蘑菇和无公害黑木耳的卫生标准必须分别符合附表7～9的规定。

附表7 无公害香菇的卫生指标

项 目	指标/(mg/kg)	
	干香菇	鲜香菇
砷(以 As 计)	≤1	≤0.5
汞(以 Hg 计)	≤0.2	≤0.1
铅(以 Pb 计)	≤2	≤1
镉(以 Cd 计)	≤1	≤0.5
亚硫酸盐(以 SO_2 计)	≤50	
多菌灵(carbendazim)	≤0.5	
敌敌畏(dichlorvos)	≤0.5	

注:根据《中华人民共和国农药管理条例》,剧毒和高毒农药不得在蔬菜(包括食用菌)生产中使用。

附表8 无公害双孢蘑菇的卫生指标

项 目	指标/(mg/kg)
砷(以 As 计)	≤0.5
汞(以 Hg 计)	≤0.1
铅(以 Pb 计)	≤1
镉(以 Cd 计)	≤0.5
亚硫酸盐(以 SO_2 计)	≤50
六六六(BHC)	≤0.1
滴滴涕(DDT)	≤0.1
多菌灵(carbendazim)	≤0.5
敌敌畏(dichlorvos)	≤0.5

注:根据《中华人民共和国农药管理条例》,剧毒和高毒农药不得在蔬菜(包括食用菌)生产中使用。

附表 9 无公害食品黑木耳卫生指标

序号	项 目	指标/(mg/kg)
1	砷(以 As 计)	≤1
2	铅(以 Pb 计)	≤2
3	镉(以 Cd 计)	≤1
4	汞(Hg 计)	≤0.2
5	多菌灵(carbendazim)	≤0.5
6	百菌清(chlorothalonil)	≤1
7	敌敌畏(dichlorvos)	≤0.5

注:根据《中华人民共和国农药管理条例》,剧毒和高毒农药不得在蔬菜(食用菌作为蔬菜的一类)生产中使用。

附录Ⅵ 接 种

将微生物移植到适于其生长繁殖的培养基上称为接种。根据移植操作粗放程度不同，又分为播种和接种。

①在开放或半开放条件下进行的移植操作称为播种。

②在严格的无菌条件下进行的移植操作称为接种。

播种简便快速，处理量大，主要用于箱栽、床栽、畦栽或短木栽培等。虽然也是将菌种移接到培养料中扩大培养，但不是在严格无菌条件下进行，因此技术简单、容易掌握。

在无菌条件下进行接种，是将所需的菌种移接到经过严格灭菌的培养基上，而且不允许其他任何微生物混杂其中，否则接种即失败。

为达到接种目的，操作人员必须树立严格的无菌观念，与接种有关的器皿、工具和培养基，必须处于严格的无菌状态，不得带有任何活着的微生物，以免在操作过程中造成污染。为此，必须做到：

①对培养基和接种工具进行严格的灭菌；

②对操作环境进行彻底的消毒；

③操作者的手要用酒精棉球进行消毒；

④严格遵守无菌操作规程。

即使做到了以上几点，整个操作区域仍难免有杂菌存在。因此，操作者必须小心细致。

(一)母种转管培养

①左手拿两支试管，一支为经灭菌的斜面，另一支为已长好的菌种。右手拿接种钩(已在火焰上灼烧灭菌又冷却)，并同时用右手轻轻拔下两支试管的棉塞或试管帽。

②将试管口通过火焰数次，并稍转动，以防环境中的微生物落入。

③首先将接种钩伸入有菌试管，连同培养基钩取直径为 3～5 mm 的菌丝块，取出接种钩，迅速伸入另一灭菌斜面上并将菌丝块放在斜面的中央。

④烧试管口，塞好棉塞或盖好试管帽，如用胶塞，则不要烧试管口。将接种钩烧一下，插到酒精瓶中。

(二)母种接原种方法

斜面母种接瓶装原种培养基时，一般可按母种转管的要求操作，只是接种工具可根据不同接种内容而适当更换。一般先将斜面横向切割成 3～5 段，将每段连同培养基一同挑出并接入瓶内接种穴处。若 2 人配合接种，则更为方便。母种接袋装原种的方法与此相似。

(三)原种接栽培种方法

以瓶装原种接瓶装或袋装栽培种为例，在酒精灯火焰上方拔出原种瓶棉塞，将菌种瓶置于菌种瓶架上或两人配合接种，在酒精灯火焰上封口；用接种铲刮去瓶内菌种表面的老菌皮，再将菌种挖松并稍加搅拌，注意菌种应挖成花生米大小，不宜过碎，然后接种。若棉塞较大，不能全部拿在手里，可将菌种瓶塞放在经过高温灭菌的培养皿中，只将接种塞瓶握在手里，也可和菌种瓶塞放在一起。

（四）无菌操作要求

接种时的无菌操作有：斜面移接斜面，斜面移接菌种瓶，菌种瓶移接栽培袋等。尽管接种内容和形式不同，在操作上有一定的差异，但基本程序，特别是无菌要求是一致的。无菌操作的要求有以下几点：

①接种空间一定要彻底灭菌。

②经灼烧灭菌的工具，须贴在管（或瓶）的内壁冷却后，再取菌种，所取菌种也不得在火焰旁停留，以免灼伤菌种。

③菌种所暴露或通过的空间，必须是无菌区。

④菌种与容器外空间的通道口，须用酒精灯火焰灭菌。

⑤各种工具与菌种接触前都应经火焰灼烧灭菌。

⑥棉塞塞入管口或瓶口的部分，拔出后不得与未灭菌的物体接触。

⑦每次操作时间宜尽量缩短，避免因室内空气交换而增加杂菌。

附录Ⅶ

食用菌标本的制作技术

采集食用菌标本并进行保藏，是进行食用菌分类鉴定的原始资料，并为开发利用和人工驯化提供依据。

(一)菇类标本的采集方法

食用菌研究者应随时采集所遇到的标本，尤其是那些不常见的种类，失去机会也许再也难发现它了。在温暖潮湿的季节，特别是在雨水较多的气候条件下，高山、森林、草原、旷野、腐木桩上都可以采到多种菇类。

采集标本时应注意保持子实体各部分的完整性，要特别注意保护容易脱落的菌环、菌托和鳞片等附属物。有时菌托是埋在土内的，有的菌柄在土壤内延伸成很长的假根，挖取时要特别小心。采摘树干上的木腐菌时，可从子实体的基部或带些树皮割取。要尽可能采集那些子实体已经成熟的标本，如能采到不同发育时期的整套标本更为理想。有可能时应多采一些个体作为研究用的副本。

为了表达标本的自然生态，可连同它们的环境一起拍摄下来或者绘图加以描述。例如地形、地势、海拔、土壤种类、酸碱度、植被类型以及气候条件等。

对于那些肉质或胶质标本，切勿在菌柄或菌盖上留下指印，以防破坏菇体的外膜从而失去子实体固有的特征。采到的标本应及时系上标牌号，用蜡纸或白纸包好(表面黏滑的标本用蜡纸)，形体小且易碎的标本可放在一块皱纹纸做成的漏斗中，菌柄朝下，两端将口拧好，再套上一层蜡纸。大型木栓质标本可以直接用白纸包好即可。采到的这些标本都应放在标本盒中带回。

(二)野外采集记录工作

标本采到以后，应立即作出详细记录，以便为将来的鉴定和研究工作提供依据。不能用回忆的方法进行描述，以免失实。野外记录的内容有：

①编号：生长在同一场所的相同菇种标本，都用同一个编号。

②产地：包括行政区划的名称及采集地的山名、河名、村名。

③气候：包括自然气象的变化及环境温、湿度。

④生长处所：包括地势高低、土壤类型、酸碱度、植被。腐生菌要记录基质名称；木生菌要记载树木类型、树种及生长部位。

⑤日期及采集人。

(三)菇类标本的室内整理

食用菌大多是肉质的，水分多，颜色易变，随着子实体的成熟，水分逐渐消失，形态、颜色、大小也会发生变化，失去固有的特征，因此标本采回之后，应尽快进行整理。

鬼伞属的子实体，菌盖极易潮解，不适宜保存，必须及时处理，如用药品浸制保存，或用沸水烫后晾干。牛肝菌和乳菇类菌盖和菌柄受伤后易变色，应及时照相或描绘一部分或全部彩色图。很多野生食用菌子实体内常有昆虫，容易破坏子实体，采后应尽快进行浸制或烘干。

（四）干制标本

一般菇类经过干制以后，虽然其颜色、形状和大小均已发生变化，但显微特征不受影响，在吸水恢复原来形状后，仍可供研究使用。干制的方法一般有：

（1）风干　适应于形体较小的菇种。在天气干燥的情况下，可将标本放在通风处风干。

（2）烘干　适应于形体较大的种类。由于含有大量水分，所以一定要把菇体放在阳光下晒干或在电热干燥箱中烘干。烘烤的温度不宜过高，一般以 40～50℃为宜，否则标本变脆易碎。

（3）标本的存放　干制标本应放在标本盒中存放。盒内放些吸湿剂和樟脑粉，以免霉烂或虫蛀，还应铺些洁净棉花，将干标本摆好，同时放上采集标签，盖上盒盖。将标本盒放在干燥通风处保存。

干制标本也可放入标本缸内保存。在缸的底层放些硅胶，硅胶上铺放三层无菌纱布，然后将干制标本放在纱布上，加盖后用蜡风口，硅胶可将缸内的潮气吸走。霉菌和蛀虫也无法繁殖。标本可以保存数年不变质。

（五）浸制标本

浸制标本能保持菇类原有的形状和颜色，但其保存时占用面积大，存放时间也受到限制，所以很少用于保存大量标本。浸制标本时应根据保存目的选择适当的浸制液。标本浸制前，用清水洗去菇体上的泥沙。为避免菇体在浸液中移动或漂浮，应将标本绑缚在玻璃片或其他不易发生化学反应和变色的物体上。又因浸制标本的药品，大多是易挥发或易氧化的，所以标本瓶要密封并放暗处。

1. 防腐浸制液

①甲醛 6 mL，蒸馏水 100 mL。

②70％乙醇。

③甲醛 50 mL，95％乙醇 300 mL，水 2 000 mL。

这些浸制液只有防腐作用，不能保持原色。常用于保存白色、浅黄色、淡褐色和浅灰色的菇类。

2. 通用浸制液

①70％乙醇 100 mL，甲醛 6 mL。

此浸制液能较长时间保存标本。

3. 保存菇类色素的浸制液

①醋酸汞 10 g，冰醋酸 5 mL，水 1 000 mL。

②甲醛 10 mL，硫酸锌 25 g，蒸馏水 1 000 mL。

适宜于保存色素不溶于水的标本。标本必须新鲜，浸渍后就在原液里保存。

①醋酸铅 10 g，冰醋酸 10 mL，醋酸汞 1 g，95％乙醇 1 000 mL。

②氧化锌 50g，甲醛 25 mL，甘油 25 mL，水 1 000 mL。

适宜保存色素易溶于水的标本，利用其中的醋酸铅沉淀花青素等色素。

野外采集标本时，可将标本洗净，分别用纱布包好，放入号牌，浸入盛有防腐剂的大桶内，可以随采随浸，暂时保存。回工作室后再进行整理，分别浸制。

附录Ⅷ

不允许使用的化学药剂*

高毒农药：按照《中华人民共和国农药管理条例》，剧毒和高毒农药不得在蔬菜生产中使用，食用菌作为蔬菜的一类，要完全参照执行，不得在培养基中加入，也不可在栽培场所使用。高毒农药有三九一一、苏化203、一六零五、甲基一六零五、一零五九、杀螟威、久效磷、磷胺、甲胺磷、异丙磷、三硫磷、氧化乐果、磷化锌、磷化铝、氰化物、呋喃丹、氟乙酰胺、砒霜、杀虫脒、西力生、赛力散、溃疡净、氯化苦、五氯酚钠、二氯溴丙烷、四零一等。

混合型基质添加剂：含有植物生长调节剂或成分不清的混合型基质添加剂。植物生长调节剂类物质。

* 任何种类的农药都只可在没有子实体生长的条件下使用，不可直接接触子实体。

附录Ⅸ 部分食用菌生产环境及器具消毒方法

名　称	使用方法	适用对象
75%乙醇	浸泡或涂擦	接种工具、子实体表面、接种台、菌种外包装、接种人员的手等
紫外灯	直接照射，紫外灯与被照射物距离不超过 1.5 m，每次 30 min 以上	接种箱、接种台等，不得对菌种进行紫外照射消毒
	直接照射，离地面 2 m 的 30 W 灯可照射 9 m^2 房间，每天照射 2～3 h	接种室、冷却室等，不得对菌种进行紫外照射消毒
高锰酸钾/甲醛	(高锰酸钾 5 g +37%甲醛溶液 10 mL)/m^3，加热熏蒸	培养室、无菌室、接种箱
高锰酸钾	0.1%～0.2%，涂擦	接种工具、子实体表面、接种台、菌种外包装等
酚皂液(来苏儿)	0.5%～2%，喷雾	无菌室、接种箱、栽培房及床架
	1%～2%，涂擦	接种人员的手等皮肤
	3%，浸泡	接种器具
新洁尔灭	0.5%～2%，浸泡、喷雾	接种人员的手等皮肤、培养室、无菌室、接种箱，不能用于器具的消毒
漂白粉	1%，现用现配，喷雾	栽培房和床架
	10%，现用现配，浸泡	子实体表面、接种工具、菌种外包装等
硫酸铜/石灰	硫酸铜 1 g +石灰 1 g +水 100 g，现用现配，喷雾，涂擦	栽培房、床架

参考文献

[1] [美] 阿历索保罗 C J，明斯 C W，布莱克韦尔 M. 菌物学概论. 4 版. 姚一建，李玉主译. 北京：中国农业出版社，2002.
[2] 蔡衍山，吕作舟，蔡耿新. 食用菌无公害生产技术手册. 北京：中国农业出版社，2003.
[3] 陈德明. 食用菌生产技术手册. 上海：上海科学技术出版社，2001.
[4] 陈青君，刘松. 北京野生大型真菌图册. 北京：中国林业出版社，2013.
[5] 陈士瑜，陈惠. 菇菌栽培手册. 北京：科学技术文献出版社，2003.
[6] 陈士瑜. 菇菌生产技术全书. 北京：中国农业出版社，1999.
[7] 郭维列. 食用药用菌和发酵产品生产技术. 北京：科学技术文献出版社，1991.
[8] 何园素. 中国香菇. 上海：上海科学技术出版社，1994.
[9] 黄年来. 食用菌病虫诊治(彩色)手册. 北京：中国农业出版社，2001.
[10] 黄年来，等. 18 种珍稀美味食用菌栽培. 北京：中国农业出版社，1997.
[11] 黄年来. 中国食用菌百科. 北京：中国农业出版社，1997.
[12] 黄年来. 中国香菇栽培学. 上海：上海科学技术文献出版社，1994.
[13] 贾身茂，张金霞. 食用菌标准汇编. 北京：中国标准出版社，1997.
[14] 李明，暴增海. 食用菌栽培学. 北京：中国农业科技出版社，1997.
[15] 李明，田景花，等. 食用菌病虫害防治关键技术. 北京：中国三峡出版社，2006.
[16] 李志超，杨珊珊，等. 食药用菌生产与消费指南. 北京：中国农业出版社，1997.
[17] 刘志恒. 现代微生物学. 北京：科学出版社，2002.
[18] 刘祖同，罗信昌. 食用蕈菌生物技术及应用. 北京：清华大学出版社，2002.
[19] 吕作舟. 食用菌栽培学. 北京：高等教育出版社，2006.
[20] 苗长海，等. 简明食用菌病虫防治. 北京：中国农业出版社，1999.
[21] 牛西午. 北方食用菌栽培，北京，中国科学技术出版社，1994.
[22] 潘崇环，等. 珍稀食用菌栽培与名贵野生菌的开发利用. 北京：中国农业出版社，2006.
[23] 秦俊哲，吕嘉枥. 食用菌贮藏保鲜与加工技术. 北京：化学工业出版社，2003.
[24] 宋金俤. 食用菌病虫图谱及防治. 南京：江苏科学技术出版社，2011.
[25] 汪昭月. 食用菌制种技术. 北京：金盾出版社，1996.
[26] 王传福. 新编食用菌生产手册. 郑州：中原农民出版社，2002.
[27] 王贺祥，刘庆洪. 食用菌采收与加工技术. 北京：中国农业出版社，2012.
[28] 王贺祥. 食用菌学. 北京：中国农业大学出版社，2004.
[29] 王立安. 食用菌栽培常见问题解答. 石家庄：河北科学技术出版社，2012.
[30] 吴菊芳，陈德明，等. 食用菌病虫螨害及防治. 北京：中国农业出版社，1998.
[31] 严奉伟，等. 食用菌深加工技术与工艺配方. 北京：科学技术文献出版社，2002.
[32] 杨邦英. 罐头工业手册. 北京：中国轻工业出版社，2002.

[33] 杨新美.食用菌栽培学.北京:中国农业出版社,1996.
[34] 杨新美.食用菌研究法.北京:中国农业出版社,1998.
[35] 叶钟音.现代农药应用技术全书.北京:中国农业出版社,2002.
[36] 张甫安,等.食用菌制种指南.上海:上海科学技术出版社,1992.
[37] 张金霞,黄晨阳.无公害食用菌安全生产手册.北京:中国农业出版社,2008.
[38] 张金霞,等.中国食用菌品种.北京:中国农业出版社,2012.
[39] 张树庭,Miles P G.食用蕈菌及其栽培.杨国良,张金霞,等译.石家庄:河北大学出版社,1992.
[40] 张树庭,林芳灿.蕈菌遗传与育种.北京:中国农业出版社,1997.